气体保护焊工艺设计与实作

主　编　韩　喆　孙淑侠
主　审　陈长江

哈尔滨工程大学出版社
Harbin Engineering University Press

内容简介

本教材根据教育部对高职高专人才培养目标的要求编写，以目前船舶行业的规范和标准为主要依据，以职业岗位的需求为出发点，在内容的编写上注重理论知识以“必须、够用”为度，强化了职业技能的训练力度，兼顾了船舶焊接职业资格的要求，使理论知识与技能训练相辅相成。本教材介绍了船舶建造中常用的 CO_2 气体保护焊、氩弧焊、气电垂直自动焊等船舶气体保护焊方法的基本理论，并将焊接工艺的设计及操作技能的实作贯穿在精心设计的由易到难的项目训练中，力求使学生的职业能力得到全面、系统、完整的训练与提高；同时还介绍了船舶气体保护焊在船体结构焊接中的安全与防护知识。

本教材可作为高职高专院校焊接技术及自动化专业的教材，也可作为船舶企业焊工的考证培训教材，还可作为船舶与海洋工程等专业的本科生及相关技术人员的参考用书。

图书在版编目(CIP)数据

气体保护焊工艺设计与实作 / 韩喆，孙淑侠主编.
—哈尔滨：哈尔滨工程大学出版社，2023.7
ISBN 978-7-5661-3993-1

Ⅰ.①气… Ⅱ.①韩… ②孙… Ⅲ.①气体保护焊-工艺设计 Ⅳ.①TG444

中国国家版本馆 CIP 数据核字(2023)第 113492 号

气体保护焊工艺设计与实作
QITI BAOHUHAN GONGYI SHEJI YU SHIZUO

选题策划 史大伟　雷　霞
责任编辑 唐欢欢
封面设计 李海波

出版发行 哈尔滨工程大学出版社
社　　址 哈尔滨市南岗区南通大街 145 号
邮政编码 150001
发行电话 0451-82519328
传　　真 0451-82519699
经　　销 新华书店
印　　刷 哈尔滨午阳印刷有限公司
开　　本 787 mm×1 092 mm　1/16
印　　张 19.25
字　　数 502 千字
版　　次 2023 年 7 月第 1 版
印　　次 2023 年 7 月第 1 次印刷
定　　价 60.00 元

http://www.hrbeupress.com
E-mail:heupress@hrbeu.edu.cn

前　言

高等职业技术教育是我国高等教育的重要组成部分,其目标是培养既有较强实际操作技能,又掌握一定理论知识的高素质技能型专门人才。教材是体现教学内容和教学方法的知识载体,是进行教学的基本工具,高质量的教材是培养高质量人才的基本保证。编者在对几十家造船企业进行广泛调研的基础上,与企业专家一道对船舶焊接工作岗位和岗位能力进行分析,确定了船舶气体保护焊就业岗位的任职要求,并以此为依据对课程教学内容进行重构和重组。本教材在编写上,充分体现"工学结合、必须够用、项目导向、学做合一"的设计思想,同时遵循高职教育教学规律,突出对学生应用技能的培养。专业理论知识以"必须、够用"为度,将对职业技能的培养贯穿在精心设计的训练项目中,使理论知识与技能训练相辅相成,既注重基础知识培养和动手能力培养的系统设计,又注重理论与实践的深度融合,力求做到融"教、学、做"于一体,强化对理论知识、动手能力、可持续发展能力的综合培养。教材内容突出了船舶行业特色,更具有针对性、实践性和可操作性。教材注重以学生为本,文字表述简明扼要、精炼准确,力求图文并茂,激发学生的学习兴趣。

本教材是校企合作编写而成的,编写分工为:武汉船舶职业技术学院韩喆负责编写绪论、项目二,武汉船舶职业技术学院孙淑侠负责编写项目三,武汉船舶职业技术学院周飞霓负责编写项目四,武汉船舶职业技术学院叶东南负责编写项目一,武昌船舶重工有限责任公司武船特船部副部长、研究员级高级工程师罗金华负责编写各项目的任务案例。

本教材由韩喆、孙淑侠主编;由武汉船舶职业技术学院陈长江教授主审。

在教材编写过程中,编者参阅了有关教材及国内出版资料,并且武汉南华高速船舶工程股份有限公司高级工程师韩少云对全书提出了宝贵的修改意见,在此一并表示衷心感谢!

由于编者经验不足、水平有限,疏漏之处在所难免,敬请读者批评指正!

编　者

2023 年 3 月

目　　录

绪　论

半个世纪以来,我国造船业取得了长足的发展,特别是改革开放以后,我国造船业在技术水平、船舶类型、建造质量及建造周期等方面取得了长足的进步,造船业的产量和吨位已进入世界二强之列,具备了较强的国际竞争力。

船舶焊接技术是我国现代造船模式中的关键技术之一。在船体建造中,焊接工时占船体建造总工时的30%~40%,焊接成本占船体建造总成本的30%~50%。船舶焊接质量是评价造船质量的重要指标,焊接生产效率是影响造船产量与生产成本的主要因素之一。船舶工业把缩短造船周期作为永恒的主题。要缩短造船周期必然要提高生产效率,正如古人云:"工欲善其事,必先利其器"。先进高效的船舶焊接技术能有效地缩短造船周期、降低造船成本并提高建造质量。因此,船舶焊接技术的进步对推动船舶工业的发展具有十分重要的意义。

先进高效的船舶焊接技术主要有气体保护焊(简称气保焊)、埋弧焊、多丝弧焊和激光-电弧复合焊接等,其中气体保护焊的应用最为广泛,已在很大的范围内取代了焊条电弧焊,并在造船业中发挥着越来越大的作用。

一、气体保护焊的发展

气体保护焊是在焊条电弧焊应用的基础上逐步发展起来的。特别是在第二次世界大战和战后的几十年中,由于科学技术的突飞猛进和现代工业的迅速发展,各种新的金属材料和新产品结构对焊接技术及质量提出越来越高的要求,促进了比熔渣保护焊优越的气体保护焊的技术开发和推广应用。

在工业生产中,气体保护焊经历了三个重要的发展阶段。

(1)20世纪30~50年代,是惰性气体保护焊的发展阶段,包括非熔化极惰性气体保护焊(TIG)和熔化极惰性气体保护焊(MIG);

(2)20世纪50~60年代,是活性气体保护焊的发展阶段,包括二氧化碳(CO_2)气体保护焊(又称CO_2焊)、熔化极混合气体保护焊(MAG)等;

(3)20世纪70年代至今,是等离子弧焊(PAW)以及先进的电子化焊接设备(如逆变电源、智能控制等)的发展阶段。

我国船舶气体保护焊的应用始于20世纪50年代末期和60年代初期,20世纪70年代初期又相继研究成功垂直、横向气体保护自动焊技术。然而,由于生产管理和技术管理制度不完善,焊接设备与材料不配套,这些高效焊接技术未能被推广应用。20世纪70年代后期到80年代初期,我国造船业进入了一个全新的历史时期,各船厂积极建造了各种出口船舶,先后建造了远洋散装货船、集装箱船、三用工作船、汽车滚装船等新船型,随后又陆续建造了更为先进的液化气船、储油船及其他一些新型船舶。这些船舶的建造大部分仍然局限于焊条电弧焊和埋弧焊两种方法。随着我国改革开放步伐的加快,船舶焊接技术进入了新的发展阶段,从1994年到2000年,中国造船业排名一直位列世界第三,占世界市场的份额一直在4%到7%之间徘徊,而日本、韩国的世界市场占有率都超过30%;2005年,我国造船产量提升到世界市场份额的 17%；2008 年，全国造船完工量为 2 880 万载重吨，新承接船舶订单量为 5 820 万载重吨，手持船舶订单量为 20 460 万载重吨，分别占世界市场份额的 29.5%、37.7%和 35.5%。中国造船完工量、手持船舶订单量连续 6 年保持快速增长，造船三大指标（即造船完工量、新承接船舶订单量和手持船舶订单量）全面超越日本，位居世界第二。这是在造船业中大力推广先进、高效焊接技术的成就。在诸多高效焊接方法中，CO_2 焊是成本最低、见效最快的一种焊接方法。同时，各种衬垫的广泛应用进一步提高了 CO_2 焊、气电垂直自动焊的效率和焊接质量。由于气体保护焊具有明弧、焊接质量好、能进行全位置焊接、焊接成本低、生产效率高等优点，所以得到了大力推广，从而使气体保护焊丝也得到了大力发展。药芯焊丝是在实芯焊丝的基础上发展起来的，具有熔敷效率高，焊缝质量好，焊接飞溅少，容易实现机械化、自动化焊接等独特优点，被公认为是焊接材料中最先进、发展最快的高科技之一。目前船厂已普遍采用药芯焊丝来焊接船舶结构。药芯焊丝 CO_2 焊已成为船舶企业的主要焊接工艺。

近年来，为了进一步提高焊接效率，在传统型造船高效焊接技术的基础上，我国大力发展更为高效的弧焊焊接设备与方法，其中主要有高效船舶机器人焊接、船舶双丝垂直气电焊、船舶多丝弧焊和船舶激光-电弧复合焊接。虽然我国已成为世界第二造船大国，但仍落后于韩国，人均造船吨位和焊接材料耗量与韩国相比均有较大的差距，原材料和能源消耗远远高于韩国。我国要实现由造船大国向造船强国的转变，实现船舶焊接技术的快速提升，就必须以科学的发展观来指导船舶焊接技术的发展，跟踪国际先进焊接技术发展的动向。只要我们不懈努力，我国一定能成为世界第一造船大国和造船强国。

二、气体保护焊方法的分类、特点及应用范围

1. 气体保护焊方法的分类

气体保护焊在工业生产中的应用种类很多，可以根据保护气体、电极、焊丝等进行分类。按选用的保护气体进行分类，一般可分为氩弧焊（钨极氩弧焊和熔化极氩弧焊）、CO_2 气体保护焊、混合气体保护焊等。按采用的电极（或填丝）类型进行分类，可分为熔化极气体保护焊和非熔化极气体保护焊。按采用的焊丝类型进行分类，可分为实芯焊丝气体保护焊和药芯焊丝气体保护焊等。

气体保护焊方法的分类见表 0-1。

表 0-1　气体保护焊方法的分类

按电极分类	按焊丝分类	按保护气体分类	采用的保护气体
熔化极气体保护焊	实芯焊丝气体保护焊	CO_2 气体保护焊	CO_2（二氧化碳）
			CO_2+O_2（二氧化碳+氧气）
		惰性气体保护焊（MIG）	Ar（氩气）
			He（氦气）
			He+Ar（氦气+氩气）
		混合气体保护焊（MAG）	$Ar+CO_2$（氩气+二氧化碳）
			$Ar+O_2$（氩气+氧气）
			$Ar+CO_2+O_2$（氩气+二氧化碳+氧气）

表 0-1(续)

按电极分类	按焊丝分类	按保护气体分类	采用的保护气体
熔化极气体保护焊	药芯焊丝气体保护焊	药芯焊丝气体保护焊	CO_2(二氧化碳)
			CO_2+Ar(二氧化碳+氩气)
			Ar+O_2(氩气+氧气)
		药芯焊丝自保护电弧焊	—
非熔化极气体保护焊		钨极氩弧焊(TIG)	Ar(氩气)
		钨极氦弧焊	He(氦气)
特殊气体保护焊	等离子弧焊(PAW)、钨极氩弧点焊、热丝 TIG 焊、双电极 TIG 焊等		Ar(氩气)
	气体保护垂直气电焊、窄间隙气体保护焊等		Ar+CO_2(氩气+二氧化碳)

除了上述几种分类方法外,气体保护焊按焊接操作方式还可分为以下几类。

(1)手工气体保护焊:主要用于非熔化极焊接。在焊接过程中,焊炬移动和添加填充金属均由手工操作,如手工钨极氩弧焊等。

(2)半自动气体保护焊:主要用于熔化极。在焊接过程中,输送焊丝是自动进行的,而焊枪移动则靠手工操作,如最常见的是细丝半自动 CO_2 气体保护焊。

(3)自动气体保护焊:用于非熔化极焊接、熔化极焊接。在焊接过程中,输送焊丝以及焊枪相对于焊件的移动都是依靠焊接工装或机器人自动进行的,如粗丝智能控制的气体保护焊。

2. 气体保护焊的特点

近年来,气体保护焊得到迅速发展,成为熔化焊接方法的一个重要分支。各种气体保护焊的原理及工艺特点见表 0-2。

表 0-2 各种气体保护焊的原理及工艺特点

焊接方法		原理	工艺特点
活性气体保护焊	实芯焊丝 CO_2 气体保护焊	实芯焊丝 CO_2 气体保护焊是利用 CO_2 作为保护气体的熔化极气体保护电弧焊方法	CO_2 电弧的穿透力强,对油、锈敏感性较低,焊接变形小,适合于全位置焊接,成本低
	药芯焊丝 CO_2 气体保护焊	药芯焊丝 CO_2 气体保护焊是采用 CO_2 作为保护气体以辅助药芯焊丝的作用来保护电弧和熔池的熔化极气体保护电弧焊方法	焊接飞溅少、焊缝成形良好、焊接速度较高、可以焊接不同的钢种、对焊接电源无特殊要求等
	熔化极混合气体保护焊	熔化极混合气体保护焊是在惰性气体(Ar)中加入一定量的氧化性气体(如 CO_2、O_2)以作为保护气体的焊接方法,也称为 MAG 焊	熔滴过渡稳定性好、焊缝成形和外观良好、焊接飞溅少、可实现不同的熔滴过渡形式及成本较低等

表 0-2(续)

焊接方法		原理	工艺特点
惰性气体保护焊	熔化极惰性气体保护焊(MIG)	熔化极惰性气体保护焊是采用 Ar 或 He 或二者的混合气体作为保护气体进行焊接的方法	对电弧区和熔池的保护效果好、可实现各种熔滴过渡方式、喷射过渡时基本无飞溅产生等
	钨极氩弧焊(TIG)	钨极氩弧焊是在惰性气体的保护下,利用钨电极与工件之间产生的电弧热熔化母材和填充焊丝的焊接方法	焊接时钨极不熔化、电弧比较稳定、焊接质量易于控制、易于实现机械化和自动化焊接,并可进行全位置焊接

与焊条电弧焊、埋弧焊等焊接方法相比较,气体保护焊在焊接工艺性、接头质量、焊接过程自动化控制、生产率与经济效益等方面有以下优点。

(1)气体保护焊是在明弧下进行焊接的,在焊接过程中易于观察电弧动态与熔池情况,便于发现问题并及时调整,有利于对焊接过程和焊缝成形质量进行控制。

(2)气体保护焊不需要采用焊条或焊剂,焊后不需要对焊缝表面清渣,故可以省掉清渣的辅助工时和制造涂药焊条或焊剂的费用,这一点在多层多道焊中更为突出,能大幅度提高劳动生产率和降低焊接成本。

(3)气体保护焊的类型较多,适用性广泛,只要通过改变电极或焊丝直径、保护气体成分和焊接工艺参数等,就可以用于焊接薄壁结构和复杂零部件,也可以实现对厚大结构件的焊接。

(4)节省焊接材料和能源消耗小。据统计,CO_2 气体保护焊焊丝的有效利用率可达 95%以上,而焊条电弧焊的焊条利用率一般只能达到 80%。在焊接厚板时,气体保护焊坡口角度的减小,减少了焊缝金属填充量,不但节省了焊接材料,也使能源消耗大大降低。

(5)由于焊丝连续送进,焊接过程易于实现机械化和智能控制的全自动焊接。

气体保护焊也存在某些不足之处,主要问题及相应解决方法是:由于采用明弧焊接和大电流密度,电弧光辐射较强,要加强对操作者的劳动保护;焊枪喷嘴喷出的保护气流属于柔性体,易受侧风干扰而破坏其保护效果,故气体保护焊不宜在露天或有风的条件下实施。此外,气体保护焊设备比焊条电弧焊设备复杂,对焊工的知识结构和操作技能的要求更高。

随着现代工业特别是航空航天、原子能、石油化工、船舶与海洋开发等工业和科学技术的迅速发展,人们对焊接技术与焊接质量不断提出新的要求,以满足各种使用性能要求,如高压、高温、低温、耐腐蚀、耐磨、强韧性等;同时,还要求能实现焊接过程自动化,提高劳动生产率和降低焊接成本。因此,一些特种气体保护焊工艺方法得到了发展,主要包括氩弧点焊(钨极、熔化极)、热丝 TIG 焊、双丝或脉冲钨极氩弧焊、熔化极垂直气电焊、混合气体保护窄间隙焊以及大电流高速焊等,并已经在焊接生产中得到了应用。显然,气体保护焊是近年来发展最快、应用最广的焊接技术,日益受到人们的重视。

3. 气体保护焊的应用范围

根据所采用的保护气体种类的不同,气体保护焊适用于焊接不同的金属材料。例如,CO_2 气体保护焊适用于焊接碳钢、低合金钢,而惰性气体保护焊除了可以焊接碳钢、低合金钢外,也适用于焊接铝、铜、镁等有色金属及其合金。对于某些熔点较低的金属,如锌、铅、锡等,由于其在焊接时易于蒸发出有毒的物质,或污染焊缝,因此很难采用气体保护焊进行焊接或不宜焊接。

气体保护焊方法特别适用于焊接薄板,在焊接大厚板时有一定的限制。一般来说,当厚度超过一定限度后,其他电弧焊方法(如埋弧焊或电渣焊)比气体保护焊的生产效率高且成本低。

气体保护焊根据实际生产中应用材质的具体情况,也可焊接中、厚板材料。例如,对于板厚 70 mm 的液化天然气铝球罐"西瓜皮"的拼接,采用大电流熔化极惰性气体保护焊(即 MIG 焊)进行双面单道焊可完成铝合金的焊接。从生产效率上看,熔化极气体保护焊高于非熔化极气体保护焊;从焊缝美观上看,非熔化极气体保护焊(填丝或不填丝)没有飞溅,焊缝成形美观。

就焊接位置而言,气体保护焊方法适用于焊接各种位置的焊缝。特别是 CO_2 气体保护焊,其电弧有一定吹力,更适合全位置焊接。另外,各种气体保护焊采用的保护气体不同,每种方法的具体应用范围也不同。比如,氩气比空气的密度大,因而氩弧焊更适用于水平位置的焊接;氦气比空气的密度小,因而氦弧更焊适用于空间位置的焊接,特别是仰焊位置的焊接,但其实际应用较少,大量的应用仍然是采用氩气作为保护气体进行焊接。

几种常用气体保护焊方法的应用范围如下。

(1) CO_2 气体保护焊

CO_2 气体保护焊可以焊接碳钢和低合金钢,并可以焊接从薄板到厚板的厚度不同的工件。采用细丝、短路过渡的方法可以焊接薄板;采用粗丝、射流过渡的方法可以焊接中、厚板。CO_2 气体保护焊可以进行平焊、横焊及其他空间位置的焊接。

CO_2 气体保护焊一般用于船舶、汽车、机车车辆、集装箱、矿山及工程机械、桥梁、建筑等金属结构的焊接生产。

(2)熔化极惰性气体保护焊

熔化极惰性气体保护焊又称熔化极氩弧焊,可以采用半自动或全自动焊接,应用范围较广。熔化极氩弧焊可以对各种材料进行焊接,但近年来由于碳钢和低合金钢等更多地采用 CO_2 气体保护焊或富氩混合气体保护焊进行焊接,而很少采用纯惰性气体保护焊,因此熔化极氩弧焊常用于焊接铝(Al)、镁(Mg)、铜(Cu)、钛(Ti)及其合金和不锈钢。熔化极氩弧焊可以焊接各种厚度的工件,但实际生产中一般用于焊接较薄的板,如厚度为 2 mm 以上的薄板采用熔化极氩弧焊的效果较好。熔化极氩弧焊可以实现智能化控制的全位置焊接。

熔化极活性气体保护焊因为电弧气氛具有一定的氧化性,所以不能用于活泼金属(如 Al、Mg、Cu 及其合金)的焊接。熔化极活性气体保护焊多应用于碳钢和某些低合金钢的焊接,可以提高电弧稳定性和焊接效率。

熔化极活性气体保护焊在船舶制造、车辆制造、工程机械、矿山机械、建筑等行业得到了广泛的应用。

(3)非熔化极惰性气体保护焊

非熔化极惰性气体保护焊又称为钨极氩弧焊,除了对熔点较低的铅、锌等金属难以焊接外,对大多数金属及其合金用 TIG 进行焊接都可以得到满意的焊接接头质量。TIG 焊可以焊接质量要求较高的薄壁件,如薄壁管子、管-板、阀门与法兰盘等。TIG 焊适用于焊接各种类型的坡口和接头,特别是管接头,并可进行堆焊,最适合焊接厚度为 1.6~10 mm 的板材和直径为 25~100 mm 的管子。对于更厚的板材,采用熔化极气体保护焊更加经济实用。

对于形状复杂而焊缝较短的工件，通常采用手工钨极氩弧焊工艺；对于形状规则的焊缝，可以采用自动钨极氩弧焊工艺。

三、焊接技术安全生产的重要性

随着工业产品朝大型化发展，焊接生产的难度及要求越来越高，各种新工艺、新技术的应用也越来越广，焊接生产本身就体现了一种综合性的加工程序，这就增加了焊接生产和许多其他工种同时施工的复杂程度。而且，焊接工种本身具有很多不安全特性，如经常接触各种可燃及易爆的气体、易燃的液体、有毒的烟尘和气体，需要使用电机及电气设备，焊接过程中又需要使用明火，有时还需要操作者在高处作业或者要钻进狭小的空间内焊接；等等。这就增添了许多不安全因素。如果焊工和学生不遵守安全操作规程，就可能引起火灾、爆炸、触电、灼伤、中毒等事故。这不仅会给国家财产造成损失，而且直接影响操作者本人及其他作业人员的人身安全。此外，焊接安全技术与生产技术有着密切的联系，实践证明，在工业生产中，各种焊接新技术、新工艺只有在安全技术问题得到解决的前提下，才有望被推广和使用。因此，对任何焊接新技术、新工艺的采用，必须同时从安全角度加以考虑，寻求适当的保障安全的方法。从某种意义上说，焊接安全技术问题也是生产技术问题。所以，焊接生产中的安全防护非常重要，务必十分重视。工厂有关部门及从事焊接生产、焊接培训的教育部门必须经常对焊工和学生进行安全技术教育和培训。在生产、培训现场应建立必要的安全规章制度，使各级领导、焊工和学生在思想上重视安全生产，明确安全生产的重要性，增强责任感。只有这样，工厂才能有一个安全的生产环境，学校才能有一个安全的训练场所，才能使企业的生产、学校的教学运转正常。

项目一　气体保护焊安全与防护

【项目描述】

焊工属于特殊工种。在工作过程中,焊工要使用高压气瓶、焊机、焊枪等存在危险因素的设备和工具,而且焊接过程中还会产生各种有毒气体、有毒粉尘、紫外线辐射、高频电磁场、噪声等。因此,通过了解并掌握气体保护焊的焊接安全知识与防护技能、焊接电缆绝缘电阻的测量及焊机空载电压的测试,对于保证焊工及其他相关操作人员的健康、安全及安全生产具有重要意义。

本项目主要介绍了气体保护焊的用电、用气安全,防火、防爆、防辐射、防尘措施,典型安全事故分析。学生通过下面两个任务的学习及能力训练,掌握焊接安全与防护技能。

学习任务

任务 1.1　焊接电缆绝缘电阻的测量;

任务 1.2　焊机空载电压的测试。

【项目目标】

知识目标

1. 能叙述焊接生产的劳动保护和安全检查知识。

能力目标

1. 能够确保安全生产和产品质量。

素质目标

1. 具有责任意识、团队意识与协作精神;
2. 具有良好的工作态度、责任心;
3. 具有对新知识、新技能的学习能力和创新能力。

【知识准备】

知识点 1.1　气体保护焊安全技术

微课:气保焊的安全与防护

气体保护焊和焊条电弧焊相比,在安全技术方面具有以下几个特点。

(1)具有较大的电流密度,且电流也较大,因而弧光辐射强烈;

(2)气体保护焊的工作场所中,不仅存在较多种类的保护气体,其浓度也较高;

(3)熔化极气体保护焊的飞溅较多;

(4)进行气体保护焊时,焊工通常要移动送丝机和软管电缆等,且进行连续工作,所以劳动强度较高。

为此,要特别重视气体保护焊的安全技术,保障焊工安全生产。

一、气体保护焊安全用电

1. 安全用电基础知识

(1)安全电压与危险电压

安全电压是指有效值小于 36 V 的电压,危险电压通常指有效值大于 36 V 的电压。气体保护焊弧焊电源的输入端电压一般为 50 Hz 的 220 V 或 380 V 电压,输出端的空载电压一般也在 60 V 以上,均属于危险电压,因此焊工在操作过程中要遵守操作规程,防止触电。

(2)电击对人体的危害

直接接触带电部件时将有电流流过人体,导致电击。电击的伤害程度取决于以下几个因素。

①电流大小。直接不大于 1 mA 的电流仅使触电者有微弱的刺痛感;1~5 mA 的电流会使人很难受但不痛;6~30 mA 的电流会引起疼痛,使人失去对肌肉的控制,不能行走,还可能会引起烧伤;50~150 mA 的电流会引起严重疼痛,导致严重的肌肉收缩、深度烧伤、击倒,并可能导致死亡;1 000~4 300 mA 的电流会引起心室纤维性颤动(心电图节奏被打乱,心脏跳动激烈,且心室由于失去同步而不能送出血液),可能会导致死亡;电流为 10 000 mA 时,会导致心脏停博、严重烧伤,死亡的可能性很大。

尽管电击对人体的作用是以电流大小来衡量的,但由于通过人体的电流是不可能事先计算出来的,因此安全条件不是按照安全电流,而是按照安全电压来确定的。不同的环境条件下,人体电阻是不同的,安全电压也各不相同。一般情况下,36 V 以下的电压不会导致伤亡,因此规定低于 36 V 的电压为安全电压。

②电击持续时间。电击持续时间越长,电击伤害程度就越严重。这是因为随着通电时间的延长,人体电阻因出汗或其他原因而下降,导致电流增大,触电危险性增加。此外,人的心脏每收缩扩张一次,中间约有 0.1 s 的间歇时间,人体在这 0.1 s 的间歇时间内对电流最为敏感。如果电流在这一瞬间通过心脏,即使电流只有几十毫安,也会引起心脏震颤。电流不在该瞬间通过心脏时,即使达 10 A,也不会引起心脏麻痹。由此可知,如果电流持续时间超过 1 s,则必将与心脏最敏感的间歇重合,造成很大危险。

③电流种类直流(DC)或交流(AC)、交流电流的频率。对于人体来说,最危险的频率为 25~300 Hz,2 000 Hz 以上的高频对人体的影响很小,因为高频有集肤效应。直流电压的危害也小于工频交流电压。

④电流在人体中的流通路径。电流从手到脚流通的危险性最大,因为沿这条路径流通的电流有较多的机会通过心脏、肺部和脊髓等重要器官;其次是从手到手的流通路径;而从脚到脚的电流流通路径的危险性最小。

⑤人体电阻。在外加电压一定时,人体电阻越大,危险性越小。人体电阻主要由体内电阻和皮肤电阻组成。体内电阻基本上不受外界条件的影响,其数值不低于 500 Ω。皮肤电阻受很多外界因素的影响,如皮肤上的汗液、损伤、黏附的粉尘等都会降低皮肤电阻,增大危险性。

(3)导致电击事故的常见原因

因具体情况的不同,导致电击事故的原因很多,但大致可分为两类:一类是直接电击,即直接接触正常运行时带电的部件所发生的电击;另一类为间接电击,即触及意外带电体所发生的电击。意外带电体是指正常情况下不带电,由于绝缘损坏或电气元部件故障而带电的物体,如漏电的焊机外壳、绝缘外皮破损的电缆等。

①直接电击事故。进行以下操作时易发生这类事故。

a. 焊接开始前更换电极或整理焊枪上的焊丝时,不小心接触到焊枪上的导电部位。

b. 在接线、调节焊接电流或移动焊接设备时,手或身体碰到接线柱、极板等带电体。

c. 在登高焊接时触及低压线路或靠近高压线路。

②间接电击事故。焊接时发生间接电击事故的原因主要是触及漏电的焊机外壳或绝缘破损的电缆。焊机外壳漏电的主要原因有:线圈潮湿、焊机长期超负荷运行、短路发热、安装地点和方法不符合安全要求、因振动或碰击而使线圈或引线的绝缘受到机械性损伤、金属物(如铁丝、铁屑、铜线或小铁管头)进入焊机外壳内。

(4)触电类型

触电可分为以下几种类型。

①单相触电。这是指人体某一部位触及连接单相电压的带电体。大部分触电事故都是单相触电事故。

②两相触电。这是指人体两处同时触及两相带电体。此时,人体所受到的电压可高达380 V,危险性很大。

③跨步电压触电。电气设备发生接地故障时,接地电流通过接地导体流向大地,人在接地点周围,两脚之间的电位差称为跨步电压。过大的跨步电压也会引起触电事故。高压设备的接地故障处或有大电流流过的接地装置附近,都可能出现较高的跨步电压。

2. 焊接触电事故的预防措施

为了保证焊接设备的使用安全,在设备出厂前就采取了许多安全措施,如隔离防护措施、绝缘措施等。为了确保用电安全,操作者在安装设备及焊接操作过程中除了应遵守随机附带的使用说明外,还应注意以下几点。

(1)焊机外壳的保护接地

如果焊机不接地,变压器初级绕组由于某种原因与外壳短路后,将带有很高的电压,人触及外壳后就会被电击,因此所有焊机外壳必须接地。所谓接地就是用导线将焊机外壳与大地连接,提供一条连接地面的低电阻路径。这样,在焊机外壳漏电时,将有很大的对地短路电流产生,从而使保险丝烧断或断路器跳闸,将整个电路切断并同时向用户发出报警信号,如图1-1所示。

大部分焊机的外壳上设有专用的接地螺钉(有些采用三相四线制供电的焊机没有该螺钉,四根电缆线中有一根接到电网的地线上),应利用导线将该螺钉连接到接地极上,而且接地电阻应小于4 Ω。可采用专用接地极或自然接地极。

一般可利用插入地下深度超过1 m的铜棒或无缝钢管做专用接地极(或称人工接地极)。自然接地极是指原有的可靠接地的装置,如已可靠接地的建筑物金属结构件(建筑规程通常要求金属结构件接地)、地下水管等。经常移动的焊机一般采用自然接地极。注意:不得使用氧气管道或易燃易爆气体管道作为接地极,也不要利用避雷针作为接地极。这是由于避雷针经长久的风吹日晒后,接地电阻会变大。

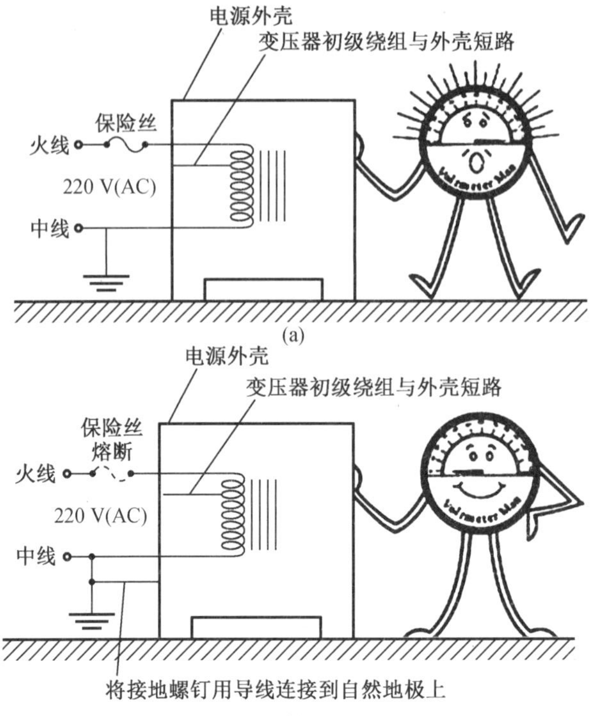

图 1-1 电源外壳的接地

对于接地线,有如下几个要求。

①要有足够的截面积,不得小于相线截面积的 1/3~1/2。

②接地线必须是整根的,中间不得有任何接头。焊机与接地线的连接必须牢固可靠。对于经常移动的焊接设备,接地线应利用螺栓拧紧,最好使用弹簧垫圈、防松螺帽以防变松;对于固定安装的焊机,接地线最好采用焊接方式进行连接。

③多台焊机共用一个接地极时,只能采用并联方式连接,不得串联到接地极上。

④接地线上不准设置熔断器或开关,以保证接地的永久性和可靠性。

⑤连接接地线时,应先接到接地极上,再接到焊机外壳上;拆除时顺序正好相反。

(2)保护接零

所谓保护接零,就是通过连接零线进行保护,即利用一根导线将焊机的金属外壳与电源线的零线连接起来。如图 1-2 所示,这是三相四线制供电电源的正确连接方法,四根线中有一根用来将焊机的金属外壳与电源线的零线连接起来,当某一相与焊机外壳短路时,焊机外壳将该相与零线短路,产生很大的单相短路电流,使该相保险丝熔断,该相电源被切断,外壳带电现象立刻终止。

有些用户通过将外壳连接到大地上来代替与零线的连接,这是不正确的。这是因为某一相的绝缘被破坏而导致漏电时,外壳可能产生相当于相电压一半的电压,不能保证安全。

在焊机二次绕组的一端接地或接零时,焊件不得接地,也不得接零。焊机二次绕组和焊件同时接地或接零时,如果焊机二次回路接触不良,接地线或接零线上就可能会产生很大的电流,将地线或零线熔断,失去接地或接零保护功能。这不但会危及焊工的人身安全,而且易引起火灾。因此,在焊接已牢固接地的工件时,必须将焊机二次绕组的接地线或接零线暂时拆除,焊接后再恢复。图 1-3 比较了几种正确或错误的接地或接零的方法。

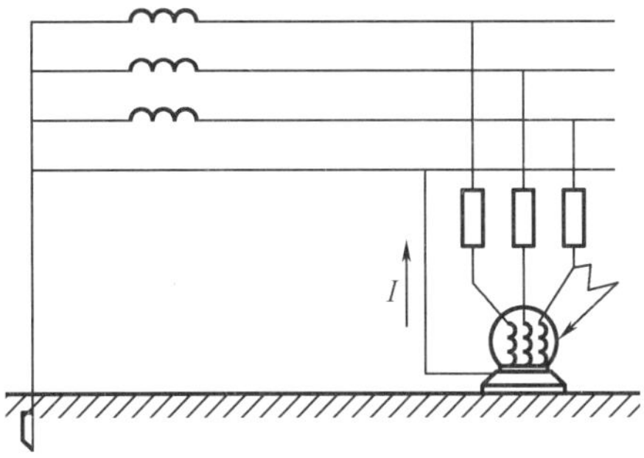

图 1-2　保护接零

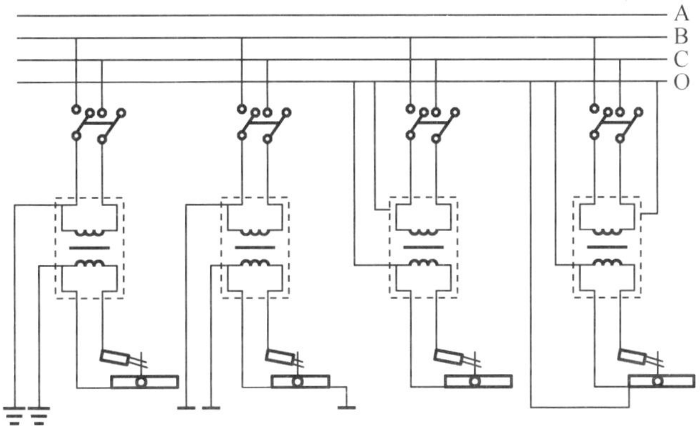

图 1-3　接地或接零正误方法比较

对于接零线,有如下几个要求。

①接零线要有足够的截面积,其许用电流应大于焊机的主电源熔断器额定电流的 2.5 倍,或者大于对应自动开关跳闸电流的 1.2 倍。

②接零线必须是整根的,中间不得有接头。焊机外壳与接零线的连接应利用螺栓拧紧,最好使用弹簧垫圈、防松螺帽等以防长时间使用时变松;对于固定安装的焊机,接零线可采用焊接方式连接。

③多台焊机不得以串联方式连接到零线上,只能采用并联方式。

④接零线上不准设置熔断器或开关。

⑤连接时,先将接零线接到零线上,再接到焊机外壳上;拆除时顺序正好相反。

(3)采用接地故障断路器(FFI)

在潮湿环境(如多雨的施工现场)中工作时,仅仅采用接地或接零是不能保证焊工安全的,这种情况下最好采用接地故障断路器。

接地故障断路器对由电网流入焊机的电流进行测量,并将该电流与流出焊机的电流进行比较。如果这两个电流有明显的差别,接地故障断路器将在几毫秒的时间内断开焊机与电网间的连接。流入焊机的电流与流出弧焊电源的电流之间的不平衡一般是由对地短路造成的。接地故障断路器以很快的速度断开电源,因此流向地面的短路电流不会造成人身伤害。应采用接地故障断路器、设备接地和合适的保险丝来提供最好的保护。即使焊机不接地，接地故障断路器仍然能进行保护。图 1-4 所示为接地故障断路器保护原理。

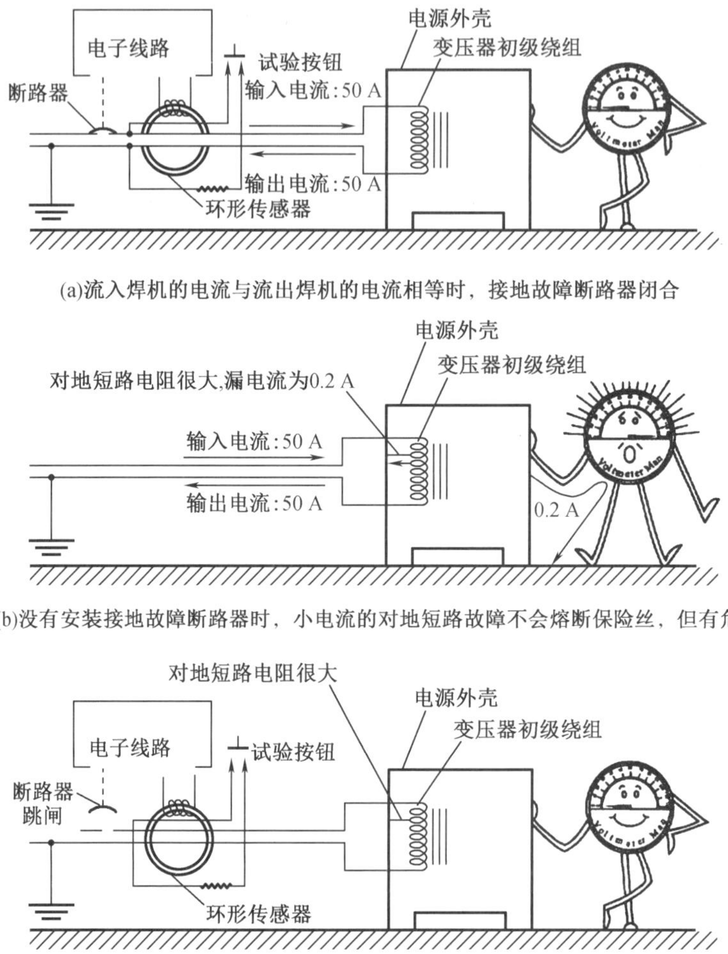

(a)流入焊机的电流与流出焊机的电流相等时，接地故障断路器闭合

(b)没有安装接地故障断路器时，小电流的对地短路故障不会熔断保险丝，但有危险

(c)故障断路器检测到很小的短路故障电流或立即跳闸，保护焊工安全

图 1-4　接地故障断路器(FFI)保护原理

(4)气体保护焊焊工需要记住的电气安全要点

①确保所有设备均可靠地接地或接零，在电源的输入侧最好使用接地故障断路器进行保护，并定期检查它们的可靠性。

②焊机持续工作时间应符合其铭牌的规定值，不得长时间超时运行。

③焊工操作时必须按劳动保护规定穿戴防护工作服、绝缘鞋和焊工手套。

④不要在雷雨天施焊，特别是焊接高度大的钢结构时，因为雷电击中焊接电缆时将有生命危险。

⑤确保电源和电缆保持良好的工作状态。

⑥在焊接过程中、维护弧焊电源或操作开关时不要站在湿地或水泥地上。

⑦救助不幸被电击的人时一定要小心，以免自己成为另一个受害者。如果不知道如何做，那就应等待急救服务。

⑧了解应急用断路器及熔断器的位置。

⑨维修设备前应切断焊接设备的外部电源。光线不足时，照明灯的电压应为不高于 36 V 的安全电压。

⑩在狭小空间或容器内进行焊接时，必须两人轮换操作，并互相照应，一人留在外面监护，以便发生意外时及时切断电源并进行抢救。

(5)触电抢救措施

万一有焊工触电，应遵守如下规定。

①应先迅速地将电源切断。如果因某种原因(如离开关较远)来不及切断电源，则应利用干燥的手套、木棒等绝缘物拉开触电者或挑开电线。切勿赤手或用导电物体去碰触电者，以防自己触电。单手操作比双手操作要安全些。

②切断电源后，如果触电者仍呈昏迷状态，应立即使其平卧，并施行人工呼吸或拨打 120 电话求助。

注意：不安全用电的危害非常大，但不能因为电的危险性而一味地恐惧用电，尤其是焊接专业的学生，必须懂得电也是有规律的。科学合理地用电不但不会伤害人，而且可以为人创造价值。特斯拉的案例正是这个道理的一个最有力的证明，我们对电不必恐惧，要学会科学合理地用电，培养讲科学的精神。

二、用气安全及防爆防火

1. 用气安全

(1)常用气瓶及标识

气体保护焊用的保护气体(如氩气、氦气、氧气及二氧化碳)是分别盛放在气瓶中的。焊接时，通过软管以一定的流量和压力将单一气体或混合气体导入焊接区。每种气瓶都有醒目的标志见表 1-1。不同的气瓶不能混用。

表 1-1　各种气瓶的标识方法

气体		氩气(Ar)	氦气(He)	氧气(O_2)	二氧化碳(CO_2)	氢气(H_2)
标识	气瓶外表面颜色	灰色	银灰色	天蓝色	铝白色	淡绿色
	字样	绿色 “氩气”	绿色 “氦气”	黑色 “氧气”	黄色 “二氧化碳”	红色 “氢气”

(2)引起气瓶爆炸的原因

焊接用气瓶有氧气瓶、乙炔气瓶、氢气瓶、氩气瓶、二氧化碳气瓶和液化石油气瓶等，属Ⅱ、Ⅲ类受压容器，使用不当时可能引起爆炸，危险极大。引起气瓶爆炸的主要原因如下。

①气瓶的材质、结构或制造工艺不符合要求。

②由于保管和使用不当，受阳光直接暴晒、明火或其他热源的辐射加热作用，气瓶中气体受热膨胀而引起爆炸。

③搬运、装卸时，气瓶从高处坠落、倾倒或滚动等，发生剧烈碰撞。

④放气速度太快，气体迅速流经阀门时产生静电火花。

⑤氧气瓶口上沾有油脂或氧气瓶内混入其他可燃气体。

⑥乙炔瓶内多孔物质下沉，产生净空间，使乙炔气体处于高压状态。

⑦乙炔瓶内丙酮量过少。

⑧液化石油气充灌过满，受热时瓶内压力过高。

(3)防止气瓶爆炸的措施

①防震。在运输、储存和使用过程中，应避免气瓶受剧烈震动和碰撞冲击。尤其是冬天，瓶体金属更容易发生脆性断裂而导致爆炸。气瓶应戴有安全帽，防止摔断瓶阀，造成事故；瓶身应有橡胶圈。搬运气瓶时，必须使用专门的抬架或小车，不得直接用肩膀扛运或直接搬运。使用车辆运输时，应用波浪形瓶架等将气瓶妥善固定，最好垫上橡皮或其他软物，以减少震动。应轻装轻卸，严禁使气瓶从高处滑下或在地面上滚动。氧气瓶在储存和使用时应尽可能垂直立放，并设有支架固定，以防倾倒和发生碰撞。乙炔瓶在使用时必须立放，不能卧放，以防丙酮流出而引起燃烧或爆炸。

②防热。在运输和使用气瓶时，都要预防气瓶直接受热。夏天用车辆运输或在室外使用气瓶时，瓶身应加以覆盖，避免阳光暴晒。气瓶在存放和使用时应当远离高温、明火、熔融金属飞溅物和易燃易爆物质等，距离应当在 10 m 以上。

③严格检查。使用气瓶时要检查气瓶试压日期是否过期，装上减压器后应检查是否漏气，表针是否灵活。

④细心操作

a. 开启阀门时不要面对阀门接口，应站在气瓶接口的一侧或垂直方向的位置上，以免气流或减压气射出伤人。

b. 未装减压器之前，应先缓慢地打开气瓶阀门，吹除污物，以免灰尘和水分进入减压器。

c. 开启阀门的动作要缓慢，以免气流过速而产生静电火花或减压器里的气体经压缩而发生燃烧和爆炸事故。

d. 冬季，瓶阀或减压器可能有结冻现象，只能用热水或蒸汽解冻，严禁使用火焰烘烤或用铁器猛击瓶阀，更不能猛拧减压器的调节螺丝，以防气体大量冲出，造成事故。

e. 氧气瓶阀和减压器不得染上油脂。

f. 氧气瓶和乙炔气瓶及其他可燃气瓶相互接触时，一旦发生漏气着火，容易引起燃烧和爆炸。因此，几者不得同车运输和在一起存放。

g. 禁止用起重设备直接吊运钢瓶及用氧气瓶代替压缩空气进行喷漆等。

h. 使用液化石油气瓶时，液体不能充得过满，必须按规定留出汽化空间。因液化石油气对普通橡胶导管和衬垫有腐蚀作用，故应采用耐油性强的橡胶导管和衬垫。

i. 储存和使用石油气的场所，其除在高处设有通风孔外，低处亦应设有通风孔，以利于空气对流。

j. 用石油气瓶焊割点火时，应先点燃引火物，后打开瓶阀，不要颠倒次序。气瓶内气体不能全部用完，应保留一定的气量，从而使瓶内保证正压，防止空气进入气瓶。

⑤加强气瓶的安全技术检验。在使用气瓶过程中，必须按气瓶安全监察规程的要求，对充装无腐蚀性气体的气瓶，每三年检验一次；对充装有腐蚀性气体的气瓶，每两年检验一次。在使用过程中，如发现气瓶有严重腐蚀、损伤和认为有怀疑时，可提前进行检验。气瓶的检验项目一般包括内外表面检验和水压试验。

2. 防火防爆及灭火措施

(1) 防火防爆措施

焊接过程中，飞溅的颗粒如果飞到可燃物品上，易导致火灾，因此应采取如下措施防止火灾。

①焊前应先检查焊接现场周围是否有易燃、易爆物品(如油漆、煤油、木屑等)。如有，则应将这些物品搬离，或利用绝热材料进行可靠的覆盖。

②在对储存容器、管道等进行修复焊时，应检查该容器内是否存放过易燃、易爆物。如果是，则必须先将容器内残留的介质排放干净，并用碱水清洗内壁，再用压缩空气吹干，确认安全可靠后方可进行焊接。

③在对压力容器、筒体、管道进行焊接时，必须先将压力释放后才能开始工作，防止发生爆炸。

(2) 灭火措施

作业现场应配有灭火器。万一发生火灾，应先切断电源，最好将气瓶移走，然后采取灭火措施。常用的灭火器材有四氯化碳灭火器、二氧化碳灭火器和干粉灭火器。

三、辐射的危害及防护措施

1. 弧光辐射的危害及防护措施

(1) 弧光辐射的危害

弧光包含红外线、可见光、紫外线三种射线。紫外线对焊工的危害最大，尤其对眼睛和皮肤。紫外线长时间辐射眼睛后，会严重影响视力，引起电光性眼炎。电光性眼炎的主要症状为疼痛、有砂粒感、多泪、怕风吹等。皮肤经常受到紫外线照射，会发红、触痛、变黑、脱皮等，严重的还会发生皮肤癌。另外，紫外线对纤维织物还有破坏和褪色作用。气体保护焊电弧温度高，其电弧光辐射比焊条电弧焊强得多，例如，氩弧焊的紫外线辐射强度是焊条电弧焊的 13 倍，因此操作者更应加强防护措施。

(2) 弧光辐射的防护措施

操作者应采取下列弧光辐射防护措施。

①引弧前应戴好专用头盔或面罩，保护好面部(特别是眼睛)，还要注意周围是否有其他人员，以免强烈的弧光灼伤他人的眼睛。

②焊前应穿戴好高领帆布工作服和专用手套(最好是白色的)，防止弧光灼伤皮肤。

③多人使用多台焊机同时进行焊接作业时，弧光辐射源较多，应使用防护屏相互遮挡，避免受其他焊机弧光的伤害。防护屏可用玻璃纤维布及薄钢板等制作，并涂上灰色或黑色的无光漆。

2. 高频磁场辐射的危害及防护措施

(1) 高频磁场辐射的危害

钨极氩弧焊采用高频振荡引弧，因此引弧时焊工易受到高频磁场的辐射。人体长时间受高频磁场辐射时，各种器官的温度会升高，人会出现头晕、乏力、多梦、脱发和记忆力下降等症状。

(2) 高频磁场辐射的防护措施

对于高频磁场辐辐射，通常采用如下防护措施。

①提高高频振荡引弧的可靠性，减少引弧次数及时间。在可靠引弧时，引弧时间只有

0.2 s 左右，影响较小，但是如果频繁引弧则影响较大。

②工件可靠地接地。工件接地能够显著降低高频辐射强度。

③降低工作环境的温度和湿度。环境温度和湿度越高，人体对高频辐射的敏感性越强，因此加强通风、降低工作环境的温度和湿度是减弱高频辐射伤害的重要手段。

④屏蔽高频振荡器。将高频振荡器用金属外壳屏蔽起来，可降低高频辐射强度。最好将焊枪内的电缆、连接焊枪至焊机的电缆也用铜质软编织层屏蔽起来。

3. 放射性辐射的危害及防护措施

(1)放射性辐射的危害

钨极氩弧焊经常采用钍钨极。这种钨极中含有少量的二氧化钍(ThO_2)，具有轻微的放射性，对焊工的危害主要是体外照射和体内照射。体外照射就是钨极发射出的放射性射线所产生的照射。在正常焊接中，由于钍钨极本身放射性并不大，焊接持续时间不长，体外照射时是不需要进行屏蔽的。所谓体内照射即钍及其衰变产物以气溶胶的形式进入人体，这种气溶胶具有很高的生物活性，很难被排出，长期作用于体内，从而形成体内照射，引起放射性疾病。人体被辐射后的主要表现为免疫力降低、体重减轻、衰弱无力、造血系统受到破坏。

(2)放射性辐射的防护措施

采取如下措施进行放射性辐射防护。

①尽量不采用钍钨极，而选用铈钨极。铈钨极的放射性比钍钨极低两个数量级。

②焊接时务必戴上头盔，防止蒸发出的钨极进入体内。

③根据电流大小选择直径合适的钨极，防止钨极的过量烧损。

④钍钨极应用铅或铁质箱子盛放，存放在独立的地下储藏室中；储藏室应配置排气系统，以随时将被放射性物质污染的空气排出。

⑤打磨钨极时务必穿上专用工作服，并戴上口罩和手套；砂轮必须安装在通风良好的地方。

⑥对打磨场地或焊接场地及时进行湿式清理；对收集的具有放射性的粉尘应进行深埋处理。

⑦接触钍钨棒后应用流动的水和肥皂洗手；工作服和手套应经常清洗；操作时最好戴一次性口罩。

四、焊接烟尘的危害及防护措施

1. 焊接烟尘的危害

焊接过程会放出烟尘，烟尘主要由金属、氧化物和氟化物等微粒以及臭氧、氧化氮和一氧化碳等有害气体组成。气体保护焊焊接烟尘各组分的危害性见表 1-2，具体成分和数量主要取决于采用的焊接方法、焊接参数等。实际上焊接烟尘是影响面最大的有害因素，因此应采取有效的措施来进行防护，特别是在通风条件欠佳的环境，如在密闭容器、船舱或管道里进行焊接时。

表 1-2　气体保护焊焊接烟尘各组分的危害性

烟尘组分		来源	危害	症状
粉尘	铝、氧化铝	铝的焊接及切割	铝尘肺	气短、胸闷、咳嗽、咳痰、无力、神经衰弱等
	铬、氧化铬	钢,特别是不锈钢的焊接及切割	慢性非特异性肺病、支气管炎、癌症	气短、胸闷、咳嗽、咳痰、无力、气喘、神经衰弱等
	铁、氧化铁	钢的焊接、切割	铁尘肺	气短、胸闷、咳嗽、咳痰、无力、神经衰弱症状等
	锰、氧化锰	钢的焊接,特别是 CO_2 气体保护焊	锰中毒、肺炎	头疼、乏力、失眠、神经功能紊乱
	氧化硅	钢的焊接,特别是 CO_2 气体保护焊	尘肺	气短、胸闷、咳嗽、咳痰、无力、神经衰弱症状等
有毒气体	臭氧	主要是钨极氩弧焊和熔化极氩弧焊	支气管炎	咳嗽、胸闷、乏力、食欲不振、头晕、全身疼痛
	氮氧化合物	各种气体保护焊	慢性中毒、慢性支气管炎	头疼、失眠、食欲不振、呼吸困难、虚脱、全身软弱无力等
	一氧化碳	各种气体保护焊	一氧化碳中毒	头疼、全身乏力、脉搏加快、呕吐、头昏等

2. 焊接烟尘的防护措施

主要采用通风等措施排放焊接烟尘并采用穿戴防护用品等措施进行个人防护。

(1)通风

通风是最常用、最有效的防护焊接烟尘的方法,而且通风还是降低焊接热污染的主要措施。在室内、各种容器及管道内进行焊接作业时,均应采取通风措施,以保证操作人员的身体健康。根据动力源的不同,通风分为自然通风和机械通风两种。

①自然通风。自然通风依靠焊接工作场所与外界的温差及自然风力将焊接烟尘排出,这种方式的特点是通风量小,不够稳定,受外界条件影响大。由于焊接车间内的温度高于外界,在温差的作用下,室内空气和室外空气之间自然会发生交换,形成自然通风条件。在车间设计过程中,通过适当改善车间结构可改善自然通风条件;通过合理安排车间内的设备布局也可改善自然通风条件。自然通风只能作为辅助通风措施。

②机械通风。机械通风是利用风机产生的压力进行换气,具有通风量大、通风稳定的特点。根据通风范围,机械通风分为全面机械通风和局部机械通风两种类型。而根据风机类型,机械通风又分为机械送风与机械排风两种方式。机械通风的效果较好,是目前焊接通风采用的主要方法。

a. 全面机械通风。全面机械通风利用通风系统对整个车间进行通风换气,根据通风方向可分为上抽排烟、下抽排烟和侧抽排烟等几种方式。表 1-3 对这三种全面机械通风方式进行了比较。

表 1-3 三种全面机械通风方式的比较

通风方式	简图	特点	效果
上抽排烟	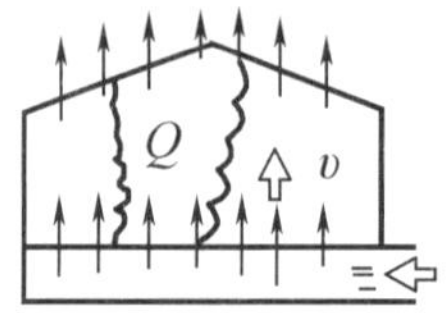	室外空气从地表送入,室内污染空气从房顶排出,烟流与新鲜空气的流动方向相同,消耗能量小	焊接工作位置仍有一定污染,排烟效果一般,适用于新建车间
下抽排烟	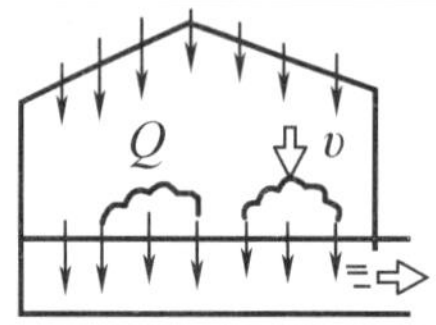	室外空气从房顶送入,室内污染空气从地表排出,烟流与新鲜空气的流动方向相反,消耗能量大	排烟效果好,适用于新建车间
侧抽排烟	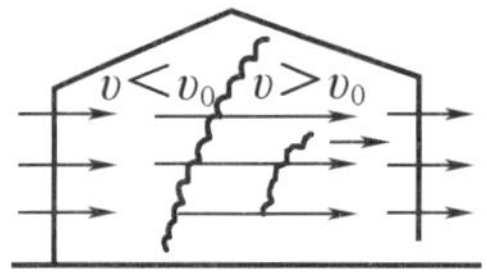	室外空气从一侧送入,从另一侧排出,上风口的效果好于下风口	排烟效果差,适用于老厂房改造

全面通风时,应确保每个焊工有一定的通风量,但很难保证各个焊工均有良好的通风量,因此,全面机械通风一般也仅仅作为辅助的通风措施。

b. 局部机械通风。采用局部机械通风时,焊接烟尘和有害气体刚一产生,就被近距离安装的排风罩口迅速吸走,因此所需风量小,且不污染环境,不影响焊工,通风效果好,是目前焊接所采用的主要通风措施。

机械式局部通风主要通过除尘机来进行。除尘机由排气罩、风管、净化装置和风机四部分组成。它可分为固定式局部排烟除尘机和移动式排烟除尘机两类。

Ⅰ. 固定式局部排烟除尘机。在焊工工作区安装固定的通风排气管路,进行局部的排烟除尘处理,适用于焊接工作区和焊接工作台固定的情况。固定式排烟除尘机分上抽、下抽和侧抽三种形式,如图 1-5 所示,其中下抽式效果最好,而且其安装位置不影响焊工的操作。

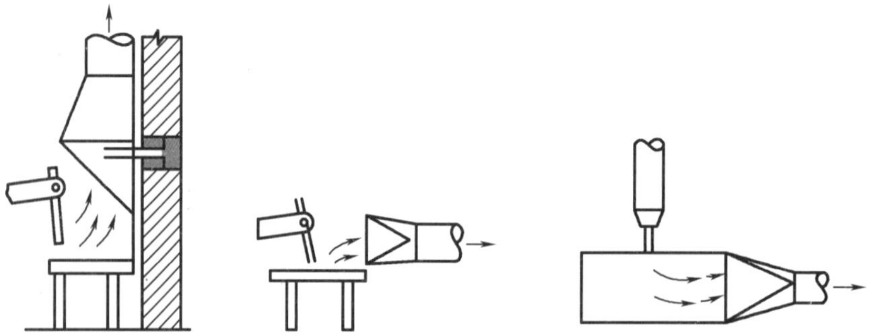

(a)上抽式 (b)侧抽式 (c)下抽式

图 1-5 固定式局部排烟除尘机

Ⅱ. 移动式排烟除尘机。这类通风装置具有结构简单、轻便的特点,可随工作地点和操作位置的移动而移动,主要用于在密闭容器或管道内施焊时。使用时,只需将吸风头放置在电弧附近,开动风机,就可有效地将有毒气体和粉尘吸走。

移动式排烟除尘机通常带有净化器,如图 1-6 所示。

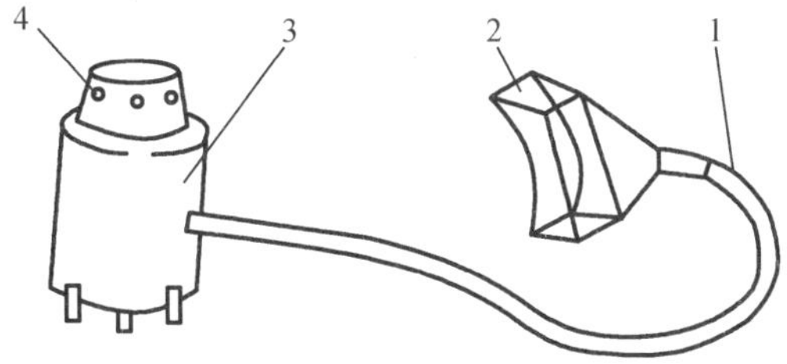

1—软管;2—吸风头;3—净化器;4—出气孔。

图 1-6　移动式排烟除尘机

焊接大而长的工件时,常采用多吸头排烟除尘机,此除尘机属于固定式局部排烟除尘机。每个排气支管可根据焊件的大小和高低进行适当的调整,排气口的数量也可根据焊件长短进行调整,如图 1-7 所示。

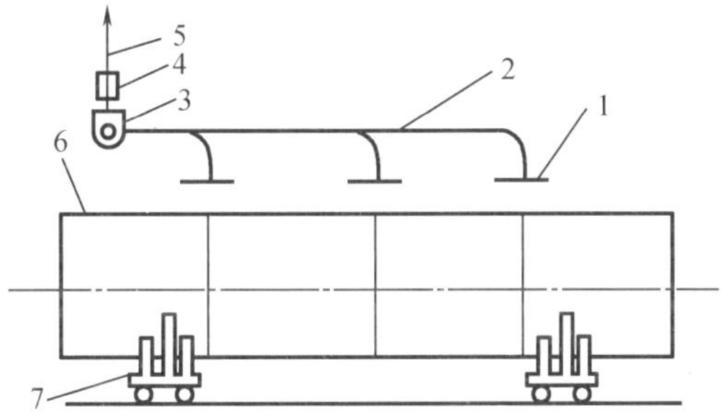

1—排烟罩;2—排烟管;3—风机;4—净化器;5—排出口;6—容器;7—转动轮。

图 1-7　多吸头排烟除尘机

(2)焊工个人防护

在某些通风不易的特殊作业场合,如在封闭容器内进行焊接作业时,个人防护措施是最行之有效的手段。在这种恶劣的工作环境中工作时,加强个人的防护措施至关重要。一般个人防护措施除穿戴好工作服、鞋、帽、手套、眼镜、口罩、面罩等防护用品外,必要时可采用送风盔式面罩(图 1-8)及防护口罩(图 1-9)。

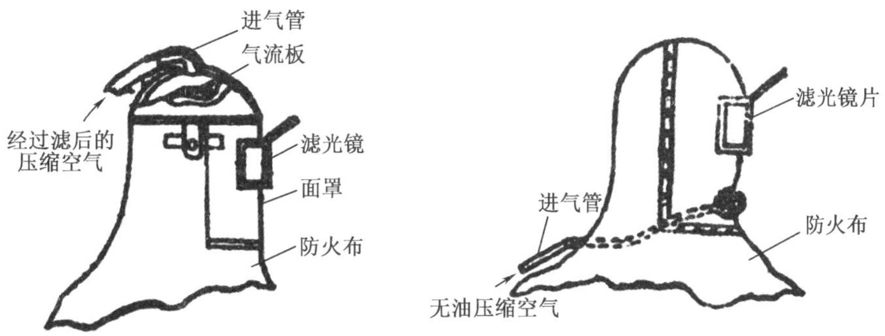

(a)头箍式头盔(顶送风)　(b)肩托式头盔(下送风)

图 1-8　送风盔式面罩

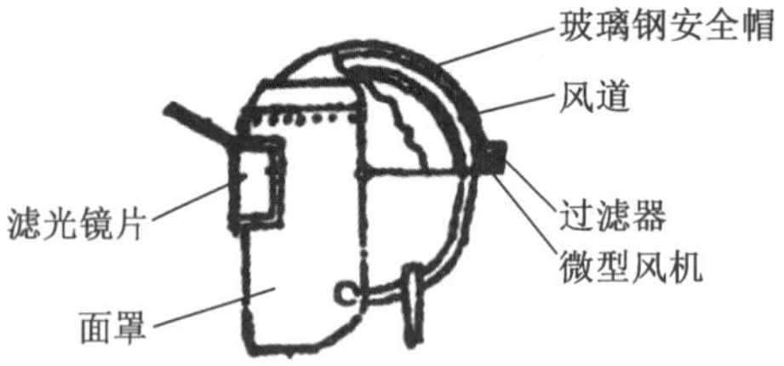

(c)风机内藏式头盔

图 1-8(续)

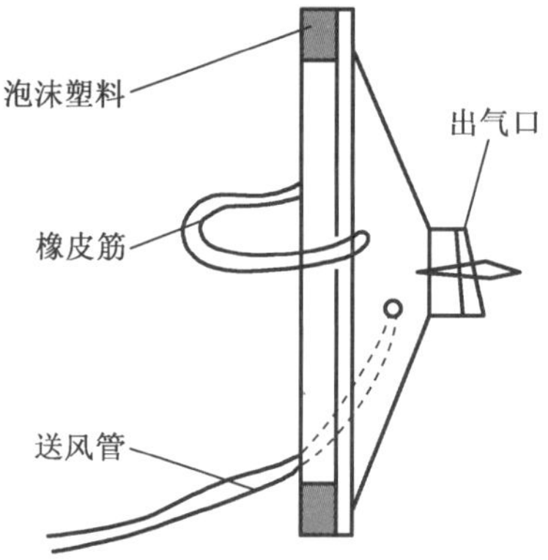

图 1-9　防护口罩

知识点 1.2　焊工作业典型事故案例分析

微课:焊接安全事故案例分析

一、无证电焊工使用有缺陷焊钳导致触电事故

1. 事故经过

2002 年 9 月 18 日,在上海市某联合厂房、办公楼建设施工中,某设备安装工程公司负责水电安装和钢筋电渣压力焊接工程的施工。当天 18 时,安装公司工地负责人施某安排电焊工宋某、李某以及辅助工张某加夜班焊接竖向钢筋。19 时 30 分左右,辅助工张某在焊接作业时,因焊钳漏电,被电击后从 2.7 m 的高空坠落到基坑内后不省人事。事故发生后,现场作业人员立刻进行援救,将张某从基坑内救出后,项目部立即派人将张某送到医院抢救,但是张某因伤势过重,经抢救无效死亡。

2. 事故原因分析

(1)造成事故的直接原因:一是张某是辅助工,没有经过电焊专业技术培训,不具有电焊工资格,属于无证上岗;二是设备附件有缺陷,焊钳破损漏电,张某在进行焊接作业时,因焊钳漏电而遭电击后坠地身亡。

(2)造成事故的间接原因:一是某设备安装工程公司对安全生产管理不严,电焊机未按规定配备二次侧空载保护器;二是施工现场安全防护措施不落实,作业区域未搭设操作平台,张某坐在排架钢管上进行电焊作业,遭电击后,因无防护措施而从 2.7 m 高处坠落,加重了伤害程度。

3. 事故教训与防范措施

在安全生产工作中，焊接与切割作业属于特种作业（即对操作者本人，以及对他人和周围设施的安全有重大危险），直接从事焊接与切割作业的工人属于特种作业人员。按照规定，特种作业人员必须经过专门的安全技术理论和实际操作培训、考核，并且经考核合格取得相应操作证后，方能独立作业。严禁无证操作。在这起事故中，张某是辅助工，没有经过电焊工专业技术培训，不具有电焊工的资格，属于无证上岗。从事故发生过程来看，似乎与无证上岗无直接因果关系，但是，触电的原因是焊钳破损漏电。焊钳破损是一个过程，经过专业培训的人员具有相应的知识，并且积累有相应的操作经验，当发现焊钳破损后应立刻采取措施如更换新的焊钳，从而避免触电事故的发生。反之，就有可能引发事故。所以，完全可以认定，造成事故的直接原因之一就是张某的无证上岗操作。除此之外，电焊机未按规定配备二次侧空载保护器也是导致事故的一个重要原因。对此，公司领导和安全管理人员难辞其咎，应负主要责任。

事故发生之后，企业所采取的预防措施如下。

（1）加强机械设备管理，特别是电焊机要按照规定配备二次侧空载保护器，并经常检查电焊机运转情况；检查焊钳完好情况，发现焊钳破损要及时更换，防止漏电，严防事故重复发生。

（2）认真落实安全生产的各项防护措施，施工现场要有安全通道，作业区域要搭设操作平台，“洞口”“临边”防护措施必须保证落实，加强施工现场临时用电管理，电气设备的配置、用电线路的设置要按规定要求实施，以确保临时施工用电安全。

（3）项目部要进一步加强对职工进行“安全第一”的思想教育，提高全员安全意识，严禁违章指挥、违章作业、无证操作，并按规定配好个人防护用品，满足安全需要。

（4）建筑施工单位要强化施工现场安全生产管理，加强安全生产检查，发现问题要及时采取整改措施，把事故隐患消灭在萌芽状态，并要加强对分包单位安全生产的监督力度，确保施工生产顺利进行。

二、在潮湿环境中穿布鞋违章进行电焊作业导致触电事故

1. 事故经过

2002 年 6 月，浙江省某建筑公司与某有色金属公司签订承包工程协议，由该建筑公司承担某有色金属公司的浴池管道改造工程。7 月 6 日，建筑公司开始进行管道焊接作业。按照工作安排，焊工黄某接受任务，对浴池所敷设的管道进行焊接。黄某手持电焊机回路线，在将回路线往管道上搭接时触电，其倒地后将回路线压在身下。现场人员紧急切断电源，对黄某进行抢救，然后将其送往医院，但是黄某经抢救无效死亡。

事故之后，经现场调查发现，黄某在潮湿的浴池地面焊接管道时，脚上穿的是塑料底布鞋，手上戴的帆布手套已经湿透。当其右手拉电焊机回路线并往钢管上搭接时，裸露的线头触到戴手套的左手上，使电流在回路线、人体、焊把线（已放在地上）之间形成回路，并通过心脏。尤其是在黄某触电倒地后，在潮湿的浴池内的人体成了良好的导体（那时人体的电阻约为 1 000 Ω），电焊机空载二次电压为 70 V 左右。此时，通过人体的电流约为 70 mA，而通常的成人致命电流是 50 mA。70 mA 的电流使黄某心脏功能衰竭、血液循环停止，并造成死亡。

2. 事故原因分析

(1)造成事故的直接原因:一是黄某没有按照规定要求穿戴劳动保护用品,在进行电焊作业时穿塑料底布鞋;二是在环境潮湿、帆布手套已湿透的情况下,当黄某用右手拉电焊机回路线并将其往钢管上搭接时,裸露的线头触到戴手套的左手上,导致触电事故。

(2)造成事故的间接原因:一是对电焊机没有采取接地保护措施或配备漏电保护器,当发生触电事故后,不能及时断电;二是施工现场的安全监督管理存有漏洞,对违反安全操作规程的不安全行为没有及时发现和制止。

3. 事故教训与防范措施

在这起事故中,焊工黄某的安全意识淡薄,在焊接作业中忽视安全问题,自我保护意识差,这是造成事故的重要原因。在生产作业中,人们不可能知道何时、何地、何人会发生事故,也不可能知道是什么原因导致事故,所能知道的就是在比较危险的作业环境中和危险的作业过程中,如果忽视安全、违反安全操作规程,就有可能导致事故发生。

以这起事故为例,在浴池潮湿的地面进行电焊作业容易引发触电,这在电焊技术培训中应该讲过,但是黄某却麻痹大意、不以为然。他脚上穿的塑料底布鞋和戴的帆布手套已经湿透,按照电焊作业操作规程的要求,作业时应该穿具有绝缘作用的胶底鞋和戴电焊手套,在潮湿的环境中还应该配置绝缘垫。如果他的安全意识强一点,注意自身安全防护,就不会将自身置于危险境地。此外,还应该注意的是,电焊机应采取接地保护措施或配备漏电保护器,这样在人员不慎触电时,能迅速切断电源,以免造成触电伤亡事故。这不仅是电焊工的责任,更是企业的安全管理责任。

事故发生之后,企业所采取的安全防范措施如下。

(1)加强对焊工的安全教育,提高安全意识,使他们充分认识安全的重要性,增强自我保护意识,自觉认真地执行安全制度和安全规程。拒绝违章指挥,严禁违章作业。

(2)焊工作业时必须穿戴劳动保护用品(如焊工绝缘手套、绝缘鞋等),劳保用品破损后要及时更换。工作前,焊工要严格检查电焊机和焊钳是否完好,发现有故障和漏电时,要及时维修,确保作业安全。

(3)对条件恶劣(如易燃易爆、潮湿等)、不具备焊接作业条件的环境,要采取严格周密的安全保护措施。在容器内等特殊场合中,要采用绝缘垫(板)将焊工与焊件隔离开,并要加强通风,安排专人监护。焊工在高空从事焊接作业时要系好安全带。

(4)对电焊机应采取接地保护措施或配备漏电保护器。严禁将设备、金属结构件当作地线使用。

(5)加强施工现场的安全监督检查,对违反安全规程和安全制度、冒险蛮干的行为要坚决制止。

三、违章进行压力罐改造导致爆炸伤亡事故

1. 事故经过

1993 年 4 月 18 日,在山东省某船厂轮机二车间的生产过程中,2 名焊工和 1 名管道工接受对压力罐进行改造的任务。该压力罐以船用的旧锅炉内胆改制而成,罐长 1.99 m,直径为 1.13 m,罐体壁厚 16 mm,平封头厚度为 6 mm。上午 12 时左右,3 人对已制好的无塔压力罐用压缩空气试压。管道工合上空气压缩机的电源控制开关并往罐内充气。一名焊工观察罐体上的压力表,准备升压至 0.4 MPa 以观察压力罐是否漏气。另一名焊工在封头

处观察焊缝是否漏气。当压力罐罐内压力升到 0. 38 MPa 时,压力罐封头沿焊缝开裂并冲出,一名焊工被冲出的封头击中致伤,在送往医院的途中因伤势严重而死亡,另一名焊工的面部受伤。

2. 事故原因分析

造成事故的直接原因:一是制作无塔压力罐时,既没有设计图纸,也没有进行强度计算。按理论计算,其平封头最小壁厚应为 22 mm,实际只有 6 mm,而且封头与筒体之间的焊缝尺寸也不符合要求,存有大量未焊透缺陷;二是在做耐压试验时,应先采用水压试验,而作业人员当时图方便,采用压缩空气试压,并且没有采取安全措施,造成封头与筒体撕裂并发生爆炸,导致人员伤亡。

3. 事故教训与防范措施

焊接质量与安全生产有着密切的关系,如果焊接质量存在缺陷(如严重夹渣、气孔、未焊透、未熔合、裂纹等)将严重威胁安全生产,甚至造成重大设备事故和人员伤亡。这起事故就是如此。

压力容器广泛用于化工、制药、纺织、造纸、机器制造等领域。常见的压力容器事故类型有爆炸、泄漏、爆燃、火灾、中毒以及设备损坏等。压力容器发生爆炸事故的主要原因:一是存在较严重的先天性的缺陷,即设计结构不合理、选料不当、强度不足、粗制滥造;二是使用管理不善,即操作失误、超温、超压、超负荷运行、失检、失修、安全装置失灵等。因此,压力容器安全涉及容器设计、制造、安装、管理、检验、修理、改造等各个方面。

锅炉、压力容器、电梯、起重机械、客运索道、大型游乐设施的作业人员及其相关管理人员被统称为特种设备作业人员。特种设备作业人员除了操作人员之外,还包括特种设备焊接人员。特种设备作业人员应当按照国家有关规定,经特种设备安全监督管理部门考核合格,取得国家统一认定的特种作业人员证书,方可从事相应的作业或者管理工作。特种设备使用单位应当对特种设备作业人员进行安全教育和培训,保证特种设备作业人员具备必要的安全作业知识。特种设备作业人员在作业中应当严格执行特种设备的操作规程和有关安全规章制度,发现事故隐患或者其他不安全因素时,应当立即向现场安全管理人员和单位有关负责人报告。

特别要注意的是,按照规定,普通焊工不能进行锅炉、压力容器的生产制造以及改造。如果需要进行锅炉、压力容器的焊接工作,必须由特种设备焊接人员承担。对此,企业领导也应该明确,不能随意安排普通焊工进行锅炉、压力容器的生产制造以及改造工作。

四、使用行车空中吊人进行焊接作业造成事故

1. 事故经过

1993 年 7 月 15 日 9 时 30 分,浙江海宁市除尘设备厂钣金车间在生产过程中,需要对一只 3 m 高的除尘器筒体进行焊接作业。焊工吕某(男,22 岁)和王某在车间指挥行车工李某吊装竖立除尘器筒体,并准备进行焊接。因筒体比较高大,进行焊接作业时需要将筒体翻身、竖立,为了求省事、图方便,吕某要求行车工李某用行车吊钩将自己吊上去,经多次央求后,李某终于同意将吕某吊到筒体上端的法兰上。过一会儿,李某看到吕某坐在法兰上一动不动,双手紧握行车吊钩,嘴巴张开,头歪到一边,意识到吕某可能触电了,忙喊下面的职工拉下电闸。生产组长徐某立即切断电源,之后吕某从筒体上摔下来,头部先着水泥地面,当即耳朵、鼻子出血,现场人员立即将他送往医院抢救。但是,吕某因伤势过重、抢救无效

而死亡。

2. 事故原因分析

(1)造成事故的直接原因:一是焊工吕某为了求省事、图方便,强行要求行车工李某用行车吊人作业,严重违反起重机械安全操作规程,属于严重违章行为,而行车工李某不能坚持安全操作规程,对此也负有一定责任;二是该车间 13 号电焊机漏电。电焊机是与除尘器筒体用搭铁连通的,电焊机进线与出线碰牢,进线负极与出线接线碰头。电焊机工作时,由于多次振动而引起两线接触,使出线电位(70 V)变成对地电位(280 V)。吕某被行车钩子吊上去后,坐在筒体法兰上,人体成为导体而与行车导通并形成电流回路,导致其在遭受电击后死亡。

(2)造成事故的间接原因:该厂领导对有关规章制度执行不力、检查不严格;设备管理部门对设备管理不善;电工对电气设备检查粗心大意。这些都给这起事故的发生埋下了隐患。

3. 事故教训与防范措施

导致发生这起事故的直接原因有两个:一是焊工为了求省事、图方便,用行车吊钩将自己吊上去作业,属于严重违章作业;二是电焊机存在漏电故障,但是一直未被发现。这两个事故原因的性质有所不同。就违章冒险作业而言,用起重机械吊人作业,不仅是安全规程中明确规定不允许的,而且也是安全常识,在企业安全教育、安全培训中都会有这样的内容。在职工经过安全教育、安全培训之后,仍然出现严重违章冒险作业行为,并最终酿成事故,说明企业的安全教育、安全培训和安全管理在实际工作中未真正得到落实。此外,更应该引起企业、车间和安全管理部门注意的是,电焊机漏电是一个逐渐演变的过程。电焊机在使用过程中,不可避免地会发生移动、振动的情况,时间长了就可能因损坏而漏电。在安全管理中制定定期检查制度的目的是要避免此类事故的发生,但是显而易见的是,企业对电焊机没有做到经常性的检修维护和定期检查。对此,企业领导和安全管理人员应该吸取教训,做好设备的检修维护和定期检查工作。

事故发生之后,企业所采取的防范措施如下。

(1)对这起事故认真地反思,吸取教训,切实加强安全教育、安全培训工作,尤其是对重要的规章制度必须反复强调,使职工在实际工作中切实遵守。

(2)生产车间应认真落实安全管理责任制,进一步加强安全生产的检查、监督工作;加强职工的自我防护意识,强化对作业现场的安全管理;对违章违纪人员必须严肃处理,绝不能姑息迁就,留下后患。

(3)企业应进一步加强对设备、设施的管理,认真履行设备管理部门的职责,完善安全管理制度及检查制度,强化对设备、设施的日常检查,并针对事故反映出来的问题进行整改。

五、高处焊接作业引燃杂物而导致人员坠落伤亡事故

1. 事故经过

2002 年 6 月 7 日上午,北京市某建设公司所属修建中心接受在某厂房内 6 号柱高 14 m 的平台上方 1 m 高处新增平台(1 m×1 m)的安装任务。修建中心将任务交给了机装班。机装班经过几天的工作,初步完成平台安装组对,于是,班长安排焊工杨某检修平台周边的防护栏杆,并派机装工周某配合施工。当天 16 时 20 分,焊工杨某开始焊接作业,在焊接过程

中，掉下的焊渣将高 14 m 平台下方的杂物引燃。为了灭火，协助焊接作业的周某慌乱中从 1 m 高处的平台边的 6 号柱的斜支撑(300 m)工字钢上向下移动。因身体失控，他先从工字钢处坠落到高的平台上，接着从平台坠落到地面，摔成胸内复合伤。现场人员急忙将周某送往医院，但是因伤势严重，周某经抢救无效死亡。

2. 事故原因分析

(1)造成事故的直接原因是焊工杨某和机装班职工周某忽视安全，在高 14 m 的平台上方 1 m 高处的平台进行防护栏检修作业时，未佩戴安全带，而且未清理作业区域的可燃物，违章冒险蛮干且发现着火后惊慌失措。

(2)造成事故的间接原因：一是现场作业人员安全互保、联保不落实，在当天班组安全日志的记录中，互保分工与实际作业互保对象不一致；二是施工《动火申请书》填写的动火部位与实际不符，且填写的看火人既不是该班组成员，又不在施工现场；三是该修建中心工程部对班组存在的问题疏于检查，安全生产责任不落实，存在管理疏漏。

3. 事故教训与防范措施

在建设施工中，经常发生由焊接(割)导致的火灾事故，最主要的原因就是麻痹大意，缺乏事先防范措施。例如，2005 年 1 月 20 日，南京青少年科技活动中心建设工地突发大火，即将完工的科技馆主体建筑的巨大的顶棚付诸一炬，直接损失近百万元。起火点位于活动中心屋顶的西北角。当时，两名焊工在屋顶上进行电焊作业，其中一人用一块铝板去挡四溅的焊渣，但还是有一些零星的焊渣落在已经铺好的保温材料上，并且燃烧了起来。最初烧起来的地方只是面盆般大，焊工发现起火后赶紧停工，并且喊叫地面上的人员拿灭火器灭火。作业点高居屋顶，离地面十几米，平时上下都要爬脚手架。等到地面上的人员送到灭火器的时候，火势已经蔓延开来，无法遏制。事故发生后，两名焊工反复解释，当时他们只是焊了米粒大的 4 个点，前后还不到两分钟，然而就是这两分钟造成了近百万元的直接损失。

对于此类事故，企业除了要加强安全教育、安全检查、现场监督之外，还应该采取相应的技术措施。有些建筑施工企业专门购买了比较耐燃的棉麻布，将其裁成大小为 2~3 m^2 的布片并放置在工具包中。焊工需要在高处作业时，带上工具包，到了作业地点时把棉麻布浸湿，并将其铺在焊渣落下的地方，以防范可能发生的火灾事故。有些企业还把这一措施列为操作程序，与电焊作业需要戴绝缘手套、防护面罩一样对待。管理人员检查时也十分方便，一看便知，如果不符合要求可以立即纠正。采取这一措施后，由焊接(割)引发的火灾事故明显减少，效果显著。其他建筑工程企业以及其他行业企业也可以参考这一措施。

六、电焊作业后不注意消除遗留火花而造成火灾事故

1. 事故经过

1994 年 4 月 26 日晚 7 时，陕西省某棉纺厂维修车间工段长李某和两名维修工，带着电焊机等工具到该厂一分厂维修车间内维修轧花机。当时，轧花机四周的地面上有许多棉杂物及废料，厂内有关安全制度规定："在易燃易爆处，不得使用明火作业，必须使用明火时，一定要有厂安全监督人员或消防人员到现场，并采取安全防范措施"。然而，身为车间工段长的李某，由于急于维修设备，却忽视了这一规定。在焊接作业中，飞溅的焊渣洒落在棉杂物里。晚上 9 时许，李某等人维修完轧花机，但没有按照规定认真检查作业现场是否留有火灾隐患，急急忙忙收拾好工具就回家去了。他们没有想到，设备是修好了，可是火灾隐患也

留了下来。那些飞溅的焊渣落到棉杂物中后并没有完全熄灭，经过一段时间的阴燃，在夜晚微风的吹拂下，火苗由小渐大，形成火灾。次日0时30分左右，一车间职工上厕所时路过轧花机房，发现火情后立即大呼"救火"，另一位工人听见呼救声赶紧拨通了"119"报警。在其他车间上夜班的职工纷纷关闭机台，并提着灭火器材跑向火场灭火。经奋力扑救，火灾被及时扑灭，但是已造成一定的经济损失。

2. 事故原因分析

（1）造成事故的直接原因：李某等人在焊接作业中疏忽大意，违反有关在易燃易爆场所明火作业的规定，缺乏责任感和安全意识，作业后消除事故隐患不力。

（2）造成事故的间接原因：企业安全生产管理存在漏洞，对夜间动火作业缺乏具体管理措施。

3. 事故教训与防范措施

对于这起事故，作为车间工段长的李某应负主要责任。据了解，李某曾连续8年被评为厂标兵，两次荣立该厂特等功，是一位勤勤恳恳、兢兢业业、深受人们尊重的好职工，但因为这起事故，受到留厂察看一年的处分。

导致发生这起事故的主要原因是疏忽大意、安全意识不强。由于开始作业时间是晚上7时左右，结束作业是晚上9时左右，在连续工作一整天的情况下，人很疲劳。也正是由于疲劳，李某忽视了平时能够注意到的安全问题，例如，整理作业场地、防止留有火灾隐患等。如果在正常工作时间和正常工作条件下，这些安全事项都不会成为问题，但是在非正常工作时间和非正常工作条件下，工作人员就有可能注意不到这些问题，并由此留下隐患。所以，这起事故给企业留下的一个深刻教训就是需要格外注意非正常工作时间和非正常工作条件下的作业，以免留有事故隐患或导致事故的发生。因此，企业安全管理部门应针对非正常工作条件下的作业，特别是特殊作业，研究有效的安全管理办法，同时采取有力措施，加强对维修作业人员和特种作业人员的安全教育和安全管理工作。

七、违章冒险焊接汽油箱引起爆炸事故

1. 事故经过

2001年6月，山东省德州市某个体运输户刘某买了一辆油罐车进行成品油运输。经营近三个月后，他发现油罐的局部有些渗油，于是将油罐放空并晾晒了一天。9月6日下午4时左右，刘某将车开到附近一家个体电气焊维修部并准备对渗油处进行焊接。当刘某对维修部提出焊接要求后，负责电焊的师傅坚决拒绝并告诉他有危险。但刘某不听劝阻，自认为会电焊技术，坚持要自己焊。当刘某拿起焊把刚焊了一下时，一声巨响立刻响起，油罐发生爆炸，强大的气流把一扇汽车门从路东抛到路西，刘某本人被炸翻到屋顶，双腿全部被炸烂。虽然群众火速将刘某送往医院抢救，但他终因伤势过重而于当晚死亡。

2. 事故原因分析

造成这起爆炸事故的主要原因是刘某虽然将油箱放空并晾晒一天，但油箱内仍然残存着易燃液体蒸气和空气形成的混合气体。当混合气体达到爆炸浓度极限时，其遇明火即会发生爆炸。刘某不听劝阻，又缺乏相应的知识，贸然进行电焊作业，结果引发爆炸事故。

3. 事故教训与防范措施

近几年，类似事故不断发生。例如，1996年9月10日，在宁夏某电焊修理铺，一位车主拉来一个换下的旧汽车油箱，要求给焊修好。在焊接修理油箱过程中，高温时油箱内气体

急剧膨胀致使气体外泄，导致爆炸发生，造成一人死亡。1997 年 7 月 5 日，江苏省泰州市某村村民张某把一个曾装过化工产品的空桶拿回家盛水用。但铁桶因盖被封死而无法打开，张某便使用电焊切割，结果发生爆炸，当场炸伤 5 人，并烧毁 3 间民房。1998 年 8 月 20 日，江苏省兴化市城区一个体焊工王某在为一居民焊割盛放过二甲苯、环己酮的铁桶时发生爆炸，导致一人被当场炸成重伤而死亡。

对于焊工来讲，在进行焊接与切割作业时，一定要遵守"十不焊割"的规定，尤其对盛装过易燃、易爆气体（固体）的容器或管道，未经碱水等彻底清洗和处理并消除火灾爆炸隐患的不能焊割。如果确实需要进行焊接与切割作业，一定要做好清洗工作。清除油类等易燃、可燃液体的方法主要如下（以汽油桶为例）。

（1）火碱清洗法。首先要将桶内的油类等易燃、可燃液体倒净，其次将火碱用水溶化并倒入桶内冲洗。通常，一只 200 L 的汽油桶需要 0.5 kg 火碱。将火碱分成 3 份，先后冲洗 3 次，每次摇晃半小时左右后将碱水倒出，再用清水冲 1～2 次，打开桶盖后立即焊接，就不会发生爆炸。若拖延时间，因尚未洗净的残留物仍然会蒸发成可燃蒸气，并将再次形成爆炸性混合气体，则还会存在爆炸的可能。

（2）灌满清水法。即将清水倒入桶内，将桶清洗干净，然后再在桶内灌满清水，使切割、焊接时不积累任何蒸气。这种方法较简单，但仅适用于汽油桶的焊补点在桶顶端高出容器的部位。

（3）其他清洗方法。用热水长时间浸洗容器，浸洗时间要在 24 小时以上，或者用测爆器测爆，或灌入二氧化碳气体等，然后再动火作业，以确保安全。

对这些经过清除残留物后的铁桶进行焊接或切割作业时，最好将其移动到安全的地方，并备好灭火器材，以防不测。

八、焊工不遵守规程并因他人误按电钮而导致伤亡事故

1. 事故经过

2003 年 7 月 3 日 17 时 30 分，福建省某人造板有限公司切片车间切片工段的切片机输送螺旋叶因脱焊而发生断裂。与此同时，同一车间相隔 7 m 左右的提升机也出现故障。于是，机修车间梅某与跟班机修工苏某一起前往切片工段，在当班操作工蒋某的配合下，分别对该车间进行检修。18 时左右，苏某进入输送螺旋槽内并低头专心焊接断裂位置；梅某抢修提升机，由于上下不方便，由蒋某配合按提升机电钮开关（提升机和切片机输送螺旋叶控制电钮按键并排安装）。因蒋某操作疏忽，误将切片机输送螺旋叶控制电钮启动，切片机输送螺旋叶突然启动，导致离配电盘正面仅 2 m 的正在进行电焊的苏某的双腿被螺旋叶卷入。与此同时，另一台提升螺旋杆手拉葫芦因受螺旋拉力而从约 2 m 高度落下并砸在苏某的左腹部。苏某惨痛地呼救，但蒋某还不知情，走近输送螺旋槽方才意识到自己按错按钮。他随即返回并关闭电源，但为时已晚，苏某因伤势过重抢救无效死亡。

2. 事故原因分析

（1）造成事故的直接原因：切片工段现场管理兼操作工蒋某，在配合抢修过程中未尽监督职责，工作马虎，思想麻痹，将切片机输送螺旋叶控制电钮当成提升机电钮启动。

（2）造成事故的间接原因：一是修理工苏某在进入输送螺旋槽进行焊接作业时，未按照规定通知电工切断电源线，也未悬挂"检修作业，请勿合闸"标志，没有防范措施；二是该公司及车间安全管理机构监督不力，缺乏对有关人员的安全教育，安全培训不到位，致使车间

管理人员安全意识淡薄,安全技能差,事故应变能力不强。

3. 事故教训与防范措施

这起事故发生后,该公司在分析事故报告中认为:切片工段用工流动性大,是属于外承包的季节性临时用工。下岗职工蒋某承包切片工段,并与该公司签订合同,其操作工、机修工、投料工等用工均由蒋某招聘,安全生产等一切内部事项和责任也由其自行管理。由于承包工蒋某的安全意识淡薄,管理混乱,用工人员素质差,在抢修工作中没有采取切实可靠的防范措施,从而导致了该起伤亡事故的发生。

客观而论,这起事故发生的主要原因在于麻痹大意和操作失误。一方面是蒋某误按电钮的操作失误,另一方面是机修工苏某的操作失误,在进入螺旋输送槽进行焊接作业时,未按照规定通知电工切断电源,也未悬挂"检修操作,请勿合闸"标志。在这两方面中,只要有一方面不发生操作失误,事故可能就不会发生。对于需要进入容器内作业的焊工而言,把安全掌握在自己手中,比掌握在他人手中更为可靠。尤其是在目前各企业员工流动性较大、技术水平参差不齐的情况下,不知道会遇到什么意外情况。因此,当需要进行容器内作业时,还是应老老实实、规规矩矩地按照规章制度办事,应要断电的就要断电,应该挂牌的就要挂牌,不要疏忽大意,否则危险就有可能不期而至,这起事故就是一个教训。

事故发生之后该企业所采取的措施如下。

(1)加强安全监督管理工作。在各承包段设立安全员,加强技术力量,由公司抽调 1 名技术强的机修人员并将其充实到切片工段开展工作。

(2)加强安全教育。对新聘人员或换调岗位的人员实行三级安全教育,特殊工种人员必须持证上岗,对重要岗位进行专门的培训教育,增强职工的安全防范意识,加强安全生产知识的教育和提高有关人员的操作技能水平。

(3)加大安全生产检查力度。公司"安办"负责牵头,由分管安全生产的副总经理、公司安办主任、车间主任和机修或电工班组长组成检查小组,在每周六上午进行全面安全检查;小组干部轮流值班巡视,发现隐患,责令整改。不能马上处理的,由"安办"下达整改通知书限期整改,以将事故隐患数量降到最少。

注意:目前,有大批的焊接新生力量加入国内外工程建设中,这些人员在从事焊接作业时存在着不可忽视的火灾、爆炸、中毒、窒息、触电、灼烫伤、高处坠落、物体打击、弧光辐射、噪声、焊接烟尘等危险性和有害性。因此,焊接作业的安全技术与实施应引起我们的严重关切和日益重视。

【学习任务】

任务 1.1　焊接电缆绝缘电阻的测量

一、任务概述

学习用兆欧表(也称高阻表)对焊接电缆绝缘电阻进行测量的基本操作技能,完成测量实际焊接电缆的绝缘电阻的任务。焊接电缆如图 1-10 所示。

任务目标:熟悉兆欧表的工作原理,掌握兆欧表的使用方法及兆欧表的规格、选用;学会用兆欧表测量焊机变压器绝缘电阻、焊接电缆绝缘电阻的方法及操作要领;通过测量干燥与受潮的绝缘电缆的绝缘电阻，明确受潮或环境变化对绝缘电阻的影响。

图 1-10　焊接电缆

二、任务分析

焊接电缆的绝缘电阻的阻值大小符合规范要求是保障焊接生产安全的基本要求之一。在气体保护焊生产过程中就存在着用电安全问题，如焊接电缆的绝缘程度即绝缘电阻的阻值大小对安全生产有较大影响。当环境发生变化如焊接电缆受热或受潮时，绝缘材料便老化，其绝缘电阻便降低，可能造成线路漏电或短路事故。为了避免事故发生，要求定期测量焊接电缆的绝缘电阻。通过对焊接电缆的绝缘电阻的测量，判断其绝缘程度是否满足设备需要。由于绝缘电阻的阻值较高（一般为兆欧级），所以一般用兆欧表来测量焊接电缆或焊机的绝缘电阻。

三、任务实施

1. 测试工具的准备

(1) ZC-7 型 500 V 兆欧表 1 个；

(2) 焊接电缆；

(3) 屏蔽环。

2. 测试接线图

焊接电缆绝缘电阻测试接线图如图 1-11 所示。在测试接线中，在电缆线外层绝缘皮上装设的屏蔽环接至兆欧表的端子 G，铜芯接至兆欧表的端子 L，外层绝缘皮接至兆欧表的端子 E。（接线时注意与图 1-11 是否相符。）

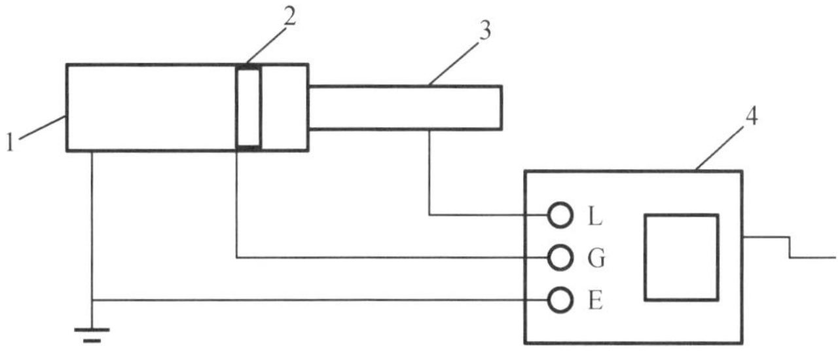

1—绝缘层；2—屏蔽环；3—铜芯；4—兆欧表。

图 1-11　焊接电缆绝缘电阻测试接线图

3. 测试步骤

(1)拆除焊接电缆与电源之间的连接(或切断电源),并将其充分放电。长电缆至少放电 2 min。挂好接地棒,拆除被试品与其他设备之间的连线。

(2)清除绝缘层表面的脏污,以消除表面脏污对绝缘电阻的影响。

(3)放稳兆欧表,检验兆欧表指针是否指"0"或"∞"。短接端子 L 和 E 时,应是瞬间、低速的,以免损坏兆欧表。

(4)接好线,以均匀、恒定的转速摇动兆欧表手柄并达到额定转速(120 r/min)时,接通测试电路,读取 1 min 时的绝缘电阻。

(5)测试完毕后或重复试验时,必须将被试品对地或使两极间充分放电,以保证人身、仪器安全,提高测试准确度。

(6)记录被试品型号、环境温度、环境湿度及兆欧表的型号于表 1-4 中。

表 1-4 焊接电缆绝缘电阻测试记录

焊接电缆型号		环境温度		环境湿度		兆欧表型号	
测试点编号		1		2		3	
绝缘电阻阻值							

4. 测试注意事项

(1)测量较长焊接电缆(船舶生产用)的绝缘电阻时,其充电电流较大,因而兆欧表开始时指数较小,但这并不表示被测试电缆绝缘不良,必须经过较长时间才能得到正确的结果。同时要防止被试电缆对兆欧表反充电而损坏兆欧表。

(2)如所测试的绝缘电阻阻值有波动,则应进行多点测试,找出绝缘电阻阻值最小的部位。

(3)在阴雨、潮湿的天气及环境湿度大于 80%时,不应进行测量。通常应在天气晴好、环境干燥且温度不低于 5 ℃时进行测量。

(4)测量中采用屏蔽环时,对于国产兆欧表,屏蔽环应靠近端子 E 装设,以避免引起测量误差。

(5)兆欧表的端子 L 和 E 之间的接线应正确,不得接反,以免引起测量误差。

(6)兆欧表与焊接电缆之间的连接线不能铰接或拖地,否则也会引起测量误差。

(7)测量时应设法消除外界电磁场干扰引起的测量误差。

(8)为了便于分析比较,对同一设备进行测量时,应采用同样的兆欧表、同样的接线,并应将不同温度下的测量值换算成相同温度下的测量值。

(9)采用晶体管兆欧表进行测量时,要注意检查电池。若电池能量不足,会使测得的绝缘电阻增大。

5. 对测量结果的判断及分析

(1)测得的焊接电缆绝缘电阻阻值一般应大于规定的允许值。一般情况下,焊机及焊接电缆的绝缘电阻阻值不低于 1 MΩ。特殊情况下应查阅有关规定。

(2)将所测得的结果与有关数据比较,作为比较的数据包括在不同温度及不同湿度下测得的数据等。

(3)分析环境湿度的变化对焊接电缆绝缘电阻的影响及在生产中应采取的措施。

对于焊机主变压器的绝缘电阻、主变压器一二次绕组之间的绝缘电阻、引线与外壳之间的绝缘电阻也可以采用兆欧表进行检测。

任务 1.2 焊机空载电压的测试

一、任务概述

掌握用钳形表对普通焊机的空载电压进行测量操作的基本技能,完成测量焊机的空载电压的任务。数字式钳形表及焊机短路电流与空载电压测试接线图分别如图 1-12、图 1-13 所示。

图 1-12 数字式钳形表

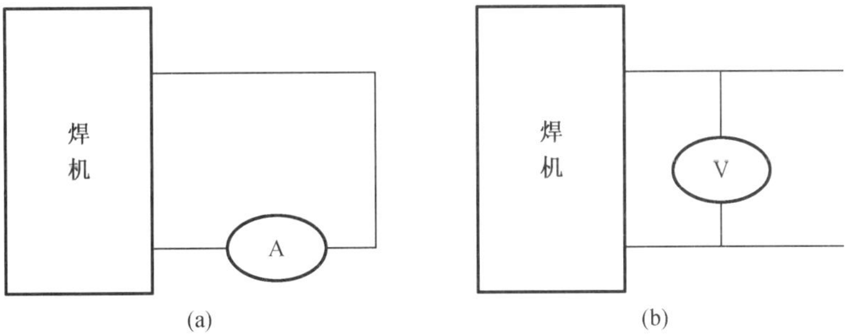

图 1-13 焊机短路电流与空载电压测试接线图

任务目标:熟悉钳形表的工作原理,掌握钳形表的使用方法及钳形表的规格、选用;学会用钳形表对焊机的空载电压进行测量的方法及安全操作要领;判断测量结果是否正常及符合安全要求。

二、任务分析

焊机空载电压的高低符合规范要求也是保障焊接生产安全的基本要求之一。在气体保护焊生产过程中,某些原因可能会导致焊机的空载电压过高,从而对操作者的人身安全构成威胁。另外,由于某些原因造成空载电压过高会增大焊机的工作电流,对焊机的正常使用有较大影响,特别是工作电流过大则会引起焊机严重发热甚至烧毁焊机,因此对于新焊机、检修后的焊机或长期没有使用的焊机进行空载电压的测试,一方面可以初步检验焊机的性能,另一方面可以判断检修后的焊机接线是否正常,从而为安全生产打下良好的基础。

三、任务实施

1. 测试工具的准备

Fluke 317/319 真有效值钳形表一个。

2. 测试接线图

焊机空载电压与短路电流测试接线图如图 1-13 所示。在进行焊机空载电压测试时,将钳形表的两表笔分别接在焊机的地线和焊机的另一个输出端子上;在进行焊机短路电流测试时,将焊接回路短时短接并直接将焊接电缆线穿过钳形表的两钳形卡即可。

3. 测试步骤

(1)调好钳形表的测试项目(直流电压)及量程(600 V)。

(2)检查焊机的一次、二次回路及电源开关是否正常,保护接地是否正常。

(3)接通焊机电源。

(4)用钳形表的两表笔分别接焊机的两输出端子。

(5)记录并读取测试数据。

(6)在三个不同时间段测试焊机的空载电压并记录在表 1-5 中。

表 1-5　焊机空载电压的测试记录

焊机型号		钳形表型号	
测试时间编号	1	2	3
空载电压			

4. 测试数据分析

(1)将测试数据与焊机铭牌上的数据进行对比分析,比较二者的大小,并分析原因。

(2)比较不同时间段的测试数据,分析其存在差别的原因。

(3)判断焊机空载电压是否正常。

5. 对焊机短路电流的测试可根据焊机的使用状况有选择地进行

对焊机短路电流的测试一般是在焊接电流输出明显偏大或偏小的情况下进行的,以判断焊接回路有无缺相、接触不良或短路等基本故障。

【自测习题】

一、单选题

1. 绝大部分触电死亡事故是由(　　)导致的。

A. 电伤　　B. 电磁场　　C. 电弧光　　D. 电击

2. 焊工受到熔化的金属溅出烫伤等,属于(　　)伤害。

A. 弧光　　B. 磁场　　C. 电击　　D. 电伤

3. 致命电流是指在较短时间内危及生命的电流，交流电流约 50 mA。在有防止触电的保护装置条件下，人体允许电流一般按（　　）mA 考虑。

A. 10　　B. 20　　C. 25　　D. 30

4. 对于比较干燥且触电危险性较大的环境，我国规定的安全电压为（　　）V。

A. 36　　B. 24　　C. 12　　D. 2.5

5. 安全电压能限制触电时（　　）的范围之内，从而保障人身安全。

A. 人体的电阻在极大　　B. 通过人体的电流在极小

C. 人体的电阻在较小　　D. 通过人体的电流在较小

6.（　　）是电流通过人体的危险路径，电击危险性最大。

A. 手到脚　　B. 脚到脚　　C. 手到手　　D. 腿到脚

7. 因为从手到脚电流通过（　　），所以电击危险性最大。

A. 肝脏、胃部、血液系统　　B. 脾脏、肾脏、消化系统

C. 肾脏、肝脏、中枢神经系统　　D. 心脏、肺部、中枢神经系统

8. 电流频率不同，电击对人体的伤害程度也不同，通常（　　）对人体的危害性最大。

A. 工频电流　　B. 超高频电流　　C. 高频电流　　D. 中频电流

9. 焊接过程中有很多污染环境的有害因素，其中不属于物理有害因素的是（　　）。

A. 有害气体　　B. 焊接弧光　　C. 高频电磁场　　D. 热辐射

10. 在各种熔焊过程中，焊接区都会产生或多或少的有害气体，但（　　）不是焊接产生的有害气体。

A. 二氧化碳　　B. 臭氧　　C. 氮氧化物　　D. 一氧化碳

11. 电光性眼炎为眼部受（　　）过度照射所引起的角膜结膜炎。

A. 紫外线　　B. 红外线　　C. 可见光　　D. X 射线

12. 焊接弧光的红外线辐射有可能引起（　　）。

A. 高度畏光　　B. 电光性眼炎　　C. 流泪　　D. 白内障

13. 焊工常用的工作服是（　　）工作服，具有隔热、反射、耐磨、透气性好等优点。

A. 普通棉布　　B. 合成纤维织物　　C. 蓝帆布　　D. 白帆布

14. 焊接弧光的组成不包括（　　）。

A. X 射线　　B. 红外线　　C. 紫外线　　D. 可见光

15. 电焊作业时，焊工必须戴防护手套，但焊工防护手套不要求（　　）。

A. 耐腐蚀　　B. 耐磨　　C. 绝缘　　D. 耐辐射热

16. 焊工穿工作服时，（　　）是正确的。

A. 上衣没系在工作裤里边　　B. 工作服有破损、空洞和缝隙

C. 穿潮湿的工作服　　D. 袖子和衣领扣没扣好

项目二　CO_2 气体保护焊工艺设计与实作

【项目描述】

除了焊条电弧焊和埋弧自动焊外，CO_2 气体保护焊在造船业中得到了大力普及应用。该焊接方法的焊接质量好、经济效益高。

本项目主要介绍 CO_2 气体保护焊的焊接工艺。学生通过以下任务的学习，掌握 CO_2 气体保护焊的平焊（即 CO_2 气体保护焊平对接焊）、横焊（即 CO_2 气体保护焊横对接焊）、立焊（即 CO_2 气体保护焊立对接焊）、管-板焊、管-管焊、管板组合件的焊接操作技能。

学习任务

任务 2.1　CO_2 气体保护焊平对接焊工艺设计与实作；
任务 2.2　CO_2 气体保护焊横对接焊工艺设计与实作；
任务 2.3　CO_2 气体保护焊立对接焊工艺设计与实作；
任务 2.4　CO_2 气体保护焊管-板（插入式）焊工艺设计与实作；
任务 2.5　CO_2 气体保护焊大径管对接焊工艺设计与实作；
任务 2.6　综合训练——管板组合件的焊接工艺设计与实作。

【项目目标】

知识目标

1. 能基本讲述气体保护焊的种类及特点；
2. 能讲述 CO_2 气体保护焊的基本原理、焊接特点及使用范围；
3. 能基本讲述 CO_2 气体保护焊的熔滴过渡形式；
4. 能讲述 CO_2 焊接材料的特点及选用原则；
5. 能基本讲述 CO_2 气体保护焊飞溅产生的原因、防止措施；
6. 能讲述 CO_2 单面焊的基本原理、焊接特点及使用范围；
7. 能基本讲述 CO_2 管接头焊的焊接特点；
8. 能基本讲述 CO_2 平焊、立焊、横焊、单面焊、管接头焊的相关标准；
9. 能讲述 CO_2 平焊、立焊、横焊、单面焊、管接头焊的焊接工艺及焊接技术。

能力目标

1. 能正确选择 CO_2 平焊、立焊、横焊、单面焊、管接头焊的焊接参数；
2. 能掌握 CO_2 平焊、立焊、横焊、单面焊、管接头焊的焊接技术，达到中级电焊工或中国船级社（CCS Ⅰ）级要求，或达到 1+X 特种焊接技术中级水平；
3. 能够识读 CO_2 平焊、立焊、横焊、单面焊、管接头焊的焊接施工图，按规定要求制作出合格的焊接工件；

4. 能编制船体甲板水平对接、甲板与构架的水平角接 CO_2 气体保护焊工艺并实施；
5. 能对 CO_2 平焊、立焊、横焊、单面焊、管接头焊的接头进行质量检测。

素质目标

1. 具有责任意识、团队意识与协作精神；
2. 具有良好的工作态度、责任心；
3. 具有对新知识、新技能的学习能力和创新能力。

【知识准备】

知识点 2.1　CO_2 气体保护焊的基本知识

微课：CO_2 气体保护焊的基本原理

一、CO_2 气体保护焊的基本原理及分类

1. CO_2 气体保护焊的基本原理

CO_2 气体保护焊也称 CO_2 焊，是用 CO_2 作为保护气体，依靠焊丝与焊件之间产生的电弧来熔化金属的一种电弧焊方法。CO_2 气体的密度比空气大，受电弧加热分解后体积增大，所以在保护电弧和焊接熔池免受空气侵入方面，效果相当好。

微课：CO_2 气体保护焊的分类和特点及应用

CO_2 气体保护焊的基本原理如图 2-1 所示。直流电源的两极分别接在焊枪和焊件上。焊丝由焊丝盘经送丝机构带动通过焊枪不断地向电弧区域给送；同时，CO_2 气体以一定的压力和流量被送入焊枪，在电弧和焊接熔池周围形成保护气流。随着焊枪的移动，熔化的焊丝和母材组成的熔池金属冷却凝固而形成焊缝，从而将两焊件连成一个整体。

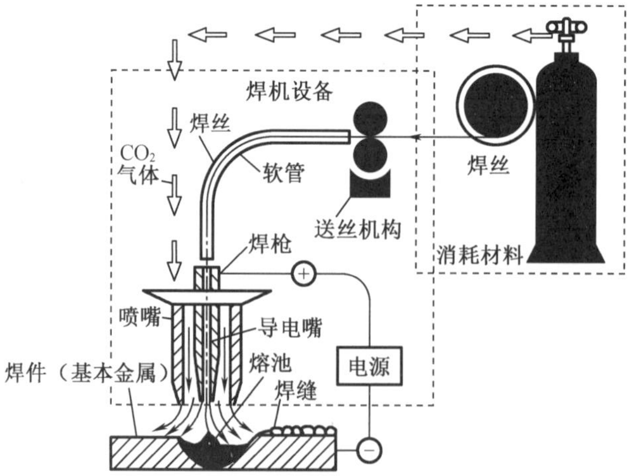

图 2-1　CO_2 气体保护焊的基本原理示意图

2. CO_2 气体保护焊的分类

CO_2 气体保护焊有多种分类方法。表 2-1 列出了按照丝形状、焊丝直径、操作方法、特殊应用和新工艺、保护形式对 CO_2 气体保护焊的分类。目前应用中,最常用的是根据焊丝形状(实芯、药芯)对 CO_2 气体保护焊进行分类。

表 2-1 CO_2 气体保护焊的分类

依据	分类
按焊丝形状	实芯 CO_2 气体保护焊; 药芯 CO_2 气体保护焊
按焊丝直径	细丝 CO_2 气体保护焊:焊丝直径≤1.2 mm; 粗丝 CO_2 气体保护焊:焊丝直径≥1.6 mm
按操作方法	CO_2 气体保护自动焊; CO_2 气体保护半自动焊
按特殊应用和新工艺	CO_2 气体保护电弧点焊; CO_2 气体保护垂直气电焊; CO_2 气体保护窄间隙焊; CO_2 气体保护振动堆焊
按保护形式	CO_2 与焊剂联合保护焊:CO_2+药芯焊丝; CO_2+实芯焊丝带磁性焊剂; CO_2+O_2 或 CO_2+Ar 混合气体保护焊; 双层气流保护焊

CO_2 气体保护焊按采用的焊丝的直径来分类时,当焊丝直径小于或等于 1.2 mm 时,称为细丝 CO_2 气体保护焊,主要采用短路过渡形式焊接薄板材料,用于薄板低碳钢和低合金钢结构零部件的焊接;当焊丝直径大于或等于 1.6 mm 时,称为粗丝 CO_2 气体保护焊,一般采用大电流和较高的电弧电压来焊接中厚板。

为了适应现代工业应用的需要,近十几年来,CO_2 气体保护焊得到迅速发展,在生产中除了常规的 CO_2 气体保护焊方法外,还派生出一些改进的方法,如 CO_2 电弧点焊、CO_2 气体垂直气电焊、CO_2 保护窄间隙焊、CO_2 加其他气体(CO_2+O_2)的混合气体保护焊,以及 CO_2 气体与焊剂联合保护焊等。

二、CO_2 气体保护焊的特点及应用

1. CO_2 气体保护焊的特点

CO_2 气体保护焊与其他焊接方法(如埋弧焊、焊条电弧焊等以渣保护为主的焊接方法)相比,具有以下优点。

(1)焊接成本低。CO_2 气体是酒精厂的副产品,来源广、价格低,而且消耗的焊接电能少,所以 CO_2 气体保护焊成本低,只有埋弧焊或焊条电弧焊的 40%~50%。

(2)生产率高。因使用细焊丝焊接,焊接电流密度高达 100~200 A/mm^2,这使熔深增大,焊丝熔化率高,熔敷速度加快;另外,焊后没有焊渣,特别是在进行多层焊时,节省了清

渣时间。所以此种方法的生产率通常比焊条电弧焊高 2~4 倍。

(3)抗锈能力强。在 CO_2 气体保护焊中,熔池具有剧烈的沸腾现象,有利于气体逸出;同时采用了高锰高硅型焊丝,使焊缝金属的还原作用大为增加,对铁锈的敏感性大为降低。因此,焊缝中不易产生气孔,而且含氢量也很少,其强度和抗裂性能好。

(4)焊接变形小。由于电弧热量集中,加热面积小,焊速快,同时 CO_2 气流具有较强的冷却作用,因此焊接热影响区和焊件变形较小,特别适用于焊接薄板。

(5)操作性能好。由于是明弧焊,可以看清电弧和熔池情况,能随时发现问题而加以调整,故有利于实现机械化和自动化。

(6)适用范围广。CO_2 气体保护半自动焊具有手弧焊的灵活性,可实现全位置焊接,并且对于薄板、中板甚至厚板(采用多层焊)都能焊接。

当然,CO_2 气体保护焊也有不足之处,主要表现在以下几个方面。

(1)金属飞溅较多,焊缝表面成形差,这是主要不足。

(2)很难用交流电焊接,焊接辅助设备较多。

(3)不能在有风的位置施焊,否则容易出现气孔。

(4)不能焊接易氧化的金属材料。

2. CO_2 气体保护焊的应用

CO_2 气体保护焊是一种高效率、低成本的节能焊接方法,它本身所具有的特点,使得它可以广泛地用于多种材料的焊接。它不仅可用于焊接低碳钢、低合金钢,在对焊缝性能要求不高的情况下还可焊接耐热钢、不锈钢。CO_2 气体保护焊还可用于耐磨零件的堆焊、铸钢件的补焊以及异种金属材料的焊接。同时,CO_2 半自动焊可用于短焊缝、曲线焊缝和空间位置焊缝的焊接,也适用于薄板的点焊和定位焊。长直缝和环缝则宜采用 CO_2 自动焊。CO_2 自动焊主要用于水平位置的焊接,在特殊装备的情况下,可以进行立焊和横焊。此外,CO_2 气体保护焊还可用于水下焊接。因此,CO_2 气体保护焊在造船业、汽车制造业、工程机械行业及航空航天工业中都得到了广泛的应用。

三、CO_2 气体保护焊的冶金特性

1. 合金元素的氧化及脱氧措施

(1)原子态氧与金属反应

当采用光焊丝焊接时,空气将直接与液体金属接触,由于空气中含有氧气和氮气,所以液态金属中将溶入大量的氧和氮,当这些气体在焊缝金属中的含量超过一定值后,不仅使焊缝金属的力学性能变差,而且会导致焊缝在凝固时产生大量气孔。所以,采用光焊丝进行无保护焊接时,焊缝变脆,强度降低,不能用于焊接受力较大的结构,更不能用于焊接承受动载荷的结构。

当采用光焊丝在 CO_2 气体的保护下熔化焊接时,由于 CO_2 气体的密度较大,在焊接过程中能够很好地隔离空气,故起到了保护焊接区的作用。但是,CO_2 气体是一种活性气体,特别是在高温时,它会分解成 CO 和氧气:

$$2CO_2 \rightleftharpoons 2CO+O_2$$

氧气又进一步分解为氧原子:

$$O_2 \rightleftharpoons 2O$$

在焊接电弧区域里,同时存在 CO_2、CO、O 三种成分,其中 CO 气体在焊接的条件下,既

不溶解于金属，也不与金属发生作用。但是，CO_2 和 O 却能与铁(Fe)和其他合金元素如锰(Mn)、硅(Si)、碳(C)发生化学反应而使金属氧化。

合金元素的氧化不但与它在焊接区域的含量有关，而且与它跟氧的亲合力及其所在焊接区域的温度有关。所以，在温度较高的电弧空间和接近焊接电弧的焊接熔池中，将会发生如下反应：

$$[Fe]+CO_2 \rightleftharpoons (FeO)+CO\uparrow$$

$$[Fe]+O \rightleftharpoons (FeO)$$

$$[Mn]+O \rightleftharpoons (MnO)$$

$$[Si]+2O \rightleftharpoons (SiO_2)$$

$$[C]+O \rightleftharpoons CO\uparrow$$

式中，[ ]表示液态金属中的反应物；( )表示渣中的反应物。

在离焊接电弧较远的焊接熔池的低温区内发生如下反应：

$$(FeO)+Mn \rightleftharpoons [Fe]+(MnO)$$

$$2(FeO)+[Si] \rightleftharpoons 2[Fe]+(SiO_2)$$

$$(FeO)+[C] \rightleftharpoons [Fe]+CO\uparrow$$

式中，[ ]表示液态金属中的反应物；( )表示渣中的反应物。

(2)CO_2 气体与金属反应

$$2CO_2+[Si] \rightleftharpoons (SiO_2)+2CO\uparrow$$

$$CO_2+[Mn] \rightleftharpoons MnO+CO\uparrow$$

式中，[ ]表示液态金属中的反应物；( )表示渣中的反应物。

合金元素的氧化在焊丝熔滴和焊接熔池中均会发生，在焊丝熔滴中的氧化更为强烈。无论是在焊接区域的较高温度区，还是在较低温度区，都有能产生 CO 气体的反应，这种反应如果发生在焊接熔池中，CO 气体随着焊接熔池的冷却结晶而又来不及逸出时，则会在焊缝中形成气孔。如果生成 CO 气体的反应发生在焊丝熔滴中，则会由于气体的受热膨胀而导致焊丝熔滴爆炸，这种熔滴爆炸的现象就是焊接飞溅。

合金元素 Mn、Si 等被氧化后，生成的 MnO、SiO_2 等成为熔渣并浮在焊接熔池表面上，而 C 元素被氧化后则成为 CO 气体并逸出焊接熔池，来不及逸出的则留在焊缝中形成气孔。同时，氧化过程生成物 FeO 留在焊缝内部形成夹渣，也会降低焊缝的力学性能。

(3)脱氧措施

为了保证焊缝的质量，焊接过程中要采取相应的措施进行脱氧。在脱氧的过程中，所添加的合金元素对氧的亲合力必须比 Fe 大，而且还应考虑到脱氧后的生成物不应该是气体，因为气体在焊接熔池凝固前来不及逸出，留在焊缝内就会形成气孔。脱氧物质最好是熔点低、密度小、不溶于液态金属的焊渣，在焊接过程中有利于浮出焊接熔池表面，不会在焊缝内部形成夹渣。

常用的脱氧元素有 Al、Ti、C、Si、Mn 等，CO_2 气体保护焊焊丝则常用 Si、Mn 进行脱氧。Si、Mn 脱氧的反应式如下：

$$2[FeO]+[Si] \rightleftharpoons 2[Fe]+(SiO_2)$$

$$[FeO]+[Mn] \rightleftharpoons [Fe]+(MnO)$$

式中，[ ]内为液态金属中的反应物；( )内为焊渣中的反应物。

Si 具有较强的脱氧能力，焊缝中如果含有质量分数在 0.3%以上的 Si，则焊接熔池不会因为产生大量的 CO 气体而造成焊接熔池的液态金属沸腾，而是保持了焊接熔池的稳定，从而避免 CO 气孔的形成。但是，用 Si 脱氧后的生成物 SiO_2 是尺寸较小的针状固体，不容易浮出焊接熔池表面，最终以夹渣的形式留在焊缝金属中，降低了焊缝金属的冲击韧度和抗裂纹能力。

Mn 比 Si 的脱氧能力差，脱氧生成物是 MnO，密度比较大，也不容易浮出焊接熔池表面，在焊缝金属内形成夹渣。所以，单独用 Mn 脱氧也不可取。

采用含量适当的 Si 和 Mn 联合脱氧的效果很好，其中一部分用于使 FeO 脱氧，一部分被直接氧化和蒸发掉，剩余部分成为焊缝金属的合金元素。为此，CO_2 气体保护焊的脱氧措施是在焊丝中加入比例适当的 Mn 和 Si，Mn/Si = 2.0~4.5。常用的 CO_2 气体保护焊实芯焊丝是 H08Mn2Si。

2. CO_2 气体保护焊中的气孔

焊接熔池中的气体在熔池凝固过程中若来不及逸出，则在焊缝中形成气孔。CO_2 气体保护焊过程中，CO_2 气体在隔离空气，保护焊接熔池、熔滴的同时，还起到了冷却焊接熔池的作用，这样就会加快熔池的凝固，从而增大了形成气孔缺陷的可能性。

CO_2 气体保护焊焊缝内的气孔缺陷可有 CO 气孔、H_2 气孔、N_2 气孔等。

(1) CO 气孔

这种气孔的形成与焊接过程中 C 元素的烧损，以及在熔池结晶时从熔池金属中析出 CO 气体有关，如下式所示：

$$[FeO]+[C] \rightleftharpoons [Fe]+CO\uparrow$$

这个反应在熔池温度较低的区域内进行得较为剧烈，这是因为 CO 气体的急剧析出使熔池出现沸腾现象，由于此时的熔池温度已经较低，并且开始凝固，来不及逸出的 CO 气体就留在焊缝中形成 CO 气孔。

CO 气孔呈针状，分布在焊缝的根部及表面。

(2) H_2 气孔

H_2 可以溶解于液态金属中，在焊接熔池金属结晶的瞬间，由于溶解度突然降低，熔池中的溶解态 H_2 来不及逸出时，就会留在焊缝中形成气孔。H_2 在 Fe 的液体和固体中的溶解度 $\varphi(H_2)$ 与温度的关系如图 2-2 所示。

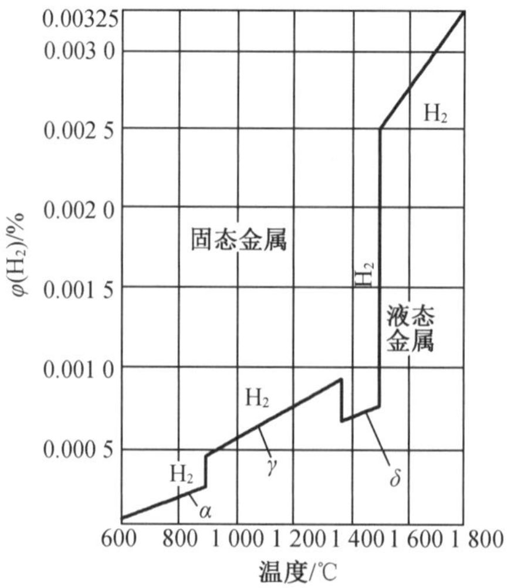

图 2-2 H_2 在 Fe 的液体和固体中的溶解度与温度的关系

焊接熔池中的氢主要来自焊接电弧区，而焊接电弧区中氢的来源有以下两方面。

①来自焊件和焊丝表面的油污、铁锈等。油污是碳氢化合物，在焊接电弧的高温作用下，会分解出氢；铁锈是含有结晶水的氧化铁，即 $Fe_2O_3 \cdot mH_2O$，在焊接电弧的高温作用下，铁锈中的结晶水将发生分解，发生如下反应：

$$H_2O \rightleftharpoons 2H+O$$

但是，在 CO_2 气体保护焊过程中，电弧气体中的 CO_2 和 O 的含量很高，将会阻止结晶水的分解，发生下列反应：

$$H+O \rightleftharpoons OH$$

$$O+2H \rightleftharpoons H_2O$$

$$CO_2+H \rightleftharpoons CO+OH$$

$$CO_2+2H \rightleftharpoons CO+H_2O$$

上述各反应式都是向右进行的，其生成物是焊接熔池中溶解度很小的水蒸气和羟基，从而减弱了氢的有害作用。此外，焊接电弧的高温也使铁锈中大部分的结晶水蒸发或被 CO_2 保护气流带走，因此 CO_2 气体对抑制 H_2 气孔的产生起到了有益的作用。所以说，CO_2 气体保护焊具有较强的抗潮湿和抗锈能力。

②来自 CO_2 气体中所含的水分。实验表明，焊接熔池中氢的含量与焊接电弧空间中氢的含量成正比。CO_2 保护气体所含水分的增加会提高 H_2 在焊接区域内的分压，同时也提高了焊缝金属中氢的含量。CO_2 气体内的含水量（质量密度）与焊缝金属中的含氢量的关系见表 2-2。

表 2-2　CO_2 气体内的含水量与焊缝金属中的含氢量的关系

CO_2 气体内的含水量/($g \cdot m^{-3}$)	100 g 焊缝金属中的含氢量/mg
0.85	2.9
1.35	4.5
1.92	4.7
15.00	5.5

液态 CO_2 中可以溶解质量分数为 0.005%左右的水（按液态 CO_2 质量），呈自由状态沉于瓶底。溶解于液态 CO_2 中的水分，将随着焊接过程中液态 CO_2 蒸发为气态 CO_2 而蒸发，瓶内底部沉淀的水也随之蒸发并进入流出 CO_2 气瓶外的 CO_2 气体中，从而大大提高了用于焊接保护的 CO_2 气体的含水量。这些水在焊接电弧的高温作用下，分解为自由状态的氢，而自由状态的氢在焊接电弧中被电离，以氢离子的形式溶入熔池金属中。当液态熔池温度下降时，氢在熔池金属中的溶解度急剧下降，析出的 H_2 不能及时逸出熔池时，就有可能形成 H_2 气孔。CO_2 气体中的水被高温电弧分解成自由状态的氢的反应式如下：

$$H_2O \rightleftharpoons 2H+O$$

(3) N_2 气孔

CO_2 气体保护焊过程中，由于焊接参数选择不当，焊接作业现场环境的变化使 CO_2 气体的保护作用变差，空气侵入电弧区内。在焊接电弧的高温作用下，空气中的 N_2 会溶解到熔池金属中，当熔池开始冷凝时，N_2 在熔池液态金属中的溶解度下降，析出的 N_2 如果来不及逸出焊接熔池,就会在焊缝表面形成蜂窝状的气孔或以弥散的形式分布于焊缝内。N_2 在液态 Fe 和固态 Fe 中的溶解度 $\varphi(N_2)$ 与温度的关系如图 2-3 所示。

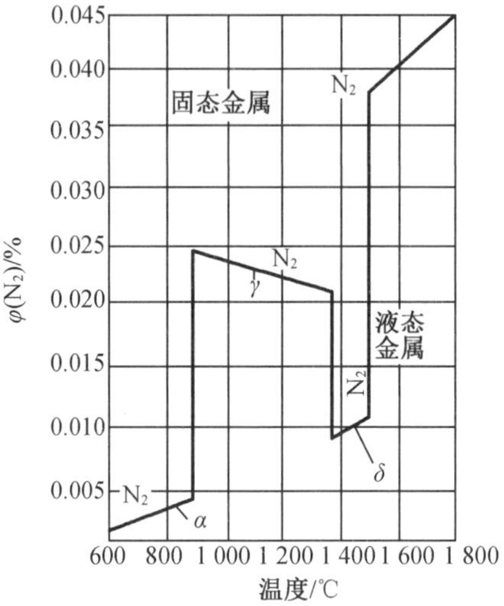

图 2-3　N_2 在液态 Fe 和固态 Fe 中的溶解度与温度的关系

N_2 气孔的形成原因如下。

①焊接参数选择不当。若 CO_2 气体的流量过大,焊接电弧保护区会产生涡流,卷入空气;若 CO_2 气体的流量过小,不足以在焊接电弧周围形成保护区以阻止空气侵入,焊枪喷嘴内壁飞溅物附着过多,影响 CO_2 气体的流出,减弱了 CO_2 气体隔绝空气的作用;若焊枪喷嘴距焊件的距离过大,CO_2 气体的保护作用减弱,空气容易侵入;若焊接速度过快,焊接现场自然风力过大,会破坏 CO_2 气体保护罩。所有这些,都会不同程度地削弱 CO_2 气体的保护作用,空气中的 N_2 便会侵入 CO_2 气体保护区,在焊接电弧的高温作用下溶解到焊接熔池中。当焊接熔池温度逐渐下降至开始凝固时,焊接熔池中的 N_2 的溶解度逐渐变小,析出的 N_2 逸出熔池。如果在焊接熔池凝固之前仍有 N_2 遗留在焊缝内部,便形成 N_2 气孔。

②CO_2 气体不纯也会在 CO_2 气体保护焊的焊缝内产生 N_2 气孔。一般说来,CO_2 气体内含 N_2 量是很低的,不太容易在焊缝内部形成 N_2 气孔。焊缝中 N_2 气孔形成的原因主要是 CO_2 气体保护区遭到破坏,外部空气侵入焊接区。

3. CO_2 气体保护焊的飞溅

CO_2 气体保护焊过程中,焊接飞溅较大是其主要的缺点,飞溅严重时甚至影响 CO_2 气体保护焊的正常进行,不仅使焊缝成形不良,降低熔敷效率,而且还恶化了劳动条件。

CO_2 气体保护焊的飞溅大致分为短路过渡飞溅和大滴过渡飞溅两种。

(1)短路过渡飞溅

①短路过渡结束时,短路小桥缩颈处爆断产生飞溅。焊接过程中,焊丝熔滴与焊接熔池接触后形成液桥,在电磁力和表面张力等力的作用下,液桥逐渐变细而形成缩颈。在短路大电流密度的作用下,缩颈处的液体金属被迅速加热,最终因强烈汽化而爆断,形成金属飞溅。

从短路过渡过程可知,只有在焊丝熔滴液桥刚形成时,为提供较大的电磁收缩力,促使液桥形成缩颈,才需要较大的电流增加速度。当缩颈形成以后,在表面张力的作用下,熔滴缩颈能够被拉得更细,直至被拉断而平稳地过渡到焊接熔池中。所以,在焊丝熔滴缩颈被拉断前,无须通过很大的短路电流就可以避免熔滴缩颈处的液体金属因强烈过热而爆炸形成的飞溅。

②焊丝熔滴短路小桥缩颈断裂后,重新引弧产生的飞溅。当熔滴短路小桥缩颈断裂后,重新引弧时,产生强烈的气动冲击力,焊接熔池和焊丝端头上的熔滴在该力的冲击下被抛出而形成飞溅。

③在引弧操作或焊接参数选择不正确时(如焊丝伸出长度过大、焊接回路电感过大、焊丝送丝速度过快而电弧电压过低等),常发生焊丝短路,在短路电流的作用下,短路焊丝的端部和焊接熔池金属都被抛出而形成飞溅。

(2)大滴过渡飞溅

①焊接过程中,引弧或焊接参数选择不正确,会发生焊丝短路,在短路电流作用下,被抛出的焊丝端头和焊接熔池金属会形成飞溅。

②焊接过程中,焊接熔池冶金反应会生成 CO 气体;焊丝或焊件表面待焊处若在焊前清理不彻底,则油、污、锈等在焊接时会产生较多的气体。这些气体从焊接熔池或熔滴中喷出会形成飞溅。

③大滴过渡时,熔滴从焊丝端部脱离后,在焊丝端部与熔滴之间、熔滴与焊接熔池之间会形成串联电弧。在电弧力的作用下,有时熔滴会被抛出熔池外面而成为飞溅。

④熔滴重心与焊丝端部电极斑点上的压力作用,会因不在同一点上而形成力矩,这个力矩使熔滴成非轴向过渡,有的熔滴就过渡到焊接熔池以外而成为焊接飞溅。

⑤焊丝与熔滴间的缩颈在大电流密度的加热下爆断而形成焊接飞溅。

(3)减少焊接飞溅的措施

①焊接材料方面:选择含碳量低的焊丝,药芯焊丝、活化焊丝(活化剂主要是铯、铯盐、钾盐、钠盐等),以及 CO_2 和 Ar 的混合保护气体等。

②焊接工艺方面:选择合理的焊接参数;焊前仔细清理焊枪喷嘴及导电嘴、焊丝及焊件待焊处的油、污、锈等;采用直流反接电源、焊件接负极施焊。

③焊接设备方面:焊接电源要具备良好的电源外特性,短路过渡时要有适宜的电感,电源动特性要好。

4. CO_2 气体保护焊的合金元素过渡

CO_2 气体保护焊过程中,高温电弧使 CO_2 气体分解产生氧原子,与焊接熔池金属发生氧化反应。此外,CO_2 气体直接与焊接熔池金属反应,使焊缝的合金元素不足,致使其力学性能达不到要求。所以,为了补充被烧损的合金元素,必须在焊丝中添加合金元素,焊丝中的脱氧元素含量应高于其在母材和焊缝中的含量。

焊丝中的合金元素大致分为两类:一类在焊接过程中被烧损较多,即合金元素过渡系数较小,称为活性元素;另一类在焊接过程中基本上不被烧损,合金元素过渡系数大于90%,称为稳定元素。

在活性元素中,不同元素被烧损的情况也是不相同的,如 Al、Ti 是很活泼的元素,在熔滴形成过程中,它们就被大量烧损,从而使 Mn 和 Si 等元素不被烧损或烧损较少。Al 比 Ti 更易被烧损,所以在焊接不锈钢时,为了保护 Ti、Nb 等元素,常常加入 Al 元素脱氧。

焊丝中的 Mn 和 Si 也要被烧损一些,两种元素在焊丝中的含量对其烧损有一定的影响。如果焊丝中的 Mn 含量高于 Si 含量,则焊接过程中 Si 的烧损就小,其过渡系数将被提高;反之,如果焊丝中的 Si 含量高于 Mn 含量,则焊接过程中 Mn 的烧损就小,这时 Mn 的过渡系数也将提高。

C 的烧损比较特殊,母材与焊丝中碳的质量分数超过 0.06%时,C 将被烧损。当含碳量更高时,C 将被大量烧损,其过渡系数只有 50%。反之,当 C 的质量分数小于 0.07%时,焊缝会产生增碳现象,即焊缝中的含碳量不但不减少,反而还增加。出现增碳现象的原因是:在高温焊接电弧作用下,CO_2 被分解为 CO 和 O,由于液态金属中 C 的原始浓度较低,因此 CO 被还原,部分 C 进入焊接熔池中而增碳。其反应式为

$$CO_2+C \rightleftharpoons 2CO$$

CO_2 气体保护焊时,焊丝中合金元素的过渡系数见表 2-3。

表 2-3　焊丝中合金元素的过渡系数

稳定元素		活性元素	
化学元素	过渡系数/%	化学元素	过渡系数/%
硫(S)	100	锰(Mn)	60~75
磷(P)	100	铌(Nb)	60~70
硼(B)	100	硅(Si)	50~70
铁(Fe)	99①	钒(V)	60
钼(Mo)	95~100	钛(Ti)	40
铜(Cu)	95~100	铝(Al)	30~40
镍(Ni)	95	锆(Zr)	30~40
铬(Cr)	90~95	—	—

注:①焊丝中有 Mn、Si 元素作为脱氧剂时的数值。

四、CO_2 气体保护焊的熔滴过渡

CO_2 气体保护焊的熔滴过渡主要有大滴排斥过渡、短路过渡、细颗粒过渡及混合过渡(短路过渡+颗粒过渡)等几种形式。由于大滴排斥过渡的飞溅大、电弧不稳定,因此实际焊接生产中一般不用,通常采用短路过渡及细颗粒过渡进行焊接。

1. 短路过渡

在采用细丝并配以小电流及小电压进行焊接时,熔滴过渡为短路过渡。这种过渡工艺通常产生一体积小、凝固速度快的熔池,因此适用于薄板焊接及全位置焊接,这是 CO_2 气体保护焊经常采用的一种过渡形式。

电弧燃烧后,电弧析出的热量可强烈地熔化焊丝,并在焊丝端头形成熔滴。随着熔滴的"长大",熔滴与熔池间短路后,在表面张力及电磁收缩力的作用下形成缩颈小桥。短路缩颈小桥在不断增大的短路电流的作用下汽化爆断,将熔滴推向熔池,完成一次过渡。图 2-4 为短路过渡过程电流、电弧电压的波形图及熔滴过渡的示意图。

短路过渡对电源的动特性具有如下的要求。

(1)熔滴与熔池短路时,电弧熄灭,过渡完成后,电弧又重新引燃。为了保证电弧能够顺利引燃,要求电源的空载电压的上升速度要快。

(2)短路小桥的位置及爆断时间、爆破能量直接决定了飞溅的大小,当短路小桥产生在焊丝与熔滴之间、爆破能量较小且能够及时爆断时,飞溅较小。而短路小桥的位置及爆断时间、爆破能量可通过在焊接回路中加一适当的电感来调节。

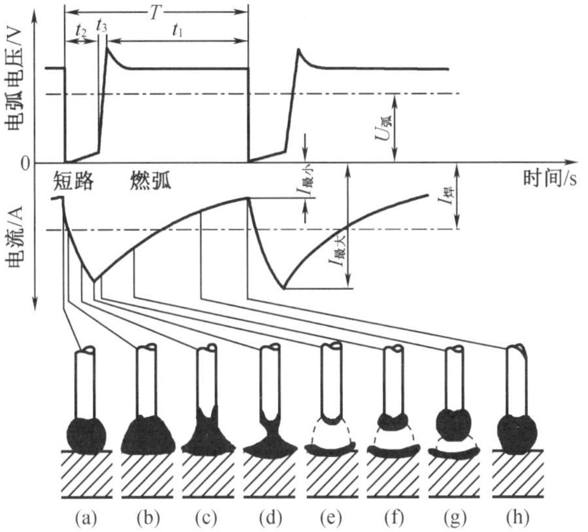

t_1—电弧燃烧时间;t_2—短路时间;t_3—拉断熔滴后电压恢复时间;T—焊接循环周期,$T=t_1+t_2+t_3$;

$I_{最大}$—电流(或称短路峰值电流);$I_{最小}$—最小电流;$I_焊$—焊接电流(平均电流);$U_弧$—平均电弧电压。

图 2-4 短路过渡过程电流、电弧电压的波形图及熔滴过渡的示意

短路过渡时,为了稳定焊接过程,要求熔滴越小、过渡越快越好。也就是说,在稳定的短路过渡情况下,要求有尽量高的短路频率。短路频率常常被作为短路过渡过程稳定性的衡量标志。

电弧电压对短路过渡过程有重要的影响。电弧电压与短路频率的关系如图 2-5 所示。为了获得最高的短路频率,要有一个最佳的电弧电压值。对于直径为 0.8 mm、1.2 mm 和 1.6 mm 的焊丝,短路过渡电弧电压的最佳值约为 20 V。

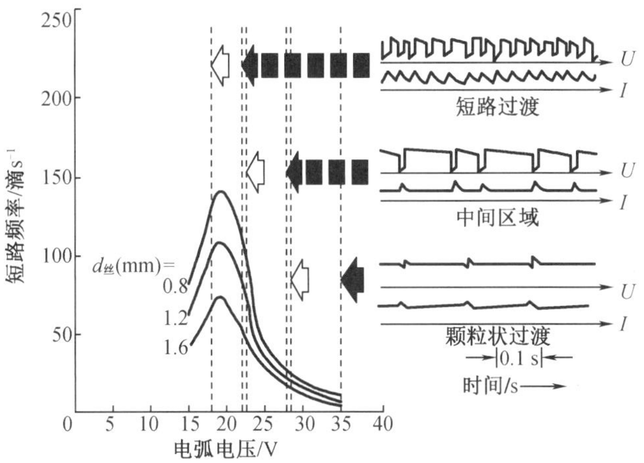

图 2-5 电弧电压与短路频率的关系

2. 颗粒过渡

CO_2 气体保护焊在焊接电流和电弧电压超过短路过渡范围时，产生非轴向颗粒过渡，原因是在熔滴底部作用着电磁排斥力。这个力是由流过焊丝的电流产生的，包括电磁收缩力(P)和阳极反作用力(R)。非轴向大熔滴过渡如图 2-6 所示。电弧的弧根只占据焊丝端头熔滴的局部表面，由此产生的阳极反作用力 R 托着熔滴，使焊丝端头的熔滴偏离焊丝轴线。熔滴脱离时不能沿焊丝轴向过渡，这是一种不稳定的过渡形式，极易产生飞溅和焊缝成形不良。

CO_2 气体是焊接低碳钢和低合金钢时最常用的气体。焊丝直径大于 1.6 mm 时，使用较大电流和较低电压能够形成潜弧，CO_2 气体保护焊潜弧状态的熔滴过渡如图 2-7 所示。这时的电弧基本上潜入工件表面之下，熔池较深，焊丝端头和电弧在工件表面以下的凹坑内。电弧气体变成 CO_2 及其分解产物与金属蒸气的混合物，电弧空间的电场强度降低，熔滴以较小的尺寸、较大的速度沿轴向过渡到熔池中。

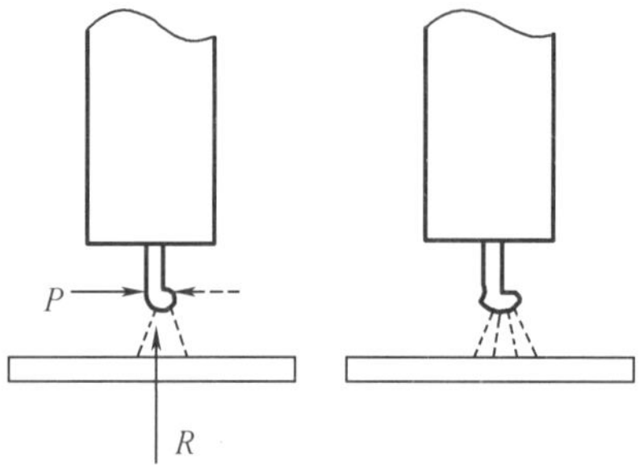

图 2-6　非轴向大熔滴过渡

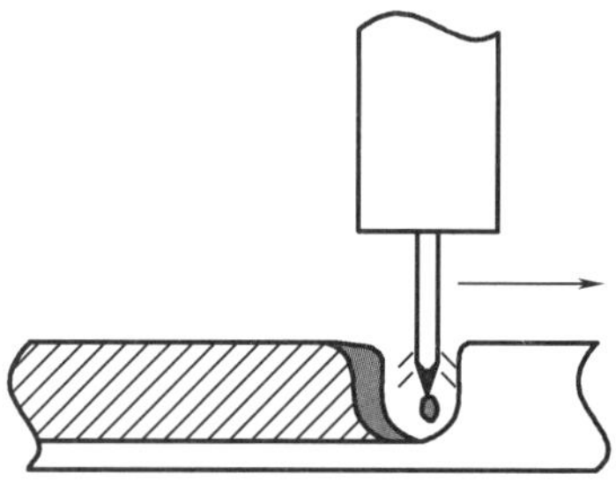

图 2-7　CO_2 气体保护焊潜弧状态的熔滴过渡

潜弧状态的电弧力很大，足以维持相对稳定的电弧空腔。这样不但可以改善熔滴过渡形式、减少飞溅，而且该空腔还能捕捉到大部分金属飞溅，使得焊接飞溅减少。

在直流反接情况下，无论是哪种保护气体，在电流较小时都能产生颗粒过渡。CO_2 气体保护焊还产生大颗粒过渡。大颗粒过渡的特征是熔滴直径大于焊丝直径。大颗粒过渡只能在平焊位置及重力作用下过渡。颗粒过渡没有短路过程，对电源的动特性没有特殊要求。这种熔滴过渡方法的熔深较大，是一种高效焊接方法，主要用于中等厚度及大厚度板材的水平位置焊接。

知识点 2.2　CO_2 气体保护焊焊接材料

微课：CO_2 气体保护焊常用的焊接材料

CO_2 气体保护焊所用的焊接材料有焊丝和 CO_2 气体。

一、焊丝

1. 对焊丝成分的要求及主要合金元素

(1) CO_2 气体保护焊对焊丝化学成分的要求

①焊丝中必须含有足够数量的脱氧元素，以降低焊缝金属中的含氧量和防止产生气孔。

②焊丝的含碳量要低，通常要求质量分数低于 0.11%，这样可以减少气孔与飞溅。当

要求焊缝金属具有更高的抗气孔能力时，焊丝中宜有固氮元素。

③应保证焊缝金属具有良好的力学性能和抗裂性能。

（2）CO_2 气体保护焊焊丝中主要合金元素的作用

①硅（Si）。硅是焊丝中最常用的脱氧元素，可防止铁与氧化合，在熔池中还原 FeO。但是单独用硅脱氧，生成的 SiO_2 的熔点很高（约 1 710 ℃），且生成物的颗粒小，难以从熔池中浮出，易造成焊缝金属夹渣。

②锰（Mn）。锰作用与硅相似，但脱氧能力比硅稍差些。单独用锰脱氧，生成的 MnO 的密度较大，不易从熔池中浮出。在焊丝中含锰，除了脱氧作用外，还能和硫（S）化合成 MnS，起着去硫的作用，降低由硫引起的热脆性。

由于单独用硅或锰脱氧，都难以去除脱氧的生成物，故目前 CO_2 气体保护焊焊丝多采用硅和锰联合脱氧，使生成的 SiO_2 和 MnO 复合成硅酸盐（$MnO \cdot SiO_2$）。（$MnO \cdot SiO_2$）的熔点低（约 1 270 ℃），且密度小（约 3.6 g/cm^3），在熔池中能凝聚成大块熔渣而浮出，达到良好的脱氧效果。

③钛（Ti）。钛是一种强烈的脱氧元素，能和氮化合成 TiN 而起固氮作用，提高焊缝金属抗 N_2 气孔的能力。在 CO_2 气体保护焊的焊丝中，常用钛作为补充脱氧剂。

④铝（Al）。铝是强烈的脱氧元素之一，故用铝作为脱氧剂，不仅可减少 FeO 的产生，而且易使 FeO 还原，可有效地抑制在熔池中产生 CO 气体的化学反应，提高抗 CO 气孔的能力。另外，铝还能和 N_2 化合而起固氮作用，故也能减少氮气孔。但是用铝脱氧生成的 Al_2O_3 的熔点很高（约 2 050 ℃），以固态形式存在于熔池中，易造成焊缝夹渣。同时含铝的焊丝易引起飞溅，铝的含量过高还会降低焊缝金属抗热裂的能力，因而对焊丝中的含铝量必须严格控制，不宜过多。

⑤铬（Cr）、钼（Mo）、钒（V）。这几种元素的脱氧能力强，过渡系数都较大。焊丝中的这些元素主要是对焊缝金属起合金化作用，以改善低合金高强钢焊缝金属的组织与性能。

CO_2 气体保护焊中，为了防止气孔、减小飞溅和保证焊缝具有一定的力学性能，必须采用含有 Mn、Si 等脱氧元素的焊丝。供低碳钢和低合金结构钢焊接用的焊丝的含碳量都较低，同时含有 Mn、Si，以及 Ti、Al、Cr、Mo 等合金元素。

2. 焊丝的型号和牌号

实芯焊丝是目前最常用的焊丝，是热轧线材经拉拔加工而成的。为了防止生锈，须对焊丝（除不锈钢焊丝外）表面进行特殊处理。目前主要是镀铜处理，包括电镀、浸铜及化学镀铜处理等。CO_2 气体保护焊时，为了得到良好的保护效果，要采用相对较细的焊丝，直径一般为 0.8～1.6 mm。

气体保护焊用碳钢、低合金钢焊丝按化学成分（质量分数）和采用熔化极气体保护焊时熔敷金属的力学性能分类。焊丝型号的表示方法为 ER××-×，字母“ER”表示焊丝，ER 后面的两位数字表示熔敷金属的抗拉强度最低值，短横线“-”后面的字母或数字为焊丝化学成分分类代号。附加其他化学元素时，直接用元素符号表示，并以短横线“-”与前面的数字分开。

焊丝型号举例：

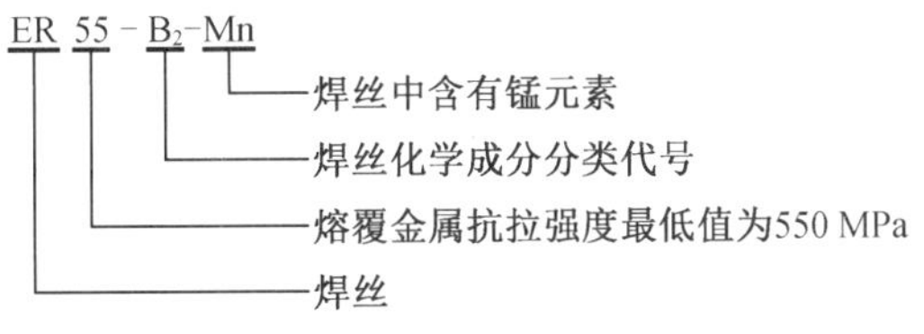

焊丝牌号的首位字母“H”表示焊接用实芯焊丝；后面的一位或两位数字表示含碳量，其他合金元素含量的表示方法与钢材的表示方法大致相同。牌号尾部标有“A”或“E”时，“A”表示硫、磷(P)的含量要求低的优质钢焊丝，“E”表示硫、磷的含量要求特别低的特优质钢焊丝。

焊丝牌号举例：

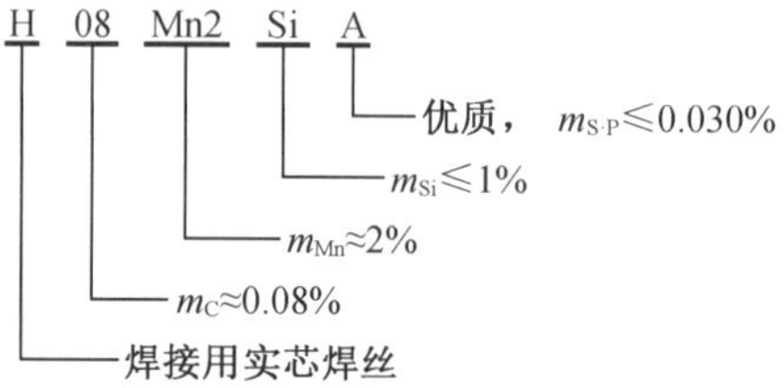

碳钢和低合金钢用实芯焊丝牌号也可用 MG 表示熔化极活性气体 CO_2 保护焊，如 MG49-1。CO_2 气体保护焊实芯焊丝的型号、牌号对照见表 2-4。

表 2-4　CO_2 气体保护焊实芯焊丝的型号、牌号对照

牌号	符合(相当)标准的焊丝型号		
	GB(国家标准)	AWS(美国焊接协会标准)	JIS(日本工业协会标准)
MG49-1	ER49-1	—	—
MG49-Ni	—	—	—
MG49-G	ER49-G	ER70S-G	YGW-11
MG50-3	ER59-3	ER70S-3	—
MG50-4	ER50-4	ER70S-4	—
MG50-6	ER50-6	ER70S-6	—
MG50-G	ER50-G	ER70S-G	YGW-16
MG59-G	—	—	—

CO_2 气体保护焊低碳钢和低合金钢实芯焊丝的牌号、型号及化学成分分别见表 2-5 和表 2-6。表中所列的焊丝应根据被焊工件的材料及要求来选用。

表 2-5　CO_2 气体保护低焊钢和低合金钢焊实芯焊丝的牌号及化学成分

牌号	化学成分/%								
	C	Mn	Si	Cr	Ni	Mo	Cu	其他	S	P
H08Mn2Si	≤0.11	1.70~2.10	0.65~0.95	≤0.20	≤0.30	—	≤0.20	—	≤0.035	≤0.035
H08Mn2SiA	≤0.11	1.80~2.10	0.65~0.95	≤0.20	≤0.30	—	≤0.20	—	≤0.030	≤0.030
H10MnSi	≤0.14	0.80~1.10	0.60~0.90	≤0.20	≤0.30	—	≤0.20	—	≤0.035	0.035≤
H10MnSiMo	≤0.14	0.90~1.20	0.70~1.10	≤0.20	≤0.30	0.15~0.25	≤0.20	—	≤0.035	≤0.035
H10MnSiMoTiA	0.08~0.12	1.00~1.30	0.40~0.70	≤0.20	≤0.30	0.20~0.40	≤0.20	Ti:0.05~0.15	≤0.025	≤0.030

表 2-6　CO_2 气体保护焊实芯焊丝的型号及化学成分　%

焊丝型号	C	Mn	Si	P	S	Ni	Cr	Mo	V	Ti	Zr	Al	Cu	其他元素总量
碳钢焊丝														
ER49-1	≤0.11	1.80~2.10	0.65~0.95	≤0.30	≤0.30	≤0.30	≤0.20	—	—	—	—	—	≤0.50	—
ER50-2	≤0.07	0.90~1.40	0.40~0.70	≤0.025	≤0.035	—	—	—	—	0.05~0.15	0.02~0.12	0.05~0.15	≤0.50	≤0.50
RE50-3	0.06~0.15	0.90~1.40	0.45~0.75											
ER50-4	0.07~0.15	1.00~1.50	0.65~0.85											
ER50-5	0.07~0.19	0.90~1.40	0.30~0.60	≤0.025	≤0.035	—	—	—	—	—	—	0.50~0.90	≤0.50	≤0.50
ER50-6	0.06~0.15	1.40~1.85	0.80~1.15											
ER50-7	0.07~0.15	1.50~2.00	0.50~0.80											
铬钼钢焊丝														
ER55-B2	0.07~0.12	0.04~0.70	0.04~0.70	≤0.025		≤0.20	1.20~1.50	0.40~0.65	—					
ER55-B2L	≤0.05													
ER55-B2-MnV	0.06~0.10	1.20~1.60	0.60~0.90	≤0.030	≤0.025	≤0.25	1.00~1.30	0.50~0.70	0.20~0.40	—	—	—	≤0.35	≤0.50
ER55-B2-Mn		1.20~1.70	0.40~0.70			≤0.20	0.90~1.20	0.45~0.65	—					
ER62-B3	0.07~0.12	0.04~0.70		≤0.025			2.30~2.70	0.90~1.20						
ER62-B3L	≤0.05	0.04~0.70	0.04~0.70	≤0.025	≤0.025	≤0.20	2.30~2.70	0.90~1.20	—	—	—	—	≤0.35	≤0.50
镍钢焊丝														
ER55-C1					≤0.025	0.80~1.10	≤0.15	≤0.35	≤0.05					
ER55-C2	≤0.12	≤1.25	0.40~0.80	≤0.025	—	2.00~2.75	—	—	—	—	—	—	≤0.35	≤0.50
ER55-C3						3.00~3.75								

表 2-6(续)

<table>
<tr><th>焊丝型号</th><th>C</th><th>Mn</th><th>Si</th><th>P</th><th>S</th><th>Ni</th><th>Cr</th><th>Mo</th><th>V</th><th>Ti</th><th>Zr</th><th>Al</th><th>Cu</th><th>其他元素总量</th></tr>
<tr><td colspan="15">锰钼钢焊丝</td></tr>
<tr><td>ER55-D2-Ti</td><td>≤0.12</td><td>1.20~1.90</td><td>0.40~0.80</td><td rowspan="2">≤0.025</td><td rowspan="2">≤0.025</td><td>—</td><td rowspan="2">—</td><td>0.20~0.50</td><td rowspan="2">—</td><td>≤0.20</td><td rowspan="2">—</td><td rowspan="2">—</td><td rowspan="2">≤0.50</td><td rowspan="2">≤0.50</td></tr>
<tr><td>ER55-D2</td><td>0.07~0.12</td><td>1.60~2.10</td><td>0.50~0.80</td><td>≤0.15</td><td>0.40~0.60</td><td>—</td></tr>
<tr><td colspan="15">其他低合金钢焊丝</td></tr>
<tr><td>ER69-1</td><td>≤0.08</td><td rowspan="2">1.25~1.80</td><td>0.20~0.50</td><td rowspan="2">≤0.01</td><td rowspan="2">≤0.01</td><td>1.40~2.10</td><td rowspan="2">≤0.30</td><td>0.25~0.55</td><td rowspan="2">≤0.05</td><td rowspan="2">≤0.10</td><td rowspan="2">≤0.10</td><td rowspan="2">≤0.10</td><td>≤0.25</td><td rowspan="2">≤0.50</td></tr>
<tr><td>ER69-2</td><td>≤0.12</td><td>0.20~0.60</td><td>0.08~1.25</td><td>0.20~0.55</td><td>0.35~0.65</td></tr>
<tr><td>ER69-3</td><td>≤0.12</td><td>1.25~1.80</td><td>0.40~0.80</td><td>≤0.02</td><td>≤0.02</td><td>0.50~1.00</td><td>—</td><td>0.20~0.55</td><td>—</td><td>≤0.20</td><td>—</td><td rowspan="3">≤0.10</td><td>≤0.35</td><td rowspan="3">≤0.50</td></tr>
<tr><td>ER76-1</td><td>≤0.09</td><td>1.40~1.80</td><td>0.20~0.55</td><td rowspan="2">≤0.01</td><td rowspan="2">≤0.01</td><td>1.90~2.60</td><td>≤0.50</td><td>0.25~0.55</td><td>≤0.04</td><td rowspan="2">≤0.01</td><td rowspan="2">≤0.01</td><td rowspan="2">≤0.25</td></tr>
<tr><td>ER83-1</td><td>≤0.10</td><td>1.40~1.80</td><td>0.25~0.60</td><td>2.00~2.80</td><td>≤0.60</td><td>0.30~0.65</td><td>≤0.03</td></tr>
<tr><td>ERXX-G</td><td colspan="14">供需双方协商</td></tr>
</table>

注:1. 焊丝中铜含量包括镀铜层。

2. 型号中的字母“L”表示含碳量低的焊丝。

3. 焊丝的选用

CO_2 气体保护焊具体选用哪一种牌号的焊丝,应根据被焊金属材料的性质、焊接接头设计强度、焊缝质量要求、焊接施工条件(板厚、坡口形状、焊接位置、焊接条件、焊后热处理及焊接操作等)、成本等综合考虑。

焊丝的选用要考虑的要素排序如下。

(1)根据被焊结构的钢种选择焊丝。对于碳钢及低合金高强钢,主要按“等强匹配”的原则,选择满足力学性能要求的焊丝。对于耐热钢和耐候钢,主要考虑焊缝金属与母材化学成分的一致性或相似性,以满足对耐热性和耐腐蚀性等方面的要求。

(2)根据被焊部件的质量要求(特别是冲击韧性)选择焊丝。与焊接条件、坡口形状、保护气体混合比等工艺条件有关,要在确保焊接接头性能的前提下,选择能达到最大焊接效率及降低焊接成本的焊接材料。

(3)根据现场焊接位置选择焊丝。对应于被焊工件的板厚选择所使用的焊丝直径,确定所使用的电流,参考各生产厂的产品介绍资料及使用经验,选择适用于焊接位置及使用电流的焊丝牌号。

例如,焊接低碳钢或低合金结构钢时,可以选用 H10MnSi 或 H08Mn2SiA 焊丝。前者焊成的焊缝金属含碳量稍高而含硅、锰量较低，故焊缝金属强度略高而塑性和冲击韧性稍差；后者所焊焊缝金属的含碳量低而含硅、锰量高，虽然焊缝金属强度比前者稍低些，可是塑性和冲击韧性较好。

焊丝的焊接工艺性能包括电弧稳定性、飞溅颗粒的大小及数量、脱渣性、焊缝的外观与形状等。对于碳钢及低合金钢的焊接（特别是半自动焊），主要是根据焊接工艺性能来选择焊接方法及焊接材料。CO_2 气体保护焊实芯焊丝的力学性能、特点和用途见表 2-7。

表 2-7　CO_2 气体保护焊实芯焊丝的力学性能、特点和用途

焊丝牌号	直径/mm	特点和用途	熔敷金属力学性能			
			σ_b/MPa	σ_s/MPa	δ_s/%	A_{kV}/J
MG49-1	0.8~3.2	采用 H08Mn2SiA 盘条钢丝拉拔和表面镀铜处理而成，用作 CO_2 气体保护焊焊丝，飞溅较少，具有良好的抗气孔性能。用于焊接低碳钢及某些低合金结构钢	≥490	≥372	≥20	≥47（室温）
MG49-Ni	1.0~1.6	可用于抗拉强度 500 MPa 级高强钢、耐热钢的焊接，用 CO_2 气体保护，可全位置施焊，电弧稳定。使用的焊接规范较宽，熔敷金属具有良好的低温冲击韧性和耐大气腐蚀性能。用于焊接耐热钢和某些低合金钢	≥490	≥372	≥20	≥47（室温） ≥27（-20 ℃）
MG49-G	1.2~1.6	CO_2 气体保护焊焊丝，含有适量的 Ti，具有细化熔滴、稳弧作用，同时可细化晶粒、提高熔敷金属的低温冲击韧性。适用于大电流厚板的焊接，如船舶、桥梁等钢结构的焊接	≥490	≥390	≥22	≥27（0 ℃）
MG50-3	0.8~0.6	CO_2 气体保护焊焊丝，具有优良的焊接工艺性能，适用于碳素钢和低合金钢的焊接	≥500	≥420	≥22	≥27（-18 ℃）
MG50-4	0.8~1.6	采用 CO_2 或 Ar+5%~20% CO_2（体积分数）作为保护气体。焊接时电弧稳定，飞溅较少，可用于薄板的高速焊接。在小电流规范下，电流仍很稳定，并可进行向下立焊。采用混合气体保护焊时，焊缝金属强度略有提高。适用于碳素钢的焊接，也可用于薄板、钢管的高速焊接	≥500	≥420	≥22	—

表 2-7(续)

焊丝牌号	直径/mm	特点和用途	熔敷金属力学性能			
			σ_b/MPa	σ_s/MPa	δ_s/%	A_{kV}/J
MG50-6	—	焊丝熔化速度快,熔敷效率高,电弧稳定,焊接飞溅极小,焊缝成形美观,并且抗氧化锈蚀能力强,焊缝金属气孔敏感性小,全位置施焊工艺性好,保护气体采用 CO_2 或 Ar(体积分数为 5%)+CO_2(体积分数为 20%)。适用于碳钢及抗拉强度 500 MPa 级高级钢的车辆、建筑、船舶、桥梁等结构钢的焊接,也可用于薄板、管的高速焊接	≥500	≥420	≥22	≥27(-30 ℃)
MG50-G	0.8~1.6	Ar+CO_2 气体保护焊焊丝。焊接时,熔敷金属流动性及抗裂性优异,飞溅小,熔渣少且易剥落。用于高速焊接,尤其适用于薄板焊接	≥490	≥345	≥22	≥27(-30 ℃)
MG59-G	0.8~1.6	采用 H05MnSiMo 盘条经拉拔加工和表面镀铜除锈处理而成,用作 CO_2 气体保护焊焊丝,成形良好,飞溅小,送丝稳定,适用于抗拉强度 590 MPa 级低合金高强钢,如 HQ60、HQ60H 等焊接结构,如大型液压起重机,工程机械和桥梁的焊接	≥590	≥450	≥16	≥47(-20 ℃) ≥29(-20 ℃)

CO_2 气体保护焊中最常用的一种焊丝为 H08Mn2SiA,它具有良好的工艺性能和较高的力学性能,适用于焊接低碳钢、低合金钢和低合金高强度钢。当对于焊缝致密性的要求更高时,还可以采用 H04Mn2SiTiA 和 H04MnSiAlTiA。这两种焊丝与 H08Mn2SiA 相比,含碳量降低了,但强脱氧元素 Ti 和 Al 增加了,可以进一步改善工艺性能,不但飞溅减小,而且一氧化碳和氮引起的气孔也大为减少,从而提高了焊缝的致密性。

CO_2 气体保护焊所用的焊丝直径通常为 0.5~5 mm,在半自动焊时主要是采用细焊丝(直径小于 1.6 mm)。焊丝表面有镀铜和不镀铜两种,镀铜的目的是防止焊丝生锈,有利于焊丝的储存与改善导电性。为了保证焊接质量,焊前必须除油和除锈。

目前国内常用的 CO_2 气体保护焊焊丝直径为 0.6 mm、0.8 mm、1.0 mm、1.2 mm、1.6 mm、2.0 mm、2.4 mm 等。焊丝尺寸应保证有均匀的外径,公差为-0.025~0 mm。焊丝应具有一定的硬度和挺度,一方面防止焊丝被送丝滚轮压扁或压出深痕;另一方面要求焊丝从导电嘴送出后应有一定的挺度。无论是推丝式还是拉丝式或是推拉式送丝,都要求焊丝以冷拔状态供应,而不应采用退火焊丝。

4. 我国实芯焊丝的发展方向

下面介绍的两种焊丝是目前正在被研究且有很大应用开发前景的新产品，它们将成为实芯焊丝今后发展的主要方向。

(1)新型非镀铜焊丝

新型非镀铜焊丝是新一代的气体保护焊用实芯焊丝，是基于强烈的环保需求和成本压力而产生的。从2000年开始，国外已出现采用新型涂层处理的非镀铜气体保护焊实芯焊丝。目前，日本、美国等工业发达的国家大力研制、开发、推广应用非镀铜焊丝，该焊丝已有迅速取代镀铜焊丝之势。

非镀铜焊丝应用纳米技术和现代金属间化合物胶体涂层技术，对焊丝表面进行新型涂层处理，以替代镀铜处理。与传统镀铜焊丝相比，其具有如下优点：电弧稳定、飞溅小、成形美观；涂层附着力比镀铜层更紧密，送丝稳定；防锈能力强；焊接时烟雾小，制造中对环境污染小；制造成本低。主要表现在如下方面。

①焊丝送丝性能与电弧稳定性较镀铜焊丝优越。非镀铜焊丝采用了特殊的表面处理技术和纳米技术，在焊丝表面涂敷了一层极薄的特殊物质，该物质与焊丝结合紧密，不存在脱落现象，使焊丝的送丝性能与电弧稳定性大幅度提高。

②非镀铜焊丝的表面活性成分使得焊接过程中可实现小颗粒过渡，飞溅比镀铜焊丝的少，尤其是大颗粒飞溅明显减少。

③焊缝成形方面和镀铜焊丝相比，余高减小，表面成形美观，焊后表面基本不用清理。

④焊接烟尘量较镀铜焊丝减少20%左右，尤其是有毒元素铜的含量大大降低，有利于保护焊工的身体健康。

⑤防锈性能方面。传统镀铜焊丝的表面镀铜主要是为了防锈，增强导电性，减小焊丝的表面粗糙度，从而改善送丝性能。在实际生产中发现，镀铜焊丝的腐蚀一般是从镀铜层下的铁基表面开始的，使表面与基体的紧密性变差，严重时焊丝经过送丝轮时镀铜层成片脱落，堵塞送丝软管，从而影响正常送丝。而非镀铜焊丝涂层对焊丝表面的附着力比镀铜层更紧密，具有更好的防锈性能。

从国内目前的情况来看，新型非镀铜焊丝并没有得到广泛的推广使用，主要是由于非镀铜焊丝质量波动较大。因此，非镀铜焊丝的质量有待不断改进提高。

(2)活性无镀铜焊丝

使用活性无镀铜焊丝主要解决焊接飞溅大、焊缝成形差的问题。

①活性无镀铜焊丝的使用机理

a. 在活性无镀铜焊丝中，加入的活性剂的电离电压比 CO_2 低，这就大大降低了混合气体的有效电离电压，使电弧气体中产生带电粒子比较容易，有利于形成射滴过渡，这样使熔滴过渡时比短路过渡更平稳，从而减小飞溅。

b. 从热效应方面讲，在一定条件下，自由电弧的导电截面取决于电弧外围气体的导热性。导热性越强，电弧断面直径自动收缩的程度就越大。在 CO_2 气体保护焊中，正是由于 CO_2 气体导热性强，因此对电弧具有强烈的冷却性，电弧热损失增加，使电弧缩小，热量集中。而在使用活性无镀铜焊丝的气体保护焊中，由于加入的活性剂中的离子的热导率比 CO_2 气体的热导率低许多，这样低的导热性能改变了弧柱与外围气体的热交换条件，大大减少了径向热耗散，促使弧柱扩展，所以表现在电弧形态上，就呈现为电弧范围较大、弧根扩展、热量分布均匀、熔滴细化、易于脱离焊丝、熔滴过渡频率加快、飞溅降低，大颗粒飞溅物也随之减少。

c. 改善焊缝成形。添加活性剂后，在熔池表面产生金属蒸气的过程受到抑制。在金属蒸气较少的情况下，只有阳极斑点附近较小范围内的金属被汽化电离，使电弧导电通道紧缩，电弧压力增大，熔池内部金属液体流动加快、加大、加深，因而焊缝熔深增大。同时，液态金属表面积聚的表面活性元素改变了温度梯度（dr/dt），使得表面张力的作用方向和熔池中电磁力的作用方向一致，增加了热传导，使焊缝熔深增加，因此也影响了熔合区的几何形状。

②活性无镀铜焊丝的开发前景

活性无镀铜焊丝在解决国内目前焊丝品种少、焊接工艺不稳定方面有广阔的开发前景。目前钢材种类、品质的不断增加，必然要求有相应焊接材料与之相匹配，现在对一些特殊钢材的焊接多用药芯焊丝，通过对药粉的成分、含量的调节来满足焊接特殊钢材的要求。研究表明：可以通过改变活性剂的成分来焊接不同的钢材，不仅仅把活性剂定位在一些改变电弧性质的氧化物上，也可以直接加入一些合金元素，达到使特殊钢材在焊接后具有较高的强度、较好的冲击韧性等要求。

二、二氧化碳（CO_2）气体

1. CO_2 气体的性质

CO_2 气体是氧化性保护气体，有固态、液态、气态三种状态。纯净的 CO_2 气体无色、无味。CO_2 气体在 0 ℃和 1 大气压下，密度是 1.977 g/L，是空气密度的 1.5 倍。CO_2 易溶于水，溶于水后略呈酸味。

CO_2 气体在高温时几乎全部分解（$CO_2 \xrightarrow{5\,000\ K} CO+O$，1 K=4 726.85 ℃）由于分解出原子态氧，因而使电弧气体具有很强的氧化性。液态 CO_2 是无色液体，其密度随温度的变化而变化，当温度低于-11 ℃时比水密度大，高于-11 ℃时比水密度小。液态 CO_2 在-78 ℃时转变为气态，所以工业用 CO_2 都是液态的，常温下即可汽化。在 0 ℃和 1 大气压下，1 kg 液态 CO_2 可汽化成 509 L 的 CO_2 气体。

焊接用的 CO_2 气体为装入钢瓶的液态 CO_2，既经济又方便。通常 40 kg 的标准钢瓶可灌装 25 kg 的液态 CO_2。25 kg 液态 CO_2 约占钢瓶容积的 80%，其余 20%左右的空间充满了汽化的 CO_2。气瓶压力表上所指示的压力是这部分气体的饱和压力。此压力的大小和环境温度有关，温度升高，饱和气压增大；温度降低，饱和气压减小。

只有当气瓶内液态 CO_2 已全部挥发成气体后，瓶内气体的压力才会随着 CO_2 气体的消耗而逐渐下降。一个标准钢瓶中所盛的液态 CO_2 可以汽化成 12 725 L 的 CO_2 气体，若一次焊接时气体消耗量为 10 L/min，则一标准钢瓶液态 CO_2 可连续使用约 24 h。焊接时 CO_2 气体流量的选择见表 2-8。

表 2-8　焊接时 CO_2 气体流量的选择

焊接方法	细丝 CO_2 气体保护焊	粗丝 CO_2 气体保护焊	粗丝大电流 CO_2 气体保护焊
CO_2 气体流量/（$L \cdot min^{-1}$）	5~15	15~25	25~50

标准钢瓶满瓶时的压力为 50~70 kgf/cm^2（1 kgf/cm^2=98.066 5 kPa），随着使用中瓶内压力的降低，溶于液态 CO_2 的水分的汽化量也增多。经验表明，当瓶中气体压力低于

10 kgf/cm² 时(温度为 20 ℃),不宜再继续使用钢瓶中的 CO_2,因为此时液态 CO_2 已挥发完,如继续使用,焊缝金属将产生气孔,必须重新灌气。

液态 CO_2 中可溶解质量分数为 0.05%的水,多余的水则呈自由状态沉于瓶底。这些水在焊接过程中随 CO_2 一起汽化并混入 CO_2 中,直接进入焊接区。水分是 CO_2 气体中最主要的有害杂质,随 CO_2 气体中水分的增加,焊缝金属的含氢量增高、塑性下降,甚至产生气孔等缺陷,因此焊接用的 CO_2 气体必须具有较高的纯度,一般要求 CO_2 的体积分数>99%,O_2 的体积分数<0.1%,H_2O 的体积分数<0.05%。焊接用液态 CO_2 的技术要求见表 2-9。

表 2-9　焊接用液态 CO_2 的技术要求

指标名称	Ⅰ类/%	Ⅱ类/%		
		一级	二级	三级
CO_2 体积分数	≥99.8	≥99.5	≥99.0	≥99.0
水分体积分数	≤0.005	≤0.05	≤0.10	—

当生产现场使用的市售 CO_2 气体的水分含量较高、纯度偏低时,应该做提纯处理,经常采用的方法如下。

(1)将新灌 CO_2 的钢瓶倒立静置 1~2 h,使水分沉积在底部,然后打开倒置钢瓶的气阀,根据瓶中含水量的不同,一般放水 2~3 次,每次放水间隔约 30 min。放水结束后将钢瓶放正。

(2)经放水处理后的钢瓶在使用前先放气 2~3 min,因为上部的气体一般含有较多的空气和水分,而这些空气和水分主要是灌瓶时混入瓶内的。

(3)在 CO_2 供气管路中串接高压干燥器和低压干燥器,干燥剂可采用硅胶、无水氯化钙或脱水硫酸铜,以进一步减少 CO_2 气体中的水分,用过的干燥剂经烘干后可重复使用。

(4)当瓶中气压降低到 980 MPa 时,不再使用。

当通风不良或在狭窄空间内采用 CO_2 作为保护气体施焊时,须加强通风措施,以免因 CO_2 的质量浓度超过国家规定允许的质量浓度(30 g/m³),而影响焊工身体健康。

2. CO_2 气体的选用

在 CO_2 气体保护焊中,除了自保护焊丝外,无论是实芯焊丝还是药芯焊丝,均有与保护气体(介质)适当组合的问题。这一组合带来的影响比较简单,没有焊丝-焊剂组合那样复杂。焊接用 CO_2 气体的性质见表 2-10。

表 2-10　焊接用 CO_2 气体的性质

气体名称	主要特征	在焊接中的应用
CO_2	化学性质稳定,不燃烧、不助燃,在高温时能分解为 CO 和 O,对金属有一定氧化性;能液化,液态 CO_2 蒸发时吸收大量热,能凝固成固态 CO_2(俗称"干冰")	焊接时配焊丝可作为保护气体,如 CO_2 气体保护焊和 CO_2+O_2、CO_2+Ar 等混合气体保护焊

由于 CO_2 气体的强氧化作用,焊丝合金过渡系数降低,熔敷金属成分与焊丝成分产生

较大差异。保护气体中 CO_2 气体所占比例越大，其氧化性越强，合金过渡系数越低。因此，采用 CO_2 作为保护气体时，焊丝中必须含有足够量的脱氧合金元素，以满足 Mn、Si 联合脱氧的要求，改善焊缝的组织和性能。

应根据被焊母材性质、接头质量要求及焊接工艺等因素选用保护气体。对于低碳钢、低合金高强钢、不锈钢和耐热钢等，焊接时可选用活性气体(如 CO_2、$Ar+CO_2$ 或 $Ar+O_2$)保护，以细化过渡熔滴，消除电弧阴极斑点漂移及焊道边缘咬边等缺陷；有时也可采用惰性气体保护。但对于氧化性强的保护气体，须匹配高锰高硅焊丝；而对于富 Ar 混合气体，则应匹配低硅焊丝。

Mn、Si 含量较高的 CO_2 焊丝用于富氩条件时，熔敷金属合金含量偏高，强度增大；反之，所用的焊丝用 CO_2 气体保护时，由于合金元素的氧化烧损，合金过渡系数低，焊缝性能下降。

焊接低碳钢或低合金钢时，在 CO_2 气体中加入一定量的 O_2，或者在 Ar 中加入一定量的 CO_2 或 O_2 时，可增大熔深，消除未焊透、裂纹及气孔等缺陷。焊接用 CO_2 保护气体及适用范围见表 2-11。

表 2-11　焊接用 CO_2 保护气体及适用范围

材料	保护气体	混合比(体积分数)	化学性质	焊接方法	简要说明
碳钢及低合金钢	$Ar+O_2+CO_2$	加 $O_2$2%lk CO_2 5%	氧化性	MAG	用于射流电弧、脉冲电弧及短路电弧
	$Ar+CO_2$	加 CO_2 2.5%	氧化性	MAG	用于短路电弧。焊接不锈钢时加入 CO_2 的体积分数最大量应小于 5%，否则渗碳严重
	$Ar+O_2$	加 O_2(1%~5%)或 20%	氧化性	MAG	生产率较高，抗气孔性能优，用于射流电弧及对焊缝要求较高的场合
	$Ar+CO_2$	70%(80%)/30%(20%)	氧化性	MAG	有良好的熔深，可用于短路过渡及射流过渡电弧
	$Ar+O_2+CO_2$	80%/15%/5%	氧化性	MAG	有较佳的熔深，可用于射流、脉冲及短路电弧
	CO_2	—	氧化性	MAG	适用于短路电弧，有一定飞溅

知识点 2.3　CO_2 气体保护焊设备

微课：CO_2 气体保护焊设备的接线及安全使用

微课：CO_2 气体保护焊设备的选用及日常维护

微课：典型 CO_2 气体保护焊设备组成

微课：典型 CO_2 气体保护焊设备面板功能键操作说明

一、CO_2 气体保护焊对设备的要求

1. 综合工艺性能

质量好的焊接接头，需要有综合工艺性能好的焊接设备，主要表现在：焊接引弧容易，电弧的自调节能力强。当弧长变化时，焊接电流的变化小，当干伸长变化时，产生的静态电压误差小，并且焊接参数调节方便，能够实现多种直径焊丝的焊接。

2. 良好的使用性能

使用过程中，焊枪轻巧，操作方便；送丝机构质量轻，便于移动；供气系统工作顺畅。另外，要求焊机维修方便；有安全防护措施，确保使用安全。

3. 提高焊接过程稳定性的途径

送丝机构设计合理，焊接过程中确保均匀送丝；电源的外特性选择合理，弧压反馈送丝焊机采用下降外特性电源，等速送丝焊机则选用平或缓降外特性电源。

二、CO_2 气体保护焊设备的组成

CO_2 气体保护焊所用的设备有半自动 CO_2 气体保护焊设备和自动 CO_2 气体保护焊设备。在实际生产中，由于船体结构的特点，半自动 CO_2 气体保护焊设备的使用最为普遍。该设备主要由四部分组成：焊接电源、送丝机构、供气系统及焊枪。图 2-8 所示为半自动 CO_2 气体保护焊设备示意图。自动 CO_2 气体保护焊设备仅比半自动 CO_2 气体保护焊设备多一套焊枪与焊件相对运动的机构，或者采用焊接小车进行自动操作。大电流 CO_2 气体保护焊设备还配有水冷却系统。

（1）焊接电源。焊接电源由一个平特性的三相晶闸管整流器及控制线路组成。面板上装有指示灯及调节旋钮等。

（2）送丝机构。该机构是送丝的动力，包括机架、送丝电动机、焊丝矫直轮、压紧轮和送丝轮等，还有焊丝盘、电缆及焊枪机构。要求送丝机构能匀速输送焊丝。

（3）供气系统。供气系统由气瓶、减压流量调节器及管道组成。有时为了除水，气路中还需串联高压和低压干燥器。

（4）焊枪。焊枪用于传导电流、输送焊丝和保护气体。

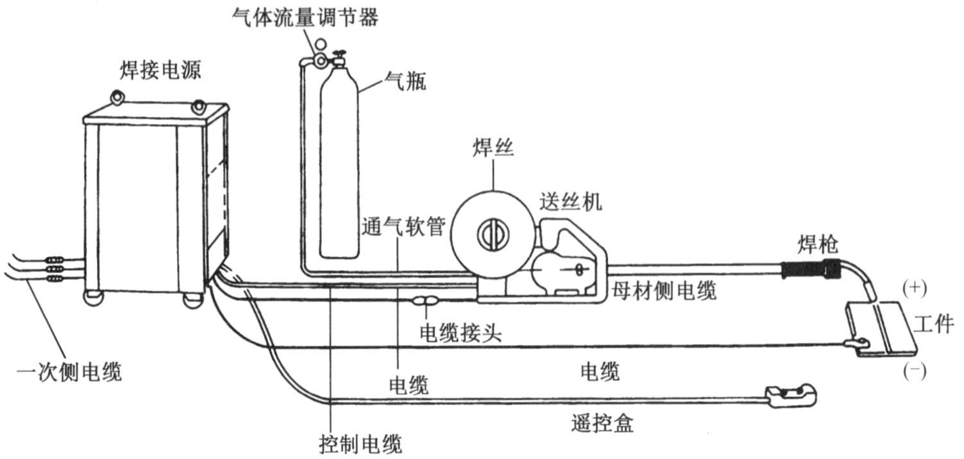

图 2-8　半自动 CO_2 气体保护焊设备示意图

(一)CO_2 气体保护焊的焊接电源

1. 对焊接电源的要求

(1)具有平的或缓降的外特性曲线。电源输出电压和输出电流的关系叫作电源的外特性。当输出电流增加时,输出电压不变或缓慢降低的电源外特性叫作平特性或缓降特性。因为 CO_2 气体保护焊使用的焊丝直径小(通常小于 1.6 mm),焊接电流大,电流密度比焊条电弧焊高 10 倍以上,电弧的静特性处于上升段(图 2-9),所以要采用平特性或缓降特性的焊接电源(图 2-10)。采用平特性电源,由于短路电流大,容易引弧,不易粘丝;电弧拉长后,电流迅速减小,不易烧坏焊丝嘴,且弧长变化时会引起较大的电流变化,电弧的自调节作用强,焊接参数稳定,焊接质量好。

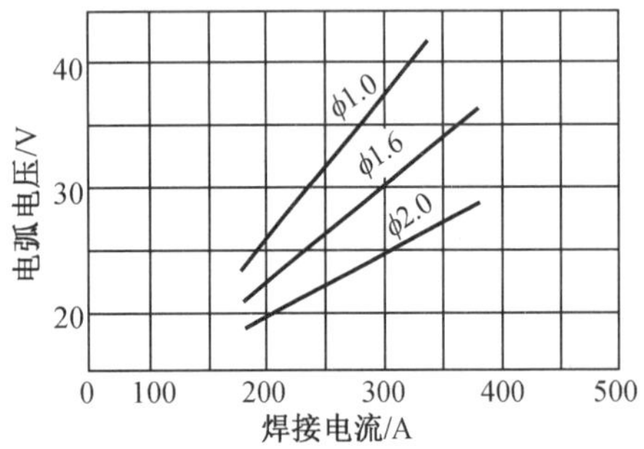

图 2-9　CO_2 气体保护焊电弧的静特性

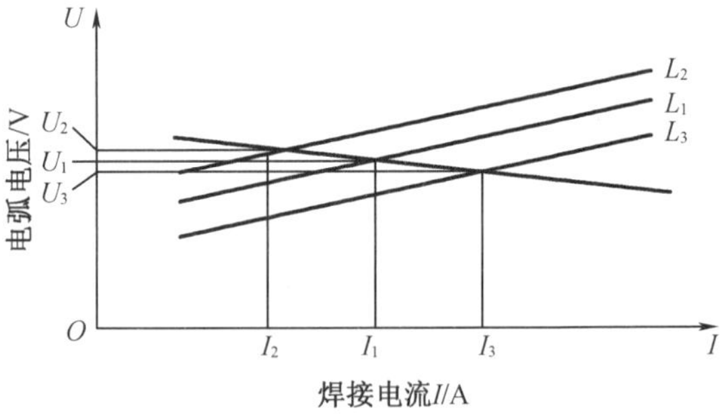

图 2-10　弧长变化时焊接电流的变化

设电弧稳定燃烧时弧长为 L_1,焊接电流为 I_1,电弧电压为 U_1。当某种原因使电弧变长到 L_2 时,焊接电流迅速减小为 I_2,焊丝熔化减慢,电弧长度变短,焊接电流增加,很快就恢复到 I_1。反之,若电弧变短至 L_3,则焊接电流迅速增加到 I_3,焊丝熔化加快,弧长增加,迫使焊接电流减小,很快恢复到 I_1。

(2)具有合适的空载电压。CO_2 气体保护焊机的空载电压一般为 38~70 V。

(3)良好的动特性。焊接过程中,焊丝与焊件之间会发生频繁的短路和重新引弧。如果焊机的输出电流和电压不能迅速地适应电弧焊过程中的这些变化,电弧就不能稳定燃烧,甚至熄灭。焊机适应焊接电弧变化的特性称为焊接电源动特性。焊机焊接电源动特性良好时，容易引弧，焊接过程稳定、飞溅小，相关人员在操作时会感到电弧平静、柔软、富有弹性。

（4）合适的调节范围。这是指能根据需要方便地调节焊接参数，满足生产需要。

2. CO_2 气体保护焊电源的种类

（1）一元化调节电源。这种电源只需用一个旋钮调节焊接电流，控制系统自动使电弧电压保持在最佳状态。如果焊工对所焊焊缝成形不满意，可适当调整焊接电流，以保持最佳匹配。这种焊机使用时操作特别方便。

（2）多元化调节电源。这种电源的焊接电流和电弧电压分别用两个旋钮调节，按其设置的大致刻度，可以预先粗略给定所需要的焊接电流和电弧电压。然后，点燃电弧时，再根据电流表和电压表的指示准确地调整。用这种控制方式调节工艺参数时操作较麻烦。

（二）CO_2 气体保护焊的送丝机构和焊枪

1. 送丝机构

（1）对送丝机构的要求

①送丝速度均匀稳定。

②调速方便。

③结构牢固轻巧。

（2）送丝方式

常见的半自动 CO_2 气体保护焊的送丝方式有推丝式、拉丝式和推-拉丝式三种，如图 2-11 所示。

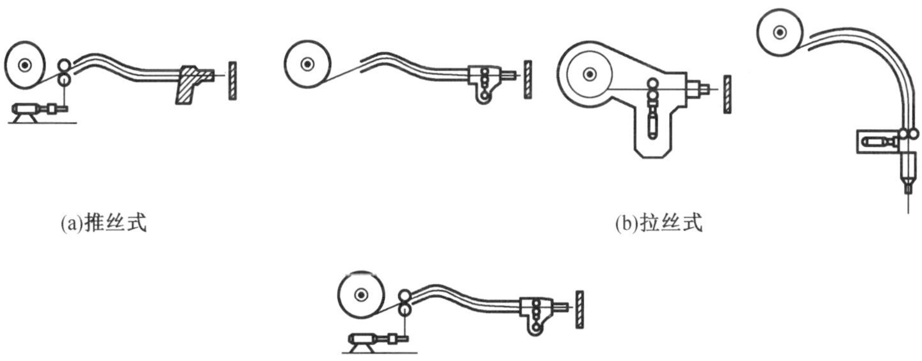

(a)推丝式　(b)拉丝式　(c)推-拉丝式

图 2-11　半自动 CO_2 焊的送丝方式

①推丝式送丝：主要用于直径为 0.8~2.0 mm 的焊丝，是应用最广的一种送丝方式，如图 2-11(a)所示。焊枪与送丝机构是分开的，焊丝经一段软管被送到焊枪中。这种焊枪结构简单、轻便，但焊丝通过软管时受到的阻力大，因而软管长度受到限制，通常只能在离送丝机 2~5 m 的范围内操作。

②拉丝式送丝：主要用于直径小于或等于 0.8 mm 的细焊丝，如图 2-11(b)所示。它又分为两种形式：一种是焊丝盘和焊枪分开，两者用送丝软管连接起来；另一种是将焊丝盘直接装在焊枪上，没有软管，送丝阻力小，速度均匀稳定，但焊枪结构复杂、质量大，焊工操作时的劳动强度大。

③推-拉式送丝：是以上两种送丝方式的组合，克服了使用推丝式焊枪操作范围小的缺点，送丝软管可加长到 15 m 左右，如图 2-11(c)所示。推丝电动机是主要的送丝动力，而拉

丝机只是将焊丝拉直,以减小推丝阻力。推力和拉力必须很好地配合,通常拉丝速度应稍快于推丝速度。这种方式虽有一些优点,但由于结构复杂,调整麻烦,同时焊枪较重,因此实际应用不多。

(3)送丝机构

送丝机构由送丝电动机、减速装置、送丝滚轮和压紧机构等组成。送丝电动机一般采用他励直流伺服电动机。选用伺服电动机时,因其转速较低,所以减速装置只需一级涡轮蜗杆和一级齿轮转动。其传动比应根据电动机的转速、送丝滚轮直径和所要求的送丝速度来确定。送丝速度一般应在 2~16 m/min 范围内均匀调节。为保证均匀、可靠地送丝,送丝轮表面应加工出 V 形槽(用于实芯硬焊丝)或 U 形槽(用于软焊丝),滚轮的传动形式分为单主动轮传动和双主动轮传动。双主动轮传动时,其送丝力比单主动轮传动时增加一倍,对传送药芯焊丝更有利。在送丝机构工作前要仔细调节压紧轮的压力,若压力过小,则滚轮与焊丝间的摩擦力小,如果送丝阻力稍有增加,滚轮与焊丝间便打滑,则送丝不均匀,甚至送不出焊丝;若压力过大,又会在焊丝表面产生很深的压痕或使焊丝变形,使送丝阻力增大,甚至造成导电嘴内壁的磨损。

(4)调速器

用调速器调节送丝速度,一般采用改变送丝电动机电枢电压的方法实现对送丝速度的无级调节。

(5)送丝软管

送丝软管是导送焊丝的通道,要求软管的内壁光滑、规整,内径大小要均匀合适,使焊丝通过的摩擦阻力小;具有良好的刚性和弹性。

2. 焊枪

(1)焊枪的种类

①焊枪按送丝方式不同,可分成两类。

a. 拉丝式焊枪。这种焊枪的主要特点是送丝均匀稳定,活动范围大,但因送丝机构和焊丝都装在焊枪上,故其结构复杂、笨重,只能使用直径 0.5~0.8 mm 的细丝焊接。

b. 推丝式焊枪。这种焊枪结构简单、操作灵活,但焊丝经过软管时受较大的摩擦阻力,只能采用 0.8 mm 以上的焊丝焊接。

②焊枪按形状不同,可分为两种。

a. 鹅颈式焊枪。这种焊枪形似鹅颈,应用较广,用于平焊位置时较方便,如图 2-12 所示。

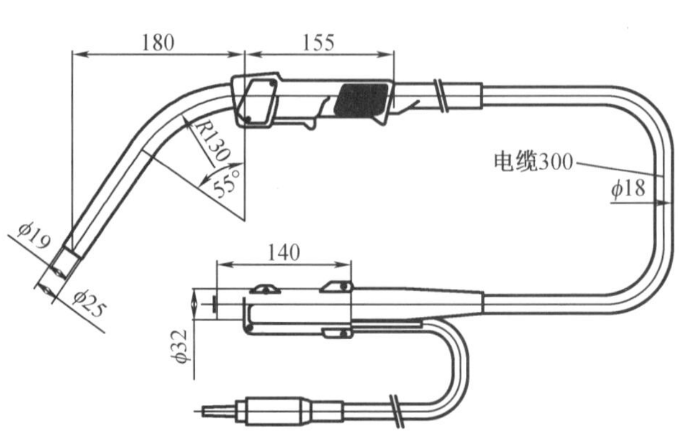

图 2-12　典型的鹅颈式气冷焊枪示意图(单位:mm)

b. 手枪式焊枪。这种焊枪形似手枪，用来焊接除水平面以外的空间焊缝时较方便，如图 2-13 所示。

焊接电流较小时，焊枪采用自然冷却；焊接电流较大时，焊枪采用水冷式冷却。

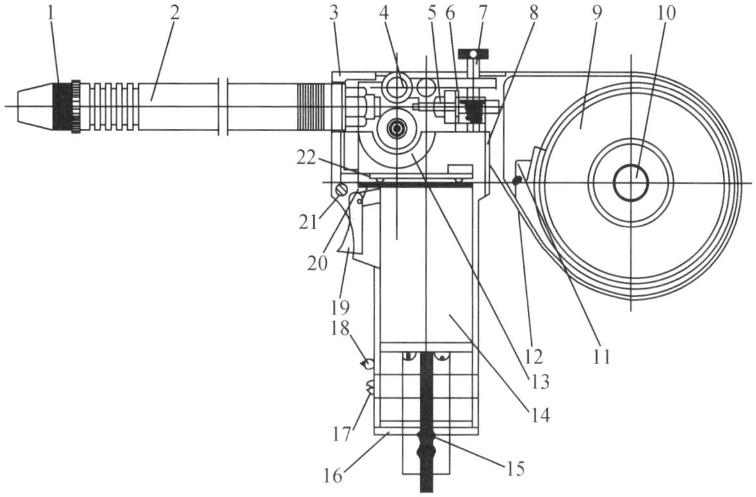

1—喷嘴；2—外套；3—绝缘外壳；4—送丝滚轮；5—螺母；6—导丝杆；7—调节螺杆；8—绝缘外壳；9—焊丝盘；10—压栓；11—螺钉；12—压片；13—减速箱；14—电动机；15—螺钉；16—底板；17—螺钉；18—退丝按钮；19—扳机；20—触点；21，22—螺钉。

图 2-13　带有焊丝盘的拉丝式焊枪结构示意图

（2）鹅颈式焊枪的结构

下面说明主要部件的作用和要求。

①喷嘴。其内孔形状和直径的大小将直接影响保护效果，要求从喷嘴中喷出的气体为截面圆锥体，均匀地覆盖在熔池表面。喷嘴内孔的直径为 16～22 mm，不应小于 12 mm。为节约保护气体，便于观察熔池，喷嘴直径不宜太大。

常用纯铜或陶瓷材料制造喷嘴，为降低其内外表面的粗糙度和提高表面硬度，要求在纯铜喷嘴的表面镀上一层铬。

喷嘴以圆柱形为好，也可做成上大下小的圆锥形。焊接前，最好在喷嘴的内外表面上喷一层防飞溅喷剂，或涂一层硅油，便于清除黏附在喷嘴上的飞溅物并延长喷嘴使用寿命。

②导电嘴。它常用纯铜、铬青铜或磷青铜制造。为保证导电性能良好，减小送丝阻力和保证正对中心，导电嘴的内孔直径必须按焊丝直径选取，孔径太小则送丝阻力大，孔径太大则送出的焊丝端部摆动太厉害，造成焊缝不直，保护也不好。通常导电嘴的孔径通常比焊丝直径大 0.2 mm 左右。

③分流器。它用绝缘陶瓷制成，上有均匀分布的小孔。从枪体中喷出的保护气体经分流器后，从喷嘴中呈层流状均匀喷出，可改善保护效果。

④导管电缆。导管电缆的外面为橡胶绝缘管，内有弹簧软管、纯铜导电电缆、保护气管和控制线，常用的标准长度是 3 m，也可根据需要采用 6 m 长的导管电缆。

（三）CO_2 气体保护焊的供气系统

供气系统的功能是向焊接区提供流量稳定的保护气体，由气瓶、预热器、干燥器、减压阀、流量计及电磁气阀等组成，如图 2-14 所示。

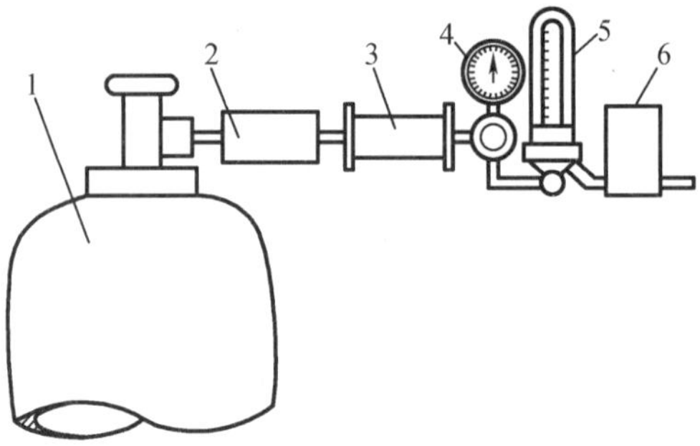

1—气瓶;2—预热器;3—干燥器;4—减压阀;5—流量计;6—电磁气阀。

图 2-14　供气系统示意图

(1)气瓶　CO_2 气瓶中储存的是液态 CO_2,气瓶表面涂成铝白色并标有黄色的“二氧化碳”字样。常温下,只要有液态 CO_2 存在,气体压力就可保持在 5.0~7.0 MPa。当液态 CO_2 耗尽后,随着 CO_2 气体的不断消耗,气体压力逐渐下降。当气体的压力小于 1 MPa 时,其含水量显著增加,不宜再继续使用瓶中的气体,应立即重新灌气。

(2)预热器　高压 CO_2 气体经减压阀变成低压气体时,因体积突然膨胀,温度会降低,可能使瓶口结冰,将阻碍 CO_2 气体的流出,装上预热器可防止瓶口结冰。

(3)干燥器　一般市售的 CO_2 气体中含有一定量的水分,因此需要在气路中安装干燥器以去除水分,减少焊缝的含氢量,防止焊接时产生气孔。干燥器内装有硅胶、脱水硫酸铜、无水氯化钙等干燥剂。干燥器在气路中使用一段时间后,因为吸水达到饱和而失效(焊缝中的气孔明显增多)时,经一定温度烘干后可重复使用。当 CO_2 气体中水蒸气的含量较低时,可不用干燥器。

(4)减压阀和流量计　减压阀的作用是将气瓶中的高压 CO_2 气体的压力降低,并保证保护气体输出压力稳定。流量计是用来调节和测量保护气体的流量的。流量计分为指针显示和浮子显示两种,一般采用后者。根据焊丝的粗细或焊接电流的大小,气体流量一般为 10~20 L/min。

现在已生产的减压检测器将预热器、减压阀和流量计合装在一起,用起来更方便。

(5)电磁气阀

电磁气阀是装在气路上,利用电磁信号控制的气体开关,用来接通或切断保护气体。

三、CO_2 气体保护焊设备的安装和调试

(一)焊机的安装

1. 安装要求

(1)电源电压、开关、熔丝容量必须符合焊机铭牌上的要求,千万不能将额定输入电压为 220 V 的设备接在 380 V 的电源上。

(2)每台设备都用一个专用的开关供电,设备与墙距离应大于 0.3 m,保证通风良好。

(3)设备导电外壳必须接地线,地线截面面积必须大于 12 mm^2。

(4)凡需水路时须串联一个水压继电器,无水时可自动停电,以免烧毁焊接电源及焊枪。冬天使用有循环水箱的焊机时,应注意防冻。

(5)根据焊接电流的大小,正确选择电缆软线截面。

当电焊钳软线允许压降为 4 V 时,电焊钳软线截面可按表 2-12 选定。

表 2-12 电焊钳软线截面的选定

电流/A	距离/m								
	20	30	40	50	60	70	80	90	100
100	30	38	38	38	38	38	38	50	50
150	30	38	38	38	50	50	60	80	80
200	38	38	38	50	60	80	80	100	100
250	38	50	50	60	80	100	100	125	125
300	38	50	60	80	100	100	125	125	—
350	38	50	80	80	100	125	—	—	—
400	38	60	80	100	125	—	—	—	—
450	50	80	100	100	—	—	—	—	—
500	50	80	100	100	—	—	—	—	—
550	50	80	100	125	—	—	—	—	—
600	80	100	125	—	—	—	—	—	—

2. 焊机的安装步骤

焊机安装前必须认真地阅读设备使用说明书，弄清基本要求后才能按下述步骤进行安装。

(1)查清电源的电压、开关和熔丝的容量。这些要求必须与设备铭牌上标明的额定输入参数完全一致。

(2)焊接电源的导电外壳必须可靠接地。

(3)用电缆将焊接电源输出端的负极和焊件接好，将正极与送丝机构接好。

注意：CO_2 气体保护焊通常都采用直流反接，可获得较大的熔深和生产效率。如果用于堆焊，为减小堆焊层的稀释率，最好采用直流正接。这两根电缆的接法正好与上述要求相反。

(4)接好遥控盒插头，以便焊工能在焊接处灵活地调整焊接参数。

(5)将流量计至焊接电源及焊接电源至送丝机处的送气管道接好。

(6)将减压调压器上的预热器的电缆插头插至焊机插座上并拧紧(接通预热器电源)。

(7)将焊枪与送丝机接好。

(8)若焊机或焊枪须用水冷却，则须接好冷却水系统，冷却水的流量和水压必须符合要求。

(9)接好焊接电源至供电电源开关间的电缆。若焊机固定不动，焊机至开关这段电缆按要求应从埋在地下的钢管中穿过。若焊机必须移动，最好采用截面合适和绝缘良好的四芯橡套电缆。

(二)焊机的调试

CO_2 气体保护焊设备的电路、气路和水路接通以后，为保证能正常地进行焊接操作，应立即对设备进行调试，焊接过程开始后不再调整。CO_2 气体保护焊设备调试工作的一般流程如图 2-15 所示。

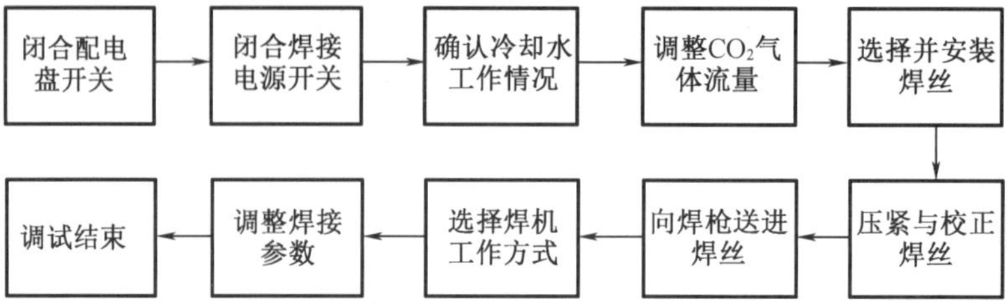

图 2-15　CO_2 气体保护焊设备调试工作的一般流程

1. 闭合配电盘开关

闭合开关前应确认：焊接电缆的断面尺寸是否符合要求，焊接电缆与电缆接头是否绝缘，电源电压与焊机额定输入电压是否一致，三相输入电压是否平衡。然后在焊接电源开关切断的情况下，闭合配电盘开关。

2. 闭合焊接电源开关

在焊枪开关切断的情况下，将焊机面板上的电源开关置于“开”的位置，电源指示灯亮，然后确认焊接电源内的风扇是否转动和转动方向（逆时针）是否正确。

3. 确认冷却水工作情况

对于有冷却水循环装置的焊机（焊接电流为 500 A 以上），需确认冷却水的工作状况。开放冷却水阀门后，冷却水循环侧水压开关动作，焊机上的水指示灯亮，水泵有轻微声音。最后确认水箱的回水管有水回流。

4. 调整 CO_2 气体流量

先合上预热器开关，CO_2 气体预热器表面温度上升。然后打开气瓶，旋开低压调整手柄，此时气压表指示低压输出，注意要将输出压力调至 0.3 MPa 以上。将焊机面板上的供气开关置于“检查”位置，旋动流量计旋钮，调节气体流量到规定值，并注意有无漏气。最后将供气开关置于“焊接”位置，气路处于准备状态，一旦开始焊接，即按调好的流量供气。

5. 选择并安装焊丝

根据所使用的焊丝种类，将焊机面板上的焊丝按钮置于“药芯”或“实芯”位置；根据焊丝直径的大小，将焊丝直径按钮置于相应的位置；将绕有焊丝的焊丝盘装在送丝机的安装轴上，并拧紧螺钉。抬起加压手柄，然后用钢丝钳将焊丝端头校直后，通过导向管将焊丝送到送丝轮的沟槽内，注意导向管应该与送丝轮的沟槽对正。送丝机通常有两只焊丝给送滚轮（即送丝轮），每只送丝轮上有两条沟槽，以适应不同直径的焊丝，此时应确认送丝轮沟槽的大小与焊丝直径是否保持一致，安装正确时焊丝直径标号应朝向外侧。

6. 压紧与校正焊丝

先确认焊丝被送入送丝轮沟槽内，调节加压手柄对焊丝进行加压。在调节焊丝的压力的过程中，有压力刻度时，应按指定刻度调整压力；无压力刻度时，压力应调到焊丝不在沟槽中滑动的程度，保证稳定送丝。

7. 向焊枪送进焊丝

选择与焊丝相应的导电嘴，并把它可靠地拧紧在焊枪上，以使其可靠导电。

按遥控器上的手动送丝按钮，直到焊丝头超过导电嘴端 15~20 mm 为止。若没有手动送丝按钮，可直接按焊枪按钮送丝，应注意不要将焊丝与焊件碰上，以免打弧。

8. 选择焊机工作方式

使用焊机面板上的"收弧"转换按钮和焊枪开关,可进行以下两种操作。

(1)无收弧控制时焊枪开关的操作

将"收弧"转换按钮置于"无"的位置处,按下焊枪开关,输气、通电、送丝,焊接工作进行,焊接时要始终按住焊枪开关。松开焊枪开关,则停丝、断电、停气,焊接工作停止。

这种焊接主要应用于反复进行定位焊,瞬时焊及薄板焊接。

(2)有收弧控制时焊枪开关的操作

将"收弧"转换按钮置于"有"的位置处,然后分别调节收弧电流和收弧电压旋钮使其约为正常焊接时的2/3。按下焊枪开关,输气、通电、送丝,焊接工作进行。松开焊枪开关,焊接工作仍继续。再按下焊枪开关,这时焊接电流和电弧电压自行减小成收弧电流和收弧电压,便于收弧。最后,松开焊枪开关,则停丝、断电、停气,焊接工作停止,填补了焊接结束时的弧坑。

在有收弧控制状态下,焊工在焊接时不需要按住焊枪开关,降低了劳动强度。这种焊接适用于中厚板长焊缝的焊接。

9. 调整焊接参数

(1)将遥控盒上的焊接电流和电弧电压旋钮调整至预先选定的焊接电流和电弧电压刻度处。当焊接实现一元化调节时,只需调节遥控盒上的焊接电流旋钮至预先选定值,与其相应的电弧电压就会自动给定。

(2)引燃电弧并观察电流表和电压表读数与所选值是否相符,若不符,则再次调节输出旋钮至电流和电压读数相符为止。

(3)根据焊缝成形情况,用电压微调旋钮修正电弧电压值,直到焊缝宽度适宜为止。

若焊缝较窄或两边熔合不太好,可适当增加电压,将微调旋钮顺时针转动;若焊缝太宽或咬边,则降低电压,将微调旋钮逆时针转动。

四、CO_2 气体保护焊焊机的型号及发展趋势

1. CO_2 气体保护焊焊机的型号

按照相关规定,CO_2 气体保护焊焊机的型号,如 NBC-200、NBC-350,型号中各位置符号表示含义见表 2-13。表 2-14 选取了几个典型焊机型号,对其技术数据进行介绍。

表 2-13 型号中各位置符号表示含义见典型 CO_2 气体保护焊焊机的技术数据

所在位置	表示符号	表示含义
1	N	MIG 或 MAG 焊机
2	Z	自动焊用焊机
	B	半自动焊用焊机
2	D	点焊用焊机
	U	堆焊用焊机
	G	切割用设备
3	M	氩气及混合气体保护焊、脉冲
	C	CO_2 气体保护焊

表 2-13(续)

所在位置	表示符号	表示含义
4	1	全位置焊车式
	2	横臂式
	3	机床式
	4	旋转焊头式
	5	台式
	6	焊接机器人
	7	变位式
5	数字	额定焊接电流

2. CO_2 气体保护焊焊机的发展趋势

近年来,随着机电控制技术和计算机的迅速发展,越来越多的 CO_2 气体保护焊设备采用了微处理机集中控制系统,使 CO_2 气体保护焊更加稳定,保证了焊接质量,这是全面推广 CO_2 气体保护焊的重要前提。汽车、摩托车、集装箱制造等行业实现了智能 CO_2 气体保护焊自动焊,大大降低了工人的劳动强度,并提高了焊接效率。此外,集成电路板的采用也使焊接设备的维修更加便利。

表 2-14 典型 CO_2 气体保护焊焊机的技术数据

焊机		焊接电源										焊枪行走小车	应用特点
型号	名称	输入电压/V	相数	空载电压/V	外特性	额定输出电流/A	额定负载持续率/%	其他	焊丝直径/mm	送丝速度/(m·min^{-1})	送丝方式		
NBC-160	半自动 CO_2 气体保护焊焊机	380	3	18.5~28.0	硅整流平	160	60	额定工作电压为 220 V	0.6 0.8 1.0	3.0~11.0	拉丝	Q-11 型空冷枪带焊丝盘	焊接厚 0.6~3.0 mm 的薄板，短路过渡
NBC-200	半自动 CO_2 气体保护焊焊机	380	3	17.5~28.5	硅整流平	200	60	额定工作电压为 17~24 V；电流范围为 60~200 A	0.8~1.2	1.5~9.0	推丝	鹅颈式焊枪	可焊接低碳钢和不锈钢
NBC-500S	半自动 CO_2 气体保护焊焊机	380	3	75.0	硅整流平	500	75	额定工作电压为 15~40 V；电流范围为 100~500 A	1.2~2.0	8.0	推丝	鹅颈式焊枪	可焊接低碳钢和不锈钢
NBC-630	半自动 CO_2 气体保护焊焊机	380	3	80.0	晶闸管整流平	630	60	额定工作电压为 19~44 V 电流范围为 110~630 A	1.0~1.6	2.0~16.0	推丝	鹅颈式焊枪	CO_2 气体保护焊

知识点 2.4　CO_2 气体保护焊工艺

微课：CO_2 气体保护焊工艺

微课：CO_2 气体保护焊短路过渡参数选择

微课：CO_2 气体保护焊的熔滴过渡

微课：CO_2 气体保护焊的冶金特性

微课：CO_2 气体保护焊常见焊接缺陷及影响因素

微课：CO_2 气体保护焊的焊接质量检验方法

CO_2 气体保护焊已广泛应用于船舶结构的制造中。为了成功应用这种焊接方法，必须对以下方面进行正确的选择：焊前准备、焊接设备（包括焊接电源、焊枪和送丝机等）、焊接材料（焊丝成分、规格、保护气体流量等）、工艺参数。

一、焊前准备

CO_2 气体保护焊的焊前准备工作包括：接头和坡口设计、坡口加工、接头清理、焊接装配、工装及焊接设备调整、维护等。

1. 坡口设计

CO_2 气体保护焊细颗粒过渡时，电弧穿透力较强，熔深较大，容易烧穿，所以对焊前装配质量要求较严格。焊接坡口可以开得小一些，钝边可以适当大些，对接缝间隙一般不能超过 2 mm。如果用直径为 1.6 mm 的焊丝，钝边尺寸可扩大到 4~6 mm，坡口角度可减小到 45°左右。

短路过渡时，熔深较浅，不能按细颗粒过渡的规范设计坡口。通常允许有较小的钝边，甚至可以不留钝边。因为这时的熔池较小，搭桥性能良好，如果是对接接头，允许间隙为 3 mm，间隙大一些也不会烧穿，根部允许上下错边±1 mm。

采用细颗粒熔滴过渡焊接角焊缝时，考虑到其熔深特点，焊脚尺寸 K 可以比焊条电弧焊时减小 10%~20%，不同板厚的焊脚尺寸 K 见表 2-15。这样可以进一步提高 CO_2 气体保护焊的效率，减少材料的消耗。

表 2-15　不同板厚的焊脚尺寸 K

板厚/mm		6	9	12	16
CO_2 气体保护焊	焊脚尺寸 K/mm	5	6	7.5	10
焊条电弧焊	焊脚尺寸 K/mm	6	7	8.5	11

2. 接头准备

焊接坡口可以剪切、刨边和气割加工。焊接装配前应仔细清除焊丝及被焊工件坡口附近的油、锈和水分。点固焊缝处时应特别注意，该处积水易出现气孔，焊前最好用气体火焰预热一下，以便去除水分。

为了防锈，许多钢板表面都涂有油漆。这些油漆不一定都要去除，要看对焊接质量有无影响。有影响的涂料一定要去除，没有影响的涂料（如底漆）可以不去除。

3. 焊接装配

装配的目的是防止焊接变形和维持预定的坡口。装配质量对焊接生产率与焊接质量的影响很大。一般小尺寸的规则零件常常采用夹具装配，大尺寸的焊接件一般都采用点固焊缝进行装配。点固焊缝对焊接质量的影响很大，所以要特别引起重视。

点固方法可以采用细丝 CO_2 气体保护焊和优质焊条手工电弧焊，但禁止使用薄药皮焊条，因为易生成气孔。使用焊接夹具时，应注意磁偏吹现象。所以，夹具的材质、形状、位置及焊接方向等均应注意。

点固焊缝的位置也很重要，应分布在焊缝的背面。如果不能分布在焊缝的背面，建议焊一段短焊缝，焊接时此处就不要再焊了。点固焊缝的间距由母材厚度决定，一般在 200~500 mm 范围内。点固焊缝的长度一般为 30~50 mm。

4. 设备维护

与焊条电弧焊不同的是，CO_2 气体保护焊都是自动焊或半自动焊，所以机械或电气部分出了故障就不能正常工作了。因此，对焊接设备要经常维护，尤其是焊前要重点检查如下几处。

（1）送丝机构

送丝机构是最容易出现故障的地方，应经常检查送丝滚轮压力是否合适，焊丝与导电嘴接触是否良好，送丝软管是否通畅。

（2）焊枪喷嘴

CO_2 气体保护焊的飞溅较大时，喷嘴上一般会溅上许多飞溅金属，这将影响气体的保护效果。应采取一些防止飞溅黏附到喷嘴上的措施，如在喷嘴上涂硅油等。最常规的方法是机械清理，但这一方法要求喷嘴容易拆卸。

（3）工作场地

工作场地要除尘以便保持继电器或接触器触点的接触良好。如果触点烧损，应立即打磨干净或修复。

二、CO_2 气体保护焊的工艺参数

CO_2 气体保护焊通常采用短路过渡及细颗粒过渡工艺，工艺参数主要包括：焊丝直径、焊接电流、电弧电压、直流回路电感值、焊接速度、焊丝伸出长度、焊枪角度及气体流量等。

大部分的焊接工艺参数直接影响焊缝的形状尺寸。对于对接焊缝的尺寸，通常以熔深（H）、熔宽（B）和余高（α）表示。熔宽与熔深之比称为焊缝成形系数（$\varphi=B/H$），一般为 1.3~2.0。对于角焊缝尺寸，通常以焊脚尺寸（K）和焊喉尺寸（h）表示。一般角焊缝的外形要求是等腰三角形，这时焊脚和焊喉的尺寸的关系是：$K=1.4h$ 或 $h=0.7K$。图 2-16 为焊缝的尺寸表示。

最佳的焊接工艺参数应满足以下几个条件。

(1)焊接过程稳定,飞溅最小。

(2)焊缝外形美观,没有烧穿、咬边、气孔和裂纹等缺陷。

(3)对两面焊接的焊缝,应保证一定的熔深,使之焊透。

(4)在满足上述条件的前提下,应具有最高的生产率。

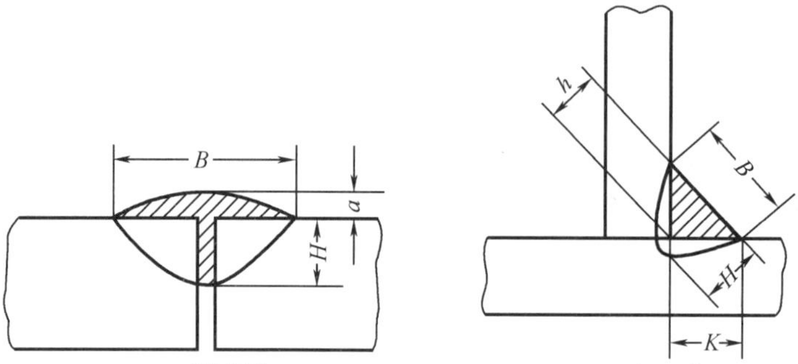

(a)对接焊缝　　(b)角焊缝

图 2-16　焊缝的尺寸表示

1. 焊丝直径(d)

焊丝直径是一个重要的焊接工艺参数,一则涉及焊接材料的供应;二则更换焊丝直径比较困难(要更换导电嘴、给送轮槽、弹簧软管及调整压力等)。如果生产中使用粗焊丝,焊接电流相应增大,生产效率高,但焊缝成形较差。如果用同样的电流、电压及同样的焊接速度,而焊丝直径变细,则焊缝的熔宽减小,熔深增大,余高略有增加。

选用焊丝直径主要考虑母材板厚、焊接接头及坡口形式、焊接空间位置(平、立、横、仰)及焊缝尺寸等因素。表 2-16 为焊丝直径与母材板厚的关系。

表 2-16　焊丝直径和母材板厚的关系

<table>
<tr><td>板厚/mm</td><td>0.6</td><td>0.8</td><td>1.2</td><td>1.2</td><td>1.6</td><td>2.0</td><td>2.3</td><td>3.2</td><td>4</td><td>4.5</td><td>6</td><td>9</td><td>12</td><td>16</td><td>20</td><td>>20</td></tr>
<tr><td rowspan="7">焊丝直径/mm</td><td>0.6</td><td></td><td></td><td></td><td></td><td></td><td></td><td></td><td></td><td></td><td></td><td></td><td></td><td></td><td></td><td></td></tr>
<tr><td></td><td colspan="5">0.8</td><td></td><td></td><td></td><td></td><td></td><td></td><td></td><td></td><td></td><td></td></tr>
<tr><td></td><td></td><td colspan="7">0.9</td><td></td><td></td><td></td><td></td><td></td><td></td><td></td></tr>
<tr><td></td><td></td><td></td><td></td><td colspan="6">1.0</td><td></td><td></td><td></td><td></td><td></td><td></td></tr>
<tr><td></td><td></td><td></td><td></td><td></td><td colspan="11">1.2</td></tr>
<tr><td></td><td></td><td></td><td></td><td></td><td></td><td></td><td></td><td colspan="8">1.4</td></tr>
<tr><td></td><td></td><td></td><td></td><td></td><td></td><td></td><td></td><td></td><td></td><td colspan="6">1.6</td></tr>
</table>

由于 CO_2 气体保护半自动焊受到焊工移位的限制(焊速不能太高),且焊丝给送速度最高只能达到 15 m/min 左右,所以细直径焊丝的允许焊接电流也是有限的。对于细直径焊丝用过大的焊接电流会使熔深大、熔宽小,即焊缝成形系数($\varphi=B/H$)过小,易产生气孔和热裂纹。考虑到这一点,通常在 300~500 A 以内的大电流范围焊接时,要使用直径为 1.6 mm 焊丝,而直径为 1.2 mm 焊丝可以用于焊接电流为 80~350 A 的场合。

此外，对于薄板用短路过渡焊接时，焊接电流在 100 A 以下的情况，焊丝直径越细，电弧越稳定，飞溅越小，这是使用直径为 1.0 mm 以下的焊丝的原因。但是直径为 1.0 mm 以下的焊丝的合适焊接电流范围比较狭窄，而直径为 1.2 mm 和 1.6 mm 的焊丝能适用于较大的焊接电流范围，工厂生产使用最广泛的是直径为 1.2 mm 的焊丝。

2. 焊接电流(I)

焊接电流决定着焊丝的熔化量和母材的熔化量。焊接电流越大，焊丝的熔化量也越多，两者基本上成正比，即 $G_{熔丝} \propto I$；焊接电流越大，母材的熔化量越多，熔透深度越大。在相同的焊丝直径、电弧电压、焊接速度的条件下，增大焊接电流，母材的熔化量会增多，而熔宽增加得不多，所以熔深显著增加。同时，焊丝熔化量增多，则焊缝的余高有所增加。

焊接电流选择的依据是：母材的板厚、焊丝直径、焊缝空间位置、焊接接头及坡口形式，其中主要是焊丝直径和焊缝空间位置。表 2-17 为焊接电流和焊丝直径之间的关系。

表 2-17　焊接电流和焊丝直径之间的关系

焊丝直径/mm	许用的焊接电流/A	较佳的焊接电流/A
0.6	30~90	40~70
0.8	50~120	60~100
0.9	60~150	70~120
1.0	70~180	70~120
1.2	80~350	90~180
1.6	110~500	140~200

通常情况下，增大焊接电流的同时，必须提高电弧电压，否则焊缝的熔深剧增，熔宽略增，会形成窄而深的焊缝，即焊缝成形系数(φ)变小，容易产生气孔和热裂纹。

3. 电弧电压(U)

电弧电压就是电弧的两极(焊丝和母材)之间的电压，它也是电弧长度的标志。电弧电压的高低直接影响着熔滴过渡形式、飞溅及焊缝成形。如果电弧电压太高，即电弧太长，电弧发出“息洛、息洛”的声音。熔滴过渡不是短路过渡而是滴状过渡，会使电弧摇摆，且发生大颗粒飞溅。如果电弧电压太低，电弧会发出“巴基、巴基”的不规则短路声音，电弧加热范围狭窄，熔宽变小，焊缝成形不良。在电弧电压合适、短路过渡正常时，电弧会发出有规律的“极——”的声音，这时的电弧状态是稳定的，飞溅是最小的。

在正常的短路过渡的条件下，电弧电压的范围是不大的，为 17~25 V。如果在这个范围内，只增加电弧电压，而焊丝直径、焊接电流、焊接速度不变，则由于电弧长度拉长，电弧活动范围增大，即熔宽显著增大。若焊接电流不变，焊丝熔化量近乎不变，熔敷金属量也不变，则结果是熔宽增大而引起余高减小。关于熔深问题，分两种情况：在 21 V 以内，增大电弧电压(d=1.2 mm，I=150 A，v=40 cm/min)，电弧热量增加，会引起熔深增大；超过 21 V，增大电弧电压，电弧拉长，热利用率降低和熔宽增大，熔深反而减小。

综上所述，增大焊接电流的同时，应适当增大电弧电压，即使电压和电流匹配，其关系式为

$$I<250\ \text{A},\ U=(0.04I+16)\pm1.5\ \text{V}$$

$$I>250\ A, U=(0.04I+20)\pm1.5\ V$$

例如，焊接电流 $I=150$ A 时，电弧电压 $U=0.04\times150+16=22$ V。

值得指出的是，焊机上电压的读数是指焊接电源端输出的电压。输出电压（$U_{出}$）减去两焊接电缆（接焊枪电缆和接焊件电缆）的电阻电压降才等于电弧电压。例如，焊机输出电压表读数为 21 V，而电弧电压仅有 20.5 V，其中 0.5 V 为焊接电缆电阻电压降。如果焊接电缆加长，则电阻电压降还要增大。操作时电弧电压是否适合，要看电弧的稳定性并听电弧的声音而定。

4. 电感（L）

在输出的焊接回路中，串接一个可调节的电感，一则可以调节短路电流增长速度，以获得电弧的稳定和飞溅的减小；二则可调节短路过渡工作周期中的电弧燃烧时间，控制热量的分布以适应不同板厚焊件的需要。

焊接回路中的电感要根据焊丝直径、焊接电流及电弧电压来选定，表 2-18 为不同焊丝直径可选的电感。从表 2-18 中可看出，细焊丝选用的电感小（短路频率高，短路电流增长速度大）。实际上可用的电感有一个相当大的范围。

表 2-18　电感和焊丝直径

焊丝直径/mm	0.6	0.8	1.0	1.2
电感/mH	0.02~0.23	0.04~0.30	0.08~0.40	0.08~0.50

应该说明的是，当用不同类型的焊接电源时，其调节电感的方法不完全相同，所选用的电感也可不同。还有焊机通常不标明电感，所以焊工调节电感时，主要靠观察飞溅和焊缝成形，以及听电弧声音来判断。电弧声音柔和、清晰、连续而无杂音，飞溅小，则可以认为电感是合适的。

5. 焊接速度（v）

焊接速度对焊缝成形和焊接接头的性能都有很大的影响。在确定的焊丝直径、焊接电流及电弧电压条件下，加快焊接速度，可以使单位长度焊接接头吸收电弧的热量减小、熔深减小、熔宽变窄，同时，单位长度焊接接头上焊丝熔敷量减小，焊缝余高也有所减小，甚至会形成“蛇形”焊道，如图 2-17 所示。如果焊接速度过慢，会产生烧穿和焊瘤等缺陷，也会产生咬边缺陷。

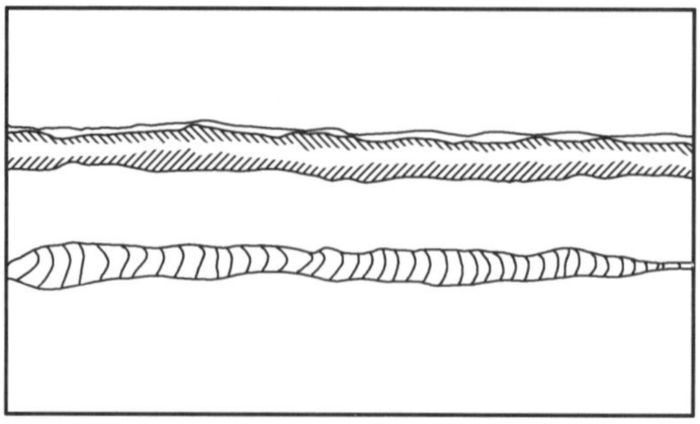

图 2-17　高速焊形成的“蛇形”焊道

选择焊接速度前，应先根据母材厚度、焊接接头和坡口形式、焊缝空间位置对焊接电流和电弧电压进行调整，以达到电弧稳定燃烧的要求，然后考虑焊道截面大小，以此来选择焊接速度。焊道截面小时，焊接速度要大；反之，焊接速度要小。CO_2 气体保护半自动焊是手工操作的，当焊接速度小于 0.25 cm/s 时，因为焊工用手移动焊枪，易发生颤动，很难稳定匀速。当焊接速度大于 1.3 cm/s 时，用手移动焊枪难以对准焊缝线。随着焊接速度的增大，合适的电弧电压范围也变小，并且会产生大颗粒飞溅和咬边，这时需要增大前倾角和降低电弧电压以求得一些改善。CO_2 气体保护半自动焊合适的焊接速度为 0.5~1.0 cm/s。

6. 焊丝伸出长度($l_{伸}$)

焊丝伸出长度就是导电嘴末端与焊丝末端之间的距离，它和喷嘴至母材的距离有很密切的关系，如图 2-18 所示。抬高喷嘴，即喷嘴和母材之间的距离增大，焊丝伸出长度也随之增长。

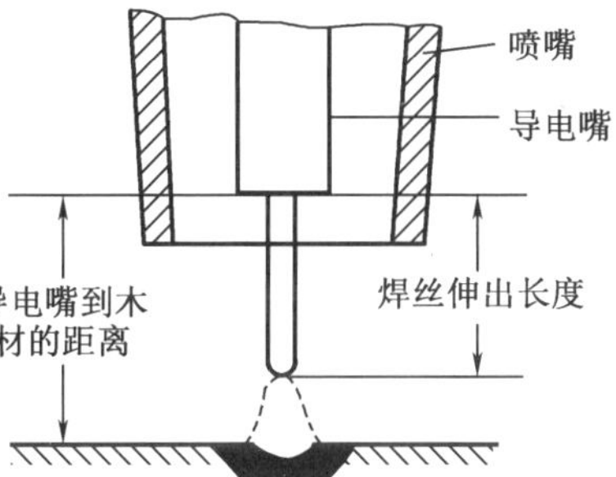

图 2-18　焊丝伸出长度

焊丝伸出长度也是焊丝进入电弧前的通电长度，这对焊丝起着预热作用。所以在同一焊接电流下，如果焊丝伸出长度较长，则焊丝预热作用大，熔化加快，结果是焊丝熔化量增多。从另一角度来说，焊丝给送速度一定时，如果焊丝伸出长度变长，则必须使用较小的焊接电流。

焊丝伸出长度对焊缝成形有较大的影响，如图 2-19 所示，焊丝伸出长度增长(其他焊接工艺参数不变)，使得焊丝刚性减小，易左右摇摆，引起电弧加热宽度增大，即熔宽增大，同时使熔深减小，余高也减小。过长的焊丝伸出长度会使焊丝过热而成段熔断，飞溅也增大。同时焊丝伸出长度增长后，喷嘴和工件间的距离也增大，气体保护效果变差。过短的焊丝伸出长度势必减小喷嘴和工件间的距离，这使得焊工观察电弧困难，喷嘴易被飞溅金属堵塞，如果操作不稳定还会使得焊丝插入熔池中，电弧燃烧不稳定。

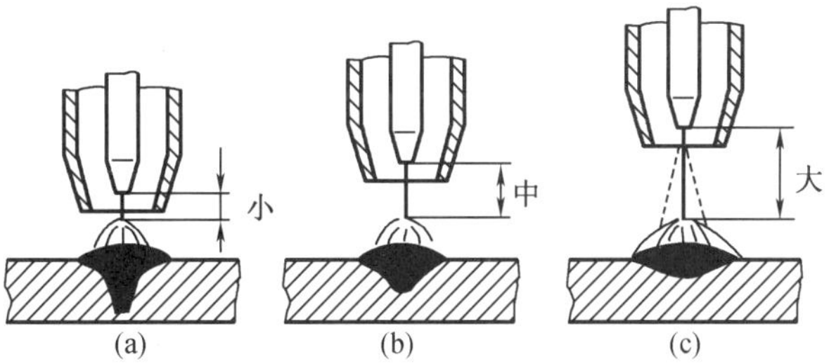

图 2-19　焊丝伸出长度对焊缝成形的影响

一般认为正常的焊丝伸出长度是焊丝直径的 10~12 倍,即 $l_{伸} \approx (10 \sim 12) d$。如果焊丝金属的电阻率高(如不锈钢焊丝),预热作用强,这时应考虑选用较短的焊丝伸出长度。不同的材料,不同直径的焊丝,允许使用的焊丝伸出长度可参阅表 2-19。还有,当焊接电流增大时,也即焊丝给送速度增大时,焊丝的预热时间($l_{伸}/U_{给}$)也相应缩短,可以考虑增长焊丝伸出长度,图 2-20 所示为焊丝伸出长度和焊接电流之间的关系。

表 2-19 不同材料的焊丝伸出长度

焊丝直径/mm	低合金钢焊丝 H08Mn2SiA	不锈钢焊丝 H06Cr19Ni9Ti
0.8	6~12	5~9
1.0	7~13	6~11
1.2	8~15	7~12

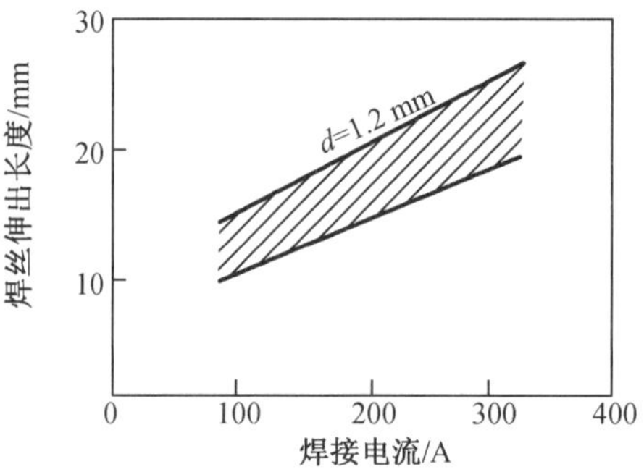

图 2-20 焊丝伸出长度和焊接电流之间的关系

7. 焊枪倾角(θ)

大多数焊工是右手握焊枪进行操作的,而焊接方向可以向左或向右,这是因为 CO_2 气体保护焊有两种方法操作:左焊法(图 2-21(a))和右焊法(图 2-21(b))。右焊法实际上是焊枪向焊接方向倾斜一个角度,又称后倾焊法;左焊法是焊枪向焊接方向相反方向倾斜一个角度,又称前倾焊法。

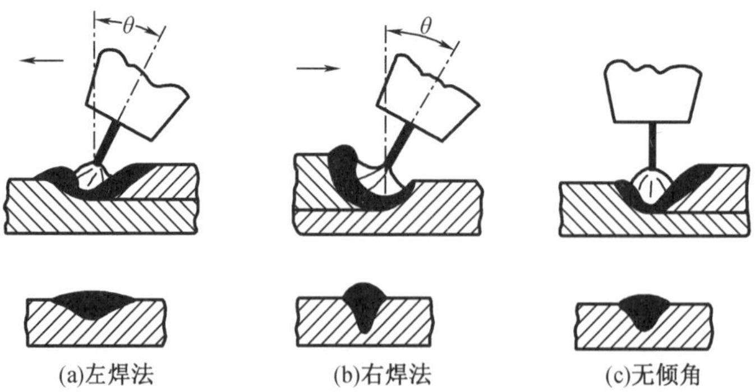

图 2-21 左焊法和右焊法对焊缝成形的影响

右焊法,由于电弧吹力将弧坑内的液体金属吹开,电弧可以进一步深入熔化母材,所以熔深增加,但熔宽减小。左焊法,电弧吹力作用使液体金属流向前方。这些液体金属阻碍了电弧进一步熔化母材,所以熔深浅,而熔宽大。右焊法和左焊法的比较见表 2-20。

表 2-20　右焊法和左焊法的比较

比较项目	右焊法	左焊法
焊道外形	余高大,形成窄焊道	余高小,形成较平坦的焊道
熔深	大	小
飞溅	小	大
小电流(100 A以下)时的电弧稳定性	较稳定	略差些
接缝线可见度	接缝线被喷嘴所遮,可见度差	接缝线可见,焊丝能准确对准接缝

CO_2 气体保护焊时,用左焊法还是右焊法? 一般情况以左焊法为宜,而在焊接比较深的坡口时,左焊法难以保证焊透,这就需要采用右焊法。

左焊法的倾角通常为 10°~20°,倾角过大时,易产生未焊透及严重飞溅现象。右焊法的倾角也为 10°~20°为宜,倾角过大时,会使焊道变凸,甚至产生咬边,且飞溅也显著增加。

8. 保护气体流量(Q)

保护气体流量要确保良好的保护电弧和熔池的效果。气体保护效果不好,会产生大颗粒飞溅,电弧不稳定,焊缝易产生气孔。造成气体保护效果差的主要原因(图 2-22)有:①风的影响;②气体流量不足;③喷嘴和母材的距离太大;④气体流量过大造成紊流而使空气侵入;⑤喷嘴黏附飞溅等。其中风的影响最为严重,当风速超过 1.5 m/s 时,保护效果变差,影响着焊接质量。

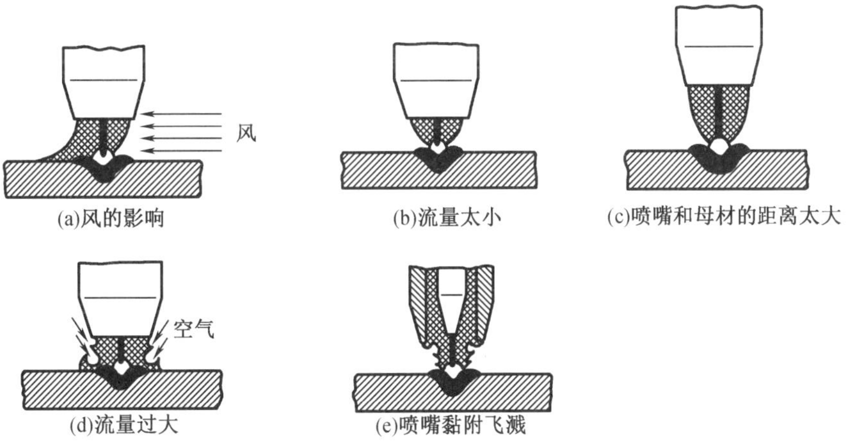

图 2-22　气体保护差的原因

在用 200 A 以下电流焊接薄板时,保护气体流量通常选 10~15 L/min;当室外风速较大时,应使用挡风装置,并加大保护气体流量才能焊接。如果焊速加大,或焊丝伸出长度增大,则也应适当加大保护气体流量。

以上几个 CO_2 气体保护焊焊接工艺参数中,大多数工艺参数对焊缝成形有较大的影响。当其中单项工艺参数变动时,对焊缝成形尺寸的影响见表 2-21。

除了焊接工艺参数对焊接质量有较大的影响外,还有电源外特性(它不是一个物理量,不能称为参数)也影响到电弧的稳定性及焊缝的熔深等。细丝 CO_2 气体保护焊普遍采用的是直流反接,即焊丝接正极,焊件接负极。这时电弧的稳定性比直流正接好,且飞溅较小

(熔滴受到极点压力小),熔深也大,焊缝含氢量也低。相反,采用直流正接时(焊丝接负,焊件接正),焊丝的熔化系数大为提高,约为直流反接时的1.6倍,而熔深浅,飞溅也增大。利用这个特点,将直流正接用于堆焊、铸铁补焊和大电流高速 CO_2 气体保护焊。这对修补工作有利,并能提高生产率。

表 2-21 各焊接工艺参数单项变动时对焊缝形状尺寸的影响

焊接工艺参数	$d\uparrow$	$I\uparrow$	$U\uparrow$		$U\uparrow$	$l_{伸}\uparrow$
			<21 V	>21 V		
熔深	↓	↑↑	↑	↓	↓	↓
熔高	↑	↑	↑↑	↑↑	↓	↑
余高	↓	↑	↓	↓	↓	↓

注:表中,↑表示增大;↓表示减小;↑↑表示显著增加。

注意:焊接工作者要在焊接实训操作中反复调节焊接规范参数,观察焊接成形的优劣,寻找最佳的焊接规范参数。焊接工作者要加强自己的学习能力,善于在自己的工作中总结与提高,夯实专业技能,提高自己的专业素质。

三、CO_2 气体保护焊基本操作技术

CO_2 气体保护焊的焊接质量取决于焊接过程的稳定性,而焊接过程的稳定性是由焊接设备、焊接设备的调整(焊接参数的调整)以及焊工的操作技术水平决定的,且在很大程度上取决于焊工的操作技术水平。

我国正处在现代化建设的高速发展时期,焊接专业的学生真是适逢其时。把简单的动作做到极致并一直去追求更高的极致,这就是核心竞争力;在掌握理论知识和操作技能的过程中,不断感悟付出与进步的乐趣,不要妄想有什么捷径,踏踏实实地把自己当下的事情做好,热爱它、敬畏它,正是我们倡导的"工匠精神"。

(一)操作时注意事项

1. 正确的持枪姿势

焊工只有掌握了正确的持枪姿势才能长时间、稳定地进行生产,并能够切实保证生产。正确的持枪姿势如图2-23所示,并应满足以下条件。

(a) (b) (c) (d) (e)

图 2-23 正确的持枪姿势

(1)操作时用身体的某个部位承担焊枪的质量,通常手臂都处于自然状态,手腕能灵活

带动焊枪平移或转动，以不感到劳累为宜。

(2)在焊接过程中，软管电缆最小的曲率半径应大于 300 mm，以便在焊接时可随意拖动焊枪。

(3)在焊接时应能维持焊枪倾角不变，并能清楚、方便地观察熔池。

(4)将焊丝机构放在合适的地方，以保证焊枪能在需要焊接的范围内自由移动。

2. 保持焊枪与焊件有合适的相对位置

在 CO_2 气体保护焊的焊接过程中，必须使焊枪与焊件间保持合适的相对位置，主要是正确控制焊枪与焊件间的倾角和喷嘴角度。当焊枪与焊件间位置合适时，焊工既能方便地观察熔池，控制焊缝形式，又能可靠地保护熔池，防止出现缺陷。

合适的相对位置因焊缝的空间位置和接头的形式不同而异，这将在实际操作时再做介绍。

3. 保持焊枪匀速向前移动

在焊接过程中，焊工可根据焊接电流的大小、熔池的形状、焊件的熔合情况、装配间隙、钝边大小等，调整焊枪向前移动的速度，但在整个焊接过程中需保持焊枪匀速向前运动。

4. 焊枪横向摆幅一致

为了控制焊缝的熔宽和焊接质量，在焊接时必须使焊枪在一定范围内做摆幅一样的摆动，如图 2-24 所示。焊枪的摆动形式及应用范围见表 2-22。

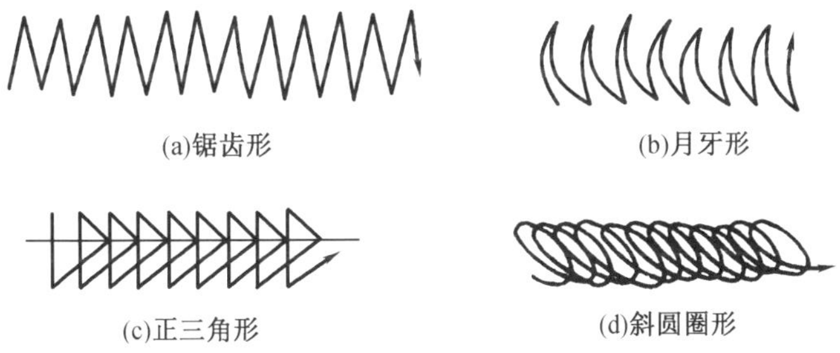

图 2-24　CO_2 气体保护半自动焊时焊枪的几种摆动形式

表 2-22　焊枪的摆动形式及应用范围

摆动形式	应用范围	摆动形式	应用范围
直线往复式	薄板及中厚板打底焊	画圈式	平角焊或多层焊时的第一层
锯齿式	坡口小时及中厚板打底焊	月牙式	坡口大时

为了减小焊接热影响区、防止焊接变形，一般不采用摆幅较大的横向摆动来获得宽焊缝，而提倡采用多层多道焊来焊接厚板。

(二)基本操作技术

CO_2 气体保护焊的基本操作与焊条电弧焊一样，都是由引弧、收弧、接头、摆动等过程组成的。焊接过程由于没有焊条的送进运动，只需维持弧长不变，并根据熔池情况摆动和移动焊枪就行了，因此，CO_2 气体保护焊的操作比较容易掌握。

1. 引弧

CO_2 气体保护焊与焊条电弧焊的引弧方法稍有不同。其不采用划擦法，主要是碰撞引弧,但引弧时不必抬起焊枪。具体步骤如下。

(1)引弧前先按遥控盒上的点动开关或按焊枪上的控制开关,点动送出一段焊丝,焊丝长度小于喷嘴与焊件间应保持的距离,超长部分或焊丝端部出现球状时应剪去,如图 2-25 所示。

(2)将焊枪按要求(保持合适的倾角和喷嘴高度)放在引弧处,注意此时焊丝端部与焊件未接触,喷嘴高度由焊接电流决定,如图 2-26 所示。

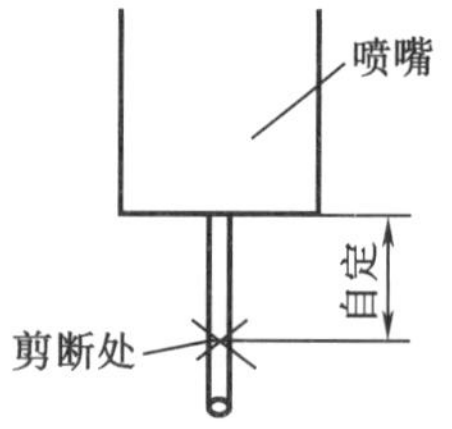

图 2-25 引弧前剪去超长的焊丝

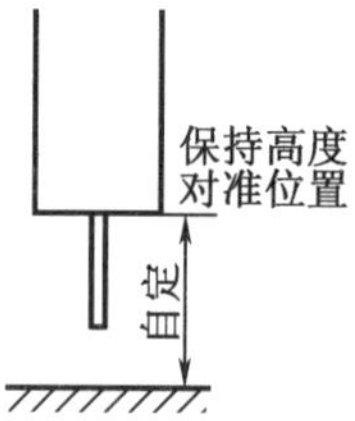

图 2-26 准备引弧

(3)按焊枪上的控制开关,焊机自动提前送气,延时接通焊接电源,并保持高电压、慢送丝,当焊丝碰撞焊件短路时,自动引燃电弧。

当短路时,焊枪有自动顶起的倾向,如图 2-27 所示,故引弧时要稍用力向下压焊枪,防止因焊枪抬起太高而导致电弧熄灭。

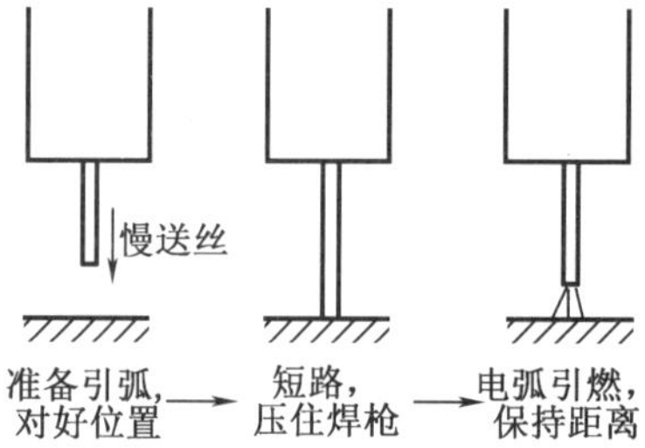

图 2-27 引弧过程

2. 焊接

引燃电弧后,通常都采用左向焊法。在焊接过程中,焊工的主要任务是保持焊枪合适的倾角和喷嘴高度,沿焊接方向尽可能地均匀移动。当坡口较宽时,为保证两侧熔合好,焊枪还要做横向摆动。

焊工必须能够根据焊接过程的情况判断焊接参数是否合适。像焊条电弧焊一样,焊工主要依靠在焊接过程中观察到的熔池情况、电弧的稳定性、飞溅的大小及焊缝成形的好坏来调整焊接参数。

当焊丝直径不变时,实际上使用的焊接参数只有两组。其中一组焊接参数用来焊薄板或打底焊道,另一组焊接参数用来焊中厚板或盖面层。

(1)焊薄板或打底焊道的焊接参数。这组焊接参数的特点是焊接电流小,电弧电压较低,熔滴过渡为短路过渡。当采用多元控制的焊机进行焊接时,电弧电压与焊接电流相匹配是关键。对于直径为 0.8 mm、1.0 mm、1.2 mm 的焊丝,短路过渡时的电弧电压在 20 V 左右。当采用一元控制的焊机进行焊接时,如果选用小电流,控制系统会自动选择合适的低电压,焊工只需根据焊缝成形情况稍加修正,就能保证短路过渡。

(2)焊中厚板或盖面层的焊接参数。这组焊接参数的焊接电流和电弧电压都较大,这时熔滴过渡主要以细颗粒过渡为主,具有飞溅小、电弧较平稳的特点。

3. 收弧

焊接结束前必须收弧,若收弧不当容易产生弧坑,并出现弧坑裂纹(火口裂纹)、气孔等缺陷,操作时可以采取以下措施。

(1)如 CO_2 气体保护焊焊机有弧坑控制电路,则焊枪在收弧处停止前进,同时接通此电路,焊接电流与电弧电压自动变小,待熔池填满时断电。

(2)当焊机没有弧坑控制电路时,或因焊接电流小没有使用弧坑控制电路时,在收弧处焊枪停止前进,并在熔池凝固时,反复断弧、引弧几次,直至弧坑填满为止。操作时动作要快,若熔池已凝固时才收弧,则可能产生未熔合及气孔等缺陷。

但不论采用哪种方法收弧,操作中均需特别注意,收弧时焊枪除停止前进外,不能抬高喷嘴,即使弧坑已填满,电弧已熄灭,也要让焊枪在弧坑处停留几秒后才能移开。因为灭弧后,控制线路仍保证延迟送气一段时间,以保证熔池在凝固时能得到可靠的保护。若收弧时抬高焊枪,则容易因保护不良而引起缺陷。

4. 接头

CO_2 气体保护焊不可避免地要接头,为保证接头质量,应按下述步骤操作。

(1)将待接接头处用角向磨光机打磨成斜面,如图 2-28 所示。

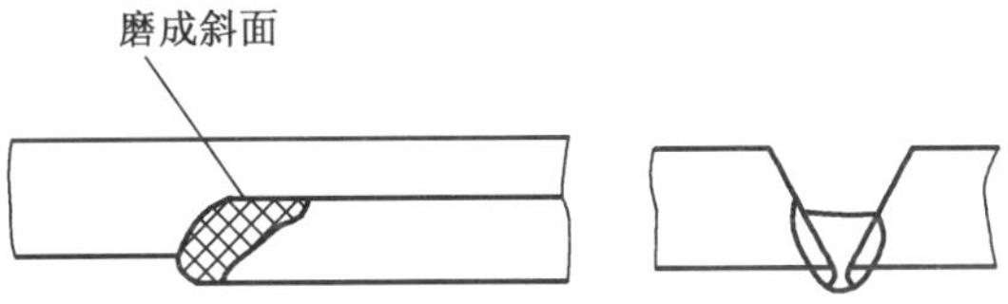

图 2-28 接头处的准备

(2)在斜面顶部引弧,引燃电弧后将电弧移至斜面底部,转一圈并返回引弧处后再继续向左焊接,如图 2-29 所示。应当指出,在引燃电弧后向斜面底部移动时,要注意观察熔孔,若未形成熔孔则接头处背面焊不透;若熔孔太小,则接头处背面产生缩颈;若熔孔太大,则背面焊缝太宽或出现烧穿。

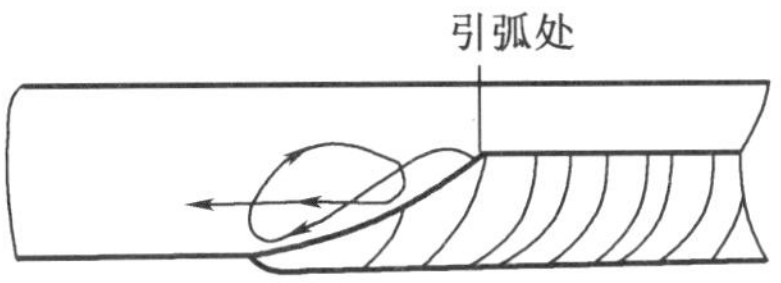

图 2-29 接头处的引弧操作

5. 定位焊

由于 CO_2 气体保护焊电弧的热量较焊条电弧焊大,因此要求定位焊缝有足够的强度。通常定位焊缝都不磨去,仍保留在焊缝中,在焊接过程中很难全部重熔,因此应保证定位焊缝的质量。定位焊缝既要熔合好,又要余高合适,还不能有缺陷,要求焊工像正式焊接那样焊定位焊缝。定位焊缝的长度和间距应符合下述规定。

(1)中厚板对接时的定位焊缝如图 2-30 所示,焊件两端应装引弧、收弧板。

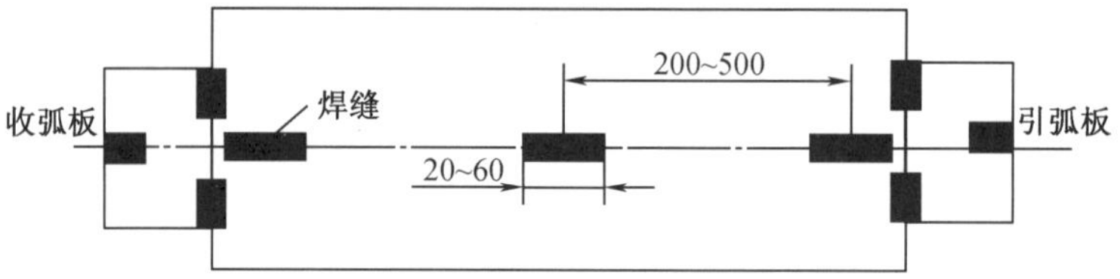

图 2-30　中厚板对接时的定位焊缝
（单位：mm）

（2）薄板对接时的定位焊缝可参照图 2-31。

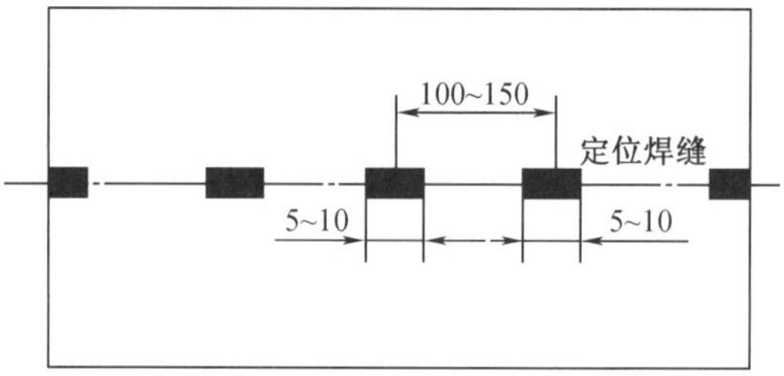

图 2-31　薄板对接时的定位焊缝
（单位：mm）

注意：焊接工作者要在焊接实训操作中反复调节焊接运条的手法，观察焊接成形的优劣，寻找最佳的焊接运条方式。焊接工作者的焊接操作技术水平直接关系到产品的质量，可以虚心请教有经验的前辈，提高技能水平，多制造高质量的产品。

四、CO_2 气体保护焊焊接缺陷的产生原因和防止措施

1. 设备机械部分因磨损或调整不当引起的后果

设备故障引起的后果见表 2-23。

表 2-23　设备故障引起的后果

故障部位	原因	后果
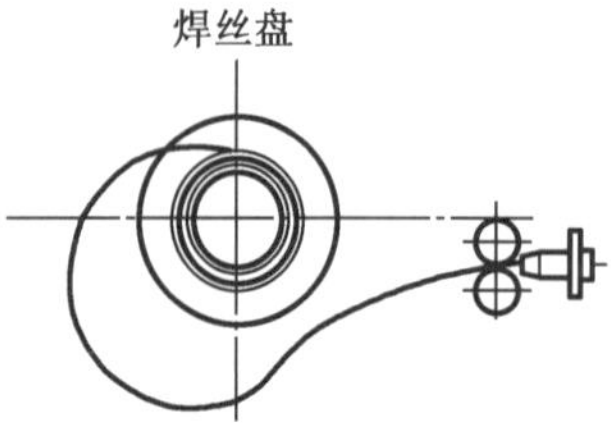	焊丝盘制动轴太松	焊丝松脱
	焊丝盘制动轴太紧	送丝电动机过载；送丝不匀，电弧不稳；焊丝粘在导电嘴上
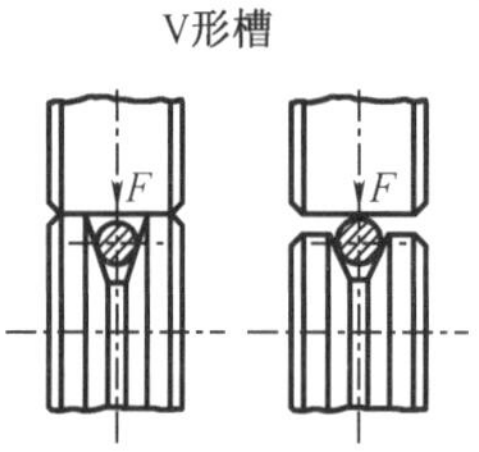	V 形槽磨损或太大	送丝速度不均匀
	V 形槽太小	焊丝变形；送丝困难

表 2-23(续 1)

故障部位	原因	后果
压紧轮 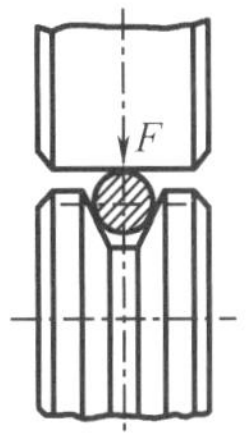	压力太大	焊丝变形,送丝困难,焊丝嘴磨损快
	压力太小	送丝不匀
送丝嘴 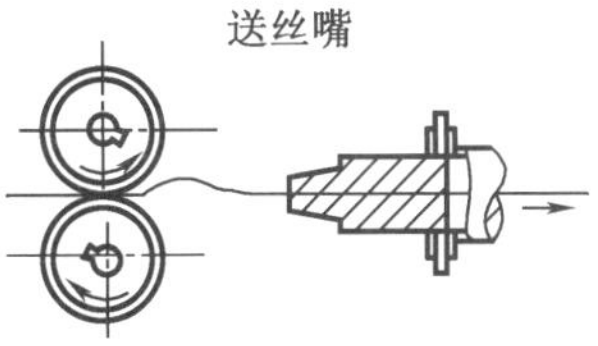	送丝嘴孔太大,或送丝嘴与送丝轮间距离太大	焊丝易打弯,送丝不畅
	送丝嘴孔太小	摩擦阻力大,送丝受阻
弹簧软管 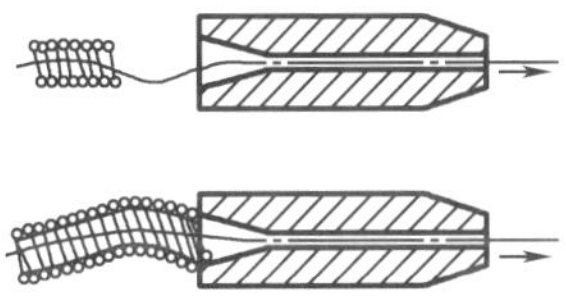	管内径太大	焊丝打弯,送丝送阻
	管内径太小或被脏物堵住	摩擦阻力大,送丝受阻
	软管太短	焊丝打弯,送丝不畅
	软管太长	摩擦阻力大,送丝受阻
导电嘴 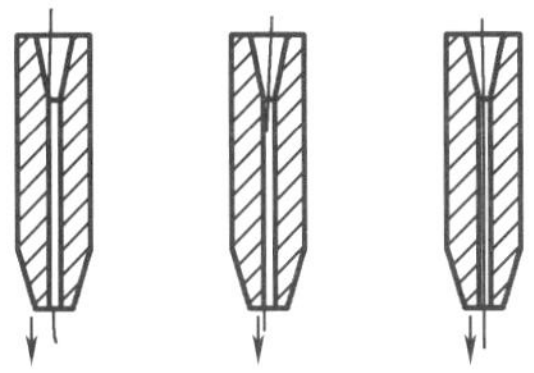	导电嘴磨损或孔径太大	接触点经常变化、电弧不稳,焊缝不直
	导电嘴孔径太小	摩擦阻力大,送丝不畅
焊枪软管 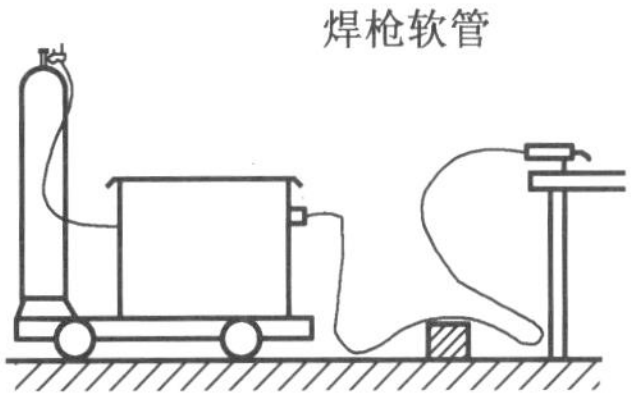	软管弯曲半径太小	焊丝在软管中摩擦阻力大,送丝受阻,速度不匀或不出丝
喷嘴 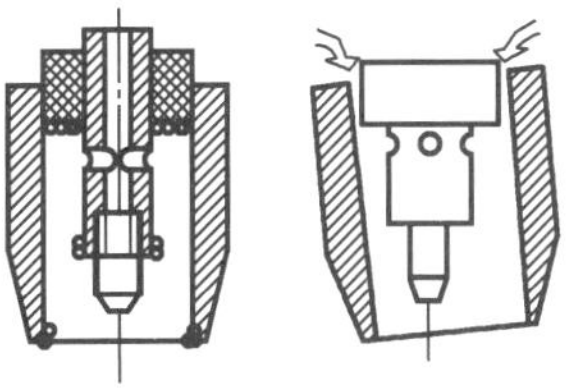	飞溅堵死	气体保护不好,产生气孔;电弧不稳
	松动	吸入空气、保护不好,产生气孔

表 2-23(续 2)

故障部位	原因	后果
地线 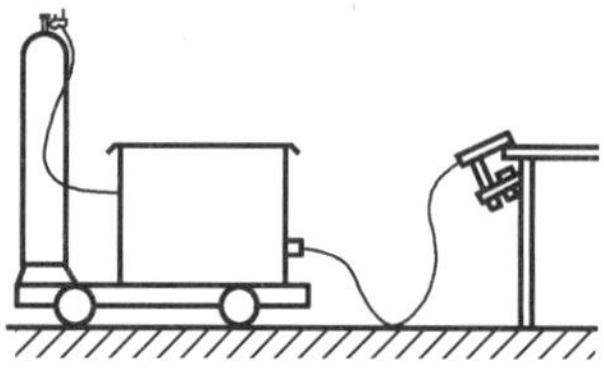	地线松动或接触处锈垢未除净	接触电阻太大,不易引弧或电弧不稳定

2. 操作不当引起的缺陷

(1)气孔

焊接开始前,必须正确地调整好保护气体的流量,使保护气体能均匀、充分地保护好焊接熔池,防止空气渗入。如果保护不良,将使焊缝中产生气孔。引起保护不良的原因如下。

①CO_2 气体纯度低。含水或含氮气较多,特别是含水量太高时,整条焊缝上都有气孔。

②水冷式焊枪漏水。焊枪里面漏水时,最容易产生气孔。

③没有保护气体。焊前未打开 CO_2 气瓶上的高压阀或预热器未接通电源就开始焊接时,因为没有保护气体,整条焊缝上都是气孔。

④有风。在保护气体流量合适时,若风较大,则可将保护气体吹离熔池,引起气孔,如图 2-32 所示。

⑤气体流量不合适。流量太小时,因保护区小,不能可靠地保护熔池(图 2-33);流量太大时产生涡流,将空气卷入保护区(图 2-34)。因此保护气体流量不适宜会使焊缝中产生气孔。

⑥喷嘴被飞溅堵塞。如图 2-35 所示,焊接过程中,喷射到喷嘴上的飞溅未及时除去时,保护气体产生涡流,也会吸入空气,使焊缝产生气孔。焊接过程中必须经常清除喷嘴上的飞溅,并防止损坏喷嘴内圆的表面粗糙度。

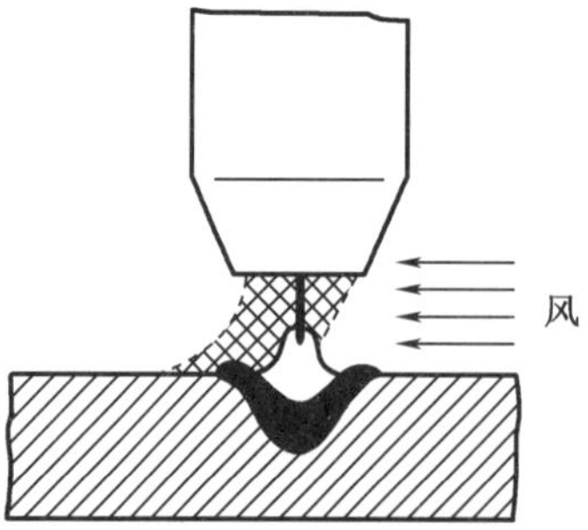

图 2-32　风的影响

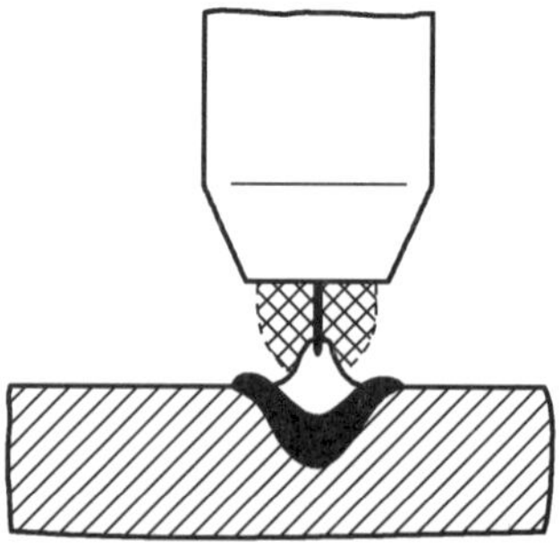

图 2-33　保护气体流量太小

为便于清除飞溅,焊前最好在喷嘴的内表面喷一层防飞溅喷剂或涂一层硅油。

⑦焊枪倾角太大。焊枪倾角太大(图 2-36)时,也会吸入空气,使焊缝中产生气孔。

⑧焊丝伸出长度太长或喷嘴位置太高。焊丝伸出长度太长或喷嘴位置太高时,保护不好,容易产生气孔,如图 2-37 所示。

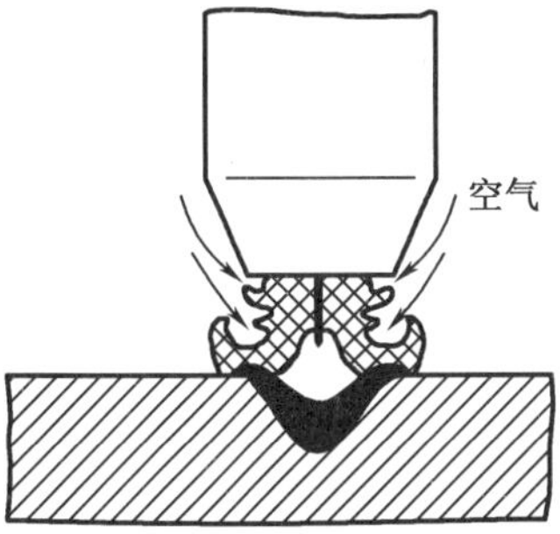

图 2-34　保护气体流量太大

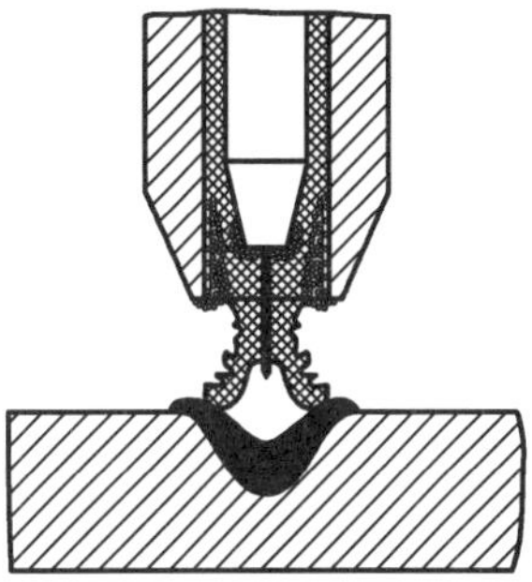

图 2-35　喷嘴被飞溅堵塞

图 2-36　焊枪倾角太大

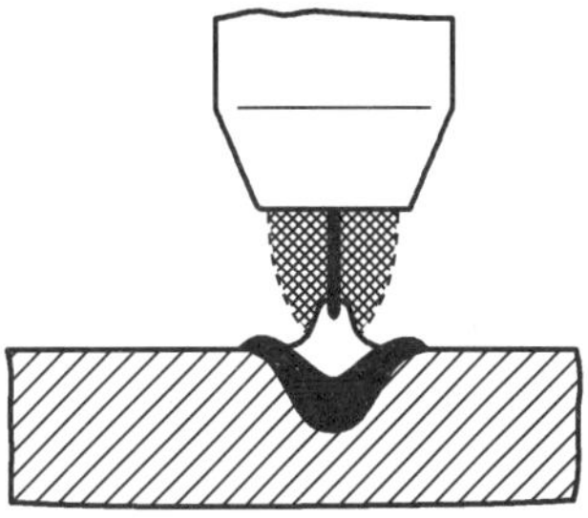

图 2-37　焊丝伸出长度太长

⑨弹簧软管内孔堵塞。弹簧软管内孔因被氧化皮或其他脏物堵塞,其前半段密封塑胶管破裂或进丝嘴处的密封圈漏气,保护气从焊枪的进口处外泄,使喷嘴处的保护气体流量减小,这也是产生气孔的重要原因之一。在这种情况下,往往能听到送丝机和焊枪的连接处的漏气的“嘶嘶”声,通常在整条焊缝上都是气孔,焊接时还可看到熔池中冒泡。

(2)未焊透

①坡口加工或装配不当。坡口太小、钝边太大、间隙太小、错边量太大都会引起未焊透,如图 2-38 所示。为防止未熔合,坡口角度以 40°~60°为宜。

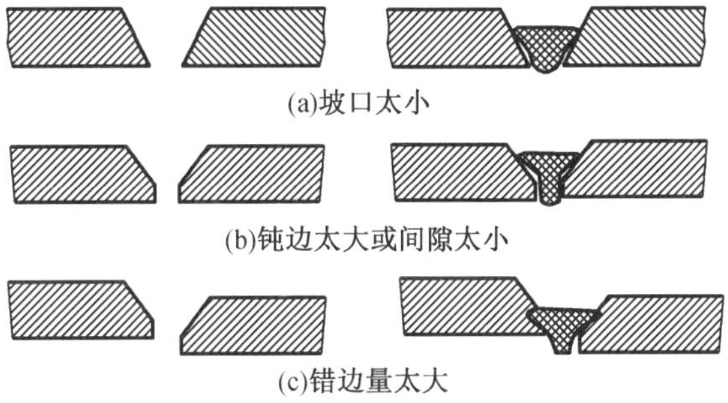

图 2-38　坡口加工或装配不当引起的未焊透

②打底焊道不好。打底焊道凸起太高,易引起未熔合,如图 2-39 所示。故打底时应控制焊枪的摆动幅度,保证打底焊道与两侧坡口面熔合好,才能覆盖好焊缝表面。

③接头不好。接头处如果未修磨或引弧不当,易产生未熔合,如图 2-40 所示。为保证焊缝接头质量,要求将接头打磨成斜面,在最高处引弧并连续焊下去。

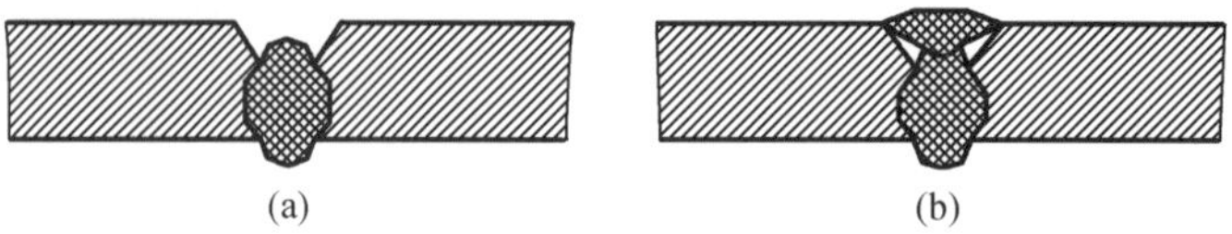

图 2-39　打底焊道引起的未熔合

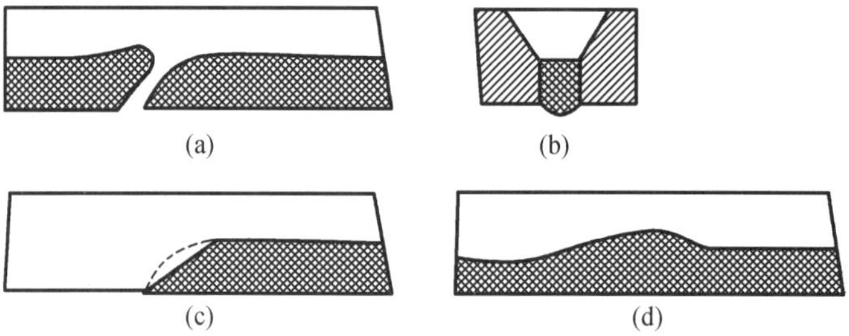

图 2-40　接头处的未熔合

④焊接参数不合适。平焊时,焊接速度太小,焊接电流过大,会使熔敷系数太大或焊枪的倾角 α 太大,这些都会引起未焊透,如图 2-41～图 2-43 所示。

为防止未焊透,必须根据熔合情况调整焊接速度,保证电弧位于熔池前部。

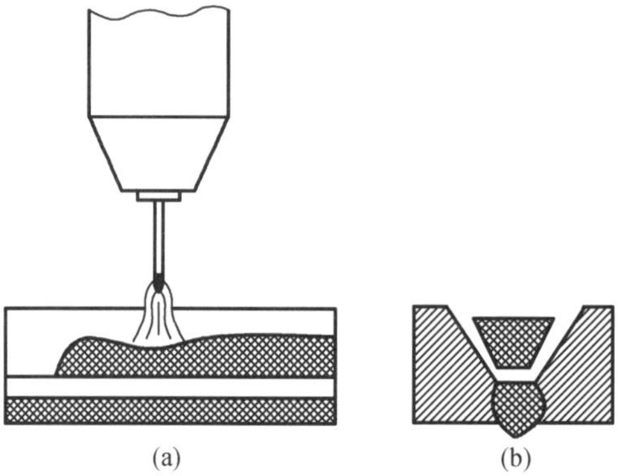

图 2-41　平焊时焊速太小或熔敷系数太大

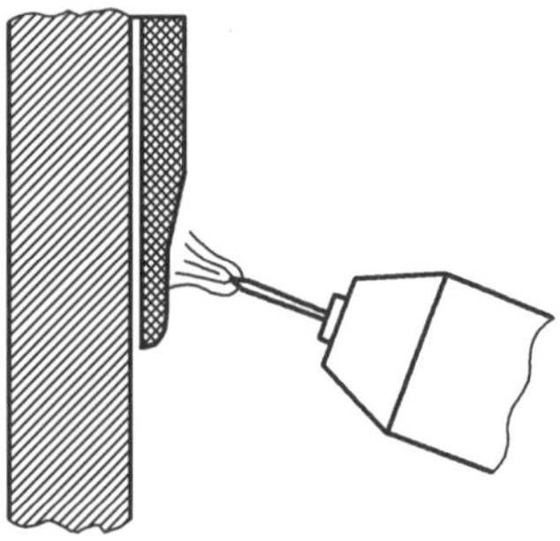

图 2-42　向下立焊时的未焊透

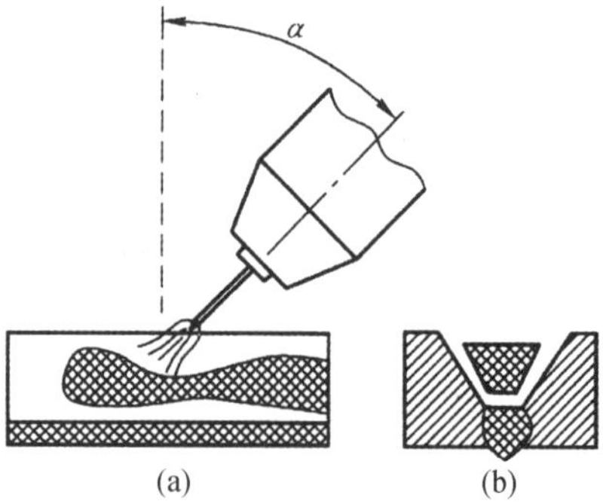

图 2-43　焊枪前倾角太大引起的未焊透

⑤电弧位置不对。电弧未对准坡口中心,或焊枪摆动时电弧偏向坡口的一侧,都会引起未焊透,如图 2-44 和图 2-45 所示。

⑥位置限制。由于结构限制,电弧不能对中或达不到坡口边缘,也会引起未焊透,如图 2-46 所示。

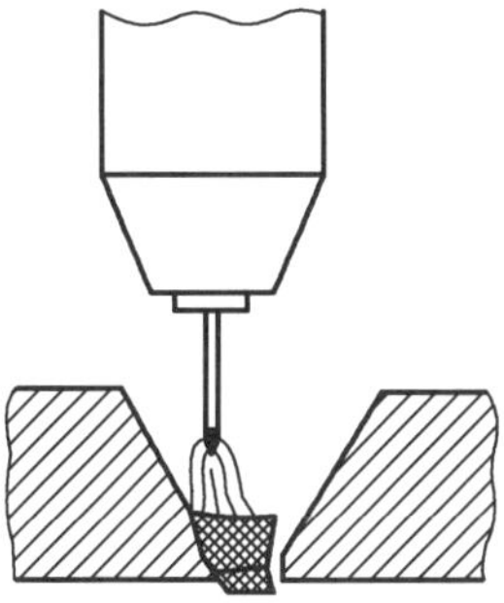

图 2-44　电弧未对中

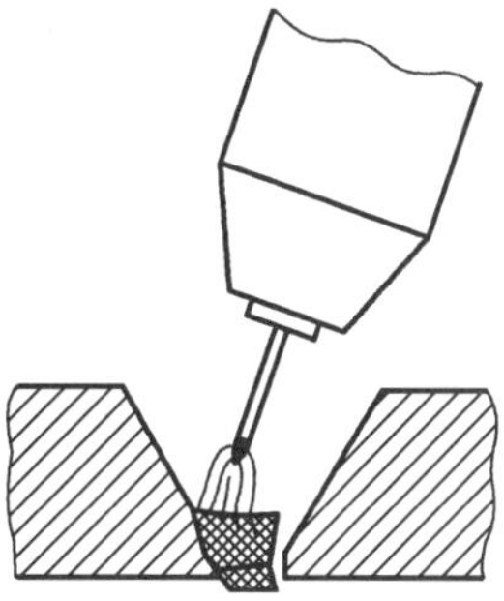

图 2-45　焊枪偏向一边

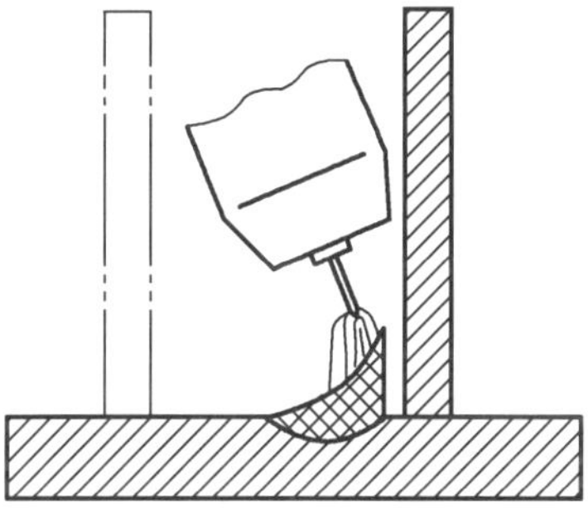

图 2-46　结构限制

知识点 2.5　CO_2 气体保护焊新工艺

微课:CO_2 气体保护焊的新工艺

微课:陶质衬垫 CO_2 单面焊的基本原理特点及应用

微课:陶质衬垫的构造

微课:陶质衬垫的功能

微课:陶质衬垫的类型

微课:陶质衬垫 CO_2 单面焊的焊接技术

微课:陶质衬垫 CO_2 单面焊工艺参数的选择

随着 CO_2 气体保护焊的广泛应用,近几年其在很多方面又有新的发展,CO_2 气体保护焊新工艺已经开始应用于工业生产中,并已取得良好的效果。下面介绍几种典型的新工艺，重点介绍药芯焊丝 CO_2 气体保护焊。

一、药芯焊丝 CO_2 气体保护焊

药芯焊丝 CO_2 气体保护焊是目前发展较快、较实用的焊接方法，在国外的工业生产中已经得到了很大的发展，例如，在日本几乎所有的造船厂都使用细焊丝的药芯焊丝 CO_2 气体保护焊工艺，而在美国，从造船、海洋结构到普通机械制造业，从薄板到厚板，从大中型企业到小型厂家，越来越广泛地采用这种先进的焊接方法。

我国药芯焊丝 CO_2 气体保护焊也经历了从粗丝到细丝的发展。目前随着国内药芯焊丝的发展，药芯焊丝 CO_2 气体保护焊已经在造船业、海洋结构、石油化工、机械制造、原子能工业等方面得到推广应用。

1. 药芯焊丝 CO_2 气体保护焊的工艺特点

药芯焊丝 CO_2 气体保护焊是一种 CO_2 气体-焊剂联合保护的焊接方法。焊接时焊丝的药芯受热熔化，从而在焊缝表面覆盖一层薄薄的熔渣，如图 2-47 所示。药芯焊丝 CO_2 气体保护焊兼有 CO_2 气体保护焊和焊条电弧焊的某些特点，与实芯焊丝气体保护焊的主要区别是所用焊丝的构造不同。药芯焊丝内部装有焊剂或金属粉末混合物。

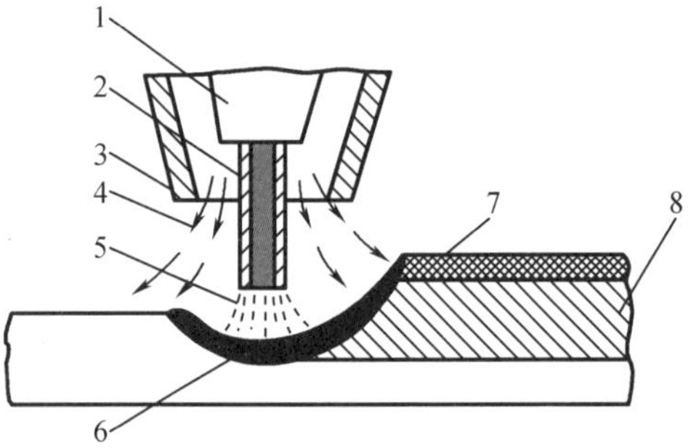

1—导电嘴；2—药芯焊丝；3—喷嘴；4—CO_2 气体；5—电弧；6—熔池；7—熔渣；8—焊缝。

图 2-47 药芯焊丝 CO_2 气体保护焊示意图

由于药芯中可添加大量的稳弧剂、造渣剂、合金剂、造气剂等，因此焊接过程中，熔化的母材金属、焊丝金属及焊剂之间发生冶金反应，改善了焊缝金属的成分。在气体保护电弧焊中，以药芯焊丝代替实芯焊丝进行焊接，这在技术上是一大进步，药芯焊丝成为最具有发展前景的焊接材料。

药芯焊丝 CO_2 气体保护焊与一般 CO_2 气体保护焊相比，具有以下优点。

(1)由于药芯中加入了稳弧剂，因此焊接过程中电弧稳定、柔软，飞溅很少，焊缝外观成形好。

(2)采用了 CO_2 气体和焊剂联合保护，可更有效地防止空气进入焊接区，提高焊缝金属的抗气孔能力。

(3)可以选用直流电或交流电焊接，焊接电源特性为平特性或陡降特性均可。

(4)焊接不同成分钢材的适应性强，只要调整焊丝药芯的成分或比例，就可满足不同钢材对焊缝成分的要求。

(5)药芯焊丝比实芯焊丝具有更高的熔敷速度，特别是在全位置焊接场合，可使用大电流，提高了焊接生产效率。

这种方法的缺点如下。

(1)焊丝制造过程复杂,成本较高。

(2)送丝较困难,需要采用特殊的送丝机;烟尘发生量较多。

(3)焊丝表面容易生锈,药芯容易吸潮,因此应对焊丝严加保管。

2. 药芯焊丝的分类及选用

(1)药芯焊丝的分类

①按是否使用外加保护气体分类

利用药芯焊丝作为熔化极的电弧焊称为药芯焊丝电弧焊(FCAW)。根据是否使用外加保护气体,分为两种焊接形式:一是焊接过程中使用外加保护气体,称为药芯焊丝气体保护焊;二是不用外加保护气体,只靠焊丝内部的粉剂燃烧与分解所产生的气体和渣做保护的焊接,称为自保护电弧焊。药芯焊丝气体保护焊的工艺性能和熔敷金属冲击性能比自保护电弧焊的好,但自保护电弧焊的药芯焊丝具有抗风性,更适合在室外或高层结构现场使用。

②按横截面结构分类

药芯焊丝的截面形状对焊接的工艺性能与冶金性能有很大影响。药芯焊丝的截面形状可分为简单断面的 O 形和复杂断面的折叠形两类,折叠形又可分为梅花形、T 形、E 形和中间填丝形等,见表 2-24。

表 2-24 药芯焊丝的截面形状示意

类别	符号	横截面
无缝	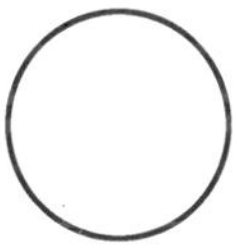	
对接	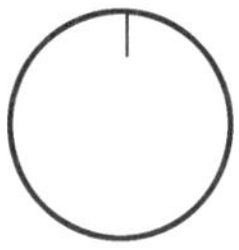	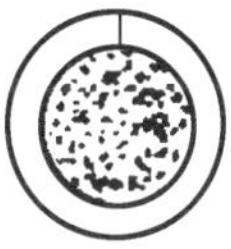
搭接	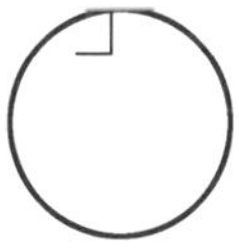	
T 形	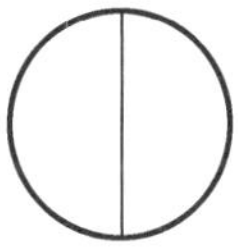	
E 形	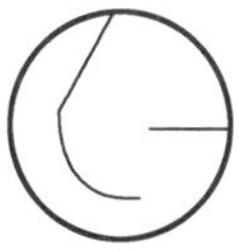	
双层	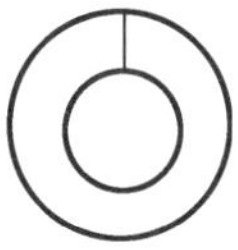	

一般来说，药芯焊丝的截面形状越复杂、越对称，电弧越稳定，药芯的冶金反应和保护作用越充分。但是随着焊丝直径的减小，这种差别逐渐缩小，当焊丝直径小于 2 mm 时，截面形状的影响已不明显了。目前，小直径（≤2.0 mm）药芯焊丝一般采用 O 形截面，大直径（≥2.4 mm）药芯焊丝多采用 E 形、T 形等折叠形复杂截面。

根据焊丝结构，药芯焊丝可分为有缝焊丝和无缝焊丝两种。无缝焊丝可以镀铜，性能好、成本低，已成为今后发展的方向。

③按药芯中有无造渣剂分类

药芯焊丝芯部粉剂的成分与焊条药皮相似，药芯焊丝根据内层填料粉剂中有无造渣剂，可分成熔渣型（有造渣剂）和金属粉型（无造渣剂）两类。

熔渣型药芯焊丝中加入粉剂，主要是为了改善焊缝金属的力学性能、抗裂性及焊接工艺性能。这些粉剂有脱氧剂（硅铁、锰铁）、造渣剂（金红石、石英等）、稳弧剂（钾、钠等）、合金剂（Ni、Cr、Mo 等）及铁粉等。按照造渣剂的种类及渣的碱度可分为钛型（又称金红石型、酸性渣）、钛钙型（又称金红石碱型、中性或弱碱性渣）、钙型（碱性渣）。钛型渣系药芯焊丝的焊道成形美观，全位置焊接工艺性能优良，电弧稳定，飞溅小，但焊缝金属的韧性和抗裂性稍差。钙型渣系药芯焊丝焊缝金属的韧性和抗裂性优良，但焊道成形和焊接工艺性稍差。钛钙型渣系介于上述二者之间。

金属粉型药芯焊丝几乎不含造渣剂，焊接工艺性能类似于实芯焊丝，但电流密度更大。其具有熔敷效率高、熔渣少的特点，抗裂性能优于熔渣型药芯焊丝。这种焊丝药芯中大部分是金属粉（铁粉、脱氧剂等），其造渣量仅为熔渣型药芯焊丝的 1/3，多层焊可不清渣，使焊接生产率进一步提高；此外，还加入了特殊的稳弧剂，飞溅小、电弧稳定，而且焊缝扩散氢含量低，抗裂性能得到改善。

目前，我国药芯焊丝产品品种主要有钛型气保护、碱性气保护和耐磨堆焊（主要是埋弧堆焊类）三大系列，适用于焊接碳钢、低合金高强钢、不锈钢等，大体可满足一般工程结构焊接需求。在产品质量方面，用于结构钢焊接的 E71T-1 钛型气保护药芯焊丝的产品质量已经有了突破性提高，而碱性药芯焊丝的产品质量有待进一步提高。

（2）药芯焊丝的选用

药芯焊丝可用于焊接各种类型的钢结构，包括低碳钢、低合金高强钢、低温钢、耐热钢、不锈钢及耐磨堆焊等。所采用的保护气体有 CO_2 和 $Ar+CO_2$ 两种，前者用于普通结构，后者用于重要结构。药芯焊丝适用于自动或半自动焊接，采用直流或交流电源均可。

①低碳钢及高强钢用药芯焊丝

这类焊丝的品种多、用量大，大多数为钛型渣系，焊接工艺性好、焊接生产率高，主要用于造船、桥梁、建筑、车辆制造等方面。从焊缝强度级别上看，490 MPa 级和 590 MPa 级的药芯焊丝已被普遍使用；从性能上看，有的侧重于工艺性能，有的侧重于焊缝力学性能和抗裂性能；从适用范围上看，有的适用于包括向下立焊在内的全位置焊，也有的专用于角焊缝。

②不锈钢用药芯焊丝

不锈钢用药芯焊丝具有工艺性能好、力学性能稳定、生产效率高等特点，国外近年来应用于石油化工、压力容器、造船和工程机械等行业。目前不锈钢用药芯焊丝的品种已有 20 余种，除铬镍系不锈钢用药芯焊丝外，还有铬系不锈钢用药芯焊丝。焊丝直径有 0.8 mm、1.2 mm、1.6 mm 等，可满足不锈钢薄板、中板及厚板的焊接需要。所采用的保护气体多数为 CO_2，也可采用 $Ar+CO_2$ 的混合气体（CO_2 的体积分数为 20%~50%）。

③耐磨堆焊用药芯焊丝

为了增加耐磨性或使金属表面获得某些特殊性能，需要从焊丝中过渡一定量的合金元素，但是焊丝因含碳量和合金元素较多，难以加工制造。随着药芯焊丝的问世，这些合金元素可加入药芯中，且加工制造方便，故采用药芯焊丝堆焊耐磨表面是一种常用的方法，并已得到广泛应用。

细丝 CO_2 药芯焊丝堆焊方法的焊接效率高，焊接工艺性能优良，并且电弧稳定、飞溅小、脱渣容易、焊道成形美观。这种方法只能通过药芯焊丝过渡合金元素，多用于合金成分不太高的堆焊层。

④垂直气电焊用药芯焊丝

垂直气电焊用药芯焊丝是专用于气体保护强制成形焊接方法的一种焊丝。为了向上立焊，熔渣不能太多，故该焊丝中造渣剂的比例为5%～10%，同时含有大量的铁粉和适量的脱氧剂、合金剂和稳弧剂，以提高熔敷效率和改善焊缝性能。

使用药芯焊丝时要重视焊丝保管工作，以免焊丝受潮和生锈，否则会使焊丝质量受到影响，不能继续使用。国产 CO_2 气体保护焊药芯焊丝的化学成分、力学性能及用途见表2–25。

3. 药芯焊丝的型号与牌号

药芯焊丝由金属外皮和芯部药粉两部分构成。药芯焊丝型号由焊丝类型代号和焊缝金属的力学性能两部分组成。

第一部分的英文字母“EF”表示药芯焊丝代号；其后第一位数字表示适用的焊接位置：“0”表示用于平焊和横焊，“1”表示用于全位置焊接；第二位数字或字母为分类代号（表2–26）。第二部分为在短横线“–”后用四位数字表示焊缝的力学性能：前两位数字表示抗拉强度最低值（表2–27）；后两位数字表示冲击吸收功，其中第一位数字为冲击吸收功不小于27 J所对应的试验温度，第二位数字为冲击吸收功不小于47 J所对应的试验温度（表2–28）。

表2–26　药芯焊丝分类及类型代号

焊丝类型	药芯类型	保护气体	电源种类	适用性
EF×1–	氧化钛型	CO_2	直流反接	单道焊和多道焊
EF×2–	氧化钛型	CO_2	直流反接	单道焊
EF×3–	氧化钙–氟化物型	CO_2	直流反接	单道焊和多道焊
EF×4–	—	自保护	直流反接	单道焊和多道焊
EF×5–	—	自保护	直流正接	单道焊和多道焊
EF×G–	—	—	—	单道焊和多道焊
EF×GS	—	—	—	单道焊

表2–27　焊缝金属强度系列

强度系列	抗拉强度/MPa	屈服强度/MPa	伸长率/%
43	430	340	22
50	500	410	22

表 2-28　焊缝金属冲击吸收功(V 形缺口)

第一位数	冲击吸收功		第二位数	冲击吸收功	
	温度/℃	数值/J		温度/℃	数值/J
0	没有规定		0	没有规定	
1	+20		1	+20	
2	0		2	0	
3	-20	≥27	3	-20	≥47
4	-30		4	-30	
5	-40		5	-40	

药芯焊丝型号举例：

EF 0 3-50 4 2

- 2——冲击吸收功在0 ℃不小于47 J
- 4——冲击吸收功在-30 ℃不小于27 J
- 50——抗拉强度最小值为500 MPa
- 3——焊丝药芯为氧化钙-氟化物型,直流反接
- 0——适用于平焊和横焊
- EF——药芯焊丝

表 2-25 国产 CO_2 气体保护焊药芯焊丝的化学成分、力学性能及用途

牌号	直径/mm	特征和用途	熔敷金属化学成分%							力学性能			
			C	Si	Mn	Ni	Cr	Mo	其他	σ_b/MPa	σ_s/MPa	σ_s/%	A_kV/J
YJ502	1.6~3.8	CO_2 气体保护焊用，钛钙型渣系，可焊接较重要的低碳钢和普低钢结构，如船舶、压力容器	≤0.100	0.500	1.200	—	—	—	—	≥490	—	≥22	80(0 ℃) 47(-20 ℃)
YJ507	1.6~3.8	CO_2 气体保护焊用，低氢型渣系，可焊接较重要的低碳钢和普低钢结构，如船舶、压力容器	≤0.10	0.50	1.20	—	—	—	—	≥490	—	≥22	80(-30 ℃) 47(-40 ℃)
YJ607	1.6 2.0	CO_2 气体保护焊用，低氢型渣系，可焊接低合金钢、中碳钢等，如 15MnV、15MnVN 钢结构	≤0.120	≤0.6	1.200~ 1.750	—	—	0.250~ 0.450	—	≥590	≥530	≥15	≥27 (-50 ℃)
YJ707	1.6 2.0	CO_2 气体保护焊用，低氢型渣系，可焊接低合金高强钢结构，如大型起重机、推土机等	≤0.150	0.600	1.500	1.0	—	0.300	—	≥690	≥590	≥15	≥27 (-30 ℃)
YJ502CuCr	1.6 2.0	CO_2 气体保护焊用，钛钙型渣系，用于焊接耐大气腐蚀的低合金结构钢，如铁道、车辆、集装箱等	≤0.120	≤0.6	0.500~ 0.120	—	0.250~ 0.600	—	Cu 为 0.200~ 0.500	≥490	≥350	≥20	≥47(0 ℃)
YR307	1.6 2.0	CO_2 气体保护焊用，低氢型渣系，用于焊接 1%Cr~0.5%Mo 耐热钢，如锅炉管道、石油精炼设备	0.050~ 012	≤0.120	≤0.9	—	1.000~ 1.500	0.400~ 0.650	—	≥540	≥440	≥17	—
YZ-J502	1.6 2.0	CO_2 气体保护焊用，低氢型渣系，用于焊接低碳钢及普低钢结构，如油罐、冶金炉等	—	—	—	—	—	—	—	428	—	—	—

表 2-25(续 1)

牌号	直径/mm	特征和用途	熔敷金属化学成分%							力学性能			
			C	Si	Mn	Ni	Cr	Mo	其他	σ_b/MPa	σ_s/MPa	σ_s/%	A_kV/J
YZ-J506	1.6 2.0	自保护电弧焊用,低氢型渣系,用于自动焊或半自动焊的野外施工,焊接低碳钢、普低钢等	0.200	≤0.900	≤1.750	—	—	—	—	≥490	—	≥16	27 (0 ℃)
YZ-J507	1.6 2.0	自保护电弧焊用,低氢型渣系,用于焊接低碳钢及普低钢结构,特别适用于多道焊及盖面焊	0.200	≤0.900	≤1.750	0.500	—	0.3	—	≥490	≥390	≥20	27 (-30 ℃)
YZ-G207	1.6 2.0	自保护电弧焊用,低氢型渣系,用于自动焊接 0Cr13、1Cr13 不锈钢结构,也可用于耐磨堆焊	≤0.120	≤0.900	≤1.000	≤0.600	11.000~ 13.500	—	—	≥450	—	≥20	—
YB102	1.6 2.0	焊接工作温度低于 300 ℃ 的 0Cr19Ni9、0Crl9Ni11Ti 不锈钢结构,也可堆焊不锈钢表面	≤0.080	≤1.000	1.000~ 2.500	9.000~ 11.000	18.000~ 21.000	—	—	≥550	—	≥35	—
YB107	1.6 2.0	CO_2 气体保护焊用,低氢型渣系,其用途和特征同 YB102	≤0.080	≤1.000	1.000~ 2.500	9.000 ~11.000	18.000~ 21.000	—	—	≥550	—	≥35	—
YB132	1.6 2.0	CO_2 气体保护焊用,钛钙型渣系,用于焊接重要的耐腐蚀含钛不锈钢结构	≤0.080	≤1.000	1.000~ 2.500	9.000~ 11.000	18.000~ 21.000	—	Nb≤ 1.0	≥550	—	≥30	—
YM-B102	1.6 2.0	埋弧焊接用钛型渣系的不锈钢焊丝,配合相应焊剂使用,用途同 YB102	≤0.080	≤1.000	1.000~ 2.500	9.000~ 11.000	18.000~ 21.000	—	—	≥550	—	≥35	—
YM-B132	1.6 2.0	埋弧焊接用钛钙型渣系的不锈钢焊丝,配合相应焊剂使用,用途同 YB132	≤0.080	≤1.000	1.000~ 2.500	9.000~ 11.000	18.000~ 21.000	—	Nb≤ 1.0	≥550	—	≥30	—

表 2-25(续 2)

牌号	直径/mm	特征和用途	熔敷金属化学成分%							力学性能			
			C	Si	Mn	Ni	Cr	Mo	其他	σ_b/MPa	σ_s/MPa	σ_s/%	A_kV/J
YD212	1.6~3.8	CO_2 气体保护焊用堆焊焊丝,钛钙型渣系,用于堆焊磨损的机件表面,如齿轮、铲斗等	0.480	0.900	1.700	—	3.600	1.500	—	—	—	—	HRC≥50
YDCr2W8	1.6~3.8	堆焊焊丝,用于在铸造钢或锻钢上堆焊锻模,也可用于修复锻模	0.250~0.350	—	—	—	2.000~3.500	—	7~10	—	—	—	HRC≥48
YD5Cr8Si3	1.6~3.8	堆焊焊丝,用于单层或多层堆焊磨损的机件表面	0.500	2.000~3.000	—	—	7.000~9.000	—	—	—	—	—	HRC≥55
YD5Cr6MnMo	1.6~3.8	堆焊焊丝,用于制造或修复冷轧辊、冷锻模等高硬度、高耐磨部件	≤0.6	—	1.500~2.500	—	5.000~7.000	1.500~2.500	—	—	—	—	HRC≥55
YL-J507	1.6 2.0	CO_2 气体保护焊、气电立焊用药芯焊丝、低氢型渣系,用于船舶及油罐的垂直立焊焊缝等	0.100	0.350	1.350~1.800	0.150	—	0.150	—	550	—	25	80(0 ℃)
YL-J607	1.6 2.0	特征和用途同 YL-J507,但焊缝强度更高	0.100	0.400~0.500	1.500~1.600	0.500~0.600	—	0.300~0.400	—	650	—	24	75 (-10 ℃)
YJ420-1 强	2.4	CO_2 或 CO_2+Ar 气体保护焊用,交直流两用,强迫成形,自动立焊,熔敷效率高	≤0.100	≤0.500	≤1.200	—	—	≤0.100	—	≥420	—	≥22	≥47 (-20 ℃)
YJ502-1 符合 GBEF11-5003	1.6 2.0	钛钙型渣系,CO_2 气体保护自动、半自动焊用,用于焊接船舶、石油设备、压力容器、化工设备等的重要结构	≤0.100	≤0.500	≤1.200	—	—	—	—	≥490	—	≥22	≥47 (-20 ℃)
YJ507-1 符合 GBEF13-5003	1.6 2.0	低氢型渣系,直流用,CO_2 气体保护自动、半自动焊用,用于焊接船舶、石油设备、压力容器、起重机械、化工设备等的重要结构	≤0.100	≤0.500	≤1.200	—	—	—	—	≥490	—		≥47 (-20 ℃)

焊丝牌号首字母“Y”表示药芯焊丝的牌号；第二个字母及第一、二、三位数字与焊条编制方法相同；短横线“-”后面的数字表示焊接时的保护方法（表 2-29）。药芯焊丝有特殊性能和用途时，在牌号后面加注起主要作用的元素或主要用途的字母（一般不超过两个）。

表 2-29　药芯焊丝牌号短横线“-”后面数字的含义

牌号	焊接时保护方法	牌号	焊接时保护方法
YJ×××-1	气体保护	YJ×××-3	气体保护焊、自保护电弧焊两用
YJ×××-2	自保护	YJ×××-4	其他保护形式

例如，YJ422-1：表示熔敷金属抗拉强度≥420 MPa 时，用于焊接结构钢的钛钙型药芯焊丝，交直流两用，短横线“-”后面的 1 表示焊接时采用气体保护。

CO_2 气体保护焊药芯焊丝的型号、牌号对照见表 2-30。

表 2-30　CO_2 气体保护焊药芯焊丝的型号与牌号对照

牌号	符合（相当）标准的焊丝型号		
	GB	AWS	JIS
YJ501-1	—	E71T-1	YFW24
YJ501Ni-1	—	E71T-5	YFW24
YJ502-1	EF01-5020	ET70-1	—
YJ502R-1	EF01-5005	—	—
YJ502R-2	EF01-5005	—	—
YJ507-1	EF03-5040	E70T-5	—
YJ507Ni-1	EF03-5004	—	—
YJ507TiB-1	EF0305005	E70T-5	—
YJ507-2	EF04-5020	E70T-4	YFW13
YJ507G-2	EF04-5042	E70T-8	—
YJ507R-2	—	E71T-8	YFW14
YJ507D-2	EF0GS -5000	E70T-GS	—
YJ707-1	—	E80T5-Ni1	—
YR307-1	—	E80T5-B2	—
YG207-2	—	—	—
YG317-1	—	—	—
YA002-2	—	E308LD-3	—
YA102-1	—	E308T-1	—
YA107-1	ER62-B3	E308T-1	—
YA132-1	ER62-B3L	E347T-1	—
YD176Mn-2	H08A、H08E	—	—
YD212-1	H08MnA	—	—
YD247-1	H10Mn2	—	—
YD256Ni-2	H10MnSi		—

4. 药芯焊丝 CO_2 焊机和工艺参数

(1)药芯焊丝 CO_2 气体保护焊设备的特点

①焊接电源的特点

药芯焊丝 CO_2 气体保护焊的设备与实芯焊丝 CO_2 气体保护焊的设备基本相同,半自动焊也是由电源、送丝机构、焊枪、气路系统及冷却水系统等组成的。由于焊丝中的药粉改善了电弧的特性,与一般 CO_2 气体保护焊相比,药芯焊丝 CO_2 气体保护焊对设备的动特性及静特性的要求均较低,焊接时既可采用直流电源,又可采用交流电源,采用直流电源时仍采用直流反极性接法。电源的外特性可以是平特性的(配等速送丝机构),也可以是下降特性的(配弧压反馈送丝机构)。

表2-31及表2-32列出了国产半自动和IGBT逆变式药芯焊丝气体保护焊焊机的技术参数。

表2-31 国产半自动药芯焊丝气体保护焊焊机的技术参数

系列		PANA AUTO KR			PANA AUTO KH	PANA AUTO CL500	PANA AUTO RFII500
型号		YM-200KR1	YM-350KR1	YM-500KR1	YM-600KHIHGG	—	—
输入	电源电压/V	380	380	380	380	380	380
	频率/Hz	50/60	50/60	50/60	50/60	50/60	50/60
	相数	3	3	3	3	3	3
空载电压/V		34	52	66	—	—	—
输出电压/V		15~25	16~36	16~45	16~55	—	—
额定输入容量/kW		7.6	18.1	31.9	45.0	31.9	29.0
额定焊接电流/A		200	350	500	600	500	500
负载持续率/%		50	50	60	100	60	100
焊接电流调节范围/A		50~200	60~350	60~500	60~600	60~500	60~500
焊丝直径/mm		0.8,1.0,1.2	0.8,1.0,1.2	1.2,1.4,1.6	1.2,1.4,1.6	1.0,1.2	1.2,1.4,1.6
收弧电流/A		50~200	60~350	60~500	60~600	60~500	—
收弧电压/V		15~25	16~36	16~45	16~55	—	—
质量/kg	弧焊电源	78	100	148	220	148	100
	送丝机	—	—	—	—	—	—
	焊炬	1.9	2.8	3.6	—	—	—
外形尺寸/mm	弧焊电源	376×675×747	376×675×747	436×675×762	500×690×920	—	—
	送丝机	—		—	185×436×305	—	—
控制方式		晶闸管	晶闸管	晶闸管	晶闸管	晶闸管	微电脑控制逆变式

表 2-31(续)

系列	PANA AUTO KR			PANA AUTO KH	PANA AUTO CL500	PANA AUTO RFII500
用途	用于焊接0.9~6.0 mm 厚的低碳钢及低合金钢	用于焊接0.9~12.0 mm 厚的低碳钢及低合金钢	用于焊接1.2~25.0 mm 厚的低碳钢及低合金钢	用于焊接低碳钢及低合金钢	用于焊接厚度为1.2~25.0 mm 的碳钢、低合金钢等	

表 2-32 IGBT 逆变式药芯焊丝气体保护焊设备的技术参数

型号		NBC-200-1	NBC-350-1	NBC-500-1	A120-500		NBC-600
输入	电源电压/V	380	380	380	380		380
	相数	3	3	3	3		3
	频率/Hz	50	50	50	50/60		50/60
	电流/A	—	—	—	35~45		—
空载电压/V		—	—	—	65~75		—
空载损耗/W		—	—	—	130		—
工作电压/V		24	32	39	(15±2)~(45±3)		18~44
额定容量/kW		7.6	18.1	31.9	—		35.0
负载持续率/%		60	60	60	60	100	60
额定焊接电流/A		200	350	500	500	387	630
焊接电流调节范围/A		50~200	70~350	100~500	50~500		100~600
焊丝直径/mm		0.8,1.0,1.2	0.8,1.0,1.2	1.0,1.2,1.6	0.8,1.0,1.2,1.6		1.0,1.2,1.6,2.0
送丝速度/($m \cdot h^{-1}$)		—	—	—	120~840		—
质量/kg	弧焊电源	130	165	200	65		70
	送丝机	—	—	—	9		—
外形尺寸/mm	弧焊电源	765×445×812	765×445×812	765×445×812	698×960×780		550×340×630
	送丝机	—	—	—	450×225×331		—
备注		用于焊接厚0.9~6.0 mm 的低碳钢及低合金钢;既可使用实芯焊丝,又可使用药芯焊丝	用于焊接厚1.5~12.0 mm 的低碳钢及低合金钢;既可使用实芯焊丝,又可使用药芯焊丝	用于焊接厚2.0~25 mm 的低碳钢及低合金钢;既可使用实芯焊丝,又可使用药芯焊丝	适用于厚1 mm 以上的低碳钢、低合金钢的焊接,也可利用氩气或混合气体焊接铝及不锈钢		

CO_2 气体保护焊焊机在增加了极性转换装置后可以使用自保护电弧焊用药芯焊丝(多采用直流正接)。增加了电源外特性微调和电弧挺度调节功能的 CO_2 气体保护焊焊机,不仅可以使用 CO_2 气体保护焊用药芯焊丝,也可以使用其他气体保护焊用药芯焊丝,并且能够更好地发挥药芯焊丝的优点。

②送丝机的特点

由于药芯焊丝是由薄钢带卷成的,焊丝较软,刚性较差,因此对送丝机构的要求较高。一方面,送丝滚轮的压力不能太大,以防止焊丝变形;另一方面,要保证送丝稳定性。因此,通常采用多对主动送丝滚轮,以增加送进力。

表 2-33 列出了几种国产药芯焊丝送丝机的技术参数。

表 2-33 几种国产药芯焊丝送丝机的技术参数

型号	PW-2B	SS-9	YW-20KB1	YW-50KB1	YW-60KC
送丝方式	—	—	等速	等速	等速
电源电压/V	380	380	—	—	—
焊丝直径/mm	2~3.2	2,4,2.8,3.2	0.8,1.0,1.2	1.2,1.4,1.6	1.2,1.4,1.6
送丝速度/($m \cdot h^{-1}$)	60~540	180~420	—	—	—
焊丝盘可容纳焊丝的质量/kg	—	10	—	—	—
质量/kg	21	30	—	—	—
外形尺寸/mm	—	340×480×580	—	—	185×436×305

实芯焊丝送丝机可以正常使用加粉系数较小的药芯焊丝,如用量较大的低碳钢 CO_2 气体保护焊用药芯焊丝。如果要正常使用加粉系数较大的药芯焊丝,则最好选用药芯焊丝专用送丝机。药芯焊丝专用送丝机与一般实芯焊丝送丝机的差别如下。

a. 两对主动轮送丝。实芯焊丝送丝机一般采用单电动机启动一个主动轮送丝。药芯焊丝送丝机则采用单电动机两对主动轮送丝或双电动机两对主动轮送丝。这样在送丝推力不变的情况下,可以减小施加在药芯焊丝上的正压力,减少药芯焊丝截面形状变化,提高送丝的稳定性。

b. 上下轮均开 V 形槽。实芯焊丝送丝机的上送丝轮一般为普通轴承,不开槽。而药芯焊丝送丝机的送丝轮的上下轮均开 V 形槽,变三点受力为四点对称受力,以减小焊丝截面变形。

c. 槽内压花。焊丝直径为 1.4 mm 以上时,药芯焊丝送丝机的送丝轮 V 形槽内采用压花处理。处理后的送丝轮,通过提高送丝轮的摩擦系数以提高送丝推力。这样不仅提高了送丝的稳定性,同时也改善了药芯焊丝通过导电嘴时的导电性能。

上述措施提高了药芯焊丝送丝机的送丝稳定性,特别是在大电流高速焊接时效果更加明显。

(2)药芯焊丝 CO_2 气体保护焊的工艺参数

①焊丝直径

药芯焊丝的焊丝直径通常有 1.2 mm、1.4 mm、1.6 mm、2.0 mm、2.4 mm、2.8 mm、

3.2 mm 等几种。根据板厚来选择焊丝直径，焊丝直径应随着板厚的增大而适当增大。

②焊接电流及电弧电压

与普通熔化极气体保护焊相比，药芯焊丝可采用较大的焊接电流。图 2-48 所示为不同直径药芯焊丝 CO_2 气体保护焊低碳钢的送丝速度与焊接电流的关系。电弧电压要与焊接电流适当配合。由于药芯中含有稳弧剂，因此与实芯焊丝 CO_2 气体保护焊相比，同样焊接电流下，药芯焊丝的电弧电压可适当减小。采用纯 CO_2 作为保护气体时，要求的电弧电压为 25~35 V，焊接电流为 200~700 A。

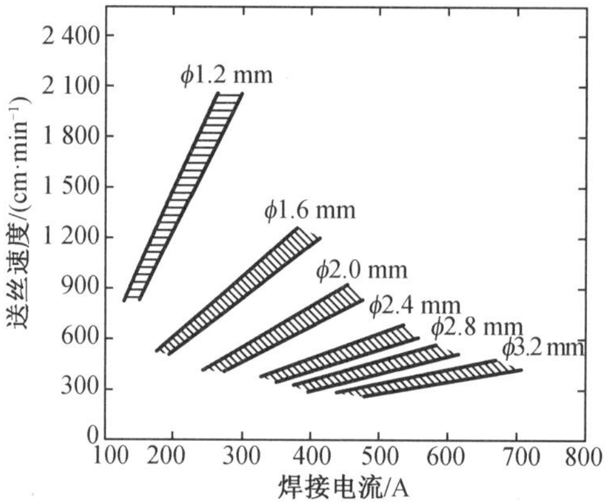

图 2-48　不同直径药芯焊丝 CO_2 气体保护焊低碳钢的送丝速度与焊接电流的关系

药芯焊丝气体保护焊中，焊接电流、电弧电压对焊缝几何形状（熔宽、熔深）的影响与实芯焊丝时基本一致。表 2-34 列出了不同直径药芯焊丝常用的焊接电流、电弧电压范围。表 2-35 列出了药芯焊丝 CO_2 气体保护焊在不同位置焊接中厚板时常用的焊接电流、电弧电压范围。表 2-36 列出了直径为 3.2 mm 的药芯焊丝 CO_2 气体保护半自动焊的工艺参数。

表 2-34　不同直径药芯焊丝常用的焊接电流、电弧电压范围

CO_2 气体保护焊用药芯焊丝			
焊丝直径/mm	1.2	1.4	1.6
焊接电流/A	110~350	130~400	150~540
电弧电压/V	18~22	20~24	22~38
自保护电弧焊用药芯焊丝			
焊丝直径/mm	1.6	2.0	2.4
焊接电流/A	150~250	180~350	200~400
电弧电压/V	20~25	22~28	22~32

表 2-35　药芯焊丝 CO_2 气体保护焊在不同位置焊接中厚板时常用的焊接电流、电弧电压范围

焊接位置	焊丝直径为 1.2 mm		焊丝直径为 2.0 mm	
	焊接电流/A	焊接电压/V	焊接电流/A	焊接电压/V
平焊	160~350	22~32	180~350	22~28

表 2-35(续)

焊接位置	焊丝直径为 1.2 mm		焊丝直径为 2.0 mm	
	焊接电流/A	焊接电压/V	焊接电流/A	焊接电压/V
横焊	180~260	22~30	180~250	22~25
向上立焊	160~240	22~30	180~220	22~25
处下立焊	240~260	25~30	220~260	24~28
仰焊	160~200	22~25	180~220	22~25

表 2-36　直径为 3.2 mm 的药芯焊丝 CO_2 气体保护半自动焊的工艺参数

焊件		层数		焊接电流/A	焊接电压/V	焊接速度/($m \cdot h^{-1}$)
厚度/mm	坡口形状					
6	平板对接(接头间隙为 0~2 mm)	1		300~330	22~24	18~20
9	平板对接、双道焊(接头间隙为 0~2 mm)	2	1	400~450	24~26	17~18
			2	450~500	24~27	15~17
12	单面 45°~50°V 形坡口,钝边为 3mm	2	1	450~500	24~28	13~15
			2	450~500	24~28	17~18
25	双面 45°~50°V 形坡口,钝边为 2 mm,间隙为 0~1 mm	4	1	480~530	25~28	14~15
			2	500~550	26~29	14~16
2.7	角接头	3	1	370~400	24~26	18~21
			2	370~400	24~26	18~21
			3	330~370	23~25	21~24

③焊丝伸出长度

药芯焊丝气体保护焊时,焊丝伸出长度一般为 15~25 mm。焊接电流较小时,焊丝伸出长度短;电流增加时,焊丝伸出长度适当增长。采用直径为 1.6 mm 的药芯焊丝 CO_2 气体保护焊,焊接电流为 250 A 以下时,焊丝伸出长度为 15~20 mm;焊接电流为 250 A 以上时,焊接伸出长度为 20~25 mm。改变焊丝伸出长度会对焊接工艺性能产生影响。当焊丝伸出长度过长时,熔深变浅,同时由于气体保护效果下降而易产生气孔;当焊丝伸出长度过短时,长时间焊接后,飞溅物易黏附在喷嘴上,扰乱保护气流,影响保护效果,这也是产生气孔的原因之一。

④焊接速度

焊接电流和电弧电压确定后,焊接速度不仅对焊缝几何形状产生影响,而且对焊接质量也有影响。采用药芯焊丝进行半自动焊接时,焊接速度通常在 30~50 cm/min 范围内。焊接速度过快易导致熔渣覆盖不均匀,焊缝成形变坏。在有漆层或有污染表面的钢板上焊接时,焊接速度过快易产生气孔。焊接速度过小易导致熔合不良等缺陷的产生。采用药芯焊丝进行全自动焊时,焊接速度可达 1 m/min 以上。药芯焊丝 CO_2 气体保护焊焊接碳钢的工艺参数见表 2-37。

表 2-37 药芯焊丝 CO_2 气体保护焊接碳钢的工艺参数(保护气体流量为 17 L/min)

接头示意图	板厚 t/mm	根部间隙 G/mm	总焊层数	焊丝直径/mm	焊接电流/A	焊接电压/V	焊接速度/(cm · min^{-1})
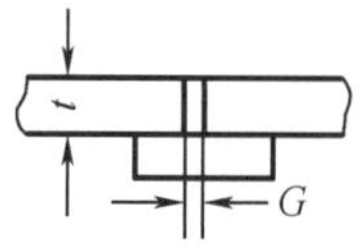	3.2	0.8	1	2.4	325	24.0~26.0	142
	4.8	1.6	1	2.4	350	24.0~26.0	122
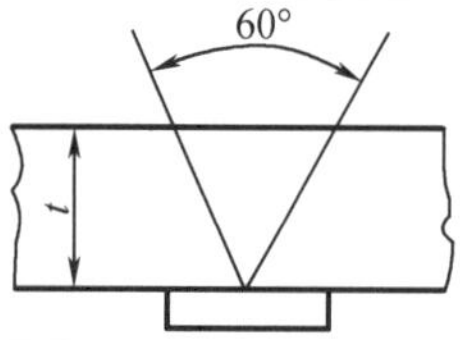	6.4	0	1	2.4	375	25.0~27.0	104
	12.7	0	2	3.2	550	27.0~30.0	46
	19.0	0	3	3.2	550	27.0~30.0	46
	25.0	0	6	3.2	550	27.0~30.0	28
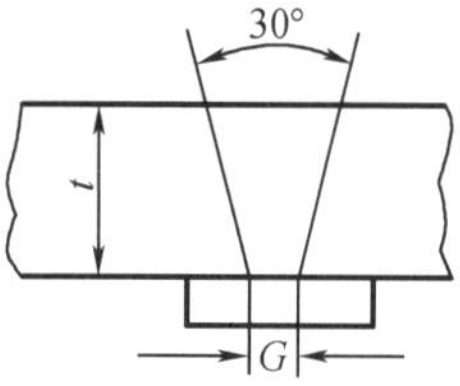	16.0	3.2~4.8	第一层	3.2	575	31.0	36
			第二层	3.2	600	32.5	41
	19.0	3.2~4.8	第一层	3.2	575	32.5	48
			第二层	3.2	600	32.5	46
			第三层	3.2	600	32.5	38

二、陶质衬垫 CO_2 气体保护半自动单面焊

(一)陶质衬垫 CO_2 气体保护半自动单面焊的优点

将陶质衬垫贴在焊件坡口的反面,正面进行 CO_2 气体保护半自动焊,借助陶质衬垫的承托作用,建立焊道反面成形,完成单面焊两面成形,这种焊接方法称为陶质衬垫 CO_2 气体保护半自动单面焊,如图 2-49 所示。

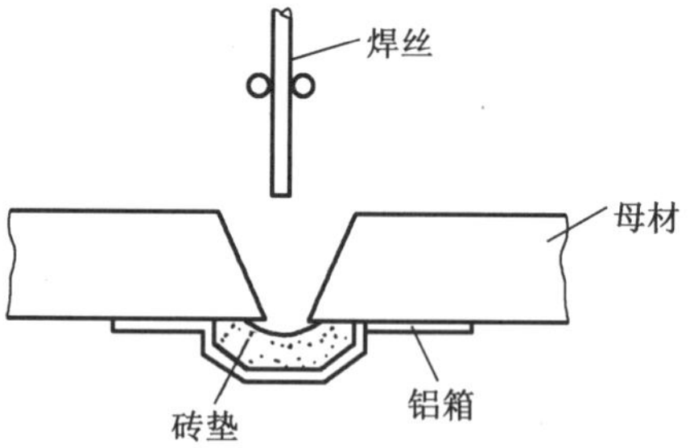

图 2-49 CO_2 气体保护单面对接焊工艺示意图

陶质衬垫 CO_2 半自动单面焊已是成熟的焊接工艺技术,正在大力推广应用。在船体结构建造中,该技术适用于曲面分段和半立体分段的拼板以及总段及船台的合拢大接缝的焊接,其位置可以是平焊、立焊和横焊。

陶质衬垫 CO_2 气体保护半自动单面焊具有以下几个特点。

(1)焊接效率比焊条电弧焊高 3~5 倍以上,且工艺简单,衬垫安装方便可靠。

(2)进行曲面分段拼板对接、分段中合拢对接焊后,可减少其翻身工作量,并节省分段

堆放场地。

(3)对于船台总段大合拢对接缝进行 CO_2 气体保护单面焊后,可使大量的仰焊工作转化为平焊,提高了焊接效率;同时减少了舱室内的焊接工作量,减轻了焊工的劳动强度,改善了工作环境,且确保了焊接质量。

(4)基本上取消了大接缝的碳刨,节约电能、焊接材料和碳棒等,并为缩短船台大合拢的焊接周期创造条件。

(二)陶质衬垫的构造及功用

1. 陶质衬垫的构造

陶质衬垫(图 2-50)由陶质衬垫垫块、黏胶铝箔(铝箔上涂压敏胶)及防黏纸三部分组成,由压敏胶把衬垫块固定在铝箔胶带上,每条衬垫长 60 cm。陶质衬垫块以硅和铝的氧化物为主要原料,并加入脱氧剂、脱渣剂和助溶剂,混合后用压机压制成形,经阴干后高温 1 300 ℃烧结而成。陶质衬垫块黏胶在铝箔上,陶质衬垫块两侧贴有防黏纸(可撕去)。衬垫块的槽的尺寸为宽 8 mm、深 1.5 mm、长 25 mm。衬垫块两端可以阶梯镶嵌连接,达到任意长的要求。短小的衬垫块也可以连成曲面,能适应曲面焊缝的要求。位于衬垫块两侧的黏胶铝箔及防黏纸上开有小孔,供透气用。

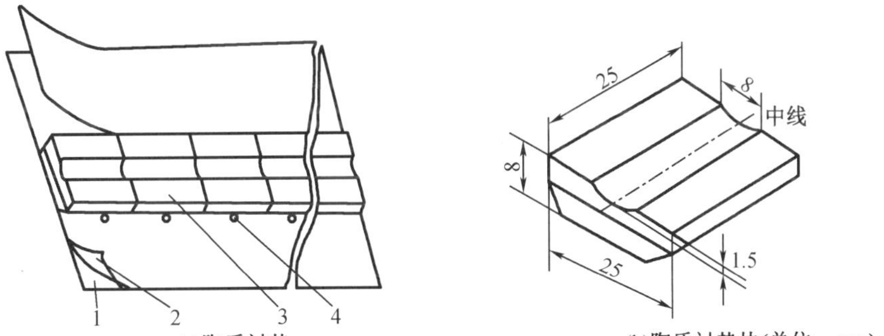

(a)陶质衬垫　　(b)陶质衬垫块(单位:mm)

1—黏胶铝箔;2—防黏纸;3—陶质衬垫块;4—透气孔。

图 2-50　陶质衬垫组成

2. 陶质衬垫的功用

(1)陶质衬垫能托住液态的熔融金属,并使焊道背面按衬垫槽面成形,保证了焊道背面有一定的余高和熔宽。

(2)陶质衬垫受电弧热而局部融化,形成熔壳,起着保护焊道反面的作用,免受外界不良因素的侵入。

(3)陶质熔化成的渣可使焊道反面成形光滑。

3. 陶质衬垫的类型

陶质衬垫产品的质量、性能必须符合造船规范和船舶行业标准,经中国船级社(CCS)认可,还经世界主要船级社(LR、ONV、GL、ABS、BV)转认可。目前已经有不同焊接接头类型的陶质衬垫,图 2-51 为常用的陶质衬垫。

陶质衬垫易吸收潮气,产品为塑料小包装,应随用随拆,要防止受潮雨淋。

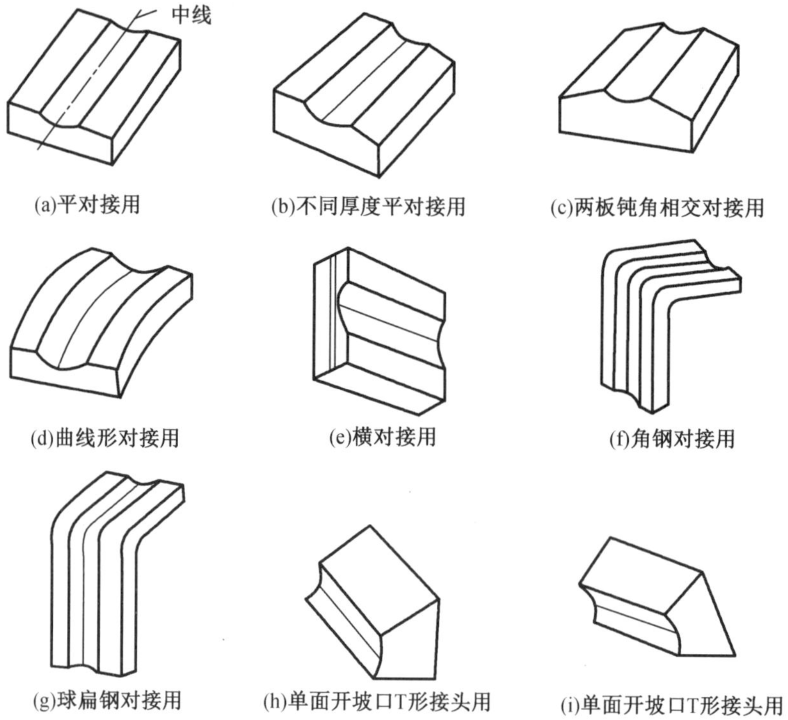

图 2-51 常用的陶质衬垫

(三)焊接工艺参数的选择

陶质衬垫 CO_2 半自动单面焊的工艺参数主要包括:根部间隙、坡口角度、焊枪的运动方式、焊接规范、焊缝接头的处理、收弧方式和衬垫的保管等。

1. 根部间隙

单面焊的坡口形式为 V 形,因此其根部间隙的大小会影响焊缝背面的成形好坏,通常最佳间隙(平、立、横)范围为 3~7 mm,而间隙小于 3 mm 时,则不能获得稳定的焊缝反面成形。焊接速度与根部间隙的大小有很大的关系,且对焊接位置有直接的影响。为得到良好的焊缝成形,正确选择合适的焊接速度也是至关重要的。三者的关系可参见图 2-52。

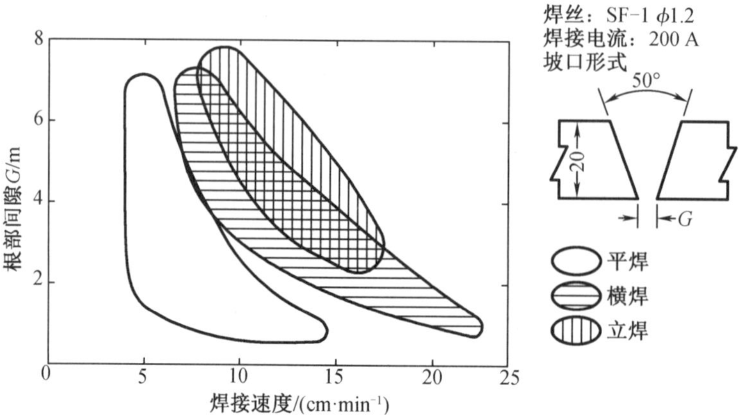

图 2-52 焊接速度与根部间隙、焊接位置的关系

2. 坡口角度

坡口角度影响反面焊缝的高度和宽度。试验得出,平焊、立焊位置为(50±5)°;横向焊的上坡口角度为30°,下坡口角度为10°,其公差范围均为5°。在上述范围内,若坡口角度较大,电弧电压可略小些;若相反,则可大些。

3. 焊枪的运动方式

可采用右焊法或左焊法。但实际应用时,还需根据结构的位置来确定。焊枪与焊缝的夹角以60°~70°为宜。

4. 焊接规范

对接焊的电弧电压随焊接电流的变化而改变,可按 $U=14+0.05I$ 的公式进行选定,具体数值见表2-38。

表2-38　按焊接电流选用的电弧电压

焊接电流/A	140	160	180	200	220	240
电弧电压/V	20.0~23.0	21.0~24.0	21.5~24.5	22.5~25.5	23.5~26.5	24.0~27.0

焊接速度应与焊接电流、电弧电压相匹配,只有综合上述几个参数,配以焊工技能,才能获得良好的焊缝反面成形。总的要求是打底焊道的规范参数不宜过大,焊层不宜过厚,否则易产生裂缝。由此可见,合适的焊接规范参数的匹配是保证焊缝质量的重要因素之一。

5. 焊缝接头的处理

焊缝接头的质量也是很关键的。由于接头时,其间隔时间的增加使接头处不能熔透而形成缩孔凹陷,甚至存在弧坑裂纹,因此,必须刨除后再焊接。但一般熟练的焊工为确保焊接接头的质量,均采用快速热接方式,效果较好。

6. 收弧方式

单面焊打底层焊道收弧时,应防止成形缩孔。具体措施是采用焊接电流衰减的方法。一般的焊接电源上都有填满弧坑的衰减功能。在焊接前先将旋钮调节到所需的衰减值,当要收弧时,第二次按焊枪的按钮,此时焊接电流及电弧电压即会自动从原来的焊接规范参数值上衰减到较小的数值上。这样可以延续熔池上部的凝固速度,使它与熔池下部同时凝固,直至熔化金属填满弧坑后,再将电弧引向已凝固的焊缝上,此时放开焊枪按钮,电弧熄灭,缩孔也就不会产生。

7. 陶质衬垫的保管

陶质衬垫有一定的吸潮性,若遇水或雨淋,即使安装好后也必须调换,否则焊接时会产生飞溅和气孔,影响焊接质量。同时陶质衬垫是由铝箔胶纸黏结而成的,不能重新烘焙,因此一定要妥善保管。

(四)焊接工艺

1. 对装配的要求

除坡口尺寸应按标准要求外,在其接缝两边20 mm范围内(包括正反面),需清除锈及污物,以保证陶质衬垫能紧贴坡口且不影响焊缝成形的质量。装配时采用Π形马,在坡口内不能有定位焊点。另外,在焊缝两端应安装引弧、熄弧板,以确保两端的焊接质量。

2. 陶质衬垫的使用

在坡口处可采用氧-乙炔火焰加热，以去除坡口内的水分、油污等。待冷却后，可将陶质衬垫上的防黏纸撕去，使其中心线与焊缝中心线对齐，再将两侧铝箔压敏胶带与进行过表面处理的待焊钢板粘贴、抹平、压紧，之后即可进行焊接。在焊接过程中，紧贴焊缝背面带有弧形间隙的衬块作为熔池托住液态金属而不产生开裂、剥落，从而在反面形成圆滑饱满的焊缝。根据焊缝的不同形状和需要，选用相应的陶质衬垫。

3. 焊接规范

焊接规范按焊丝直径、板厚、焊接位置以及接头形式等因素选用。表 2-39 所列为在厚 16 mm 的钢板的三种位置焊接时，所推荐选用的焊接规范参数。其中，CO_2 气体流量均选用 15~20 L/min，焊丝为直径为 1.2 mm 的药芯焊丝。

表 2-39　推荐选用的焊接规范参数

<table>
<tr><th>焊接位置</th><th>坡口形式</th><th>焊接层次</th><th>焊接电流/A</th><th>电弧电压/V</th><th>焊接速度/(cm · min⁻¹)</th></tr>
<tr><td rowspan="4">平焊</td><td rowspan="4">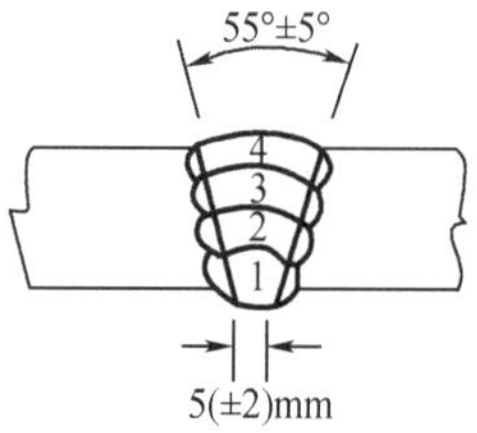
</td><td>1</td><td>190~200</td><td>25~26</td><td>9~10</td></tr>
<tr><td>2</td><td>200~210</td><td>24~26</td><td>13~14</td></tr>
<tr><td>3</td><td>220~230</td><td>26~28</td><td>12~13</td></tr>
<tr><td>4</td><td>240~259</td><td>28~30</td><td>10~11</td></tr>
<tr><td rowspan="4">立向上</td><td rowspan="4">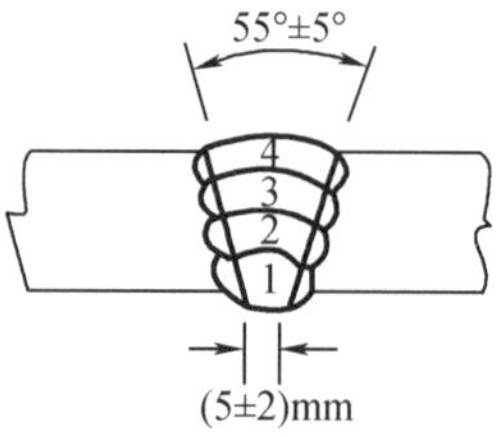
</td><td>1</td><td>170~190</td><td>21~22</td><td>7~8</td></tr>
<tr><td>2</td><td>200~210</td><td>24~25</td><td>11~12</td></tr>
<tr><td>3</td><td>200~210</td><td>24~25</td><td>10~11</td></tr>
<tr><td>4</td><td>190~200</td><td>22~23</td><td>9~10</td></tr>
<tr><td rowspan="5">横焊</td><td rowspan="5">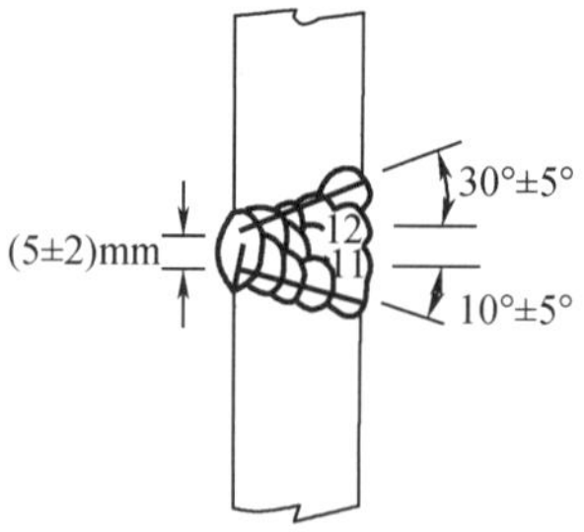
</td><td>1</td><td>180~190</td><td>22~23</td><td>10~11</td></tr>
<tr><td>2~3</td><td>190~200</td><td>25~26</td><td>18~19</td></tr>
<tr><td>4~6</td><td>200~210</td><td>25~26</td><td>20~21</td></tr>
<tr><td>7~9</td><td>190~200</td><td>25~26</td><td>24~25</td></tr>
<tr><td>10~13</td><td>180~190</td><td>24~25</td><td>30~31</td></tr>
</table>

4. 操作时注意事项

(1)焊接环境风速应小于 2 m/s，避免受大风及风扇直接吹的影响，以保护 CO_2 气体。当风速大于 2 m/s 时，应采取防风措施。

(2)操作时应注意避免熔渣向前流淌和熔融金属的流淌堆积，并注意焊缝边缘有无未熔合的现象。

(3)送丝软管应尽量减少弯曲，其弯曲半径应大于 300 mm，以保证顺利送丝。

(4)送丝机构的校直及压紧部位应使焊丝被校直而又无明显的压扁现象,使送丝匀速进行。

(5)在一般情况下,每层焊缝的厚度为2~3 mm,但不宜大于4 mm,如果焊层过厚则会使焊速放慢,线能量增加影响接头的力学性能,特别是会使韧性降低。横向焊时,焊道厚度增加会引起坡口下边缘出现未熔合的缺陷。

(6)对于结构拘束度大的焊缝,打底焊要一次完成,并接着完成第二层焊缝,不允许在打底焊后放置较长时间再焊,以免引起焊缝的纵向裂缝。

(7)导电嘴的口径必须与焊丝直径相匹配,如磨损较大将影响导电性而引起电弧不稳,此时需及时调换导电嘴。另外,送丝软管一般每周需清洗一次,以保证送丝畅通。

三、混合气体保护焊

在气体保护焊的初期,使用的主要是单一气体,如氩气(Ar)、氦气(He)、氢气(H_2)、氮气(N_2)和二氧化碳气体(CO_2)等。目前单一气体保护焊在实际应用中仍占相当比例。随着科学试验和生产实践的不断深入,人们发现在一种气体中加入一定量的另一种或两种气体后,可以分别在细化熔滴、减少飞溅、提高电弧的稳定性、改善熔深以及提高电弧温度等方面获得令人满意的效果。因此,混合气体保护焊具有十分广阔的应用前景。

(一)熔化极混合气体保护焊的特点

熔化极混合气体保护焊是采用在惰性气体中加入一定量的活性气体如CO_2、O_2或O_2+CO_2等作为保护气体的一种熔化极气体保护电弧焊方法,简称MAG焊。熔化极混合气体保护焊可采用短路过渡、喷射过渡和脉冲喷射过渡进行焊接,且能获得稳定的焊接工艺性能和良好的焊接接头,适用于平焊、立焊、横焊和仰焊以及全位置焊接等,尤其适用于对碳钢、合金钢和不锈钢等金属材料的焊接。

采用混合气体作为保护气体具有以下特点。

(1)提高熔滴过渡的稳定性。

(2)稳定阴极斑点,提高电弧燃烧的稳定性。

(3)改善焊缝熔深形状及外观成形。

(4)增大电弧的热功率。

(5)控制焊缝的冶金质量,减少焊接缺陷。

(6)降低焊接成本。

对于某一种成分的混合气体,并不一定具有上述全部特点,但在某些情况下可以兼有其中的若干特点。例如,采用Ar加少量的CO_2气体或O_2,直流反接焊接钢材时,氧化性气体虽然能使熔池表面发生轻微氧化作用,产生少量熔渣层,但与纯Ar保护气相比,可稳定阴极斑点、改善电子发射能力、减小电弧漂移、降低熔滴和熔池金属的表面张力,容易获得喷射过渡,改善焊缝成形。

(二)常用混合气体及其适用的焊接材料

熔化极混合气体保护焊的混合气体是将两种或两种以上的气体经供气系统均匀混合后,以一定的流量通过焊枪送入焊接区。混合气体可以是两种气体,也可以是三种或四种气体,但通常为两种气体。

1. 氩气加二氧化碳气体（$Ar+CO_2$）

这种混合气体被用来焊接低碳钢与低合金钢，常用的混合气体中各组分的体积分数为：Ar≥70%~80%，CO_2≤20%~30%。若 CO_2 的体积分数大于 25%，熔滴过渡会失去氩弧的特征而呈现 CO_2 电弧的特征，例如，Ar 中加入体积分数为 20%CO_2 所形成的混合气体，焊接既具有氩弧的特点（电弧燃烧稳定，飞溅小，容易获得轴向喷射过渡等），又具有氧化性，解决了 Ar 焊接时表面张力大、液体金属黏稠、斑点易飘移等问题，同时使焊缝蘑菇形熔深有所改善。这种混合气体可用于喷射过渡电弧、短路过渡电弧和脉冲过渡电弧。

2. 氩气加氧气（$Ar+O_2$）

Ar 中加入 O_2 所形成的混合气体的常用混合体积分数为：Ar≥95%~99%，O_2≤1%~5%，可用于碳钢、不锈钢等高合金钢和高强钢的焊接，可以克服纯 Ar 保护焊接不锈钢时存在的液体金属黏度大、表面张力大、易产生气孔、焊缝金属润湿性差、易引起咬边、阴极斑点飘移而产生电弧不稳等缺点。采用 $\varphi_{Ar}/\varphi_{O_2}$ 为 80%/20%的混合气体焊接低碳钢和低合金钢，焊接接头的性能比采用 $\varphi_{Ar}/\varphi_{CO_2}$ 为 80%/20%的混合气体焊接时要好。

3. 氩气加二氧化碳气体和氧气（$Ar+CO_2+O_2$）

试验证明，Ar（体积分数为 80%）+CO_2（体积分数为 15%）+O_2（体积分数为 5%）混合气体对于焊接低碳钢、低合金高强钢是最恰当的。无论是焊缝成形、接头质量还是金属熔滴过渡和电弧稳定性等方面都有非常好的效果。用这种混合气体焊得的焊缝断面呈三角形，如图 2-53 所示，比用其他气体获得的焊缝都理想。

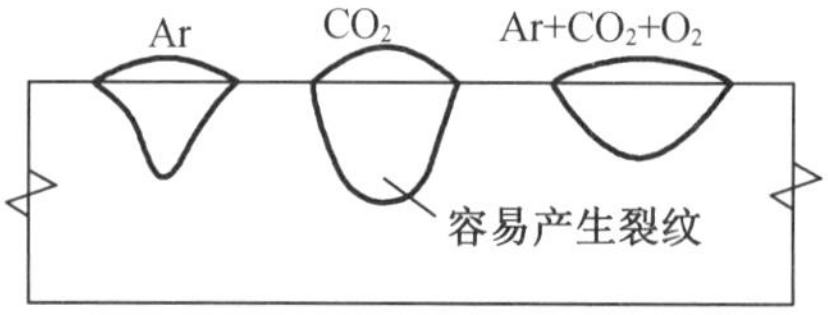

图 2-53 焊缝断面形状

四、半自动点焊

（一）CO_2 气体保护电弧点焊的基本原理

CO_2 气体保护电弧点焊的基本原理就是在 CO_2 气体保护下，利用焊丝和焊件间燃烧的高温电弧热，将搭接接头的整个上板和局部下板熔化，形成铆钉状的焊点，从而把两块板连接起来。CO_2 气体保护电弧点焊也称为 CO_2 电铆焊，它与焊条电弧塞焊相似，其焊点形状如图 2-54 所示。

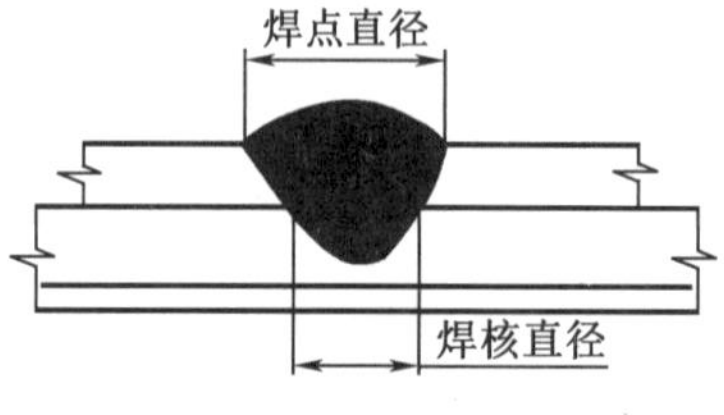

图 2-54 CO_2 气体保护电弧点焊焊点形状

与普通的 CO_2 气体保护焊相比，CO_2 气体保护电弧点焊具有下列两点不同。

（1）在焊枪上必须装有支撑用的喷嘴，外形应与焊件表面形状相适应。

（2）每个焊接过程都是自动进行的，有特定的控制程序，整个点焊过程在几秒内完成，因此必须严格控制各阶段的顺序和时间。

（二）CO_2 气体保护电弧点焊的特点

CO_2 气体保护电弧点焊主要用于连接薄板框架结构，在汽车制造、农业机械、化工机械等方面被广泛采用。它与电阻点焊相比有以下特点。

（1）不需要特殊的加压装置，焊接设备简单，电源功率较小，焊枪机动灵活，是一种单面点焊的焊接方法，不受焊接场所的限制。

（2）不受焊点距离和板厚的限制，适用性强。

（3）抗锈能力强，对焊件表面质量要求不高。

（4）焊接质量好，焊点强度比电阻点焊高。

（5）上板不需要预先划线、钻孔，并且电弧热量集中，加热面积小，CO_2 气流又有冷却作用，因此焊后的变形量小。

（三）CO_2 气体保护电弧点焊的接头形式

CO_2 气体保护电弧点焊常用的接头形式如图 2-55 所示。

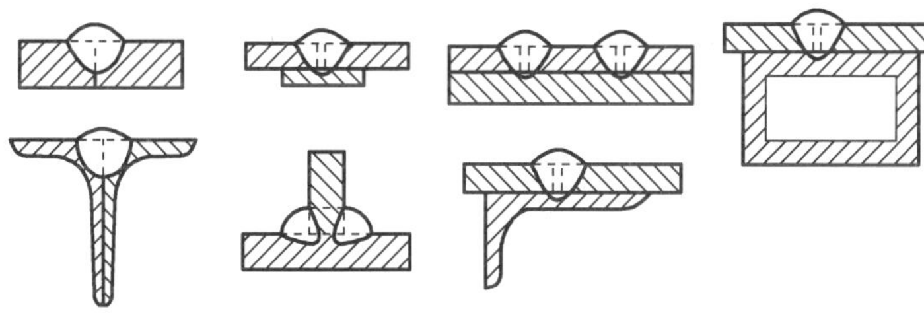

图 2-55　CO_2 气体保护电弧点焊常用的接头形式

在进行水平位置 CO_2 气体保护电弧点焊时，如果上、下板的厚度均在 1 mm 以下，为了提高抗剪强度，防止烧穿，点焊时应加垫板。若上板很厚（厚度大于 6 mm），熔透上板所需要的电流又不足时，可先将上板开一个锥形孔，然后再施焊（即塞焊）。仰位 CO_2 气体保护电弧点焊时，为了防止熔池金属下落，在焊接参数选择上应尽量采用大电流、低电压、短时间极大的气体流量。对于垂直位置的 CO_2 气体保护电弧点焊，其焊接时间比仰位焊接时更短。

（四）CO_2 气体保护电弧点焊的焊接设备

CO_2 气体保护电弧点焊的每个焊接过程都是自动进行的，其控制程序如下：

$$\text{提前送气}\xrightarrow[\text{通电}]{\text{送丝}}\xrightarrow{\text{点焊时间}}\text{停止送丝}\xrightarrow{\text{焊丝回烧}}\text{停电}\xrightarrow{\text{滞后断气}}\text{停气}$$

因此要求点焊设备能准确控制电弧点焊时间及焊丝回烧时间。焊丝回烧的作用是防止焊丝与焊点粘在一起。但是如果回烧时间过长，焊丝末端的熔滴尺寸会迅速增大，这样相当于增大了焊丝的直径，使下一次引弧困难，并产生大颗粒飞溅。一般回烧时间应控制在 0.1 s 以内。

CO_2 气体保护电弧点焊的焊丝直径一般为 0.8~1.2 mm。普通的 CO_2 气体保护电弧焊电源都可以使用,但要求具有较高的空载电压(约 70 V),以保证频繁引弧时能够稳定可靠。此外,CO_2 气体保护电弧点焊焊枪上的喷嘴要经得住支撑,以便点焊时将焊枪垂直压紧在焊件表面上。普通的 CO_2 气体保护电弧焊设备、控制线路和焊枪,略经改装后即可以作为 CO_2 气体保护电弧点焊设备。

(五)CO_2 气体保护电弧点焊的焊接参数

CO_2 电弧点焊焊接参数见表 2-40。

表 2-40　CO_2 电弧点焊焊接参数

焊接位置	板厚/mm		焊丝直径/mm	焊接时间/(60^{-1}s)		焊接电流/A	电弧电压/V	气体流量/(L·min^{-1})		单点抗剪强度/(N·点$^{-1}$)	焊点尺寸			
	上板	下板						CO_2	O_2		熔深/mm	熔宽 W/mm	焊点直径 D/mm	D/W/%
水平点焊	1.2	3.2	1.6	54		440	31~32	20	1	18 200	2.3	15.0	5.9	39.6
	1.2	4.5	1.6	54		460	31~32	20	1	18 700	3.2	15.0	7.2	47.7
	1.6	3.2	1.6	59		400	31~32	20	1	19 000	1.9	15.3	6.3	40.9
	1.6	4.5	1.6	70		400	31~32	20	1	21 000	2.3	14.4	6.5	42.1
	2.3	3.2	1.6	70		400	31~32	20	1	20 400	1.8	16.1	6.9	42.8
	2.3	4.5	1.6	70		420	31~32	20	1	21 000	2.2	14.6	6.2	43.0
	3.2	4.5	1.6	80		480	33	20	1	23 400	2.4	16.0	8.7	54.3
立式点焊	1.6	3.2	1.2	47		360	31~32	24	1	18 000	2.1	12.2	6.3	51.9
	1.6	4.5	1.2	47		360	31~32	24	1	18 800	2.2	12.2	6.1	51.7
	2.3	3.2	1.2	88	42	410	31~32	24	1	23 500	2.4	12.2	6.8	54.0
	2.3	4.5	1.2	88	42	410	31~32	24	1	26 300	2.5	12.2	6.6	54.0

注:表中频率为每秒 60 周波。

五、螺栓焊

半自动 CO_2 气体保护螺栓焊就是把螺栓等棒材作为一个电极,在 CO_2 气体的保护下使其与被焊焊件的另一极产生电弧,在高温电弧热的作用下将两极熔化,并自动将螺栓弹入熔池,使两极焊接起来。其特点是不必添加焊接填充材料,在 0.10~0.45 s 的短暂时间内,把螺栓焊到任意空间位置的焊件上,生产效率高,不用清渣,降低了对焊接材料和电能的消耗。

半自动 CO_2 气体保护螺栓焊的焊接设备包括焊接电源、控制装置、焊枪和气路系统等。电源通常采用陡降外特性的直流焊机。控制装置应能够实现图 2-56 所示的焊接程序。首先把螺栓自动提升,引燃电弧,其次要求能够提前送气和滞后断气,严格控制焊接时间,自动接通和切断焊接电源,最后将螺栓弹入熔池。

半自动 CO_2 气体保护螺栓焊的焊枪要求动作灵活可靠,活动元件与枪体上下的同心度要好。调节枪体上部阻尼室气隙的大小,可以得到不同的阻力,以免螺栓下冲太快造成飞溅,影响焊缝成形。在枪体上部装有电磁吸铁线圈,当焊接开始时,通过提升钩和提升圈把螺栓吸上，从而产生电弧。当间隔一定时间后，电磁铁就停电去磁，由枪体上的弹簧将螺栓弹入熔池，完成整个焊接程序。焊枪下端装有螺栓夹头和喷嘴，中间设置上下可调支座，上面装有三根支柱用以支撑焊枪。当螺栓装在夹头上后，应超出支柱(2.5~3.5)mm，而当螺栓压在焊件上后，喷嘴距离焊件约 10 mm。

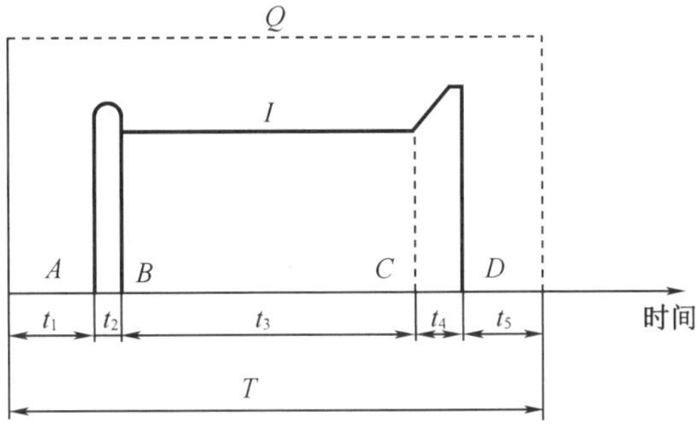

T—焊接周期；t_1—提前送气时间；t_2—振荡器工作时间；t_3—电弧燃烧时间；t_4—短路时间；t_5—延时关气时间；A 点—提起螺栓点；B 点—螺栓弹入熔池灭弧点；C 点—切断振荡器；D 点—切断焊接电源；Q—气体；I—电流。

图 2-56　CO_2 螺栓焊的焊接程序

半自动 CO_2 气体保护螺栓焊的主要焊接参数为焊接电流、焊接时间、螺栓伸出支柱长度、螺栓提升高度及 CO_2 气体流量等。通常焊接电流与焊接时间的选择主要根据螺栓的直径而定，螺栓提升后距离焊件为 0.8~2 mm，表 2-41 为半自动 CO_2 气体保护螺栓焊接参数。

表 2-41　半自动 CO_2 气体保护螺栓焊接参数

螺栓直径/mm	焊接电流/A	极性	时间/s	螺栓伸出长度/mm	螺栓提升高度/mm	气体流量/($L \cdot min^{-1}$)
6	200	正接	0.15	3	2	15
14	850	正接	0.35	3	2	20
16	1 000	正接	0.45	3	2	20

为了保证焊接质量，螺栓伸出支柱长度应适量，焊前将其端部加工成 150°的尖头，有助于改善成形。

目前这种焊接方法可实现直径为 4~16 mm、长度为 20~30 mm 的螺栓的焊接。它适用于船舶、锅炉、机车车辆、化工设备和军工产品的制造。

六、振动堆焊

CO_2 气体保护振动堆焊在较高的振动频率下，采用细焊丝 CO_2 气体保护焊使焊丝金属以很小的熔滴向焊件表面过渡，从而获得薄而均匀的堆焊层。与用液体作为保护介质的振动堆焊相比，该方法可减少裂纹、气孔等缺陷，从而保证了堆焊的质量，延长了堆焊零件修复后的使用寿命。由于采用细焊丝、小规范施焊，所以合金元素烧损较少，焊后的变形量也显著减小。与金属喷涂相比，它不要求对焊件进行表面处理，堆焊层和焊件间的熔合良好，堆焊后焊件的力学性能远比喷涂高，堆焊材料的利用率也成倍增加。这种振动堆焊方法比焊条电弧堆焊的生产效率要高三倍以上。

图 2-57 为 CO_2 气体保护振动堆焊装置示意图。被堆焊的焊件装夹在普通车床的卡盘上,堆焊机头包括送丝机构、振动器和支架等部分,机头装在刀架的托盘上并可沿床身做纵向移动。焊接时焊件旋转,而整个焊炬随刀架做纵向移动。常用的振动器是电磁铁吸引式,其振动频率为 100 次/s,振幅为 0~25 mm。振幅随焊丝直径的弧压降低而相应减小,其焊接参数见表 2-42。

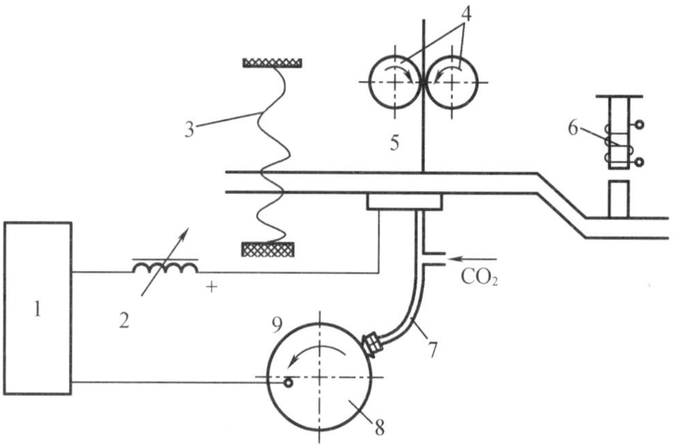

1—焊接电源;2—电抗器;3—调压弹簧;4—送丝辊轮;5—焊丝;6—电磁铁;7—振动导电嘴;8—焊件;9—堆焊层。

图 2-57　CO_2 气体保护振动堆焊装置示意图

表 2-42　CO_2 气体保护振动堆焊焊接参数

焊件材料	焊件直径/mm	焊丝直径/mm	电弧电压/V	焊接电流/A	车头转速/$(r\cdot min^{-1})$	堆焊螺距/$(mm\cdot r^{-1})$	振动振幅/mm	气体流量/$(L\cdot min^{-1})$	焊丝伸出长度/mm
45 钢	200	0.8	21	100~110	0.9	2.5	0.5~1.0	8	11
45 钢	100	0.8	21	90~100	1.2	2.5	0.5~2.0	8	10
45 钢	80	0.8	21	80~90	2.0	2	0.5~2.0	8	8
45 钢	75	0.8	21	80~90	3.2	2	0.5	8	7

目前 CO_2 气体保护振动堆焊已用于堆焊修复轴类零件的固定配合表面,这种表面是由于轴上固定零件的拆卸而受到损坏的,堆焊修复时只要求恢复其原来的尺寸。此外,该方法还用于堆焊轴类零件的摩擦表面,这类表面在堆焊修复时,除要求恢复其原来尺寸外,还要求堆焊表面具有一定的硬度,以保证其耐磨性。生产实践表明,使用 H08Mn2Si 焊丝堆焊 45 钢轴类零件,堆焊层能达到轴件原调质处理后的硬度。对堆焊层硬度要求在 HRC50 以下的中碳钢零件,用这种方法能满足堆焊质量要求。除堆焊上述轴类零件外,CO_2 气体保护振动堆焊还用于修复花键轴、螺纹以及机械设备、柴油机的各种传动轴和内圆面等。

知识点 2.6 典型船体结构 CO_2 气体保护焊实例分析

微课：船体结构焊接特点及生产过程

微课：船体结构焊接工艺基本原则

微课：典型船体结构焊接工艺-双层底分段的焊接工艺

微课：双层底的顺装

微课：双层底的倒装

微课：双层底局部分段的 CO_2 焊接顺序

微课：双层底局部分段的 CO_2 焊接工艺

微课：焊接应力与变形的产生

微课：焊接残余应力

微课：焊接变形

微课：氩弧焊概述

一、船体底部局部分段

船体底部局部分段采用 CO_2 气体保护焊的焊缝位置及接头形式如图 2-58 所示。随着造船的吨位日益提高，船体分段的质量大大增加，焊接时分段翻转非常困难，仰焊工作量较大。因此采用 CO_2 气体保护焊单面焊双面成形工艺，可以用平焊代替仰焊，大大提高焊接质量和生产效率。

二、焊接工艺

1. 单面焊双面成形的工艺要点

（1）采用无钝边的 V 形坡口，留有足够的间隙，错边量为 0～1 mm。不允许在坡口内焊定位焊缝，采用压码固定板缝。压码尺寸为 14 mm×150 mm×250 mm，间距 500～700 mm。在坡口背面的压码上应加工有 $R=35$ mm 的扇形孔。

（2）在坡口背面安装衬垫，主要用压码固定，压码间距离如图 2-59 所示，不足部分用磁铁压码补充。衬垫与钢板必须贴紧。衬垫接缝要小，且要与压板接缝错开。

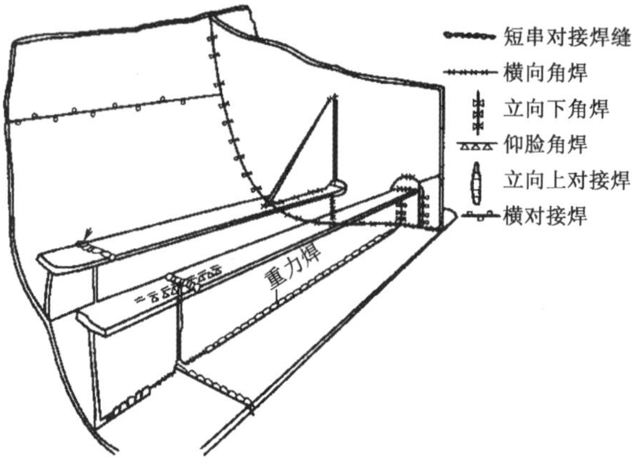

图 2-58　船体底部局部分段采用 CO_2 气体保护焊的焊接位置及接头形式

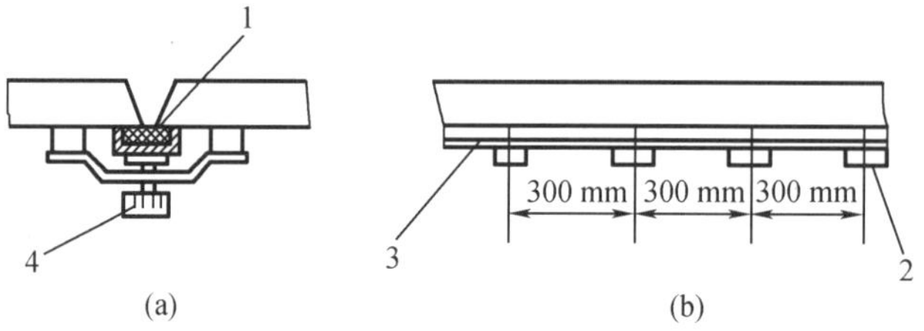

1—衬垫;2—压码;3—钢板;4—紧固夹具。

图 2-59　衬垫的安装

2. 平焊工艺要点

平焊时要求根部间隙大于 4 mm。一般采用左向焊法,焊枪做锯齿形运动。焊接时,为保证根部焊透,电弧在坡口两侧应稍作停留。当接头位于斜面时,应采用上坡焊。船体结构平焊工艺参数见表 2-43。

表 2-43　船体结构平焊工艺参数

板厚/mm	焊接顺序	焊接规范		
		焊道顺序	焊接电流/A	焊接电压/V
14	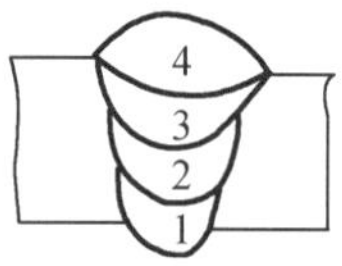	1	200	25
		2～4	280	29
16		1	200	25
		2～4	280	29
20		1	200	25
		2～4	300	31
22	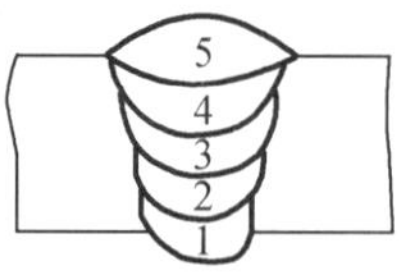	1	200	25
		2～5	300	31

表 2-43(续)

板厚/mm	焊接顺序	焊接规范		
		焊道顺序	焊接电流/A	焊接电压/V
25	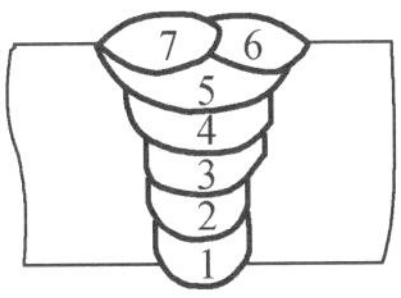	1	200	25
		2~7	300	31
32	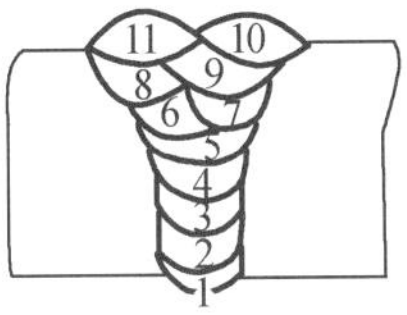	1	200	25
		2~11	300	31
35	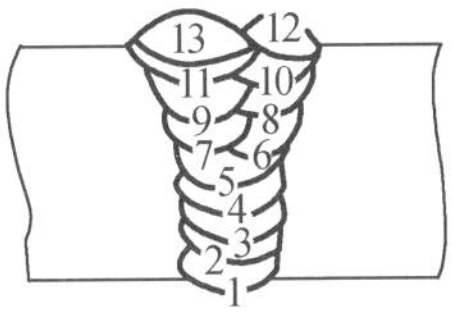	1	200	25
		2~13	300	31

3. 立焊工艺要点

船体结构短焊道采用向上立焊,长焊道采用药芯焊丝垂直自动焊。船体短焊道立焊工艺参数见表 2-44。

表 2-44 船体短焊道立焊工艺参数

板厚/mm	焊接顺序	焊接规范		
		焊道顺序	焊接电流/A	焊接电压/V
14	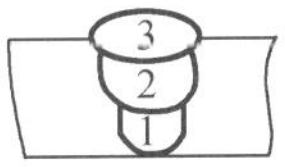	1~3	130	20
16		1~3	130	20
20	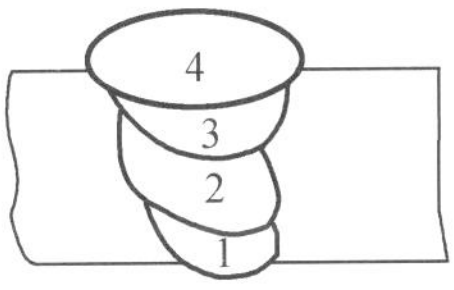	1	130	20
		2~3	160	20
22		1	130	20
		2~3	160	22
		4	140	20
25	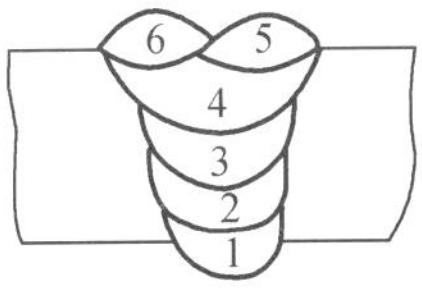	1	130	20
		2~4	160	22
		5~6	140	20

表 2-44(续)

板厚/mm	焊接顺序	焊接规范		
		焊道顺序	焊接电流/A	焊接电压/V
32	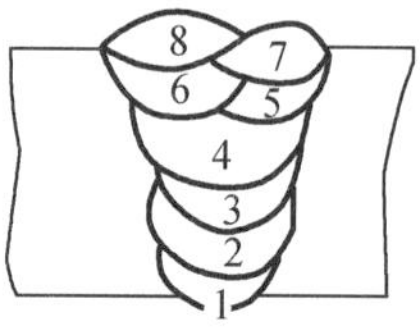	1	130	20
		2~6	160	22
		7~8	140	20
35	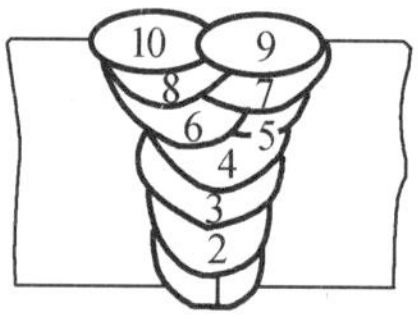	1	130	20
		2~8	160	22
		9~10	140	20

4. 横焊工艺要点

船体结构横焊工艺参数见表 2-45。

表 2-45　船体结构横焊工艺参数

板厚/mm	焊接顺序	焊接规范		
		焊道顺序	焊接电流/A	焊接电压/V
14	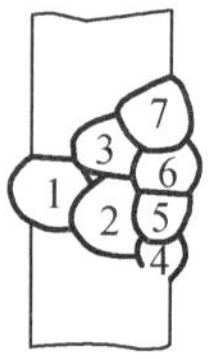	1	200	22
		2~3	240~260	29
		4~7	140	19
16	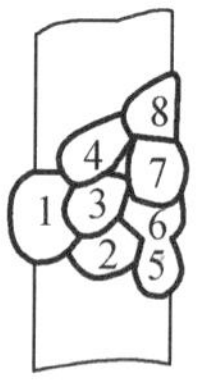	1	200	22
		2~4	260~280	26
		5~8	140	19
20	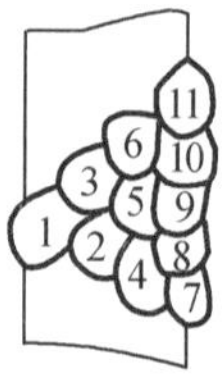	1	200	22
		2~6	260~280	26
		7~11	160	20

表 2-45(续)

板厚/mm	焊接顺序	焊接规范		
		焊道顺序	焊接电流/A	焊接电压/V
25	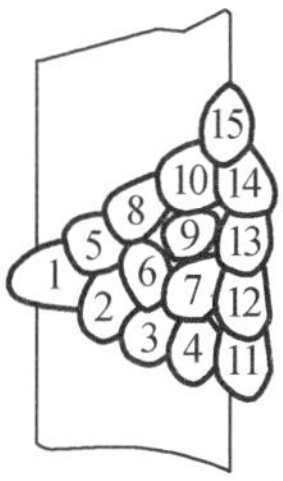	1	200	22
		2~10	260~280	28
		11~16	180	22
32	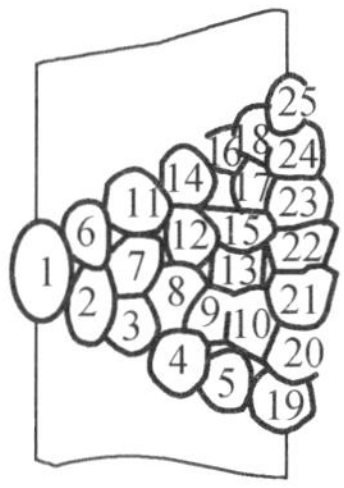	1	200	22
		2~18	260~280	28
		19~25	180	22
35	同上,但盖面层焊道为 9 道	1	200	22
		2~18	260~280	28
		19~27	180	22

【学习任务】

任务 2.1　CO_2 气体保护焊平对接焊工艺设计与实作

微课:CO_2 平焊工艺设计　微课:CO_2 平焊的焊接技术　微课:CO_2 平焊操作技术

一、任务概述

按图 2-60 的要求,学习 CO_2 气体保护焊平对接焊基本操作技能,完成工件实作任务。

任务目标:掌握 CO_2 气体保护焊平对接焊的技术要求及操作要领;会制定 CO_2 气体保护焊平对接焊的装焊方案及选择合理的焊接工艺参数,并编制焊接工艺分析卡(附录 A);按焊接安全、清洁,环境要求及焊接工艺完成项目训练任务,制作出合格的 CO_2 气体保护焊平对接焊工件,达到焊接质量检验的标准。

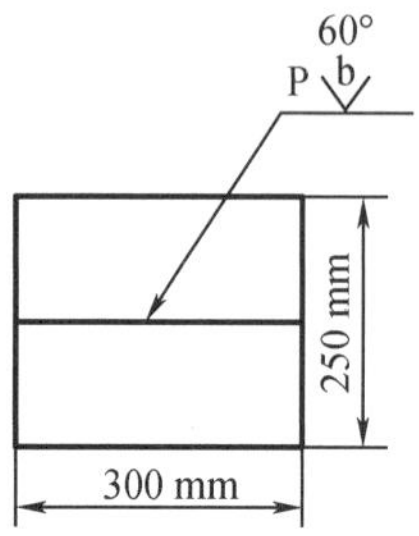

技术要求：
1. 焊接方法：CO_2 气体保护半自动焊；
2. 试件材质与规格(mm)：CCS A（或 Q235），300×125×10，两块为一组；
3. 单面焊双面成形；
4. 钝边、间隙、反变形自定；
5. 试件离地面高度自定

图 2-60　CO_2 气体保护焊平对接焊实作施工图

二、任务分析

平对接焊操作相对容易，是板状工件、管状工件和其他焊接位置的焊接操作基础。

平对接焊时，单面焊双面成形的操作较难掌握，由于熔池呈悬空状态，液态金属受重力影响极易产生下坠现象，因此在焊接过程中必须根据装配间隙及熔池温度变化情况，及时调整焊枪角度、摆动幅度和焊接速度，以控制熔孔尺寸，保证工件背面形成均匀一致的焊缝。另外，由于是单面焊，因此要控制好变形，一般采用反变形法，其反变形量需掌握恰当。

三、任务实施

1. 安全检查

(1)正确穿戴劳动保护用品(工作服、手套、焊工防护鞋、焊接护目镜、防尘口罩)。

(2)防止触电和烧伤烫伤，要切实遵守和执行焊接安全技术操作规程。

(3)场地设备及工具、夹具的安全检查。

(4)清除焊渣时戴上防护镜。

2. 焊前准备

(1)焊件：CCS A(或 Q235)钢板，规格尺寸为 300 mm×125 mm×10 mm，坡口角度为 30°±1°，钝边(p)为 0~0.5 mm，每组两块，共一组。

(2)焊机：NBC-300 型半自动二氧化碳焊机。

(3)焊接材料：ϕ1.2 mm 的 H08Mn2SiA 焊丝；CO_2 气体，纯度为 99.5%。

(4)焊接设备电路、气路检查：焊前要对焊接设备的电路、气路进行认真仔细的检查，确认其全部正常后，方可开机工作，以免由于焊接设备故障而造成焊接缺陷。

(5)送丝系统检查：检查焊丝盘上的焊丝是否充足；自焊丝盘到焊枪的整个送丝路径是否通畅、有无弯折。

(6)焊前清理：用角磨机或砂纸将坡口及坡口两侧 20 mm 范围内的油污、锈蚀、水分以及其他污物等清理干净，直至露出金属光泽；加工的坡口要求达到一定精度，以免影响焊接后焊缝的规整和美观；对试板清洁度、试板尺寸进行检查(按图纸及技术要求)。

3. 选择工艺参数

平对接焊工艺参数的选择参见表 2-46。

表 2-46 板平对接焊工艺参数

焊接层数	焊丝直径/mm	焊丝伸出长度/mm	焊接电流/A	电弧电压/V	气体流量/($L \cdot min^{-1}$)
1	1.2	10~18	90~110	18~20	10~15
2	1.2	10~18	110~150	20~22	10~15
3	1.2	10~18	110~150	20~22	10~15

4. 装配与定位

(1)定位焊。按表 2-47 所提供的数据进行组对。在试件端进行定位焊时,定位焊缝长度为 10~15 mm。定位焊时使用的焊丝及焊接参数与正式焊接时相同。定位焊后将定位焊缝两端用角磨机打磨成斜坡状,并将坡口内的飞溅清理干净。

表 2-47 组对数据要求

坡口角度(°)	预留间隙/mm		钝边/mm	反变形角/(°)	错边量/mm
	始焊端	终焊端			
60±1	2.5	3.0	0~0.5	2	≤0.5

(2)对装配位置和点固焊质量进行检查。

5. 焊接

(1)打底焊

将焊件置于底部架空的工作台上,采用左焊法进行焊接,从间隙较小的一侧开始焊接。

①引弧。在离试件右端定位焊焊缝左侧约 20 mm 坡口一侧引弧,待电弧引燃后将电弧迅速右移至焊件的右端头,然后向左开始焊接打底焊,焊枪沿坡口两侧做小幅摆动,当坡口底部第一个熔孔出现后,开始正式焊接。

②正常焊接。焊枪与焊件的夹角如图 2-61 所示。电弧在引燃后,无须做下压动作,应做小幅度横向摆动,并在坡口两侧稍加停顿。注意观察熔孔尺寸,应比每侧间隙增大 0.5~1 mm。焊接时应根据熔孔直径和间隙大小调整焊枪横向摆动的幅度和焊接速度。当熔孔增大时,横向摆动幅度应增大。焊接过程中,焊丝应始终在熔池的前半部燃烧。打底层焊缝厚度应保持在 4 mm 左右。

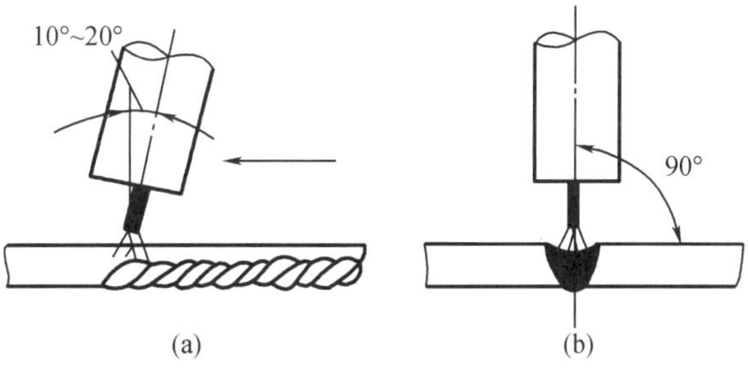

图 2-61 焊枪与焊件的夹角

③接头。当出现中断焊接时,应先将灭弧处焊缝打磨出斜坡状,然后按照引弧时的方法进行接头处理。

(2)填充焊

将打底层焊缝表面的飞溅清理干净,若焊缝表面凹凸不平,可用角磨机打磨至平整。

焊接时,焊枪角度及摆动方法与打底焊时相同,可适当增长焊丝伸出长度。摆动幅度比打底焊时稍大,并注意在坡口两侧稍加停顿。焊后焊缝表面距焊件表面以1~1.5 mm为宜,并不得破坏坡口边缘的棱边。

(3)盖面焊

将填充焊焊缝表面的飞溅清除干净,若焊缝表面凹凸不平,可用角磨机打磨至平整。检查导电嘴和喷嘴周围的飞溅,并将其清除干净。

焊枪角度、摆动幅度与填充焊时相同。焊枪在坡口两侧的摆动要均匀、缓慢,在收弧处要做到滞后停气。

操作注意事项:

1. 焊接工艺参数的选择是保证质量的前提,应合理。
2. 焊接过程中应尽量减少接头,甚至无接头为最佳。
3. 平对接焊时,无须做焊丝下压动作。焊接时注意控制喷嘴的高度,以不影响视线和保证良好的气体保护为宜。
4. 焊接时要经常检查焊枪导电嘴和喷嘴是否有被飞溅堵塞现象,并及时做出处理。

6. 焊后清理

焊后将焊缝正、反面的飞溅用钢丝刷清除干净。训练结束后,将供气系统、电源等关闭,并清理好焊接场地。

四、任务评价

考核项目、考核要求及评分标准见表2-48。

表2-48 CO_2气体保护焊平对接焊的考核项目、考核要求及评分标准

考核项目			考核要求	配分	评分标准
类别	名称				
技术考核	外观检查	裂纹、烧穿、焊缝低于母材	不允许存在		出现其中任何一种缺陷,试件为0分
		夹渣、气孔	缺陷尺寸≤3 mm	倒扣分(扣到0分为止)	缺陷尺寸≤1 mm,每个扣5分;缺陷尺寸≤2 mm,每个扣10分;缺陷尺寸≤3 mm每个扣20分;缺陷尺寸>3 mm,试件为0分
		焊缝宽度	≤20 mm	4	≤20 mm,得4分;>20 mm,本项为0分
		焊缝宽度差	≤3 mm	3	≤3 mm,得3分;>3 mm,本项为0分

表 2-48(续 1)

<table>
<tr><th colspan="3">考核项目</th><th rowspan="2">考核要求</th><th rowspan="2">配分</th><th rowspan="2">评分标准</th></tr>
<tr><th>类别</th><th colspan="2">名称</th></tr>
<tr><td rowspan="9">技术考核</td><td rowspan="8">外观检查</td><td>焊缝余高</td><td>≤3 mm</td><td>4</td><td>≤3 mm,得 4 分;>3 mm,本项为 0 分</td></tr>
<tr><td>焊缝余高差</td><td>≤3 mm</td><td>3</td><td>≤3 mm,得 3 分;>3 mm,本项为 0 分</td></tr>
<tr><td>咬边</td><td>深度≤0. 5 mm</td><td>12</td><td>无咬边,得 12 分;有咬边,每 3 mm 长扣 1 分;深度>0. 5 mm,本项为 0 分</td></tr>
<tr><td>未焊透</td><td>深度≤1. 5 mm</td><td>4</td><td>无未焊透,得 4 分;有未焊透,每 5 mm 扣 1 分;深度>1. 5 mm,本项为 0 分</td></tr>
<tr><td>背面凹坑</td><td>深度≤2 mm</td><td>6</td><td>无凹坑,得 6 分;有凹坑,每 5 mm 扣 1 分;深度>2 mm,本项为 0 分</td></tr>
<tr><td>背面焊缝余高</td><td>≤3 mm</td><td>6</td><td>≤3 mm,得 6 分;>3 mm,本项为 0 分</td></tr>
<tr><td>错边</td><td>≤1. 2 mm</td><td>4</td><td>≤1. 2 mm,得 4 分;>1. 2 mm,本项为 0 分</td></tr>
<tr><td>角变形</td><td>≤3°</td><td>4</td><td>≤3°,得 4 分;>3°,本项为 0 分</td></tr>
<tr><td colspan="2">X 射线探伤</td><td>GB/T 3323. 1—2019 GB/T 3323. 2—2019 为现行</td><td>40</td><td>Ⅰ级片无缺陷,得 40 分;Ⅰ级片有缺陷,得 35 分;Ⅱ级片,得 30 分;Ⅲ级片,得 20 分;Ⅳ级片,本项为 0 分</td></tr>
</table>

焊接实作任务书

Welding Practice Assignment

<table>
<tr><td colspan="2">训练项目</td><td colspan="4">CO_2 气体保护焊平时接平焊工艺设计与实作</td><td colspan="2">建议学时</td><td colspan="4">8</td></tr>
<tr><td colspan="2">焊接方法</td><td colspan="4">CO_2 气体保护焊</td><td colspan="2">机械化程度</td><td colspan="4">半自动</td></tr>
<tr><td rowspan="2">母材</td><td>牌号</td><td>CCSA</td><td rowspan="2">焊丝</td><td>牌号</td><td>H08Mn2SiA</td><td rowspan="2">钨极</td><td>牌号</td><td></td><td rowspan="2">气体</td><td>种类</td><td>CO_2</td></tr>
<tr><td>板厚</td><td>10 mm</td><td>规格</td><td>1. 2 mm</td><td>规格</td><td></td><td>流量/($L \cdot min^{-1}$)</td><td>15~20</td></tr>
<tr><td colspan="2">工作任务</td><td colspan="10">1. 能正确使用 CO_2 气体保护焊平对接焊的焊接设备和工具;
2. 能掌握 CO_2 气体保护焊平对接焊的焊接技术;
3. 能够识读 CO_2 气体保护焊平对接焊的接头焊接施工图,按规定要求制作出合格的焊接工件;
4. 能对 CO_2 气体保护焊平对接焊的接头进行质量检测</td></tr>
</table>

表 2-48(续 2)

船体工作试件平板平对接焊接头形式简图：

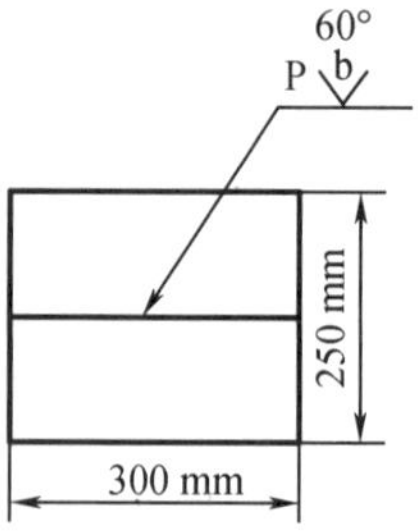

技术要求：
1. 单面焊双面成形；
2. 钝边、间隙、反变形自定；
3. 试件离地面高度自定

试件组对的各项尺寸

坡口角度/(°)	间隙/mm		钝边/mm	反变形角度/(°)	错边量/mm
	始焊端	终焊端			
60±1	2.5	3.0	0~0.5	2	≤0.5

操作注意问题：
1. 焊接参数的选择是保证质量的前提,其应合理；
2. 焊接过程中应尽量减少接头,甚至无接头为最佳；
3. 焊接时要经常检查焊枪导电嘴和喷嘴是否有被飞溅堵塞的现象,并及时做出处理

焊接参数

焊接位置	焊接参数			
	焊接电流/A	焊接电压/V	气体流量/$(L\cdot min^{-1})$	层数
平对接	90~110	18~20	10~15	1
	110~150	20~22	10~15	2
	110~150	20~22	10~15	3

安全事项	1. 正确穿戴工作服等劳动保护用品(工作服、手套、焊工防护鞋、焊接护目镜、防尘口罩)； 2. 防止触电和烧伤烫伤,要切实遵守和执行安全技术操作规程； 3. 进行场地设备及工具、夹具的安全检查； 4. 清除焊渣时戴上防护镜	
提交项目	1. 工艺分析卡； 2. 焊件； 3. 工件质量检验记录卡	
工作评价	自检评价	签名：　　年　月　日

表 2-48(续 3)

工作评价	同学互评	签名：　　　　年　月　日
	教师评价	指导教师签名：　　　　年　月　日

任务 2.2　CO_2 气体保护焊横对接焊工艺设计与实作

微课：CO_2 横焊工艺设计

微课：CO_2 气体保护焊横焊

一、任务概述

按图 2-62 要求，学习 CO_2 气体保护焊横对接焊基本操作技能，完成工件实作任务。

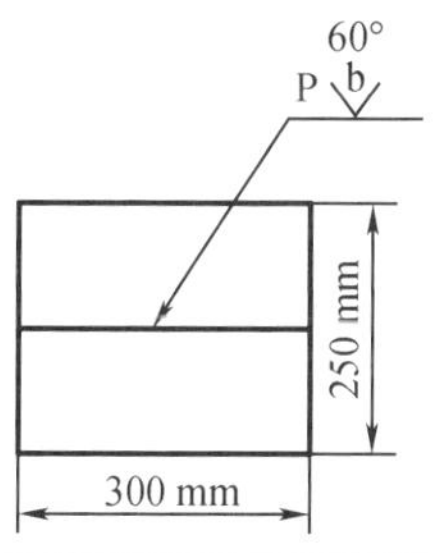

技术要求：
1. 焊接方法：半自动 CO_2 气体保护焊；
2. 试件材质与规格(mm)：CCS A（或 Q235），300×125×10，两块为一组；
3. 单面焊双面成形；
4. 钝边、间隙、反变形自定；
5. 试件离地面高度自定

图 2-62　横对接焊实作施工图

任务目标：掌握 CO_2 气体保护焊横对接焊的技术要求及操作要领；会制定 CO_2 气体保护焊横对接焊的装焊方案及选择合理的焊接工艺参数，并编制焊接工艺分析卡(附录 A)；按焊接安全、清洁，环境要求及焊接工艺完成项目训练任务，制作出合格的 CO_2 气体保护焊横对接焊工件，达到焊接质量检验的标准。

二、任务分析

当进行横对接焊时，坡口下侧金属对熔池有托附作用，且焊缝呈平直位置，因此操作较容易。但因熔池体积较大，温度较高，凝固速度较慢时，就会产生液态金属下坠现象。为防止焊接缺陷的产生，在焊接中应保持较小的熔池和较小的焊接熔孔尺寸。焊枪做上下小幅度锯齿形摆动，自右向左焊接。

三、任务实施

1. 安全检查

(1)正确穿戴劳动保护用品(工作服、手套、焊工防护鞋、焊接护目镜、防尘口罩)。

(2)防止触电和烧伤烫伤,要切实遵守和执行焊接安全技术操作规程。

(3)场地设备及工具、夹具的安全检查。

(4)清除焊渣时戴上防护镜。

2. 焊前准备

(1)焊件:CCS A(或 Q235)钢板,规格尺寸为 300 mm×125 mm×10 mm,坡口角度为 30°±1°,钝边(p)为 0.5~1 mm,每组两块,共一组。

(2)焊机:NBC-300 型半自动二氧化碳焊机。

(3)焊接材料:ϕ1.2 mm 时,H08Mn2SiA 焊丝;CO_2 气体,纯度为 99.5%。

(4)焊接设备电路、气路检查:焊前要对焊接设备的电路、气路进行认真仔细的检查,确认其全部正常后,方可开机工作,以免由于焊接设备故障而造成焊接缺陷。

(5)送丝系统检查:检查焊丝盘上的焊丝是否充足;自焊丝盘到焊枪的整个送丝路径是否通畅、有无弯折。

(6)焊前清理:用角磨机或砂纸将坡口及坡口两侧 20 mm 范围内的油污、锈蚀、水分以及其他污物等清理干净,直至露出金属光泽。用锉刀加工出合适的钝边,一般坡口上侧钝边为 0.5 mm,下侧为 1 mm;对试板清洁度、试板尺寸进行检查(按图纸及技术要求)。

3. 选择工艺参数

板横对接焊工艺参数的选择参见表 2-49。

表 2-49　横对接焊工艺参数

层数	焊丝直径/mm	焊丝伸出长度/mm	焊接电流/A	电弧电压/V	气体流量/($L \cdot min^{-1}$)
1	1.2	10~12	90~100	18~20	12~15
2	1.2	10~12	110~120	20~22	12~15
3	1.2	10~12	130~150	22~24	15~20

4. 装配与定位

(1)定位焊。按表 2-50 提供的数据进行组对。在试件端进行定位焊时,定位焊缝长度为 10~15 mm。定位焊时使用的焊丝及焊接参数与正式焊接时相同。定位焊后将定位焊缝两端用角磨机打磨成斜坡状,并将坡口内的飞溅清理干净。

表 2-50　组对数据要求

坡口角度/(°)	间隙/mm		钝边/mm		反变形角/(°)	错边量/mm
	始焊端	终焊端	上侧	下侧		
60±1	2.5	3.2	0.5	1.0	5~6	≤0.5

(2)对装配位置和点固焊质量进行检查。

5. 焊接

在横焊时采用左向焊法,3 层 6 道,按 1~6 顺序焊接,焊道分布如图 2-63 所示。将试板垂直固定于焊接夹具上,使焊缝处于水平位置,间隙小的一端放于右侧。

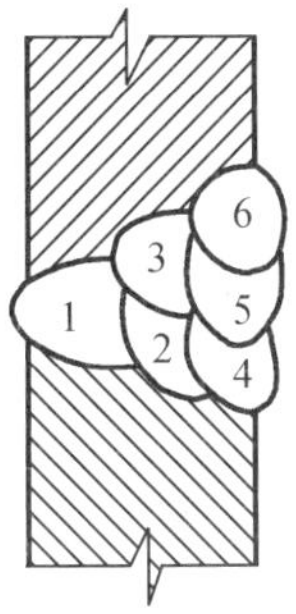

图 2-63　焊道分布

(1)打底焊

在调试好焊接工艺参数后,按图 2-64(a)所示的焊枪角度,从右向左焊接。

在试件定位焊缝上引弧,以小幅度锯齿形摆动,自右向左焊接,并应注意焊丝摆动间距要小且均匀一致。当焊枪运行至斜坡根部时,注意观察熔孔,当熔孔达到每侧钝边 0.5~1 mm 时开始进行正常焊接。在焊接过程中要仔细观察熔池和熔孔,根据间隙调整焊接速度和焊枪的摆幅,并尽可能地保持熔孔直径不变,焊至左端收弧,切不可因抖动而移出熔池,否则会造成"穿丝"。

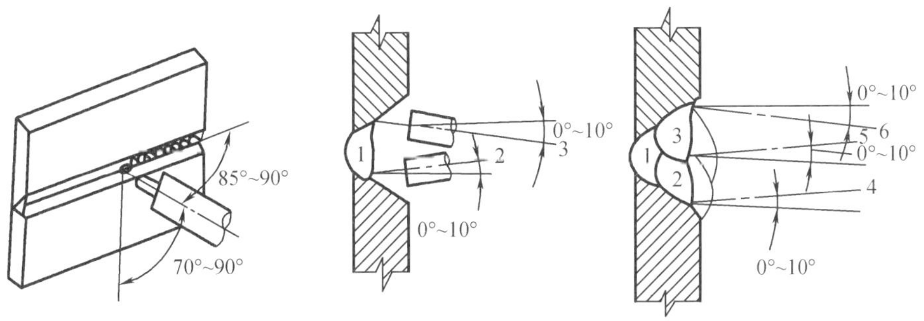

(a)打底焊　(b)填充焊　(c)盖面焊

1~4—焊道。

图 2-64　横对接焊时焊枪角度及对中位置

若打底焊过程中电弧中断,则应按下述步骤接头。

①将接头处焊道打磨成斜坡。

②在打磨后的焊道最高处引弧,并使电弧以小幅度锯齿形摆动,将焊道斜坡覆盖。当电弧到达斜坡最低处时即可转入正常施焊。在焊完打底焊道后,先除净飞溅及焊道表面的熔渣,然后用角向磨光机将局部凸起的焊道磨平。

(2)填充焊

调试好填充焊的焊接工艺参数并进行焊接,按图 2-64(b)所示的焊枪对中位置及角度进行填充焊道 2 和 3 的焊接。整个填充层厚度应低于母材 1.5~2 mm,且不得熔化坡口棱边。

①在焊填充焊道 2 时,焊枪成俯角,电弧以打底焊道的下缘为中心做横向摆动,保证下坡口熔合好。

②在焊填充焊道 3 时,焊枪成仰角,电弧以打底焊道的上缘为中心,在填充焊道 2 和上坡口面间摆动,保证熔合良好。

③清除填充焊道的表面熔渣及飞溅,并用角向磨光机打磨局部凸起处。

(3)盖面焊

盖面焊分三道完成,调试好盖面焊的焊接工艺参数,按图 2-64(c)所示的焊枪对中位置及角度进行盖面层的焊接。

焊接第一道焊缝时,电弧的中心偏向于填充焊缝的下边缘,电弧熔化坡口边缘的棱边 1.5~2.5 mm,适当增大摆幅。

焊接第二、三道焊缝时,电弧位置适当下移,第三道焊缝应以将坡口上侧边缘棱边熔化 1~1.5 mm 为宜。

操作注意事项:

1. 打底焊时,电弧在下边缘停顿的时间应比在上边缘停顿的时间短,以防止焊缝下坠。

2. 盖面层焊缝完成后,不得修磨焊道,应保持焊缝的原始状态。

6. 焊后清理

焊后将焊缝正、反面的飞溅用钢丝刷清除干净。训练结束后,将供气系统、电源等关闭,并清理好焊接场地。

四、任务评价

考核项目、考核要求及评分标准见表 2-51。

表 2-51 CO_2 气体保护焊横对接焊的考核项目、考核要求及评分标准

考核项目			考核要求	配分	评分标准
类别	名称				
技术考核	外观检查	裂纹、烧穿、焊缝低于母材	不允许存在		出现其中任何一种缺陷,试件为 0 分
		夹渣、气孔	缺陷尺寸≤3 mm	倒扣分(扣到 0 分为止)	缺陷尺寸≤1 mm,每个扣 5 分;缺陷尺寸≤2 mm,每个扣 10 分;缺陷尺寸≤3 mm,每个扣 20 分;缺陷尺寸>3 mm,试件为 0 分
		焊缝宽度	≤20 mm	4	≤20 mm,得 4 分;>20 mm,本项为 0 分
		焊缝宽度差	≤3 mm	3	≤3 mm,得 3 分;>3 mm,本项为 0 分
		焊缝余高	≤3 mm	4	≤3 mm,得 4 分;>3 mm,本项为 0 分
		焊缝余高差	≤3 mm	3	≤3 mm,得 3 分;>3 mm,本项为 0 分

表 2-51(续 1)

考核项目			考核要求	配分	评分标准
类别	名称				
技术考核	外观检查	咬边	深度≤0.5 mm	12	无咬边,得 12 分;有咬边,每 3 mm 长扣 1 分;深度>0.5 mm,本项为 0 分
		未焊透	深度≤1.5 mm	4	无未焊透,得 4 分;有未焊透,每 5 mm 扣 1 分;深度>1.5 mm,本项为 0 分
		背面凹坑	深度≤2 mm	6	无凹坑,得 6 分;有凹坑,每 5 mm 扣 1 分;深度>2 mm,本项为 0 分
		背面焊缝余高	≤3 mm	6	≤3 mm,得 6 分;>3 mm,本项为 0 分
		错边	≤1.2 mm	4	≤1.2 mm,得 4 分;>1.2 mm,本项为 0 分
		角变形	≤3°	4	≤3°得 4 分;>3°,本项为 0 分
	X 射线探伤		按 GB/T 3323—2005 标准	40	Ⅰ级片无缺陷,得 40 分;Ⅰ级片有缺陷,得 35 分;Ⅱ级片,得 30 分;Ⅲ级片,得 20 分;Ⅳ级片,本项为 0 分

焊接实作任务书

<table>
<tr><td colspan="2">训练项目</td><td colspan="4">CO_2 气体保护焊横对接焊工艺设计与实作</td><td colspan="2">建议学时</td><td colspan="4">4</td></tr>
<tr><td colspan="2">焊接方法</td><td colspan="4">CO_2 气体保护焊</td><td colspan="2">机械化程度</td><td colspan="4">半自动</td></tr>
<tr><td rowspan="2">母材</td><td>牌号</td><td>CCSA</td><td rowspan="2">焊丝</td><td>牌号</td><td>H08Mn2SiA</td><td rowspan="2">钨极</td><td>牌号</td><td></td><td rowspan="2">气体</td><td>种类</td><td>CO_2</td></tr>
<tr><td>板厚</td><td>10 mm</td><td>规格</td><td>1.2 mm</td><td>规格</td><td></td><td>流量/($L \cdot min^{-1}$)</td><td>12~15</td></tr>
<tr><td colspan="2">工作任务</td><td colspan="10">1. 能掌握 CO_2 气体保护焊横对接焊的焊接技术;
2. 能够识读 CO_2 气体保护焊横对接焊的接头焊接施工图,按规定要求制作出合格的焊接工件;
3. 能对 CO_2 气体保护焊横对接焊的接头进行质量检测</td></tr>
</table>

船体工作试件平板横对接焊接头形式简图:

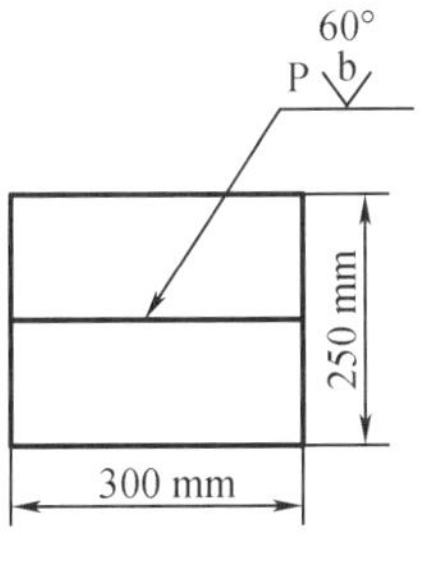

技术要求:

1. 采用左焊法打底;
2. 单面焊双面成形;
3. 钝边、间隙、反变形可自定;
4. 试件离地面高度自定。

表 2-51(续 2)

试件组对的各项尺寸

坡口角度/(°)	间隙/mm		钝边/mm		反变形角度/(°)	错边量/mm
	始焊端	终焊端	上侧	下侧		
60±1	2.5	3.2	0.5	1	5~6	≤0.5

操作注意问题：
1. 打底焊时电弧在下边缘停顿的时间应比在上边缘停顿的时间短，以防止焊缝下坠；
2. 焊接参数的选择是保证质量的前提，应合理；
3. 焊接过程中应尽量减少接头，甚至无接头为最佳；
4. 焊接时要经常检查焊枪导电嘴和喷嘴是否有被飞溅堵塞的现象，若有应及时做出处理。

焊接参数

焊接位置	焊接参数			
	焊接电流/A	焊接电压/V	气体流量/($L \cdot min^{-1}$)	层数
横对接	90~100	18~20	12~15	1
	115~125	21~23	12~15	2
	115~125	21~23	12~15	3

安全事项	1. 正确穿戴工作服劳动保护用品(工作服、手套、焊工防护鞋、焊接护目镜、防尘口罩)； 2. 防止触电和烧伤烫伤，要切实遵守和执行安全技术操作规程； 3. 进行场地设备及工具、夹具的安全检查； 4. 清除焊渣时戴上防护镜	
提交项目	1. 工艺分析卡； 2. 焊件； 3. 工件质量检验记录卡	
工作评价	自检评价	签名： 年 月 日
	同学互评	签名： 年 月 日
	教师评价	指导教师签名： 年 月 日

任务 2.3　CO_2 气体保护焊立对接焊工艺设计与实作

微课：CO_2 气体保护焊立焊焊接工艺

微课：CO_2 气体保护焊立焊实例

微课：CO_2 立焊操作技术

一、任务概述

按图 2-65 的要求，学习 CO_2 气体保护焊立对接焊基本操作技能，完成工件实作任务。

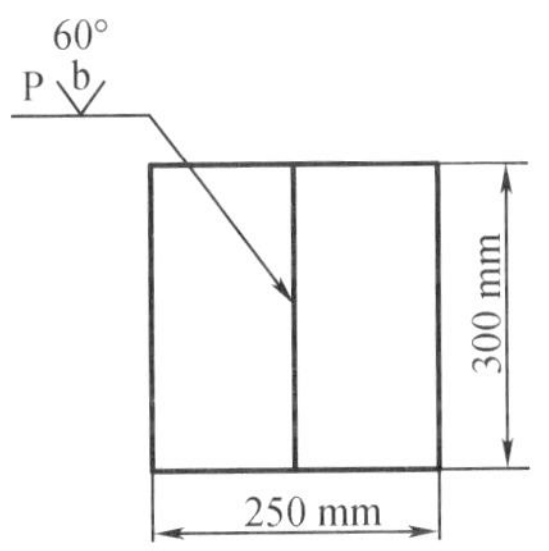

技术要求：

1. 焊接方法：半自动 CO_2 气体保护焊；
2. 试件材质与规格：CCS A（或 Q235），300 mm×125 mm×10 mm，两块为一组；
3. 单面焊双面成形；
4. 钝边、间隙、反变形自定；
5. 试件离地面高度自定

图 2-65　立对接焊实作施工图

任务目标：掌握 CO_2 气体保护焊立对接焊的技术要求及操作要领；会制定 CO_2 气体保护焊立对接焊的装焊方案及选择合理的焊接工艺参数，并编制焊接工艺分析卡（附录 A）；按焊接安全、清洁，环境要求及焊接工艺完成项目训练任务，制作出合格的 CO_2 气体保护焊立对接焊工件，达到焊接质量检验的标准。

二、任务分析

立对接焊单面焊双面成形比平焊难掌握。焊接时，熔池下部焊道对熔池起到依托作用，采用细丝焊接、短路过渡形式，有利于实现单面焊双面成形，但焊接电流不宜过大，否则会导致液态金属下淌，使焊缝正面和背面出现焊瘤。焊枪的摆动频率应稍快，焊后焊缝要薄而均匀。

三、任务实施

1. 安全检查

（1）正确穿戴劳动保护用品（工作服、手套、焊工防护鞋、焊接护目镜、防尘口罩）。

（2）防止触电和烧伤烫伤，要切实遵守和执行焊接安全技术操作规程。

（3）对场地设备及工具、夹具进行安全检查。

（4）清除焊渣时戴上防护镜。

2. 焊前准备

(1)焊件:CCS A(或 Q235)钢板,规格尺寸为 300 mm×125 mm×10 mm,坡口角度为 30°±1°,钝边(p)为 0.5~1 mm,每组两块,共一组。

(2)焊机:NBC-300 型半自动二氧化碳焊机。

(3)焊接材料:ϕ1.2 mm 时,H08Mn2SiA 焊丝;CO_2 气体,纯度为 99.5%。

(4)焊接设备电路、气路检查:焊前要对焊接设备的电路、气路进行认真仔细的检查,确认其全部正常后,方可开机工作,以免由于焊接设备故障而造成焊接缺陷。

(5)送丝系统检查:检查焊丝盘上的焊丝是否充足;自焊丝盘到焊枪的整个送丝路径是否通畅、有无弯折。

(6)焊前清理:用角磨机或砂纸将坡口及坡口两侧 20 mm 范围内的油污、锈蚀、水分以及其他污物等清理干净,直至露出金属光泽。用锉刀加工出合适的钝边,一般坡口上侧钝边为 0.5 mm,下侧为 1 mm;对试板清洁度、试板尺寸进行检查(按图纸及技术要求)。

3. 选择工艺参数

立对接焊工艺参数的选择参见表 2-52。

表 2-52　立对接焊工艺参数的选择

焊接层数	焊丝直径/mm	焊丝伸出长度/mm	焊接电流/A	电弧电压/V	气体流量/($L \cdot min^{-1}$)
1	1.2	10~15	90~110	18~20	12~15
2	1.2	10~15	110~130	20~22	12~15
3	1.2	10~15	110~130	20~22	12~15

4. 装配与定位

(1)定位焊。按表 2-53 所提供的数据进行组对。定位焊时,沿坡口内距两端约 20 mm 处左右引弧,定位焊缝长度为 10~15 mm。定位焊时使用的焊丝和工艺参数与正式焊接时相同。定位焊后将定位焊缝两端用角磨机打磨成斜坡状,并将坡口内的飞溅清理干净。

表 2-53　组对数据要求

坡口角度/(°)	间隙/mm		钝边/mm	反变形角/(°)	错边量/mm
	始焊端	终焊端			
60±1	2.5	3.2	0.5~1.0	3	≤0.5

(2)对装配位置和点固焊质量进行检查。

5. 焊接

采用向上立焊方式(由下往上)进行,3 层 3 道,平板立对接焊的焊枪角度如图 2-66 所示。把焊件垂直固定好,将间隙小的一端放在下面。

(1)打底焊

调节好打底焊的焊接参数,在焊件下端定位焊缝上引弧,使电弧做锯齿形横向摆动,当电弧超过定位焊缝并形成熔孔时转入正常焊接。

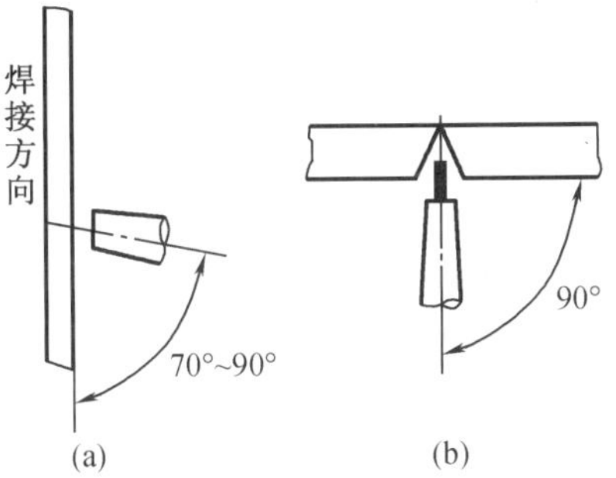

图 2-66 平板立对接焊的焊枪角度

注意:焊枪横向摆动的方式必须正确,否则焊肉下坠,成形不好看。电弧做小间距锯齿形摆动或间距稍大的上凸月牙形摆动的焊道成形较好,下凹月牙形摆动使焊道表面下坠,是不正确的,如图 2-67 所示。

图 2-67 立对接焊的摆动手法

焊接过程中要特别注意熔池和熔孔的变化,不能让熔池太大。焊到焊件最上方收弧时,待电弧熄灭、熔池完全凝固以后,才能移开焊枪,以防收弧区因保护不良而产生气孔。

(2)填充焊

调节好填充焊的焊接参数后,自下向上焊接填充焊缝,需要注意以下几点。

①焊前先清除打底焊道和坡口表面的飞溅及熔渣,并用角向磨光机将局部凸起的焊道磨平,如图 2-68 所示。

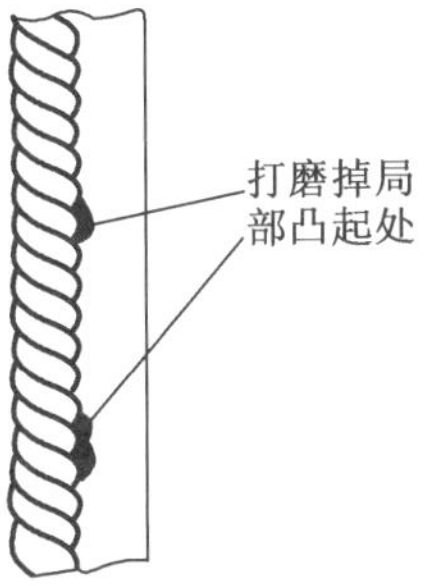

图 2-68 填充焊前的修磨

②焊枪横向摆动幅度比打底焊时稍大,电弧在坡口两侧稍停留,保证焊道两侧熔合好。

③填充焊道比焊件上表面低 1.5~2 mm,不允许熔化坡口的棱边。

(3)盖面焊

调节好盖面焊焊接参数后,按以下顺序焊接盖面焊道。

①清理填充焊道及坡口上的飞溅、焊渣,打磨掉焊道上局部凸起过高部分的焊肉。

②在焊件下端引弧,自下而上焊接,摆动幅度较填充焊时稍大。当熔池两侧超出坡口边缘0.5~1.5 mm时,匀速锯齿形上升。

③焊到顶端收弧,待电弧熄灭、熔池凝固后,才能移开焊枪,以免局部产生气孔。

操作注意事项:

1. 向上进行立对接焊时,焊枪位置十分重要,要使焊枪与板件的角度保持在70°~90°内(向下倾斜)。由于焊枪和焊把线较重,焊接时,最好用双手握枪,以保证焊接的稳定。

2. 向上进行立对接焊时,焊接电流比平焊的稍小,焊枪摆动频率稍快,摆动幅度要保持一致。

3. 打底焊时,密切观察和控制熔孔尺寸,要注意保持一致;不能采用下凹月牙形摆动,否则焊道凸起严重,导致焊道下坠。

6. 焊后清理

焊后将焊缝正、反面的飞溅用钢丝刷清除干净。训练结束后,将供气系统、电源等关闭,并清理好焊接场地。

四、任务评价

考核项目、考核要求及评分标准见表2-54。

表2-54　CO_2气体保护焊板对接立焊的考核项目、考核要求及评分标准

考核项目			考核要求	配分	评分标准
类别	名称				
技术考核	外观检查	裂纹、烧穿、焊缝低于母材	不允许存在		出现其中任何一种缺陷,试件为0分
		夹渣、气孔	缺陷尺寸≤3 mm	倒扣分(扣到0分为止)	缺陷尺寸≤1 mm,每个扣5分;缺陷尺寸≤2 mm,每个扣10分;缺陷尺寸≤3 mm,每个扣20分;缺陷尺寸>3 mm,试件为0分
		焊缝宽度	≤20 mm	4	≤20 mm,得4分;>20 mm,本项为0分
		焊缝宽度差	≤3 mm	3	≤3 mm,得3分;>3 mm,本项为0分
		焊缝余高	≤3 mm	4	≤3 mm,得4分;>3 mm,本项为0分
		焊缝余高差	≤3 mm	3	≤3 mm,得3分,>3 mm,本项为0分
		咬边	深度≤0.5 mm	12	无咬边,得12分;有咬边,每3 mm长扣1分;深度>0.5 mm,本项为0分
		未焊透	深度≤1.5 mm	4	无未焊透,得4分;有未焊透,每5 mm扣1分;深度>1.5 mm,本项为0分

表 2-54(续 1)

考核项目 类别	名称		考核要求	配分	评分标准
技术考核	外观检查	背面凹坑	深度≤2 mm	6	无凹坑,得 6 分;有凹坑,每 5 mm 扣 1 分;深度>2 mm,本项为 0 分
		背面焊缝余高	-1.5~3 mm	6	-1.5~3 mm,得 6 分;>3 mm 或<-1.5 mm,本项为 0 分
		错边	≤1.2 mm	4	≤1.2 mm,得 4 分;>1.2 mm,本项为 0 分
		角变形	≤3°	4	≤3°,得 4 分;>3°,本项为 0 分
	X 射线探伤		按 GB/T 3558—2011 标准	40	Ⅰ级片无缺陷,得 40 分;Ⅰ级片有缺陷,得 35 分;Ⅱ级片,得 30 分;Ⅲ级片,得 20 分;Ⅳ级片,本项为 0 分
安全文明生产考核	安全		遵守有关安全操作规程	5	发生一般安全事故酌情扣 1~5 分;发生重大责任事故判不合格
	文明生产		遵守考场文明生产规定	5	对不遵守者视情节严重程度酌情扣 1~5 分
考场纪律	1. 不许他人代焊; 2. 不许擅自更换试件; 3. 不许破坏试件焊缝原始表面; 4. 考试时间为 60 min		1. 违反前三项任一项者,判不及格; 2. 超过考试时间但未超 90 min 者酌情扣分; 3. 考试时间超过 90 min,试件为 0 分		

焊接实作任务书

<table>
<tr><td>训练项目</td><td colspan="3">CO_2 气体保护焊立对接焊工艺设计与实作</td><td colspan="2">建议学时</td><td colspan="4">4</td></tr>
<tr><td>焊接方法</td><td colspan="3">CO_2 气体保护焊</td><td colspan="2">机械化程度</td><td colspan="4">半自动</td></tr>
<tr><td rowspan="2">母材</td><td>牌号</td><td>CCSA</td><td rowspan="2">焊丝</td><td>牌号</td><td>H08Mn2SiA</td><td rowspan="2">钨极</td><td>牌号</td><td></td><td rowspan="2">气体</td><td>种类</td><td>CO_2</td></tr>
<tr><td>板厚</td><td>10 mm</td><td>规格</td><td>1.2 mm</td><td>规格</td><td></td><td>流量/$(L\cdot min^{-1})$</td><td>15~20</td></tr>
<tr><td>工作任务</td><td colspan="11">1. 能掌握 CO_2 气体保护立对接焊的焊接技术;
2. 能够识读 CO_2 气体保护立对接焊的接头焊接施工图,按规定要求制作出合格的焊接工件;
3. 能对 CO_2 气体保护立对接焊的接头进行质量检测</td></tr>
</table>

表 2-54(续 2)

船体工作试件平板立对接焊接头形式简图:

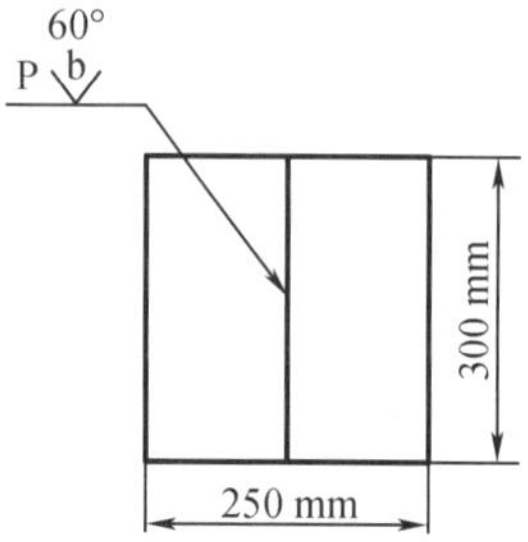

技术要求:
1. 采用向上立焊法;
2. 单面焊双面成形;
3. 钝边、间隙、反变形自定;
4. 试件离地面高度自定

试件组对的各项尺寸

坡口角度/(°)	间隙/mm		钝边/mm	反变形角度/(°)	错边量/mm
	始焊端	终焊端			
60±1	0.8~1.5	1.5~2.5	0.5~1.0	3	≤1.0

操作注意问题:
1. 焊接参数的选择是保证质量的前提,应合理;
2. 焊接过程中应尽量减少接头,甚至无接头为最佳;
3. 焊接时要经常检查焊枪导电嘴和喷嘴是否有被飞溅堵塞现象,并及时做出处理

焊接参数

焊接位置	焊接参数			
	焊接电流/A	焊接电压/V	气体流量/(L·min^{-1})	层数
对接立焊	90~110	18~20	12~15	1
	110~130	20~22	12~15	2
	110~130	20~22	12~15	3

安全事项	1. 正确穿戴工作服劳动保护用品(工作服、手套、焊工防护鞋、焊接护目镜、防尘口罩); 2. 防止触电和烧伤烫伤,要切实遵守和执行安全技术操作规程; 3. 进行场地设备及工具、夹具的安全检查; 4. 清除焊渣时戴上防护镜	
提交项目	1. 工艺分析卡; 2. 焊件; 3. 工件质量检验记录卡	
工作评价	自检评价	签名: 年 月 日

表 2-54(续 3)

工作评价	同学互评	签名:　　　　　　　　　　　　年　月　日
	教师评价	指导教师签名:　　　　　　　　年　月　日

任务 2.4　CO_2 气体保护焊管-板(插入式)焊工艺设计与实作

微课:船舶管系工程概述

微课:管板接头 CO_2 焊接工艺

微课:管板接头 CO_2 焊工艺设计

微课:管板接头 CO_2 焊操作技术

微课:CO_2 气体保护焊管-板(插入式)焊工艺

一、任务概述

按图 2-69 要求,学习 CO_2 气体保护焊管-板(插入式)焊的基本操作技能,完成工件实作任务。

任务目标:掌握 CO_2 气体保护焊管-板(插入式)焊的技术要求及操作要领;会制定 CO_2 气体保护管-板(插入式)焊的装焊方案及选择合理的焊接工艺参数,并编制焊接工艺分析卡(附录 A);按焊接安全、清洁,环境要求及焊接工艺完成项目训练任务,制作出合格的 CO_2 气体保护焊管-板(插入式)焊工件,达到焊接质量检验的标准。

二、任务分析

管板(插入式)垂直俯位焊比板状 T 形接头难焊,原因是焊缝形式虽为角焊缝,但管子与孔板的厚度不同,焊缝成环形,加上 CO_2 气体保护焊送丝是等速连续的。这就要求操作者熟练掌握转腕技术、焊枪角度和电弧对中位置,焊出对称的焊脚。

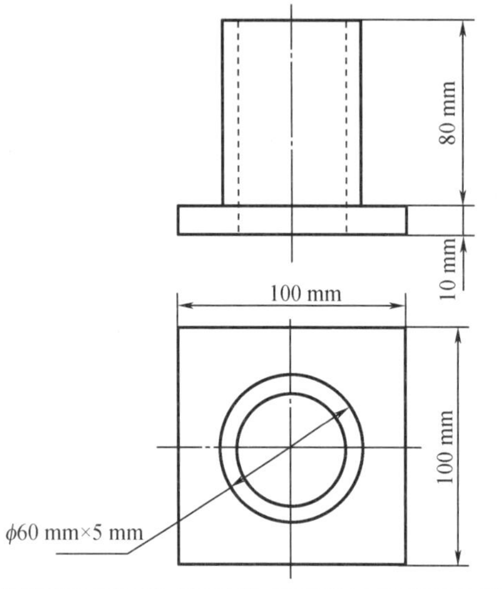

技术要求：

1. 焊接方法：半自动 CO_2 气体保护焊；
2. 试件材质与规格：CCS A（或 20#），φ60 mm×5 mm×80 mm；CCS A（或 Q235），100 mm×100 mm×10 mm；管、板各一件为一组；
3. 焊脚尺寸 $K=5\sim7$ mm 且焊角与母材应光滑过渡；
4. 焊件一经施焊，不得任意更换和改变焊接位置

图 2-69　管-板（插入式）垂直俯位焊实作施工图

三、任务实施

1. 安全检查

（1）正确穿戴劳动保护用品（工作服、手套、焊工防护鞋、焊接护目镜、防尘口罩）。

（2）防止触电和烧伤烫伤，要切实遵守和执行焊接安全技术操作规程。

（3）对场地设备及工具、夹具进行安全检查。

（4）清除焊渣时戴上防护镜。

2. 焊前准备

（1）焊件：CCS A（或 20#），ϕ60 mm×5 mm；CCS A（或 Q235），100 mm×100 mm×10 mm，中心开 $R=50$ mm 的圆孔，管件与板件各一件为一组。

（2）焊机：NBC-300 型半自动二氧化碳焊机。

（3）焊接材料：ϕ1.2 mm 的 H08Mn2SiA 焊丝；CO_2 气体，纯度为 99.5%。

（4）焊接设备电路、气路检查：焊前要对焊接设备的电路、气路进行认真仔细的检查，确认其全部正常后，方可开机工作，以免由于焊接设备故障而造成焊接缺陷。

（5）送丝系统检查：检查焊丝盘上的焊丝是否充足；自焊丝盘到焊枪的整个送丝路径是否通畅、有无弯折。

（6）焊前清理：认真清理管子焊接端外壁 40 mm 处，孔板内壁及其四周 20 mm 范围内的油污、锈蚀、水分以及其他污物，直至焊接部位露出金属光泽为止；对试件清洁度、试件尺寸进行检查（按图纸及技术要求）。

3. 选择工艺参数

管-板（插入式）垂直俯位焊的焊接工艺参数的选择参见表 2-55。

表 2-55　管-板(插入式)垂直俯位焊的焊接工艺参数的选择

焊接层数	焊丝直径/mm	焊丝伸出长度/mm	焊接电流/A	电弧电压/V	气体流量/(L·min^{-1})
打底焊	1.2	15~20	90~110	18~20	12~15
盖面焊	1.2	15~20	110~130	20~22	15~20

4. 装配与定位

(1)定位焊。在工作台上将管子按要求插入板孔中,用一点定位。采用与焊接试件相同的焊丝进行定位焊,焊点长度为 10~15 mm,要求焊透,焊脚不能过高。

(2)对装配位置和点固焊质量进行检查。

5. 焊接

焊接操作要点如下。

(1)焊枪角度与焊法。管板水平固定焊焊接过程不得改变位置,整个圆周焊缝必须从时钟位置 7 点出开始,按顺时针或逆时针方向焊接,封闭焊缝收弧处必须在 0 点位置。管板水平固定焊焊枪角度如图 2-70 所示。

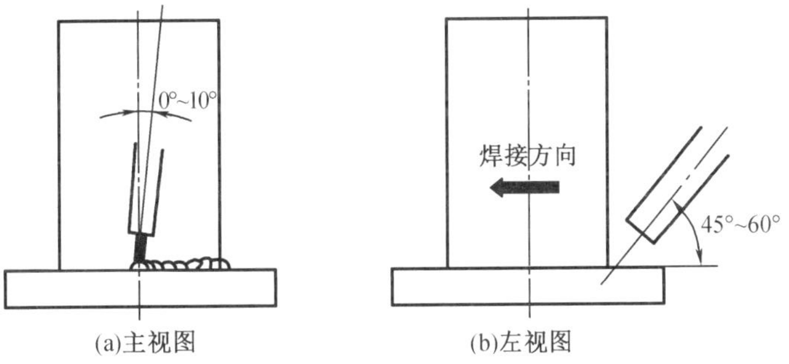

图 2-70　焊枪角度

(2)试件位置。焊前先调整好卡具的高度,保证焊工单腿跪地时能从 7 点位置处焊到 3 点或 9 点位置,然后站着稍弯腰能从 3 点或 9 点位置焊到 0 点位置;再将管板固定好,保证管子的轴线保持水平,一圈焊缝在垂直面内,0 点位于最上方。

(3)焊接步骤

①调整好焊接参数后,在 7 点处引弧,保证焊枪角度沿逆时针方向焊至 3 点处断弧。不必填弧坑,断弧后不能移开焊枪。

②迅速改变焊工的体位,在 3 点处引弧,仍按逆时针方向由 3 点处焊到 0 点处。

③将 0 点处的焊缝磨成斜面。

④在 7 点处引弧,沿顺时针方向焊至 0 点,注意接头要平整,不能凸出太高,并填满弧坑。

如果采用两层两道焊,则按上述步骤再焊一次。焊第一层时,焊接速度要快,保证根部焊透,焊枪不摆动,以保证焊脚较小;盖面焊时,焊枪摆动,保证焊缝两侧熔合好,焊脚尺寸符合要求。

需要注意的是,以上步骤实际上是一气呵成的,焊工应根据管子的曲率变化,不断地转腕和改变体位以连续焊接，按逆或顺时针方向焊完一圈焊缝。

操作注意事项：

1. 焊接时应注意焊枪电缆线的顺畅，不要影响焊枪的移动。

2. 焊接时要经常检查焊枪导电嘴和喷嘴是否有被飞溅堵塞的现象，并及时做出处理。

3. 在保证质量的情况下，尽量使每一段焊缝的长度加长，以减少接头数量。

6. 焊后清理

焊后将焊缝正、反面的飞溅用钢丝刷清除干净。训练结束后，将供气系统、电源等关闭，并清理好焊接场地。

四、任务评价

考核项目、考核要求及评分标准见表 2-56。

表 2-56　CO_2 气体保护焊管-板（插入式）焊的考核项目、考核要求及评分标准

考核项目			考核要求	配分	评分标准
类别	名称				
技术考核	外观检查	裂纹、烧穿	不允许存在	倒扣分（扣到0分为止）	出现其中任何一种缺陷，试件为0分
		夹渣、气孔	缺陷尺寸≤3 mm		缺陷尺寸≤1 mm，每个扣5分；缺陷尺寸≤2 mm，每个扣10分；缺陷尺寸≤3 mm，每个扣20分；缺陷尺寸>3 mm，试件为0分
		管侧焊脚尺寸	5 mm≤K≤7 mm	6	5 mm≤K≤7 mm，得6分；K>7 mm 或 K≤5，本项为0分
		管侧焊脚尺寸差	≤2 mm	6	≤2 mm，得6分；>2 mm，本项为0分
		板侧焊脚尺寸	5 mm≤K≤7 mm	6	5 mm≤K≤7 mm，得6分；K>7 mm 或 K≤5 mm，本项为0分
		板侧焊脚尺寸差	≤2 mm	6	≤2 mm，得6分；>2 mm，本项为0分
		咬边	深度≤0.5 mm	15	无咬边，得15分；有咬边，每2 mm长扣1分；深度>0.5 mm，本项为0分
		表面凸凹度	深度≤1.5 mm	6	深度≤1.5 mm，得6分；深度>1.5 mm，本项为0分
		金相宏观检查	按照“船体焊工考试规程”要求考核	45	每个检查面合格得15分；不合格本项为0分
安全文明生产考核	安全		遵守有关安全操作规程	5	发生一般安全事故酌情扣1~5分；发生重大责任事故判不合格
	文明生产		遵守考场文明生产规定	5	不遵守者视情节严重程度酌情扣1~5分

表 2-56(续 1)

考核项目		考核要求	配分	评分标准
类别	名称			
考场纪律	1. 不许他人代焊； 2. 不许擅自更换试件； 3. 不许破坏试件焊缝原始表面； 4. 考试时间为 60 min	1. 违反前三项任一项者，判不及格； 2. 超过考试时间但未超过 90 min 者酌情扣分； 3. 考试时间超过 90 min，试件为 0 分		

注：表中，K 为焊脚尺寸。

焊接实作任务书

训练项目		CO_2 气体保护焊管-板(插入式)焊工艺设计与实作				建议学时		8			
焊接方法		CO_2 气体保护焊				机械化程度		半自动			
母材	牌号	CCSA	焊丝	牌号	H08Mn2SiA	钨极	牌号		气体	种类	CO_2
	板厚	10 mm		规格	1.2 mm		规格			流量/(L·min^{-1})	12~20
工作任务		1. 能正确使用 CO_2 气体保护焊管-板(插入式)焊的焊接设备和工具； 2. 能掌握 CO_2 气体保护焊管-板(插入式)焊的焊接技术； 3. 能够识读 CO_2 气体保护焊管-板(插入式)焊的焊接施工图，按规定要求制作出合格的焊接工件； 4. 能对 CO_2 气体保护焊管-板(插入式)焊的焊接接头进行质量检测									

骑座式管板垂直固定俯焊接头形式简图：

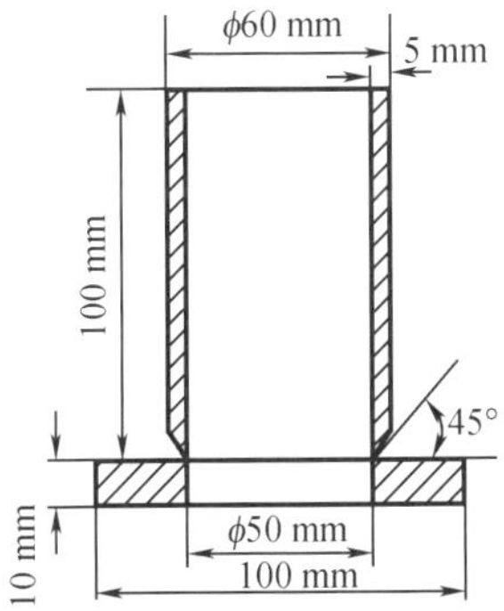

技术要求：
1. 单面焊反面成形良好；
2. 钝边高度与间隙自定；
3. 焊脚尺寸 K=壁厚+(3~6) mm；
4. 焊件一经施焊，不得任意更换和改变焊接位置；
5. 打底焊接头时允许修磨

表 2-56(续 2)

焊接参数			
焊接位置	焊接参数		
	焊接电流/A	焊接电压/V	气体流量/($L \cdot min^{-1}$)
打底焊	90~110	19~21	12~15
盖面焊	130~150	22~24	

安全事项	1. 正确穿戴工作服劳动保护用品(工作服、手套、焊工防护鞋、焊接护目镜、防尘口罩); 2. 防止触电和烧伤烫伤,要切实遵守和执行安全技术操作规程; 3. 对场地设备及工具、夹具进行安全检查; 4. 清除焊渣时戴上防护镜	
提交项目	1. 工艺分析卡; 2. 焊件; 3. 工件质量检验记录卡	
工作评价	自检评价	签名: 年 月 日
	同学互评	签名: 年 月 日
	教师评价	指导教师签名: 年 月 日

任务 2.5 CO_2 气体保护焊大径管对接焊工艺设计与实作

微课:CO_2 气体保护焊大径管对接焊工艺

一、任务概述

按图 2-71 要求,学习 CO_2 气体保护焊大径管垂直固定对接焊的基本操作技能,完成工件实作任务。

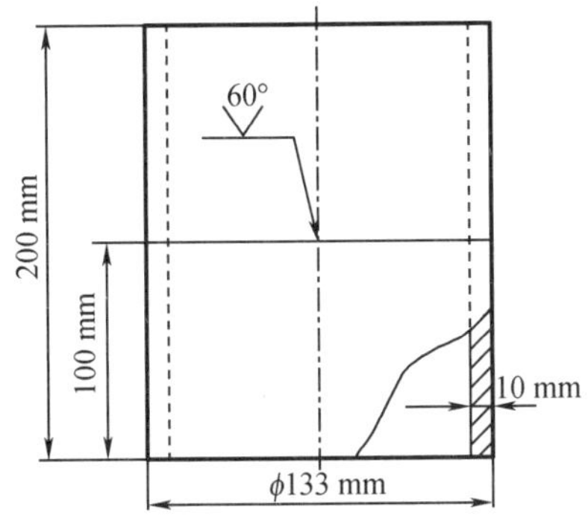

技术要求：
1. 焊接方法：半自动 CO_2 气体保护焊；
2. 试件材质与规格：CCS A（或 20#），ϕ133 mm×10 mm×100 mm，两段为一组；
3. 单面焊反面成形良好；
4. 钝边高度与间隙自定；
5. 焊件一经施焊，不得任意更换和改变焊接位置；
6. 打底焊接头时允许修磨

图 2-71　大径管垂直固定对接焊实作施工图

任务目标：掌握 CO_2 气体保护焊大径管垂直固定对接焊的技术要求及操作要领；会制定 CO_2 气体保护焊大径管垂直固定对接焊的装焊方案及选择合理的焊接工艺参数，并编制焊接工艺分析卡（附录 A）；按焊接安全、清洁，环境要求及焊接工艺完成项目训练任务，制作出合格的 CO_2 气体保护焊大径管垂直固定对接焊工件，达到焊接质量检验的标准。

二、任务分析

管子垂直固定对接焊和平板横对接焊的焊缝位置基本相似，又称为大径管横焊，焊接方向沿管周向不断变化，焊工要依靠不停地转换焊枪角度和调整身体位置来适应焊缝周向的变化。焊缝处于空间位置，熔滴和熔池金属容易下淌，形成未熔合和焊瘤等缺陷。通常焊工都用多层多道焊来调整焊缝外观形状，焊接时要掌握好焊枪的角度。

三、任务实施

1. 安全检查

（1）正确穿戴劳动保护用品（工作服、手套、焊工防护鞋、焊接护目镜、防尘口罩）。

（2）防止触电和烧伤烫伤，要切实遵守和执行焊接安全技术操作规程。

（3）对场地设备及工具、夹具进行安全检查。

（4）清除焊渣时戴上防护镜。

2. 焊前准备

（1）焊件：CCS A（或 20#），ϕ133 mm×10 mm×100 mm，坡口面角度为 30°±1°，留 0～1 mm 的钝边，两段管件为一组。

（2）焊机：NBC-300 型半自动二氧化碳焊机。

（3）焊接材料：ϕ1.2 mm 的，H08Mn2SiA 焊丝；CO_2 气体，纯度为 99.5%。

（4）焊接设备电路、气路检查：焊前要对焊接设备的电路、气路进行认真仔细的检查，确认其全部正常后，方可开机工作，以免由于焊接设备故障而造成焊接缺陷。

（5）送丝系统检查：检查焊丝盘上的焊丝是否充足；自焊丝盘到焊枪的整个送丝路径是否通畅、有无弯折。

（6）焊前清理　清理管子坡口里外边缘 20 mm 范围内的油污、锈蚀、水分以及其他污物，直至焊接部位露出金属光泽为止；加工的坡口要求达到一定精度，以免影响焊接后焊缝的规整和美观;对试件清洁度、试件尺寸进行检查(按图纸及技术要求)。

3. 选择工艺参数

管子垂直固定对接焊工艺参数的选择参见表 2-57。

表 2-57 管子垂直固定对接焊工艺参数的选择

焊接层数	焊丝直径/mm	焊丝伸出长度/mm	焊接电流/A	电弧电压/V	气体流量/(L · min^{-1})
1	1.2	15~20	110~130	18~20	12~15
2	1.2	15~20	130~150	20~22	12~15
3	1.2	15~20	130~140	20~22	12~15

4. 装配与定位

(1)定位焊。将两管件放入组装 V 形槽内,使之在同一轴线上,装配时根部间隙控制在 3 mm 左右。采用左焊法在坡口内对称地焊接两段定位焊缝,每段长度控制在 8~10 mm。定位焊缝的反面不得形成焊瘤。焊好后要将定位焊缝的两头磨成斜坡,以便于接头。主要定位焊时要保证焊缝焊透。

(2)对装配位置和点固焊质量进行检查。

5. 焊接

焊接操作要点如下。

(1)焊枪角度与焊法。采用左向焊法、3 层 4 道焊、大径管横焊焊道,如图 2-72 所示。

图 2-72 大径管横焊焊道

(2)试件位置。调整好试板架的高度,将大径管垂直放在试板架上,保证操作者站着能方便地摆动和水平移动焊枪。将一个定位焊缝放在右侧的准备引弧处。

(3)打底焊。调整好打底参数后,在试件右侧定位焊缝上引弧,使电弧自右向左开始做小幅度的锯齿形横向摆动,待左侧形成熔孔后,转入正常焊接。打底焊时的焊枪角度如图 2-73 所示。

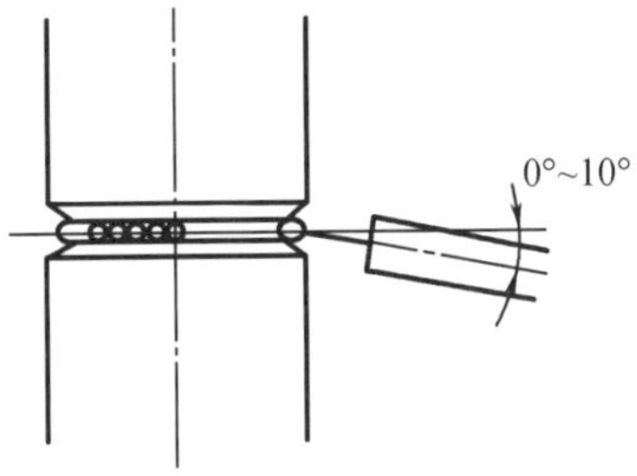

图 2-73　打底焊时的焊枪角度

打底焊时需注意以下几点。

①打底焊道主要是保证焊缝的背面成形。焊接过程中，保证熔孔直径比间隙大 0.5~1 mm，两边对称才能保证焊根背面熔合好。

②要特别注意定位焊缝处的焊接，保证打底焊道与定位焊熔合好，接头接好。

③焊到不便观察处时立即灭弧，不必填弧坑，但不能移开焊枪，需利用 CO_2 气体保护熔池直到完全凝固，然后将试件转过一个角度，将弧坑转到开始引弧处再引弧焊接，直到焊完打底焊道。

④除净熔渣、飞溅后，用角向磨光机将接头局部凸起处磨掉。

(4)填充焊。调整好填充焊的参数后，自右向左焊完填充焊道，需注意以下几点。

①适当加大焊枪的横向摆动幅度，保证坡口两侧熔合好，焊枪的角度与打底焊时的要求相同。

②不准熔化坡口的棱边，保证焊缝表面平整并低于管子表面 2.5~3 mm。

③除净熔渣、飞溅，并打磨掉填充焊道接头的局部凸起处。

(5)盖面焊　用填充焊道的焊接参数和焊接步骤焊完盖面焊道，应注意以下几点。

①为了保证焊缝余高对称，盖面层焊道分两道，焊枪角度如图 2-74 所示。

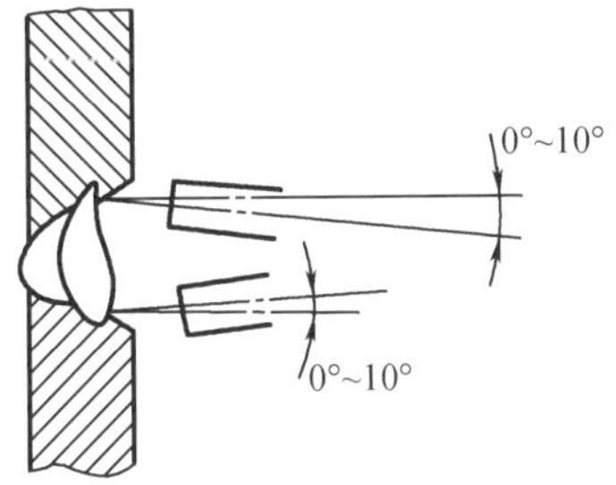

图 2-74　盖面焊焊枪角度

②焊接过程中，要保证焊缝两侧熔合良好，熔池边缘超过坡口棱边 0.5~2 mm。

操作注意事项：

1. 焊接时应注意焊枪电缆线的顺畅，不影响焊枪的移动。

2. 在焊接过程中，焊丝端部在坡口根部的摆动应以斜锯齿形摆动为主，以控制焊缝的良好成形。

3. 焊接时要经常检查焊枪导电嘴和喷嘴是否有被飞溅堵塞的现象，并及时做出处理。

6. 焊后清理

焊后将焊缝正、反面的飞溅用钢丝刷清除干净。训练结束后，将供气系统、电源等关闭，并清理好焊接场地。

四、任务评价

考核项目、考核要求及评分标准见表 2-58。

表 2-58　CO_2 气体保护焊大径管垂直固定对接焊的考核项目、考核要求及评分标准

考核项目			考核要求	配分	评分标准
类别	名称				
技术考核	外观检查	裂纹、烧穿、焊缝低于母材	不允许存在		出现其中任何一种缺陷，试件为 0 分
		夹渣、气孔	缺陷尺寸≤1.5 mm	倒扣分（扣到 0 分为止）	缺陷尺寸≤0.5 mm，每个扣 5 分；缺陷尺寸≤1 mm，每个扣 10 分；≤1.5 mm 每个扣 20 分；>1.5 mm 试件为 0 分
		焊缝宽度	≤14 mm	3	≤14 mm，得 3 分；>14 mm，本项为 0 分
		焊缝宽度差	≤2 mm	3	≤2 mm，得 3 分；>2 mm，本项为 0 分
		正面焊缝余高	0~4 mm	3	≤4 mm，得 3 分；>4 mm，本项为 0 分
		正面焊缝余高差	≤3 mm	3	≤3 mm，得 3 分；>3 mm，本项为 0 分
		咬边	深度≤0.5 mm	12	无咬边，得 12 分；有咬边，每 3 mm 长扣 1 分；深度>0.5 mm，本项为 0 分
		背面凹坑	深度≤2 mm	7	无凹坑，得 7 分；有凹坑，每 5 mm 扣 1 分；深度>2 mm，本项为 0 分
		背面焊缝余高	≤4 mm	6	≤4 mm，得 6 分；>4 mm，本项为 0 分
		错边	≤1 mm	3	≤1 mm，得 3 分；>1 mm，本项为 0 分
	X 射线探伤		按 GB/T 3558—2011 标准	32	Ⅰ级片无缺陷，不扣分；Ⅰ级片有缺陷，扣 4 分；Ⅱ级片，扣 12 分；Ⅲ级片，本项为 0 分
	冷弯试验		按照“船体焊工考试规程”要求考核	18	每个试样合格，得 9 分；不合格，本项为 0 分
安全文明生产考核	安全		遵守有关安全操作规程	5	发生一般安全事故酌情扣 1~5 分；发生重大责任事故判不合格
	文明生产		遵守考场文明生产规定	5	不遵守者视情节严重程度酌情扣 1~5 分
考场纪律	1. 不许他人代焊； 2. 不许擅自更换试件； 3. 不许破坏试件焊缝原始表面； 4. 考试时间为 60 min		1. 违反前三项任一项者，判不及格； 2. 超过考试时间但未超过 90 min 者酌情扣分； 3. 考试时间超过 90 min 试件为 0 分		

表 2-58(续 1)

考核项目		考核要求	配分	评分标准
类别	名称			

焊接实作任务书

训练项目	CO_2 气体保护焊大径管对接焊工艺设计与实作	建议学时	8
焊接方法	CO_2 气体保护焊	机械化程度	半自动

母材			焊丝			钨极			气体		
	牌号	CCSA		牌号	H08Mn2SiA		牌号			种类	CO_2
	板厚	10 mm		规格	1.2 mm		规格			流量/(L·min^{-1})	12~20

工作任务	
工作任务	1. 能正确使用 CO_2 气体保护焊大径管对接焊的焊接设备和工具; 2. 能掌握 CO_2 气体保护焊大径管对接焊的焊接技术; 3. 能够识读 CO_2 气体保护焊大径管对接焊的焊接施工图,按规定要求制作出合格的焊接工件; 4. 能对 CO_2 气体保护焊大径管对接焊的焊接接头进行质量检测

管-管垂直固定俯焊接头形式简图:

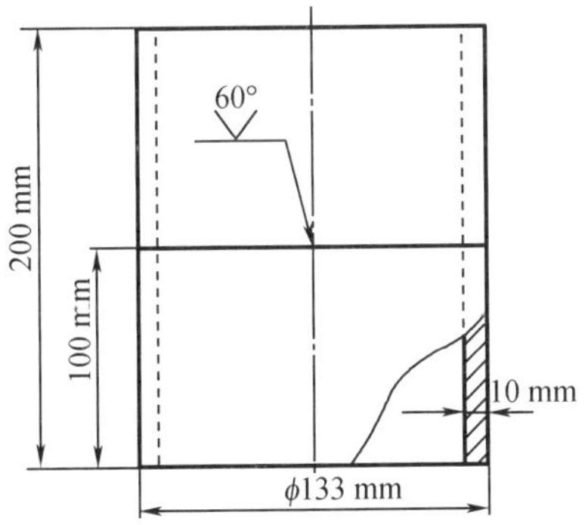

技术要求:
1. 单面焊反面成形良好;
2. 钝边高度与间隙自定;
3. 焊脚尺寸 K=壁厚+(3~6)mm;
4. 焊件一经施焊,不得任意更换和改变焊接位置;
5. 打底焊接头时允许修磨

焊接参数

焊接位置	焊接参数		
	焊接电流/A	焊接电压/V	气体流量/(L·min^{-1})
打底焊	90~110	19~21	12~15
盖面焊	130~150	22~24	

安全事项	
安全事项	1. 正确穿戴工作服劳动保护用品(工作服、手套、焊工防护鞋、焊接护目镜、防尘口罩); 2. 防止触电和烧伤烫伤,要切实遵守和执行安全技术操作规程; 3. 对场地设备及工具、夹具进行安全检查; 4. 清除焊渣时戴上防护镜

表 2-58(续 2)

提交项目	1. 工艺分析卡; 2. 焊件; 3. 工件质量检验记录卡	
工作评价	自检评价	签名:　　　　年　月　日
	同学互评	签名:　　　　年　月　日
	教师评价	指导教师签名:　　　　年　月　日

任务 2.6　综合训练——管板组合件的焊接工艺设计与实作

一、任务概述

按图 2-75 要求,学习 CO_2 气体保护焊管板组合件的基本操作技能,完成工件实作任务。

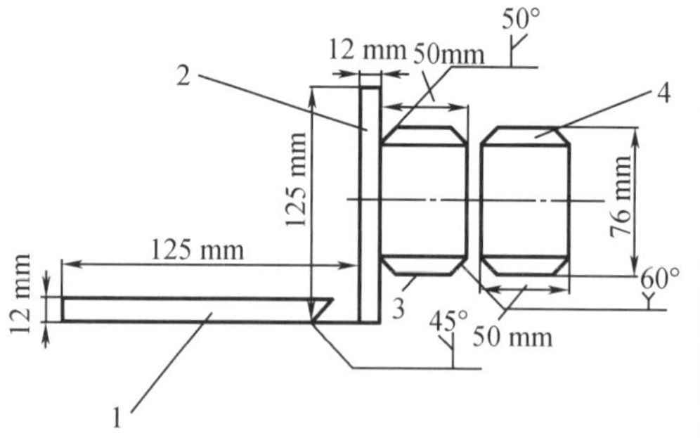

技术要求:

1. 焊接方法:半自动 CO_2 气体保护焊;
2. 试件材质与规格:CCS A (或 Q235),300 mm×125 mm×12 mm,板两块;CCS A(或 20#),ϕ76 mm×4 mm×50 mm,管两根;
3. 接头形式:管-管垂直固定对接焊,管-板 T 形接头垂直俯位焊,板-板立焊;
4. 要求焊缝单面焊双面成形良好

1,2—钢板;3,4—管子。

图 2-75　管板组合件实作施工图

任务目标:掌握管-管、管-板、板-板的 CO_2 气体保护焊的技术要求及操作要领;会制定管板组合件的装焊方案及选择合理的焊接工艺参数,并编制焊接工艺分析卡(附录 A);按焊接安全、清洁,环境要求及焊接工艺完成项目训练任务,制作出合格的 CO_2 气体保护焊管板组合件,达到焊接质量检验的标准。

二、任务分析

管板组合件的焊接是在掌握了前面几个训练项目的基础上的一个综合训练项目，焊接时的主要问题是既要保证符合各零件的装配要求又要防止焊接变形的产生，同时要求单面焊双面成形，焊接难度较大。管-板、管-管焊接时，焊工要根据管子的曲率变化灵活转动手腕、调整焊枪角度和电弧对中位置，保证焊缝良好地成形。

三、任务实施

1. 安全检查

(1)正确穿戴劳动保护用品(工作服、手套、焊工防护鞋、焊接护目镜、防尘口罩)。

(2)防止触电和烧伤烫伤，要切实遵守和执行焊接安全技术操作规程。

(3)对场地设备及工具、夹具进行安全检查。

(4)清除焊渣时戴上防护镜。

2. 焊前准备

(1)焊件：在一块钢板(300 mm×125 mm×10 mm)300 mm 的一侧加工 45°±1°的坡口，在另一块钢板(300 mm×125 mm×10 mm)中央加工 ϕ68 mm 的圆孔；在一根管子两端分别加工 50°±1°、30°±1°的坡口，另一根管子的一端加工 30°±1°的坡口。检查各零件的加工尺寸并去除毛刺。

(2)焊机：NBC-300 型半自动二氧化碳焊机。

(3)焊接材料　ϕ1.2 mm 的 H08Mn2SiA 焊丝；CO_2 气体，纯度为 99.5%。

(4)焊接设备电路、气路检查　焊前要对焊接设备的电路、气路进行认真仔细的检查，确认其全部正常后，方可开机工作，以免由于焊接设备故障而造成焊接缺陷。

(5)送丝系统检查　检查焊丝盘上的焊丝是否充足；自焊丝盘到焊枪的整个送丝路径是否通畅、有无弯折。

(6)焊前清理　清理钢板坡口、管子坡口里外边缘 20 mm 范围内的油污、锈蚀、水分以及其他污物，直至焊接部位露出金属光泽为止；加工的坡口要求达到一定精度，以免影响焊接后焊缝的规整和美观；对试件清洁度、试件尺寸进行检查(按图纸及技术要求)。

3. 选择工艺参数

管板组合件的焊接工艺参数的选择参见表 2-59。

表 2-59　管板组合件的焊接工艺参数的选择

焊接层数	接头形式						焊丝伸出长度/mm	气体流量/(L·min^{-1})
	管-板(平焊位)		管-管(横焊位)		板-板(立焊位)			
	焊接电流/A	电弧电压/V	焊接电流/A	电弧电压/V	焊接电流/A	电弧电压/V		
1	100	18.0~20.0	90	18.0~19.0	110	19.0~20.0	15~20	12~15
2	120	20.0~22.0	90	18.0~19.0	120	19.5~21.0	15~20	12~15
3					110	19.0~20.0	15~20	12~15

4. 装配与定位

(1)定位焊

①管-管装配:将两管件放入组装V形槽内,使之在同一轴线上,装配时预留2.5 mm间隙后定位焊,定位焊缝为三点,定位焊缝应保证焊透。将定位焊缝处打磨成斜坡状。

②将有孔的板件置于水平台上,将定位好的管件置于板孔上,用直径为2.5 mm的焊芯垫在管件底部,保证间隙为2.5 mm,测量管件与板的垂直度与同轴度,然后进行三点定位,定位焊缝应保证焊透。将定位焊缝处打磨成斜坡状。

③将开坡口的板件与定位好的管-板按图示要求定位,预留2.5~3 mm间隙后定位焊,定位焊缝在板件的两端,在两板之间做适当的反变形,定位焊缝应保证焊透。将定位焊缝处打磨成斜坡状。

(2)对装配位置和点固焊质量进行检查。

5. 焊接

焊接时按如下顺序进行。

①管-板焊接:将定位好的结构放置管-板接头于平焊位,进行管-板接头的焊接,焊接操作技术要领可参照项目四。要求单面焊双面成形。

②管-管焊接:将焊接完毕的结构置管-管接头于垂直固定位,进行管-管接头的焊接,焊接操作技术要领可参照项目五。要求单面焊双面成形。

③板-板焊接:将焊接完毕的结构与另一板件进行组对装配,预留一定的反变形。然后进行板-板角接接头立焊位的焊接,焊接操作技术要领可参照项目三。要求单面焊双面成形。

操作注意事项:

1. 立焊位置是一侧开45°的坡口,另一侧是不开坡口的角接接头,在进行打底焊时,电弧应偏向未开坡口的一侧,对于有坡口的一侧应注意防止烧穿。
2. 立焊位置板材焊接时应尽量采用短弧焊接。
3. 管-板焊接时应使电弧偏向板材一侧。

6. 焊后清理

焊后将焊缝正、反面的飞溅清除干净,用钢丝刷刷净。训练结束后,将供气系统、电源等关闭,并清理好焊接场地。

五、任务评价

管板组合件中,板-板立角焊接头的考核项目、考核要求及评分标准见表2-54,管-板垂直俯位焊接头的考核项目、考核要求及评分标准见表2-56。管-管横焊位接头的考核项目、考核要求及评分标准见表2-60。

表 2-60 管板组合件中的管-管横焊位接头的考核项目、考核要求及评分标准

考核项目			考核要求	配分	评分标准
类别	名称				
技术考核	外观检查	裂纹、烧穿	不允许存在		出现其中任何一种缺陷,试件为 0 分
		夹渣、气孔	缺陷尺寸≤1.5 mm	倒扣分(扣到 0 分为止)	缺陷尺寸≤0.5 mm,每个扣 5 分;缺陷尺寸≤1 mm,每个扣 10 分;缺陷尺寸≤1.5 mm 每个扣 20 分;缺陷尺寸>1.5 mm,试件为 0 分
		焊缝宽度	≤14 mm	3	≤14 mm,得 3 分;>14 mm,本项为 0 分
		焊缝宽度差	≤3 mm	3	≤3 mm,得 3 分;>3 mm,本项为 0 分
		正面焊缝余高	0~2 mm	3	≤2 mm,得 3 分;>2 mm,本项为 0 分
		正面焊缝余高差	≤2 mm	3	≤2 mm,得 3 分;>2 mm,本项为 0 分
		咬边	深度≤0.5 mm	12	无咬边,得 12 分;有咬边,每 3 mm 长扣 1 分;深度>0.5 mm,本项为 0 分
		背面凹坑	深度≤1.5 mm	7	无凹坑,得 7 分;有凹坑,每 5 mm 扣 1 分;深度>1.5 mm,本项为 0 分
		背面焊缝余高	≤3 mm	6	≤3 mm,得 6 分;>3 mm,本项为 0 分
		错边	≤1 mm	3	≤1 mm,得 3 分;>1 mm,本项为 0 分
	X 射线探伤		按 GB/T3558—2011 标准	32	Ⅰ级片无缺陷,不扣分;Ⅰ级片有缺陷,扣 4 分;Ⅱ级片,扣 12 分;Ⅲ级片,本项为 0 分
	冷弯试验		按照“船体焊工考试规程”要求考核	18	每个试样合格,得 9 分;不合格,本项为 0 分
安全文明生产考核	安全		遵守有关安全操作规程	5	发生一般安全事故酌情扣 1~5 分;发生重大责任事故判不合格
	文明生产		遵守考场文明生产规定	5	不遵守者视情节严重程度酌情扣 1~5 分
考场纪律	1. 不许他人代焊; 2. 不许擅自更换试件; 3. 不许破坏试件焊缝原始表面; 4. 考试时间为 60 min		1. 违反前三项任一项者,判不及格; 2. 超过考试时间但未超过 90 min 者酌情扣分; 3. 考试时间超过 90 min,试件为 0 分		

表 2-60(续 1)

<table>
<tr><th colspan="2">考核项目</th><th rowspan="2">考核要求</th><th rowspan="2">配分</th><th rowspan="2">评分标准</th></tr>
<tr><th>类别</th><th>名称</th></tr>
</table>

焊接实作任务书

<table>
<tr><td colspan="2">训练项目</td><td colspan="4">管板组合件的
焊工艺设计与实作</td><td colspan="3">建议学时</td><td colspan="3">8</td></tr>
<tr><td colspan="2">焊接方法</td><td colspan="4">CO_2 气体保护焊</td><td colspan="3">机械化程度</td><td colspan="3">半自动</td></tr>
<tr><td rowspan="2">母材</td><td>牌号</td><td>CCSA</td><td rowspan="2">焊丝</td><td>牌号</td><td>H08Mn2SiA</td><td rowspan="2">钨极</td><td>牌号</td><td></td><td rowspan="2">气体</td><td>种类</td><td>CO_2</td></tr>
<tr><td>板厚</td><td>10 mm</td><td>规格</td><td>1.2 mm</td><td>规格</td><td></td><td>流量/($L \cdot min^{-1}$)</td><td>12~20</td></tr>
<tr><td colspan="2">工作任务</td><td colspan="10">1. 能正确使用管板组合件的焊接设备和工具;
2. 能掌握管板组合件的焊接技术;
3. 能够识读管板组合件的焊接施工图,按规定要求制作出合格的焊接工件;
4. 能对管板组合件的焊接接头进行质量检测</td></tr>
</table>

管板组合件焊接接头形式简图:

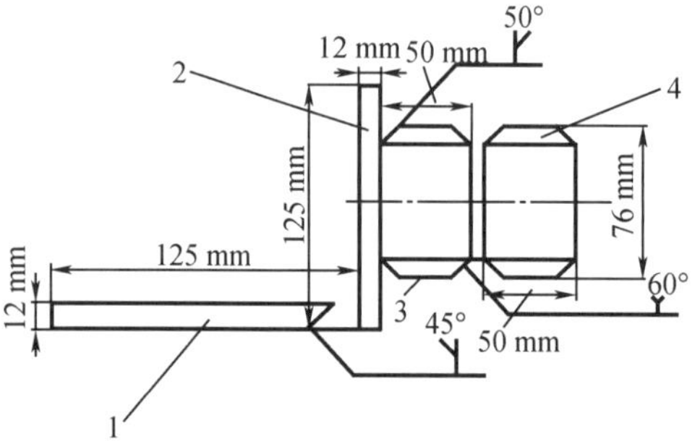

技术要求:
1. 单面焊反面成形良好;
2. 钝边高度与间隙自定;
3. 焊脚尺寸 K=壁厚+(3~6) mm;
4. 焊件一经施焊,不得任意更换和改变焊接位置;
5. 打底焊接头时允许修磨

焊接参数

<table>
<tr><th rowspan="2">焊接位置</th><th colspan="3">焊接参数</th></tr>
<tr><th>焊接电流/A</th><th>焊接电压/V</th><th>气体流量/($L \cdot min^{-1}$)</th></tr>
<tr><td>打底焊</td><td>90~110</td><td>19~21</td><td rowspan="2">12~15</td></tr>
<tr><td>盖面焊</td><td>130~150</td><td>22~24</td></tr>
</table>

安全事项	1. 正确穿戴工作服劳动保护用品(工作服、手套、焊工防护鞋、焊接护目镜、防尘口罩); 2. 防止触电和烧伤烫伤,要切实遵守和执行安全技术操作规程; 3. 对场地设备及工具、夹具进行安全检查; 4. 清除焊渣时戴上防护镜

表 2-60(续 2)

考核项目		考核要求	配分	评分标准
类别	名称			
提交项目	1. 工艺分析卡； 2. 焊件； 3. 工件质量检验记录卡。			
工作评价	自检评价	签名： 年 月 日		
	同学互评	签名： 年 月 日		
	教师评价	指导教师签名： 年 月 日		

【自测习题】

一、单选题

1. CO_2 气体保护焊，最常出现的是(　　)气孔。

A. H_2　　B. CO　　C. N_2　　D. O_2

2. 对于 CO_2 焊用的 CO_2 气体的纯度，一般要求不低于(　　)

A. 99.5%　　B. 99.9%　　C. 99.95%　　D. 99.99%

3. 焊前在坡口两侧(正、反面)(　　)范围内除锈、去污。

A. 10 mm　　B. 20 mm　　C. 30 mm　　D. 420 mm

4. CO_2 焊时收弧不当易产生(　　)。

A. 气孔　　B. 咬边　　C. 弧坑　　D. 焊缝不对称

5. CO_2 焊短路过渡在采用(　　)时形成。

A. 粗焊丝、小电流和低电压　　B. 细焊丝、小电流和低电压

C. 细焊丝、大电流和低电压　　D. 细焊丝、大电流和高电流

6. CO_2 焊时，当焊接电流和电弧电压(　　)短路过渡的条件时，会出现颗粒过渡。

A. 低于　　B. 高于　　C. 低于一定值的　　D. 高于一定值的

7. 为了防止实芯焊丝表面生锈，同时改善导电性能以及减小送丝阻力，最好在其表面镀(　　)。

A. 铝　　B. 铜　　C. 镍　　D. 锡

8. (　　)在国际上被公认为焊接材料中最先进、发展最快的高新技术之一，并将成为21 世纪焊接材料的主导产品。

A. 药芯焊丝　B. 实芯焊丝　C. 不锈钢焊丝　D. 铝焊丝

9. 实芯焊丝的牌号用字母(　　)表示。

A. C　B. Z　C. H　D. Y

10. 药芯焊丝的牌号用字母(　　)表示。

A. C　B. Z　C. H　D. Y

11. 实芯焊丝牌号"H"后面的一位数字或两位数字表示含(　　)量的万分之几。

A. S　B. C　C. N　D. P

12. 药芯焊丝按焊丝断面可分为(　　)种。

A. 2　B. 3　C. 4　D. 5

13. 药芯焊丝中,细直径的焊丝是指直径在(　　)mm 以下的焊丝。

A. 1. 0　B. 1. 2　C. 2　D. 2. 5

14. 药芯焊丝牌号中,第二个汉语拼音大写字母"J"表示(　　)。

A. 工具钢　B. 结构钢　C. 不锈钢　D. 铸铁

15. 药芯焊丝牌号"J"后面的两位数字表示熔敷金属的(　　)等级。

A. 抗拉强度　B. 抗压强度　C. 疲劳强度　D. 低温强度

16. 药芯焊丝牌号中,短横线"-"后的数字表示焊接时的保护方法,(　　)表示气保护。

A. 1　B. 2　C. 3　D. 4

17. 药芯焊丝牌号中,短横线"-"后的数字表示焊接时的保护方法,(　　)表示气保护和自保护两用。

A. 1　B. 2　C. 3　D. 4

18. 药芯焊丝牌号中短横线"-"后的数字表示焊接时的保护方法,(　　)表示自气保护。

A. 1　B. 2　C. 3　D. 4

19. 药芯焊丝牌号中短横线"-"后的数字表示焊接时的保护方法,(　　)表示其他保护形式。

A. 1　B. 2　C. 3　D. 4

20. 向上立角焊时,焊枪的焊角为(　　),宜用月牙形。

A. 5°~9°　B. 7°~10°　C. 8°~12°　D. 10°~15°

21. 向上立角焊时,焊枪的焊角为(　　),宜用三角形。

A. 5°~9°　B. 7°~10°　C. 8°~12°　D. 10°~15°

22. 向上立角焊时,焊枪的焊角为 7~10 宜用(　　)。

A. 月牙形　B. 人字形　C. 三角形　D. 圆形

23. 短路过渡焊接的主要特点是(　　　　)。

A. 电压高、电流大　B. 电压低、电流小

C. 电压高、电流小　D. 电压低、电流大

24. 短路过渡焊接常用焊丝的直径为(　　)mm。

A. 0. 2~0. 6　B. 0. 4~0. 8　C. 0. 6~1. 2　D. 1. 2~2. 0

25. 焊丝的干伸长度应为焊丝直径的(　　)倍。

A. 2　B. 5　C. 8　D. 10

26. CO_2 气体保护焊短路过渡时,当选择的焊丝直径为 0. 8mm,其适宜的焊接电压和焊

接电流分别为(　　)。

A. 17~19 V, 30~70 A　　B. 18~21 V, 50~100 A

C. 19~23 V, 90~200 A　　D. 22~26 V, 140~300 A

27. CO_2 气体保护焊细滴过渡时,当选择的焊丝直径为 1.2 mm 时,其焊接电流下限为(　　)。

A. 300 A　　B. 400 A　　C. 500 A　　D. 650 A

28. CO_2 细滴过渡气体保护焊的焊接速度较高,与同样直径焊丝的埋弧焊相比,焊接速度高(　　)倍。

A. 0.2~0.5　　B. 0.5~1　　C. 0.8~1.2　　D. 1~1.5

29. 细焊丝 CO_2 气体保护焊普遍采用(　　)。

A. 直流反接　　B. 直流正接　　C. 交流反接　　D. 交流正接

30. CO_2 气体保护焊采用填充焊时,焊枪与焊缝后侧的倾角应为(　　)。

A. 60°~35°　　B. 70°~75°　　C. 80°~85°　　D. 90°~95°

31. 目前 CO_2 气体保护焊适用于(　　)的焊接。

A. 不锈钢　　B. 低合金钢　　C. 铜及其合金　　D. 铝及其合金

32. CO_2 气体保护焊采用定位焊时,定位焊缝长度为(　　)mm,焊件留出(　　)的反变形。

A. 10~15,5°~6°　　B. 12~15,5°~6°

C. 10~15,6°~8°　　D. 12~15,6°~8°

33. CO_2 气体保护焊正常飞溅率一般为(　　),当飞溅率达到 30%以上时就不能进行正常焊接了。

A. 5%~10%　　B. 10%~15%　　C. 15%~20%　　D. 20%~25%

34. CO_2 气体保护焊熔滴过渡产生飞溅有(　　)种形式。

A. 1　　B. 2　　C. 3　　D. 4

35. 采用(　　)可以减少飞溅。

A. 直流正接　　B. 直流反接　　C. 交流正接　　D. 交流反接

36. 倾斜角度越大,飞溅就越多。通过实践证明,焊枪前倾或后倾最好不超过(　　),最大不能超过(　　)。

A. 10°,15°　　B. 15°,20°　　C. 20°,25°　　D. 25°,30°

37. 颗粒过渡焊接时在气体中加入(　　)也可减小飞溅。

A. Ar　　B. He　　C. CO_2　　D. N_2

38. 药芯焊丝的金属飞溅率低于实芯焊丝,约是实芯焊丝飞溅率的(　　)。

A. 1/5　　B. 1/4　　C. 1/3　　D. 1/2

39. 对接管水平固定位置向上焊接时,焊条的角度应随着焊接位置的变化而变化,但焊接位置中没有(　　)。

A. 平焊　　B. 立焊　　C. 横焊　　D. 仰焊

40. 对接管水平固定位置向上焊接(　　)进行。

A. 按整圆　　B. 分两个半圆　　C. 分四个半圆　　D. 分六个半圆

41. 骑座式管板仰焊位盖面焊采用多道焊时不具备(　　)特点。

A. 不易产生未熔合　　B. 不易产生咬边　　C. 成型好　　D. 熔池小

42. 骑座式管板仰焊位盖面焊采用多道焊时由于运条动作小,熔池小,可有效防止(　　)等缺陷。

A. 未熔合、咬边　　B. 未熔合、烧穿　　C. 未熔合、塌陷　　D. 未熔合、夹渣

43. 骑座式管板仰焊位盖面焊采用单道焊时不具备(　　)特点。

A. 外观平整　　B. 不易产生未熔合、咬边

C. 成型好　　D. 焊缝表面易下垂

44. 采用单道焊进行骑座式管板仰焊位盖面焊,其优点主要是(　　)。

A. 不易产生咬边　　B. 不易产生未熔合　　C. 焊缝表面易下垂　　D. 外观平整、成型好

45. 船舶建造时,焊接工时一般约占船体建造工时的(　　)。

A. 20%~30%　　B. 20%~40%　　C. 30%~40%　　D. 30%~50%

46. 船体结构中角焊缝的数量占焊缝总量的(　　)。

A. 50%~60%　　B. 60%~70%　　C. 70%~80%　　D. 80%~90%

47. 承受较大(　　)的角焊缝,其焊接尺寸需为板厚的 1/2。

A. 拉伸应力　　B. 压应力　　C. 内应力　　D. 热应力

48. 当板厚大于 20 mm 时,则宜采用开坡口角焊,坡口角度为(　　)。

A. 35°~40°　　B. 40°~45°　　C. 45°~50°　　D. 50°~55°

49. 船体结构用钢主要是(　　)。

A. 高强钢、奥氏体不锈钢　　B. 碳钢、高强度钢

C. 碳钢、奥氏体不锈钢　　D. 高强度钢、双相不锈钢

50. 凡靠近总段和分段合拢处的对接缝和角焊缝应留出(　　)mm 暂不焊,以利船台装配对接,待分段、总段合拢后再进行焊接。

A. 100~200　　B. 200~300　　C. 300~400　　D. 400~500

51. 手工焊时长度≤(　　)mm 可采用连续直通焊,≥(　　)mm 时采用分中逐步退焊法或分段逐步退焊法等方法。

A. 500,500　　B. 800,800　　C. 1 000,1 000　　D. 1 200,1 200

52. 当焊接高强度钢或含碳量大于(　　)钢材时,建议采用低氢型焊接材料。

A. 0. 11%　　B. 0. 21%　　C. 0. 31%　　D. 0. 41%

53. 定位焊时,其长度按 CCS 规定,对一般强度钢,应不小于(　　)mm;对高强度钢,应不小于(　　)mm。

A. 20,30　　B. 30,40　　C. 30,50　　D. 40,50

54. 为了保证焊透和避免产生弧坑等缺陷,在埋弧焊焊缝两端应安装引弧和熄弧板。引弧与熄弧板的尺寸,最小为(　　),厚度与焊件相同。

A. 100 mm×100 mm　　B. 150 mm×150 mm　　C. 200 mm×200 mm　　D. 250 mm×250 mm

55. 焊条、焊剂等材料的烘焙、发放应按有关技术要求严格执行,一次使用不得超过(　　)小时,而且回收烘焙允许重复(　　)次。

A. 2,2　　B. 2,4　　C. 4,2　　D. 4,4

二、填空题

1. 短路过渡焊接时,主要的工艺参数有________、________、________、________、________、________以及________等。

2. 焊接电流的大小主要根据________、________、________和________等综合选择。

3. CO_2 气体保护焊的焊接速度过快会引起________、________及________缺陷。

4. 陶质衬垫是由________、________及________三部分组成。

5. 陶质衬垫块的主要原料为________和________的氧化物，并加入________、________和________，混合后用压机压制成形，经阴干后高温 1 300 ℃烧结而成。

6. 衬垫块的成形槽宽________ mm、深________ mm、长________ mm。

7. CO_2 气体保护焊最显著的缺点是________。

8. 在熔滴过渡过程中产生的飞溅主要是由于________，并受________且通过爆炸而形成的。

9. 焊接熔池中产生的飞溅是由于熔滴进入熔池时或者是由熔池喷出气体气泡时产生的表面张力导致的，这时一般以________居多。

10. 船体外板、甲板的拼缝，一般应先焊________，后焊________。

11. 构件中如同时存在对接焊缝和角接焊缝，则应先焊________，后焊________。

12. 构件中如同时存在立焊缝和平焊缝，则应先焊________，后焊________。

13. 当施工环境的温度低于________；材料的碳当量大于________；结构刚性________，构件板厚较厚或焊段较短时，应考虑对焊件采取适当的预热和（或）缓冷措施，以防焊件内产生过大的应力或不良的组织。

14. 根据双层底分段结构和钢板厚度不同，有两种建造方法：一种是以内底板为基面的________；另一种是以船底板为基面的________。

15. ________的优点是安装方便，变形小，能保证底板有正确的外部线型；缺点是在胎架上安装，成本高，不经济。

16. ________的优点是工作比较简便，可直接铺在平台上，减少胎架的制作与安装步骤，节省胎架的材料和缩短分段建造周期；缺点是变形较大，船体线型较差。

三、简答题

1. 什么叫陶质衬垫 CO_2 气体保护半自动单面焊？

2. 陶质衬垫 CO_2 气体保护半自动单面焊具有哪些特点？

3. CO_2 气体保护焊飞溅的危害表现在哪些方面？

项目三　氩弧焊工艺设计与实作

【项目描述】

随着工业生产的发展，产品结构的类型及其所采用材料品种的多样性，使得仅靠焊条电弧焊、埋弧焊、CO_2 气体保护焊已不能满足生产制造要求。例如，对一些化学活泼性较强的铝、镁、钛及其合金，上述焊接方法已不能保证焊接质量。为此，人们通过生产实践和科学研究，创造了氩弧焊。这在很大程度上解决了这些金属的焊接难题，从而推动了焊接生产的发展。

本项目主要学习氩弧焊的焊接工艺。通过以下任务的学习，掌握氩弧焊的平焊、横焊、立焊、管板焊、不锈钢管焊接的操作技能。

学习任务

任务 3.1　手工钨极氩弧焊平对接焊工艺设计与实作
任务 3.2　手工钨极氩弧焊横对接焊工艺设计与实作
任务 3.3　手工钨极氩弧焊立对接焊工艺设计与实作
任务 3.4　手工头钨极氩弧焊骑座式管板焊工艺设计与实作
任务 3.5　综合训练——不锈钢管对接焊（全位置焊）工艺设计与实作

【项目目标】

知识目标

1. 能基本讲述氩弧焊的种类及特点；
2. 能叙述 MIG 焊、TIG 焊、MAG 焊的基本原理、焊接特点及使用范围；
3. 能基本讲述 MIG 焊、TIG 焊、MAG 焊的相关标准；
4. 能叙述 MIG 焊、TIG 焊、MAG 焊焊接材料的特点及选用原则；
5. 能基本叙述 TIG 焊对电极材料、电流种类和极性的要求；
6. 能叙述 MIG 焊、TIG 焊、MAG 焊的焊接工艺及焊接技术。

能力目标

1. 能正确使用 MIG 焊、TIG 焊、MAG 焊焊接设备和工具；
2. 能够确保安全生产和产品质量而采用 MIG 焊、TIG 焊、MAG 焊相关标准；
3. 能正确选择 MIG 焊、TIG 焊、MAG 焊的焊接参数；
4. 能正确选用 MIG 焊、TIG 焊、MAG 焊的焊接材料；
5. 能掌握 MIG 焊、TIG 焊、MAG 焊焊接技术，达到中级电焊工或 CCS Ⅰ 级要求或 1+X 特种焊接技术中级水平；
6. 能够识读 MIG 焊的焊接施工图，按规定要求制作出合格的焊接工件；

7. 能编制 MIG 焊、TIG 焊、MAG 焊工艺并实施；
8. 能对 MIG 焊、TIG 焊、MAG 焊焊接头进行质量检测。

素质目标

1. 具有责任意识、团队意识与协作精神；
2. 良好的工作态度、责任心；
3. 具有对新知识、新技能的学习能力和创新能力。

【知识准备】

知识点 3.1　氩弧焊概述

一、氩弧焊的原理、特点、分类及应用

1. 氩弧焊的原理

氩弧焊是用惰性气体——氩气作保护气体的一种电弧焊方法，氩弧焊示意图如图 3-1 所示。从焊枪喷嘴中喷出的氩气流，在焊接区形成厚而密的气体保护层而隔绝空气，同时，在电极（钨极或焊丝）与焊件之间燃烧产生的电弧热量使被焊处熔化，并填充或不填充焊丝将被焊金属连接在一起，获得牢固的焊接接头。

微课：氩弧焊概述

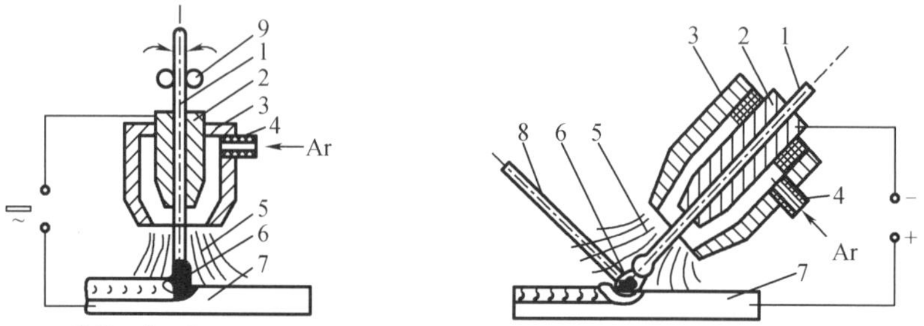

(a)熔化及氩弧焊(MIG焊)　(b)不熔化及氩弧焊(TIG焊)

1—焊丝或电极；2—导电嘴；3—喷嘴；4—进气管；5—氩气流；6—电弧；7—工件；8—填充焊丝；9—送丝辊轮。

图 3-1　氩弧焊示意图

2. 氩弧焊的特点

(1)焊缝质量较高

由于氩气是惰性气体，可在空气与焊件间形成稳定的隔绝层，保证高温下被焊金属中合金元素不会氧化烧损，同时氩气不溶解于液态金属，故能有效地保护熔池金属，获得较高的焊接质量。

(2)焊接变形与应力小

由于氩弧焊热量集中，电弧受氩气流的冷却和压缩作用，使热影响区窄，焊接变形和应力小，特别适宜于薄板的焊接。

(3)可焊的范围广

几乎所有的金属材料都可进行氩弧焊。通常，多用于焊接不锈钢、铝、铜等有色金属及其合金，有时还用于焊接构件的打底焊。

(4)操作技术易于掌握

采用氩气保护无熔渣，且为明弧焊接，电弧、熔池可见性好，适合各种位置的焊接，容易实现机械化和自动化。

3. 氩弧焊的分类和适用范围

氩弧焊根据所用的电极材料，可分为钨极(不熔化极)氩弧焊(用 TIG 表示)和熔化极氩弧焊(用 MIG 表示)；按其操作方式可分为手工、半自动和自动氩弧焊；若在氩弧焊电源中加入脉冲装置又可分为钨极脉冲氩弧焊和熔化极脉冲氩弧焊。其分类如图 3-2 所示。

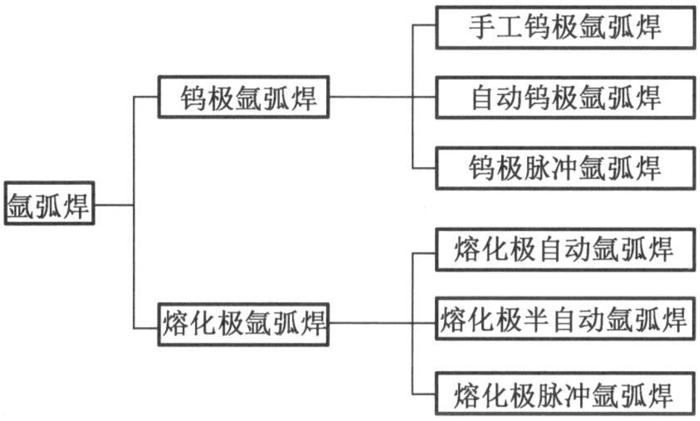

图 3-2　氩弧焊的分类

氩弧焊几乎可用于所有钢材、有色金属及其合金的焊接。但由于成本较高，目前主要用于焊接高合金钢材料、有色金属及其合金、难熔的活泼金属(钼、铌)等。此外还用于补焊、反面不加衬垫的打底焊。例如，造船生产中，手工钨极氩弧焊常用于重要管系(碳钢)焊接时的打底焊(单面焊双面成形)，以获得管内焊缝成形均匀、无熔渣、夹杂等缺陷的优质焊缝。氩弧焊的适用范围见表 3-1。

表 3-1　氩弧焊的适用范围

被焊材料	焊件厚度/mm	焊接方法	电源种类和极性
钛及钛合金	0.5~3.0 >2.0	钨极氩弧焊 熔化极氩弧焊	直流正接 直流反接
镁及镁合金	0.5~5.0 >2.0	钨极氩弧焊 熔化极氩弧焊	交流或直流反接 直流反接
铝及铝合金	0.5~4.0 >3.0	钨极氩弧焊 熔化极氩弧焊	交流或直流反接 直流反接
铜及铜合金	>0.5 >3.0	钨极氩弧焊 熔化极氩弧焊	直流正接 直流反接
不锈钢、耐热钢	0.5~3.0 >2.0	钨极氩弧焊 熔化极氩弧焊	直流正接或交流 直流反接

二、焊接材料

1. 熔化极氩弧焊的焊接材料

(1)保护气体

熔化极氩弧焊采用的气体以氩气为主时会产生以下问题。

①易导致指状熔深,而指状熔深往往伴随有根部未焊透、未熔合等缺陷;

②焊接低碳钢及低合金钢时,液态金属的黏度高、表面张力大,易导致气孔、咬边等缺陷;

③焊接低碳钢、低合金钢时,电弧阴极斑点不稳定,易导致熔深及焊缝成形不均匀。

因此,熔化极氩弧焊一般不使用纯氩气体进行焊接,通常根据被焊工件的材料选用适当成分及比例的混合气体。焊接铝及其合金时,一般选用 Ar 或 Ar+He;焊接低碳钢、低合金钢时,选用 $Ar+O_2$、$Ar+CO_2$ 或 $Ar+CO_2+O_2$;而焊接不锈钢时则采用 $Ar+O_2$ 或 $Ar+CO_2$;表 3-2 给出了焊接时常用的几种混合气体及其工艺特点和应用范围。

表 3-2 氩弧焊常用富氩混合气体的特点及应用范围

被焊材料	保护气体(体积分数)	化学性质	焊接	焊接特点及应用范围
铝及其合金	Ar+(20%~90%)He Ar+(10%~75%)He	惰性	熔化极 非熔化极	喷射及脉冲喷射过渡;电弧稳定,温度高,飞溅小,熔透能力大,焊缝成形好,气孔敏感性小;随着氦含量的增大,飞溅增大。适用于焊接厚铝板
	$Ar+2\%CO_2$	弱氧化性	熔化极	可简化焊前清理工作,电弧稳定,飞溅小,抗气孔能力强,焊缝力学性能好
不锈钢及高强度钢	$Ar+(1\%\sim5\%)CO_2$	弱氧化性	熔化极	提高熔池的氧化性,降低焊缝金属的含氢量,克服指状熔深问题及阴极漂移现象,改善焊缝成形,可有效防止气孔、咬边等缺陷。用于喷射电弧、脉冲喷射电弧
	$Ar+5\%CO_2+2\%O_2$	弱氧化性	熔化极	提高了氧化性,熔透能力大,焊缝成形较好,但焊缝可能会增碳。用于喷射电弧、脉冲喷射电弧及短路电弧
碳钢及低合金钢	$Ar+(1\%\sim5\%)O_2$ 或 $Ar+20\%O_2$	氧化性	熔化极	降低喷射过渡临界电流值,提高熔池的氧化性,克服阴极漂移及指状熔深现象,改善焊缝成形;可有效防止氮气孔及氢气孔的产生,提高焊缝的塑性及抗冷裂能力,用于对焊缝性能要求较高的场合。宜采用喷射过渡
	$Ar+(20\%\sim30\%)CO_2$	氧化性	熔化极	可采用各种过渡形式,飞溅小,电弧燃烧稳定,焊缝成形较好,有一定的氧化性,克服了纯氩保护时阴极漂移及金属黏稠现象,防止指状熔深;焊缝力学性能优于纯氩作保护气体时的焊缝

表 3-2(续)

被焊材料	保护气体(体积分数)	化学性质	焊接	焊接特点及应用范围
碳钢及低合金钢	$Ar+15\%CO_2+5\%O_2$	氧化性	熔化极	可采用各种过渡形式,飞溅小,电弧稳定,成形好,有良好的焊接质量,焊缝断面形状及熔深较理想。该成分的气体是焊接低碳钢及低合金钢的最佳混合气体
钢及其合金	$Ar+20\%N_2$	惰性	熔化极	可形成稳定的喷射过渡;电弧温度比纯氩电弧的温度高,热功率提高,可降低预热温度,但飞溅较大,焊缝表面较粗糙
	Ar+(50%~70%)He	惰性	熔化极	采用喷射过渡及短路过渡;热功率提高,可降低预热温度
镍基合金	Ar+(15%~20%)He	惰性	熔化极 非熔化极	提高热功率,改善熔池金属的润湿性,改善焊缝成形
	Ar+60%He	惰性	非熔化极	提高热功率,改善金属的流动性,抑制或消除焊缝中的 CO 气孔;焊缝美观,钨极损耗小,寿命长
钛锆及其合金	Ar+25%He	惰性	熔化极 非熔化极	可采用喷射过渡、脉冲喷射过渡及短路过渡,提高热功率,改善熔池金属的润湿性

注:1. 表中的气体混合比为参考数据,焊接时可视具体的工艺要求进行调整。
2. 焊接低碳钢、低合金钢及不锈钢时,不必采用高纯 Ar,可用粗 Ar(一般含有 $2\%O_2+0.2\%N_2$ 与 O_2 或/及 CO_2 配合)。
3. 焊接钛、锆及镍时,应采用高纯 Ar。

(2)焊丝

熔化极氩弧焊时,焊丝中合金元素的烧损量很小,因此无论是低碳钢、低合金钢、不锈钢,还是铝及铝合金,一般均采用与母材成分相近的焊丝。有时为了改善焊接性,提高接头强度,需要采用与母材成分不同的焊丝。表 3-3 给出了各种铝合金通常选用的焊丝。表 3-4 给出了常用铝合金焊丝的成分。表 3-5 给出了常用不锈钢通常选用的焊丝。碳钢和合金钢的焊接可选用 CO_2 焊焊丝,国内有些单位也生产了专用混合气体钢焊丝。

表 3-3　铝合金焊丝的选用

母材	焊丝
纯 Al:L1,L2,L3,L4,L5,L6	同母材或丝 301,丝 311
LF2	同母材或丝 321,丝 311
LF3	同母材或 LF3,丝 311
LF5	同母材或 LF5,丝 311
LF6	同母材或 LF6,丝 311

表 3-3(续)

母材	焊丝
LY11　LY12	同母材或 LF6+(0.15%~0.24%)Ti,其余为 A1
LY15	(6%~7%)Cu,(2%~2.5%)Ni,(1.6%~7%)Mg,(0.4%~0.6%)Mn,(0.2%~0.3%)Ti,其余为 A1

表 3-4　常用铝合金焊丝的成分

牌号		型号	化学成分/%						
			Mg	Mn	Si	Fe	Ti	其他	Al
国内产品	HS301	SA1-3 (ER1100)	—	—	≤0.3	≤0.3	—		99.6
	HS311	SA1Si-3 (ER4043)	—	—	4.5~6	≤0.6	—		余量
	HS321	SA1Mn	—	1.0~1.6	—	≤0.7	—		余量
	HS331	SA1Mg-5	4.7~5.7	0.2~0.6	≤0.4	≤0.4	0.05~0.2		余量
国外产品	1100	ER1100		0.05	Fe+Si=0.95		Cu5.8~6.8		余量
	2319	ER2319	0.02	0.2~0.4	0.20	0.3	0.1~0.20		余量
	4043	ER4043	0.05	0.05	4.5~6.0	0.8	0.20		余量
	4047	ER4047	0.10	0.15	11.0~13.0	0.80		Zn0.20	余量
	5183	ER5183	4.3~5.2	0.5~2.0	0.40	0.4	0.15		余量
	5356	ER5356	4.5~5.5	0.05~0.2	0.25	0.4	0.06~0.2		余量
	5554	ER5554	2.4~3.0	0.5~1.0	0.25	0.4	0.05~0.2		余量
	5556	ER5556	4.7~5.5	0.50~1.0	0.25	0.4	0.05~0.2		余量
	5654	ER5654	3.1~3.9	0.01	Fe+Si≤0.45			Cr0.15~0.35	余量

表 3-5　常用不锈钢通常选用的焊丝

母材	焊丝牌号	焊丝主要成分
00Cr18Ni11(低碳,且焊后不进行热处理)	H00Cr19Ni9	20%Cr,10%Ni,<0.03%C
0Cr18Ni10	H0Cr19Ni9	20%Cr,10%Ni
1Cr18Ni9Ti	H0Cr19Ni9Ti	19%Cr,9%Ni,Ti
1Cr18Ni9Ti(用于耐热环境)	H1Cr19Ni10Nb	19%Cr,10%Ni,Nb
1Cr18Ni12Mo3Ti	H0Cr19Ni11Mo3	19%Cr,11%Ni,2.5%Mo
1Cr18Ni8	H1Cr25Ni13	25%Cr,13%Ni
2Cr25Ni20Si2,2Cr23Ni18	H1Cr25Ni20	25%Cr,20%Ni

2. 钨极氩弧焊的焊接材料

(1)氩气(Ar)

①氩气的性质。氩气是一种无色、无味的单原子惰性气体,密度为空气的1.4倍。由于氩气比空气重,使用时不易漂浮散失,因此能在熔池上方形成较好的覆盖层,有利于起到保护焊缝金属的作用。另外,在用氩气保护焊接时,产生的烟雾较少,便于观察、控制熔池和电弧。

氩气既不与任何金属产生化学反应,也不溶解于金属中,因此可以避免焊缝金属中的合金元素的烧损及由此带来的其他焊接缺陷,使得焊接冶金反应变得简单和容易控制。

氩气的另一个应用特点是具有较低的热导率且是单原子气体,高温时不分解、不吸热,所以在氩气中燃烧的热量损失较少。在氩气中,电弧一旦引燃,燃烧就很稳定。在各种保护气体中,氩弧的稳定性最好,即使在低电压时也十分稳定。氩气对电弧的热收缩效应较小,即使氩弧长度稍有变化,也不会显著地改变电弧电压,因此电弧稳定,很适合手工焊。

②对氩气纯度的要求。氩气是制氧时的副产品,是通过分馏液化空气制取的。氩气的沸点介于氧、氮之间,因此制取时会残留一定量的其他杂质。若杂质含量过多,在焊接过程中不但影响对熔化金属的保护,而且易使焊缝产生气孔、夹渣等缺陷,并使钨极的烧损增加。按照我国现行有关标准的规定,氩气纯度应达到99.99%才完全合乎焊接铝、钛等活泼金属的要求。我国生产的焊接用氩气有99.99%及99.999%两种纯度,均能满足各种材料的焊接要求,其成分要求见表3-6。

表3-6　焊接用氩气的成分要求/%

氩气纯度	N_2	O_2	H_2	C_nH_m	H_2O
≥99.99	<0.01	<0.015	<0.000 5	<0.001	30 mg/m^3
≥99.999	≤10^{-4}	≤10^{-5}	≤$5\sim10^{-6}$	10^{-5}	≤$2\sim10^{-5}$

③氩气的储运。氩气可在低于-184 ℃的温度下以液态形式储存和运送,但焊接时,氩气大多装入钢瓶中,供焊工使用。氩气瓶是一种钢质圆形高压容器,目前,我国常用氩气瓶的容积为33 L、40 L、44 L,满瓶时的压力为15 MPa,其外面涂成灰色,用绿色漆标以"氩气"二字。氩气瓶在使用中应直立放置,严禁敲击、碰撞等,也不得用电磁起重搬运机搬运,并防止日光暴晒。装运时,应戴好瓶帽,以免损坏接口螺纹。

(2)填充金属

采用钨极氩弧焊焊接厚板时,需要开V形坡口,并添加必要的填充金属。填充金属的主要作用是填满坡口,并调整焊缝成分,改善焊缝性能。

目前我国尚无专用钨极氩弧焊焊丝标准,一般选用熔化极气体保护焊用焊丝或焊接用钢丝。焊接低碳钢及低合金高强度钢时一般按照"等强匹配"原则选择焊丝;焊接铜、铝、不锈钢时一般按照"等成分匹配"原则选择焊丝。焊接异种金属时,如果两种金属的组织性能不同,则选用焊丝时应考虑抗裂性及碳的扩散问题;如果两种金属的组织相同,而力学性能不同,则最好选用成分介于两者之间的焊丝。

目前我国尚无专用钨极氩弧焊焊丝标准,一般选用熔化极气体保护焊用焊丝或焊接用钢丝。已有的国家或行业焊丝标准如下:

GB/T 8110—1995《气体保护电弧焊用碳钢、低合金钢焊丝》。

GB/T 14957—1994《熔化焊用钢丝》。

GB 4233—1984《惰性气体保护焊接用不锈钢棒及焊丝》。

GB 4242—1984《焊接用不锈钢丝》。

GB 9460—1988《铜及铜合金焊丝》。

GB 10858—1989《铝及铝合金焊丝》。

GB 10044—1988《铸铁焊条和焊丝》。

GB/T 15620—1995《镍及镍合金焊丝》。

在没有相应标准时,可由供需双方商定。

焊丝形式有两种,即手工用定长焊丝和自动焊用连续焊丝。手工用拔制或铸造的直裸焊丝切割成一定长度,直径小于 1.6 mm 的焊丝用于精细工件,直径 2 mm 以上的焊丝用于较大电流的焊接。一般的软金属焊丝,也可从盘丝上截取后用手矫直再用于焊接。盘状焊丝多用于自动或半自动焊。表 3-7 给出了常用钢种的推荐焊丝牌号。

表 3-7 给出了常用钢种的推荐焊丝牌号

钢材		选用的焊丝牌号
类别	牌号	
碳钢	Q235,Q235F,Q235g	H08Mn2Si
	10,15g,20g,22g,25	H05MnSiAlTiZr
低合金钢	16Mn,16Mng	H10Mn2
	16MnR,25Mn	H08Mn2Si
	15MnV,16MnVCu	H08MnMoA
	15MnVN,19Mn5	H08Mn2SiA
低合金耐热钢	18MnMoNb,14MnMoV	H08Mn2SiMo
	12CrMo,15CrMo	H08CrMoA,H08CrMoMn2Si
	20CrMo,30CrMoA	H05CrMoVTiRe
	12Cr1MoV, 15Cr1MoV, 20CrMoV	H08CrMoV,H05CrMoVTiRe
	15Cr1MoV, 20CrMoV	H08CrMnSiMoV
	12Cr2MoWVTiB	H10Cr2MnMoWVTiB
	G102	H08Cr2MoWVNbB
	G106 钢	H10Cr5MoVNbB
不锈钢	OCr18Ni9,1Cr18Ni9	H0Cr18Ni9
	1Cr18Ni9Ti	H0Cr18Ni9Ti
	00Cr17Ni13Mo2	H0Cr18Ni12Mo2Ti
低温钢	09Mn2V	H05Mn2Cu,H05Ni2. 5
	06AlCuNbN	H08Mn2WCu
	3. 5Ni,06MnNb	H00Ni4. 5Mo

表 3-7(续)

钢材		选用的焊丝牌号
类别	牌号	
低温钢	06AlCuNbN	H05Ni4Ti
	9Ni	H00Ni11Co,H06Cr20Ni60Mn3Nb
异种钢	G102+12CrMoV,G102+15CrMo	H08CrMoV
	G102+碳钢	H08Mn2Si,H08CrMoV,H13CrMo
	G102+1Cr18NiTi, G102+G106	镍基焊丝
	12Cr1MoV+碳钢	H08Mn2Si,H05MnSiAlTiZr
	12CrMoV+15CrMo	H13CrMo,H08CrMoV

(3)钨极

钨极是钨极氩弧焊的电极材料,对电弧的稳定性和焊接质量有很大的影响。通常要求钨极具有电流容量大、施焊损耗小、引弧和稳弧性能好等优点,这主要取决于钨极的电子发射能力的大小。

①钨极的种类。钨极有纯钨极、钍钨极、铈钨极、锆钨极和镧钨极五种,目前常用的是前三种。

a. 纯钨极。纯钨极含钨 99.85%(质量分数)以上,熔点很高(约为 3 390~3 479 ℃),沸点也很高(约为 5 900 ℃),不易熔化和蒸发,是使用最早的一种电极材料。但纯钨极发射电子的电压较高,要求焊机具有高的空载电压。另外,纯钨极易烧损,电流越大烧损越严重,因此目前很少使用。

b. 钍钨极。在纯钨极的基础上加入 1%~2%(质量分数)的氧化钍的钨极称为钍钨极。由于钨极棒内含有钍元素,使钨极发射电子的能力增加,具有电流承载能力较好、寿命较长且抗污染性能较好、容易引弧、所需的引弧电压小、电弧稳定性好等优点。其缺点是成本较高,钍钨极的粉尘具有微量的放射性,在磨削电极时,需注意防护。

c. 铈钨极。在纯钨极的基础上加入 2%(质量分数)的氧化铈的钨极称为铈钨极。它比钍钨极具有更大的优点,电弧细长,热量集中,电流密度可提高 5%~8%;烧损率低,寿命长,易引弧,电弧稳定,几乎没有放射性,是一种理想的电极材料,也是我国目前推广使用的钨极。铈钨极的优越性还表现在大电流焊接或等离子弧切割时,其损耗比小电流时更小。

②钨极的牌号、规格。

a. 牌号。纯钨极的牌号是 W1、W2,纯度在 99.85%(质量分数)以上;钍钨极的牌号是 WTh-7、WTh-10、WTh-15;铈钨极的牌号是 WCe-5、WCe-13、WCe-20。

b. 规格。制造厂家按长度范围供给 76~610 mm 的钨极。常用钨极直径为 0.5 mm、1.0 mm、1.6 mm、2.0 mm、3.2 mm、4.0 mm 等。

为了使用方便,钨极的一端常涂有颜色,以便识别。例如,纯钨极为绿色,钍钨极为红色,铈钨极为灰色。

三、焊接设备

(一)熔化极氩弧焊设备

1. 熔化极氩弧焊设备的分类

(1)按操作方式分类。熔化极氩弧焊设备分为半自动和自动两种。半自动熔化极氩弧焊设备是指焊丝自动送进、焊炬由人工操纵的熔化极氩弧焊设备。自动熔化极氩弧焊设备是指焊丝送进、焊炬行走均能够自动进行的熔化极氩弧焊设备。

(2)按所用的电源分类。熔化极氩弧焊设备分为直流及脉冲两种。

(3)按送丝方式分类。熔化极氩弧焊设备分为等速送丝式和均匀送丝式两种。

(4)按用途分类。熔化极氩弧焊设备分为通用设备和专用设备两种。

(5)按照焊接工艺参数的调节方式分类。根据焊接电流的调节方式的不同,熔化极氩弧焊设备可分为以下三类。

①抽头式调节。这类设备一般设有粗调、细调两个转换开关,用于调节焊接电源的外特性,通过调节送丝机构的送丝速度来调节电弧的稳定工作点。这种设备的优点是设备简单、价格便宜;缺点是只能有级调节,调节精度差,调节过程烦琐。

②两元化调节。这类设备一般设有两个旋钮,分别用于调节焊接电流及电弧电压。调节精度比抽头式电源高,但焊接工艺参数的调节仍较麻烦,焊接电流与电弧电压需要合理匹配。

③一元化调节。这类设备又称单旋钮式设备,仅设有一个电流调节按钮,调节焊接电流后,控制系统自动选定与该电流相匹配的电弧电压,通常能满足焊接要求。操作者只需根据焊缝形状、熔合情况或飞溅大小修正一下电弧电压就能获得满意的效果。

2. 熔化极氩弧焊设备的组成

熔化极氩弧焊设备通常由弧焊电源、控制箱、送丝机构、焊炬、水冷系统及供气系统组成,与 CO_2 气体保护焊设备相似。自动熔化极氩弧焊设备还配有行走小车或悬臂梁等,送丝机构及焊炬一般安装在小车上或悬臂梁的机头上,如图 3-3 所示。

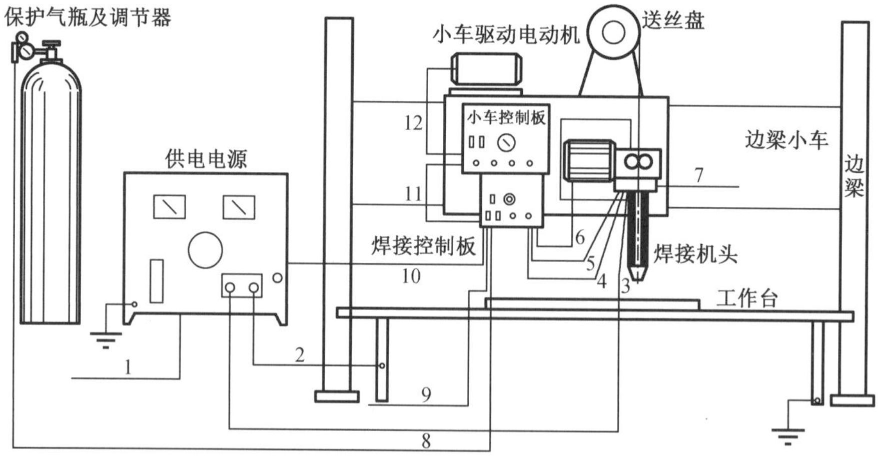

1—电源输入;2—工件插头及连接;3—供电电缆;4—保护气输入;5—冷却水输入;6—送丝控制输入;7—冷却水输出;8—输入到焊接控制箱的保护气;9—输入到焊接控制箱的冷却水;10—输入到焊接控制箱的 220 V 交流;11—输入到小车控制箱的 220 V 交流;12—小车电动机控制输入。

图 3-3 熔化极氩弧焊的设备组成示意

(1)熔化极氩弧焊电源

熔化极氩弧焊设备使用的电源有直流和脉冲两种,一般不使用交流电源。通常采用的直流电源有磁放大器式弧焊整流器、晶闸管式弧焊整流器、晶体管式弧焊整流器、逆变式弧焊整流器等几种。

利用细焊丝(直径小于1.2 mm)焊接低碳钢、低合金钢及不锈钢时,一般采用平特性或缓降特性的电源,配以等速送丝式送丝机构。这种匹配的优点是,弧长发生变化时可引起较大的电流变化,电弧自动调节功能强,能够保证弧长的稳定。同时,参数调节方便,通过改变送丝速度可调节电流,改变电源的外特性可调节电压。实际应用的平特性电源的外特性有一定的倾斜率,但一般不大于5 V/100 A。这种匹配方式的熔化极氩弧焊设备适用于薄板及中厚度板的焊接。

利用亚射流过渡工艺焊接铝及铝合金时,一般采用恒流特性的电源,配以等速送丝的送丝机构,依靠电弧的固有自调节作用保证弧长的稳定。这类设备焊接时的最大优点是焊缝成形及熔深非常均匀。

采用粗焊丝(直径大于1.6 mm)进行熔化极氩弧焊焊接时,电弧的自调节作用很弱。为了保证弧长自动调节的精度及灵敏度,一般采用均匀送丝(弧压反馈)式送丝机构,配以陡降特性或垂直特性的电源,依靠弧压反馈调节作用保证弧长的稳定。均匀送丝熔化极氩弧焊设备的优点是焊接速度快、效率高、焊接成本低、焊缝质量高,通常用于中厚度板及大厚度板的焊接。

(2)控制箱

控制箱中装有焊接时序控制电路。主要是控制焊丝的自动送进、提前送气、滞后停气、引弧、电流通断、电流衰减、冷却水流的通断及焊丝的送进等。对于自动焊机,还要控制小车的行走机构。

(3)气路和水路

熔化极氩弧焊设备的气路系统由气瓶、减压阀、流量计、软管及气阀等组成。

利用混合气体进行焊接时,要求将两种或三种气体按照一定的配比混合好,然后再输送至软管中。这要求利用一配比器。利用配比器可方便地调整混合气体的配比。采用双层保护气体焊接钛、镁等活泼金属时,如果两层保护气体具有不同的成分,应采用两套供气系统。

水路系统通以冷却水,用于冷却焊枪及电缆,通常水路中设有水压开关。当水压太低或断水时,水压开关将断开控制系统电源,使焊机停止工作,保护焊接设备不被损坏。

(4)焊枪

熔化极气体保护焊的焊枪分为半自动焊枪和自动焊枪,前者是手握式,后者安装在有行走机构的机头上。焊枪是半自动熔化极氩弧焊设备的关键组成部件之一。焊枪主要由导电嘴、喷嘴、枪体及冷却水套等组成。其作用是送丝、导通电流、向焊接区输送保护气体等。焊枪包括用于大电流、高生产率的重型焊枪和适用于小电流、全位置的轻型焊枪。

对焊枪性能和结构的基本要求如下。

①必须有一个将焊接电流传递给焊丝的导电嘴,焊丝能均匀连续地从其内孔通过,导电嘴的导电性能要好,耐磨、熔点高,而且根据焊丝尺寸和磨损情况可以随时更换;

②必须有一个向焊接区输送保护气体的通道和喷嘴,喷嘴应与导电嘴绝缘,而且可根据需要可便地更换;

③焊枪必须有冷却措施,可以是气冷或水冷;

④焊枪结构应紧凑、便于操作,尤其是手握式焊枪,应轻便灵活。

按照送丝方式的不同,半自动焊枪分为推丝式及拉丝式两种。拉丝式焊枪的送丝机构、送丝电机均安装在焊枪上,故焊枪比较笨重,但可在远离焊机的位置作业。推丝式焊枪结构简单、质量小、操作灵活,应用较广泛。

半自动焊枪按照外形通常分为鹅颈式及手枪式两种,如图 3-4 所示。鹅颈式焊枪应用最广泛,它适合于小直径焊丝,使用轻巧灵便,特别适合结构紧凑难以达到的拐角处和某些受限制区域的焊接。鹅颈式熔化极气冷焊枪的技术参数见表 3-8。

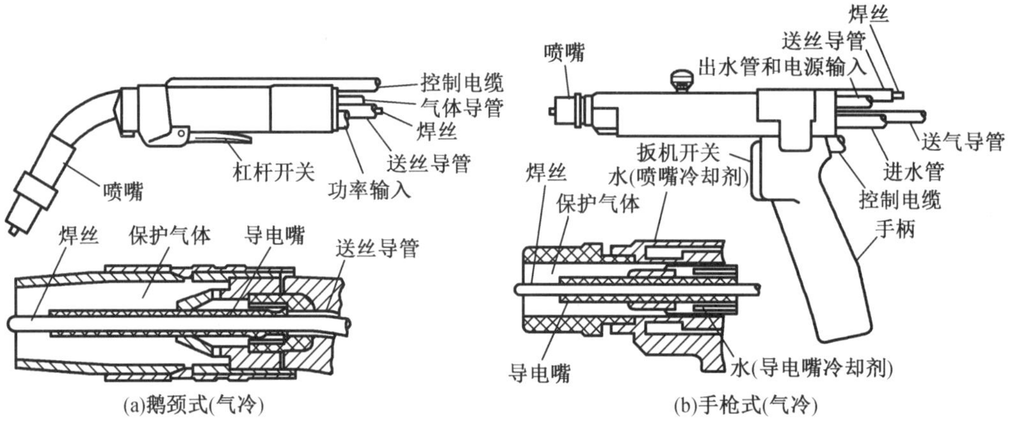

图 3-4　熔化极气体保护焊的半自动焊枪

表 3-8　鹅颈式熔化极气冷焊枪的技术参数

焊枪型号	GA-15C	GA-20C	GA-40C	GA-40GL
负载持续率/%	60	100	60	60
额定电流/A	150	200	400	400
焊丝种类	钢焊丝	钢焊丝	钢焊丝	药芯焊丝
焊丝直径/mm	0.8~1.0	0.8~1.2	1.0~2.0	1.2~2.4
电缆型号	YHQB	YHQB	YHQB	—
电缆长度/m	3	3	3	3
电缆截面积/mm^2	13	35	45	50

注:额定电流及相应的负载持续率为使用 CO_2 的条件。

按照冷却方式的不同,半自动熔化极氩弧焊焊枪可分为气冷式和水冷式两种:额定电流在 200 A 以下的焊枪通常为气冷式;超过上述电流时应该采用水冷式焊枪。焊接内角接头或 T 形接头时,传给焊枪的热量要比焊接对接、搭接和端接接头时多得多,因此专用于角接头和 T 形接头的焊枪,对其冷却的要求更高。

手枪式焊枪适合于较大直径的焊丝,它一般采用水冷。表 3-9 列出了几种手枪式熔化极气体保护焊枪的技术参数。自动焊焊枪的结构与半自动焊焊枪相似,但其载流容量较大,工作时间较长,一般都采用水冷。图 3-5 所示为一种自动熔化极惰性气体保护焊焊枪的结构示意图。在容量相同的情况下,气冷焊枪一般比水冷焊枪重。

表 3-9　手枪式熔化极气体保护焊枪的技术参数

型号	Q-1	Q-3	Q-11	Q-17	Q-19
送丝方式	推丝式	推丝式	推拉丝式	推丝式	推丝式
额定焊接电流/A	500	200	160	385	250
负载持续率/%	60	100	60	100	60
焊丝种类	铝焊丝	钢焊丝/铝焊丝	钢焊丝	钢焊丝/铝焊丝	钢焊丝
焊丝直径/mm	2~3	0.8~1.2	0.6、0.8、1.0	2.4、2.8、3.2	1.0~1.2
电缆长度/m	3	3	3		
质量/kg	0.6	1.2	3(包括焊丝盘)	0.66	0.6

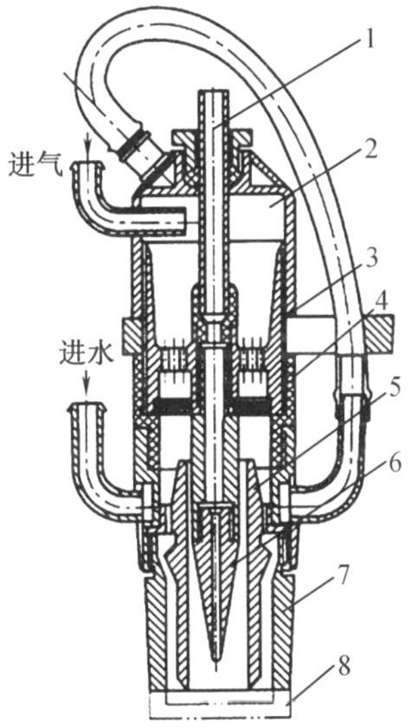

1—铜管;2—镇静室;3—导流体;4—铜筛网;5—分流套;6—导电嘴;7—喷嘴;8—帽盖。

图 3-5　一种自动熔化极惰性气体保护焊焊枪的结构示意(双层气流保护)

除了上述两种推丝焊枪外,还有两种拉丝焊枪。其中有一种焊枪上不但装有小型送丝机构,而且还装有重约 5 kg 的小型焊丝盘。这种焊枪主要用于细焊丝和软焊丝(如铝焊丝)。

(5)送丝系统及软管

熔化极惰性气体保护焊、熔化极混合气体保护焊以及 CO_2 焊所使用的送丝系统是相同的,一般由焊丝盘、送丝电机、减速装置、送丝滚轮、压紧装置以及送丝软管等组成。送丝系统的主要作用是将焊丝输送到焊接区,并通过一定的控制方式(等速送丝及弧压反馈)保证弧长的稳定。有些送丝系统还配有焊丝矫直装置。工作时,盘绕在焊丝盘上的焊丝先经矫直轮矫直后,再经过安装在减速器输出轴上的送丝轮,最后经过送丝软管送向焊枪。

根据速度调节方式的不同,送丝系统分为等速送丝和均匀(弧压反馈)送丝两种。根据送丝滚轮与送丝软管的相对位置的不同,送丝方式可分为推丝式、拉丝式及推拉丝式三种,与 CO_2 气体保护焊相同。

熔化极气体保护焊送丝系统的核心部分是送丝机构,通常由动力部分(电动机)、传动部分(减速器)和执行部分(送丝轮)等组成。常见的平面式送丝机构示意见图 3-6。

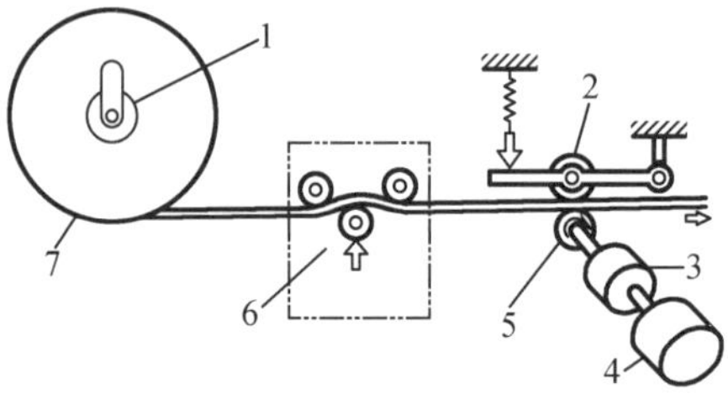

1—焊丝盘转轴;2—送丝滚轮(压紧轮);3—减速器;4—电动机;
5—送丝滚轮(主动轮);6—焊丝矫直机构;7—焊丝盘。

图 3-6 平面式送丝机构示意图

这种送丝机构的特点是送丝滚轮旋转面与焊丝输送方向在同一平面上。从焊丝盘出来的焊丝,经矫直轮矫直后进入两只送丝滚轮之间,滚轮由电动机驱动,靠滚轮与焊丝间的摩擦力驱动焊丝沿切线方向移动。

根据焊丝直径和材质,送丝滚轮可以是 1 对或 2~3 对。每对滚轮又分为单主动或双主动(图 3-7)。前者缺点是从动轮易打滑,送丝不够稳定;后者靠齿轮啮合而转动,增大送进力,减小焊丝偏摆,送丝稳定性好,但两主动轮尺寸须相等,否则焊丝打滑。送丝滚轮的表面形状有多种,其中轮缘压花且带 V 形槽的能有效防止焊丝打滑和增加送进力,但易压伤焊丝表面,增加送丝阻力和导电嘴的磨损。送丝滚轮材料常用 45 钢,制成后淬火到硬度 45~50 HRC,以增强耐磨性。

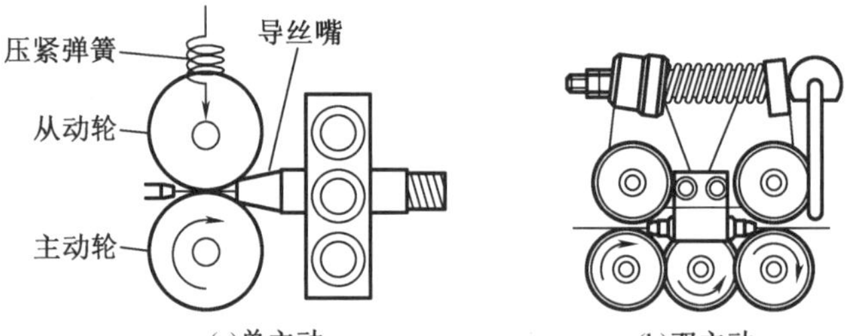

(a)单主动　(b)双主动

图 3-7 送丝滚轮示意图

国内有专业厂单独生产可与各种半自动熔化极气体保护焊电源配套使用的送丝机构。表 3-10 列出了部分国产熔化极气体保护焊送丝机参数。

表 3-10 部分国产熔化极气体保护焊送丝机参数

型号	适用范围	送丝直径			送丝速度 $/m\cdot min^{-1}$
		钢实芯焊丝	铝实芯焊丝	药芯焊丝	
S86A 系列	CO_2 焊	0.8~2.0	—	3.2(最大)	1.7~21
SDY-15S	CO_2 焊/MIG/MAG	0.8,1.0,1.2,1.6	1.2,1.6,2.0,2.4	1.2,1.6,2.0,2.4	1.5~16
HG 系列	CO_2 焊	1.0,1.2,1.6,2.0	—	—	1~15

表 3-10(续)

型号	适用范围	送丝直径			送丝速度 /m·min^{-1}
		钢实芯焊丝	铝实芯焊丝	药芯焊丝	
SS-HB	CO_2 焊	1.0,1.2,1.6,2.0	—	—	1~15
NT 系列	CO_2 焊/MIG/MAG	0.8,1.0,1.2,1.6		—	1.5~18
S-52A	CO_2 焊/MIG/MAG	0.8~1.6		—	2.5~18.4
S-52D(双主动轮)	CO_2 焊/MIG/MAG	—		—	1.8~19
S-54D(四主动轮)	CO_2 焊/MIG/MAG	—		—	1.8~19

送丝软管一般用弹簧钢丝绕制,或用四氟乙烯或尼龙材料等制成。前者适用于不锈钢、碳钢、低合金钢等的焊接,后者适用于铝及铝合金等有色金属的焊接。应合理选用送丝软管内径,以减小送丝阻力。表 3-11 列出了不同直径的焊丝应选配的送丝软管直径。

表 3-11 不同直径的焊丝应选配的送丝软管直径

焊丝直径/mm	0.8~1.0	1.0~1.4	1.4~2.0	2.0~3.5
软管直径/mm	1.5	2.5	3.2	4.7

(二)钨极氩弧焊设备

1. 钨极氩弧焊设备的分类

钨极氩弧焊(TIG)焊机的分类方法有多种。按操作方式分类,可分为手工钨极氩弧焊焊机和自动钨极氩弧焊焊机两种。按所用电源类型分类,可分为直流钨极氩弧焊焊机、交流钨极氩弧焊焊机及脉冲钨极氩弧焊焊机三种,此外还有交、直流两用钨极氩弧焊焊机;按引弧方式分类,可分为接触引弧式和非接触引弧式钨极氩弧焊焊机。

2. 钨极氩弧焊设备的组成

手工钨极氩弧焊焊机通常由焊接电源、焊接控制系统、焊枪、水冷系统及供气系统等部分组成,如图 3-8 所示。交流钨极氩弧焊焊机所需的引弧和稳弧装置,以及隔直装置等经常和控制系统设置在一个控制箱内,专用钨极氩弧焊焊机为了使设备紧凑已趋于和电源组合成一体。

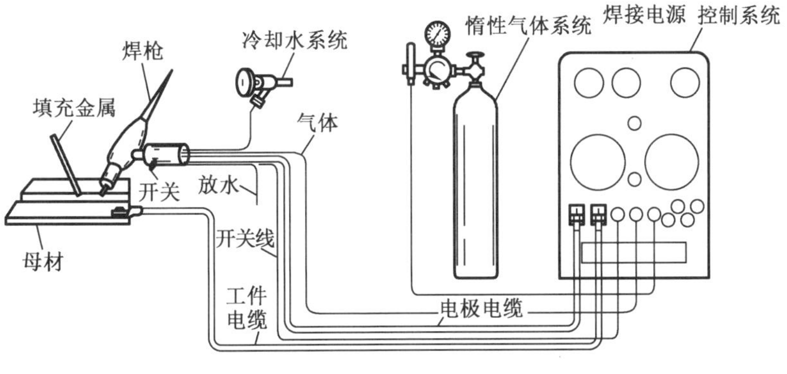

图 3-8 手工钨极氩弧焊设备的组成

自动钨极氩弧焊焊机比手工钨极氩弧焊焊机多了一个焊枪移动装置(行走小车)和焊丝送进机构,通常小车和送丝机构结合在一台可行走的焊接小车机头上。图 3-9 所示为自动钨极氩弧焊焊枪与导丝嘴的调节。专用自动钨极氩弧焊焊机机头是根据用途和产品结构而设计的,如管子-管板孔口环缝自动钨极氩弧焊焊机、管子对接内环缝或外环缝自动钨极氩弧焊焊机等。

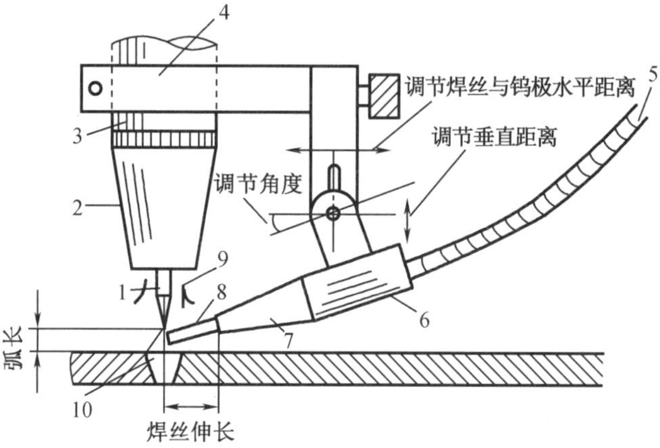

1—钨极;2—喷嘴;3—焊枪体;4—焊枪夹;5—焊丝导管;6—导丝装置;7—导丝嘴;8—焊丝;9—保护气体;10—熔池。

图 3-9 自动钨极氩弧焊焊枪与导丝嘴的调节

(1)焊接电源

无论直流或交流钨极氩弧焊,都要求使用具有陡降外特性或垂降外特性的弧焊电源,主要是为了得到稳定的焊接电流,减少或排除因弧长变化而引起的焊接电流波动。通常外特性曲线工作部分斜率最大,为 7 V/100 A。

作为钨极氩弧焊的电源有直流、交流和脉冲电源三种。直流电源有旋转式弧焊发电机、磁放大器式弧焊整流器、可控硅弧焊整流器、晶体管电源、逆变电源等几种。交流电源有正弦波交流电源及方波交流电源。这些焊接电源从结构与要求上和一般焊条电弧焊并无多大差别,只是外特性要求更陡些。

钨极氩弧焊焊机所用电源的空载电压一般要比手工电弧焊电源的空载电压高,《钨极氩弧焊机技术条件》(JB 2837—88)规定的钨极氩弧焊焊机的空载电压要求见表 3-12。目前使用最为广泛的是晶闸管式弧焊电源和逆变电源,各种逆变电源具有优良的性能指标及节能效果,将逐步成为主导产品。

表 3-12 钨极氩弧焊焊机的空载电压

焊机及电流种类		手工钨极氩弧焊		自动钨极氩弧焊	
		交流(有效值)	直流(平均值)	交流(有效值)	直流(平均值)
空载电压/V	最小	70	65	70	65
	最大	90	80	100	100

(2)控制箱及引弧装置

①控制箱。

控制箱中主要安装焊接时序控制电路,主要任务是控制提前送气、滞后停气、引弧、电流通断、电流衰减、冷却水流通断等。对于自动钨极氩弧焊焊机,还要控制小车行走机构行走以及送丝机构送丝。

②引弧装置。

钨极氩弧焊电弧引燃的方式有接触引弧和非接触引弧两种。

a. 接触引弧。接触引弧是通过接触-回抽过程实现的。引弧时首先使钨极与工件接触,此时,短路电流被控制在较低的水平上(通常小于 5 A);钨极回抽后,在很短的时间内(几微秒)将电流切换为所需要的大电流,将电弧引燃。这种方法仅适用于直流正接的直流氩弧焊机,最大的优点是避开了高频电及高压脉冲的干扰,可用于计算机控制的焊接设备或焊接机器人中。

b. 非接触引弧。大电流钨极氩弧焊焊机一般不采用接触引弧。因为接触引弧时,强大的短路电流不但使钨极因发生熔化而烧损,而且还易使液态钨进入熔池中,造成焊缝夹钨,影响焊缝力学性能。

常用的非接触引弧方式有以下两种。

Ⅰ. 高频振荡器引弧。通常将高频振荡器串接在焊接回路中。当高频振荡器接通时,输出端可输出频率为 150~260 kHz、电压为 3 000 V 左右的高频电压,该电压施加在钨极和工件之间,击穿两极间的气隙,引燃电弧。在以前的交流钨极氩弧焊焊机中,曾经用高频振荡器作稳弧装置,但由于其相位控制不可靠,因此目前已很少用它作稳弧装置。

Ⅱ. 高压脉冲引弧。在焊接回路中串接一高压脉冲发生器。在引弧时,该发生器将 2 000~3 000 V 的高压脉冲施加到钨极和工件之间,击穿气隙引燃电弧。对于直流钨极氩弧焊焊机来说,高压脉冲发生器与焊接回路的连接比较简单,只需通过一隔离变压器串接至焊接回路即可。对于交流钨极氩弧焊焊机来说,应通过一定的方式控制高压脉冲,使之叠加在反极性半波空载电压最大的相位处,以利于电弧的引燃。高压脉冲引弧装置也广泛用作交流钨极氩弧焊的稳弧装置,不过稳弧时,高压脉冲应施加在正半波向负半波转变的相位处。

(3)焊枪、行走小车及送丝机

钨极氩弧焊焊炬又称钨极氩弧焊焊枪,其主要作用是夹持钨极、传导焊接电流和输送并喷出保护气体。焊枪应满足下列要求:

a. 喷出的保护气体具有良好的流动状态和一定的挺度,以获得可良好的保护效果;

b. 有良好的导电性、气密性和水密性(用水冷时);

c. 充分冷却,以保证能持久工作;

d. 喷嘴与钨极之间绝缘良好,以避免喷嘴和工件接触发生短路、起弧;

e. 质量小,结构紧凑,可达性好,装拆维修方便。

自动钨极氩弧焊焊机还配有行走小车及送丝机,以实现焊接电弧的自动移动及焊丝的自动送进。

依据冷却方式的不同,焊枪分为水冷式和气冷式两种。

①水冷式焊枪。

用水对焊接电缆及喷嘴进行冷却,因此能够承受较大焊接电流(≥150A)的焊接,其冷却作用主要由流过焊枪内导电部分和焊接电缆的循环水来实现，结构比较复杂，比气冷式重而贵。手工钨极氩弧焊用水冷式焊枪的结构如图 3-10。

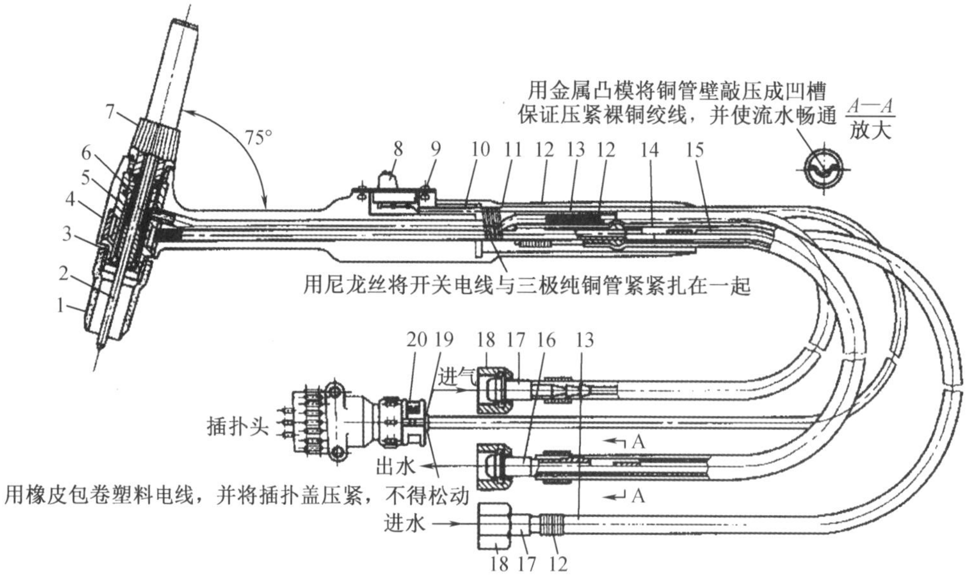

1—陶瓷喷嘴；2—钨电极；3—4 mm×6 mm 封环；4—枪体；5—枪体塑料压制件；6—扎头套筒；7—绝缘帽；
8—KBl 型拨动式波段开关；9—M2 mm×6 mm 球面圆柱螺钉；10—2×23/0.15 mm^2 双股并联塑胶线；
11—手柄；12—直径 0.5 mm 尼龙线；13—长度 5 m、内径 5 mm 聚氯乙烯半透明塑料管；
14—长度 5 m、内径 10 mm 聚氯乙烯半透明塑料管；15—长度 5 m 的 400 根 36 号镀锡裸绞线；16，17—管接头；
18—螺母；19—厚度 2 mm 软橡皮 20 mm×60 mm；20—直式电缆插头（阳插头）。

图 3-10　PQI-350-1 型水冷式焊枪的结构

②气冷式焊枪。

冷却作用主要是由保护气体的流动来完成的，具有结构紧凑、质量小、尺寸小、便于操作和价格比较低的特点，但允许通过的焊接电流较小（≤100 A）。一般来说，焊接电流在 150 A 以上的设备必须采用水冷焊枪。

按照焊枪的外部形状及特征，钨极氩弧焊枪又可分为笔式及手把式两种。

钨极氩弧焊焊枪型号的编制方法如下：

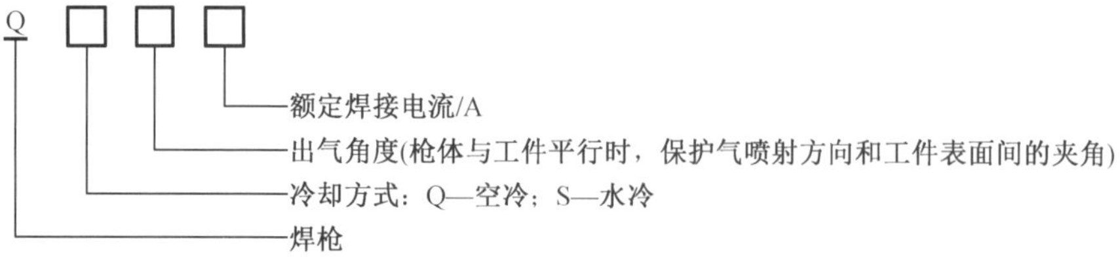

焊枪的各种规格是按它能采用的最大焊接电流来划分的，它们将适应不同规格的电极和不同类型与尺寸的喷嘴。焊枪头部的倾斜角度，即电极与手柄之间的夹角在 0°～90°之间。常用手工钨极氩弧焊焊枪的技术参数见表 3-13。

表 3-13　常用手工钨极氩弧焊焊枪的技术参数

型号	冷却方式	出气角度/(°)	额定焊接电流/A	适用钨极尺寸/mm		开关形式	质量/kg
				长度	直径		
PQI-150	循环水冷却	65	150	110	1.6,2,3	推键	0.13
PQI-350		75	350	150	3,4,5	推键	0.3
PQI-500		75	500	180	4,5,6	推键	0.45
QS-0/150		0(笔式)	150	90	1.6,2,2.5	按钮	0.14
QS-65/300		65	200	90	1.6,2,2.5	按钮	0.11
QS-0/150		85(近直角)	250	160	2,3,4	船形开关	0.26
QS65-300		65	300	160	3,4,5	按钮	0.26
QS-75/400		75	400	150	3,4,5	推键	0.40
QQ-0/10	气冷却(自冷)	0(笔式)	10	100	1.0,1.6	微动开关	0.08
QQ65/75		65	75	40	1.0,1.6	微动开关	0.09
QQ-0~90/75		0~90(可变角)	75	70	1.2,1.6,2	按钮	0.15
QQ85/100		85(近直角)	100	160	1.6,2	船形开关	0.2
QQ-0~90/150		0~90	150	70	1.6,2,3	按钮	0.2
QQ-85/150-1		85	150	110	1.6,2,3	按钮	0.15
QQ-85/150		85	150	110	1.6,2,3	按钮	0.2
QQ-85/200		85(近直角)	200	150	1.6,2,3	船形开关	0.26

选用手工钨极氩弧焊焊枪时应考虑的因素有：被焊工件材质、工件厚度、焊道层数、焊接电流的种类及极性、钨极直径、坡口形式、焊接速度、焊接接头的空间位置、经济性等。

自动钨极氩弧焊用的笔直的水冷式焊枪往往是大电流连续工作，内部结构和手工钨极氩弧焊焊枪一样。当必须在非常局限的位置上进行焊接时，可自行设计与制造专用的焊枪。

③喷嘴。

喷嘴的形状和尺寸对气流的保护性能影响很大，为了使出口处获得较厚的层流层，以取得良好的保护效果，可以采取以下措施。

a. 喷嘴上部有较大的空间作为缓冲室，以降低气流的初速。

b. 在喷嘴下部为断面不变的圆柱形通道。通道越长，保护效果越好；通道直径越大，保护范围越宽。但其可达性变差，且影响视线。通常圆柱通道内径 D_0、长度 l_0 和钨极直径 d_0 之间的关系约为(单位为 mm)

$$D_0=(2.5\sim3.5)d_0$$

$$l_0=(1.4\sim1.6)D_0+(7\sim9)$$

c. 有时在气流通道中加设多层铜丝网或多孔隔板(称为气筛或气体透镜)，以限制气体横向运动，有利于形成层流。

喷嘴内表面应保持清洁，若喷孔沾有其他物质，将会干扰保护气柱或在气柱中产生紊流，影响保护效果。有些金属(如 Ti 等)在高温下对空气污染很敏感，焊接时应使用带拖罩的喷嘴。

当前生产中使用的喷嘴出口形式有三种,如图 3-11 所示。喷嘴截面为圆柱等截面形、收敛形和扩散形。其中圆柱等截面形喷嘴喷出的气流不会因截面变化而引起流速变化,易建立层流流态,有效保护区域最大,应用最广泛;收敛形喷嘴电弧可见度较好,又便于操作,应用也很普遍;扩散形喷嘴一般用于熔化极气体保护焊。收敛形和扩散性喷嘴由于气流流过时会引起流速变化,会缩短喷出气流的层流区和减小保护作用范围。

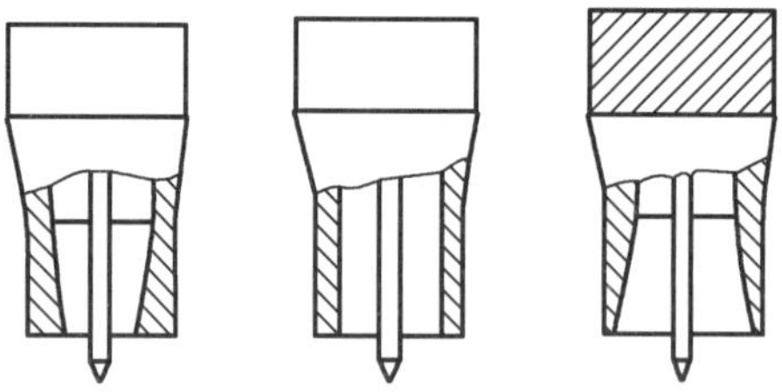

图 3-11　常见的喷嘴出口形式

喷嘴采用的材料有陶瓷、紫铜和石英等。高温陶瓷喷嘴既绝缘又耐热,应用广泛,但焊接电流一般不能超过 350 A。紫铜喷嘴使用电流可达 500 A,需用绝缘套将喷嘴和导电部分隔离。石英喷嘴焊接时可见度好,但价格较贵。目前较普遍应用的是 Al_2O_3 陶瓷喷嘴,它的特点是喷嘴烧红后也不易裂、使用寿命长。这种喷嘴一般由陶瓷厂制造供应。

④送丝机构和焊接小车。

自动钨极氩弧焊焊机需配备焊丝送进机构和携带焊枪移动的行走小车(或机头)。对于小车或自动钨极氩弧焊焊机,当焊接工艺参数确定后,焊接过程的送丝速度和焊枪移动速度(即焊接速度)是恒定的,所以其传动机构与等速送进埋弧自动焊机相似。

(4)气路和水路

①气路系统。

钨极氩弧焊设备的气路系统由氩气瓶、减压阀、浮子流量计、软管及电磁气阀等组成,如图 3-12 所示。气瓶用于盛放氩气或氦气。氩气瓶与氧气瓶一样,标称容量为 40 L,满瓶压力为 15.2 MPa,氩气瓶按规定,外表涂成灰色,并标以“氩气”字样。

减压阀用于将高压气瓶中的气体压力降低至焊接所要求的压力。流量计用于调节和控制保护气体流量的大小,目前国内常用的是浮子式流量计和指针式流量计。有时将流量计和减压阀做成一体,成为组合式,这样使用方便可靠。

电磁气阀以电信号控制气流的通断。电磁气阀有交流和直流两种,通常采用 6 V、110 V 交流电磁气阀或 24 V、36 V 直流电磁气阀,它的开与关受控制系统控制。输送保护气体的软管可采用聚氯乙烯塑料软管,要求防止水、水汽及其他脏物进入气路系统内。

②水路系统。

许用电流大于 150 A 的焊枪一般采用水冷式焊枪,需要有水路系统,水路系统通以冷却水,用水冷却焊炬(焊枪)及电缆。对于手工水冷式焊枪,通常将焊接电缆装入通水的软管中做成水冷电缆,这样可大大提高电流密度、减小电缆质量,使焊枪更轻便。

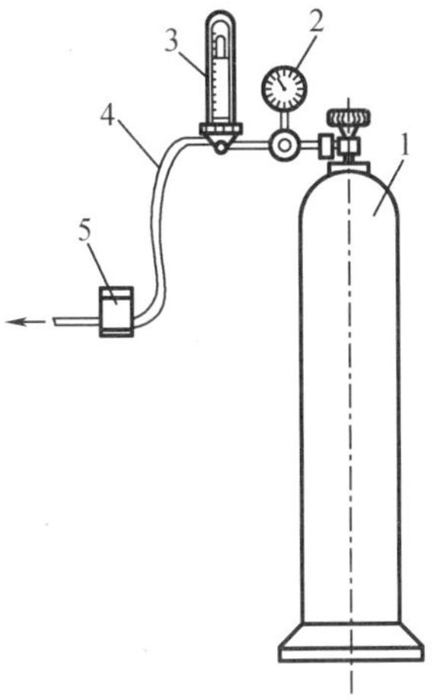

1—高压气瓶;2—减压阀;3—浮子;流量计;4—软气管;5—电磁气阀。

图 3-12　氩弧焊的供气系统

通常水路中设有水压开关,保证冷却水接通并达到一定压力后才启动焊机。必要时可采用水泵,将水箱内的水循环使用。常用的 LF 型水压开关的最高水压为 0.5 MPa。操作的最小流量为 1 L/min,水管直径为 6.35 mm。当水压太低或断水时,水压开关将断开控制系统电源,使氩弧焊焊机停止工作,以保护焊枪不被损坏。

(5)焊接程序控制装置

焊接程序控制装置应满足如下要求:

①焊前提前 1.5~4 s 输送保护气,以排除管内及焊接区域的空气;

②焊后延迟 5~15 s 停气,以保护尚未冷却的钨极和熔池;

③自动接通和切断引弧和稳弧电路;

④控制电源的通断;

⑤焊接结束前电流自动衰减,以消除火口和防止弧坑开裂,这对于环缝焊接及热裂纹敏感材料尤其重要。

3. 钨极氩弧焊设备的技术特点

典型的通用钨极氩弧焊焊机的技术参数见表 3-14。

表 3-14　通用钨极氩弧焊焊机的技术参数

类别	手工交流 钨极氩弧焊机	手工交、直流 钨极氩弧焊机	手工直流 钨极氩弧焊机	自动交、直流 钨极氩弧焊机	手工脉冲 钨极氩弧焊机
型号	WSJ-400-1	WSE5-315	WS-300	W2E-500	WSM-250
电网电压/V	380(单相)	380(单相)	380(单相)	380(单相)	380(单相)
空载电压/V	70~75	80	72	68(直流) 80(交流)	55
额定焊接电流/A	400	315	300	500	脉冲峰值电流 50~250
电流调节范围/A	50~400	30~315	20~300	50~500	基值电流 25~60

表 3-14(续)

类别	手工交流钨极氩弧焊机	手工交、直流钨极氩弧焊机	手工直流钨极氩弧焊机	自动交、直流钨极氩弧焊机	手工脉冲钨极氩弧焊机
引弧方式	脉冲	高频高压	高频高压	脉冲	高频高压
稳弧方式	脉冲	脉冲(交流)	—	脉冲	—
消除直流分量方法	电容	—	—	电容(交流)	—
钨极直径/mm	1~7	1~6	1~5	2~7	1.6~4
额定负载持续率/%	60	35	60	60	60
焊接速度/cm·min^{-1}	—	—	—	8~130	—
送丝速度/cm·min^{-1}	—	—	—	33~1700	—
焊接电流衰减时间/s	—	0~10	0~5	5~15	0~15
气体滞后时间/s	—	0~15	0~15	0~15	0~15
氩气流量/L·min^{-1}	25	25	15	50	15
冷却水流量/L·min^{-1}	1	1	1	1	1
配用焊枪	PQ1-150 PQ1-350 PQ1-500	PQ1-150 PQ1-350	QQ-0-90/75 QS-65/300	—	QS85/250
用途	焊接铝、铝合金	焊接铝、铝合金、不锈钢、高合金钢、纯铜等	焊接不锈钢、耐热钢、铜等	焊接不锈钢、耐热钢及各种有色金属	焊接不锈钢、耐热钢合金、钛合金等
备注	配用 BX3—400 弧焊变压器	交流为矩形波电流，SP% 调节范围为 30%~70%	—	配用 ZX5—500 弧焊整流器及 BX3—500 交流电源各一台	脉冲峰值时间 0.02~3 s 基值电流时间 0.025~3 s

(1)直流手工钨极氩弧焊焊机及电源极性

直流钨极氩弧焊焊机采用直流电源。目前较常用的国产直流手工钨极氩弧焊焊机一般配用晶闸管整流电源、独立的控制箱、焊枪等。近年来，还开发了新型 IGBT 逆变式钨极氩弧焊焊机。新型逆变式焊机的特点是体积小、质量小,且电源与控制箱一体化,结构稳定,已经获得广泛应用。

钨极氩弧焊直流焊接时有两种接线方法:直流正接(DCSP)及直流反接(DCRP)。

①采用直流正接时(DCSP),工件接正极,钨棒接负极。由于钨极(通常为铈钨极或钍钨极)的电子逸出功较小,电子发射能力强,而且耐高温,因此,较小直径的钨棒就可承载较大的电流。与直流反接相比,在同样的焊接电流下,直流正接可采用较小直径的钨棒,这样就使电流密度增大,提高了电弧稳定性,并在工件上形成窄而深的熔池。实际生产中直流正接方法可广泛用于除铝、镁及其合金以外的其他金属的焊接。

②采用直流反接时(DCRP),工件接负极,电子从工件的熔池表面发射,经过电弧加速撞向电极,使钨极易过热而烧损。因此,钨极的载流能力较小,电弧也不够稳定。但直流反接时,电弧具有"阴极清理作用",能去除工件表面的氧化膜。实际生产中,这种接法仅用于焊接铝、镁及其合金的薄板。

(2)交流钨极氩弧焊焊机

交流钨极氩弧焊焊机采用具有陡降特性的交流电源。交流钨极氩弧焊焊机分为正弦波交流及方波交流两种。用交流钨极氩弧焊焊机焊接时,焊接电弧的极性发生周期性变化,因此,工艺上兼有直流正接及直流反接的特点。交流钨极氩弧焊焊机广泛用于铝、镁及其合金的焊接,在交流负半波(工件为负极)时,氩弧对工件产生阴极雾化作用;在交流正半波时,电弧的热量主要集中于工件上,不但使钨极得以冷却,还使焊缝获得足够的熔深。但交流钨极氩弧焊焊机存在电弧不稳定及直流分量等问题,因此在焊接设备上应采取专门的措施予以解决。

①直流分量的消除。

由于钨极与工件的电、热物理性能以及几何尺寸相差很大,使交流钨极氩弧焊正、负半波的电导率、焊接电压、再引燃电压存在很大的差别。因此,正、负半波电流不对称,从而导致直流分量。直流分量既影响焊缝成形,又恶化设备的工作条件,因此设备中通常配置消除直流分量的装置。

正弦波交流钨极氩弧焊焊机通常通过在焊接主回路串接大容量无极性电容器的方法来消除直流分量,这种方法既可完全消除直流分量,又不额外损耗能量。

②稳弧装置。

交流钨极氩弧焊焊机焊接时,极性的交替变化使电弧周期性地熄灭和引燃,而电弧的重新引燃要求外加电压大于再引燃电压。正弦波交流电弧的电流、电压过零时速度较慢,电源电压达到再引燃电压所需要的时间较长,存在较长的熄弧时间,电弧不稳定;特别是从正半波向负半波转变时,由于母材发射电子的能力弱,电弧的重新引燃特别困难,所以正弦波交流钨极氩弧焊焊机必须采取稳弧措施。一般是通过在焊接回路中串接一高压脉冲发生器或高频振荡器来实现稳弧。稳弧脉冲一般施加在电流极性发生变化的瞬间。

方波交流电弧的电压和电流过零时,电流和电压的变化在瞬间完成,因此在较低的焊接电压下(20~40 V)就可使电弧再引燃,基本上无熄弧时间,电弧稳定性很好。所以,方波交流钨极氩弧焊焊机无须采取任何稳弧措施。交流方波钨极氩弧焊焊机特别适于焊接铝合金、镁合金、铝基复合材料以及热敏感性强的材料。

交流钨极氩弧焊焊机有正弦波和方波两类。除了直流钨极氩弧焊焊机及交流钨极氩弧焊焊机以外,国内外还生产了大量的交、直流两用的氩弧焊设备,以提高设备的利用率。

(3)自动钨极氩弧焊焊机

与手工钨极氩弧焊焊机相比,自动钨极氩弧焊焊机具有下列特点:

a. 送丝和电弧的移动通过机械方式自动进行,焊接过程稳定,劳动条件好,对操作人员的技术要求较低;

b. 焊接设备较复杂,设备价格较高;

c. 自动钨极氩弧焊焊机只能焊接一些形状简单的焊缝或接头,如直缝、环缝、管子对接接头、管子相贯线、管板接头等。自动钨极氩弧焊焊机按用途分类,可分为通用自动焊机及专用自动焊机两大类。

①通用的自动钨极氩弧焊焊机。

通用的自动钨极氩弧焊焊机有悬臂式、焊车式、机床式等几种。

a. 悬臂式自动钨极氩弧焊焊机　由悬挂式机头、焊丝盘、立柱、横梁、控制箱、弧焊电源以及气路、水路等组成,焊丝盘与机头悬挂在横梁上。

b. 机床式及焊车式自动钨极氩弧焊焊机　焊车式自动钨极氩弧焊焊机由焊接小车、控制盘、弧焊电源以及气路、水路等组成。焊接机头、焊丝盘、控制盘等均安装在小车上,随小车一起行走。机床式钨极氩弧焊焊机由机床机架、控制箱、电源以及气路、水路等组成,机头、行走机构及焊丝盘均安装在固定的机床上。

②专用的自动钨极氩弧焊焊机。

专用的自动钨极氩弧焊焊机的类型较多,常见的有管子对接焊机、管板焊机、薄板焊机等。

a. 管子对接钨极氩弧焊焊机及管板对接钨极氩弧焊焊机　在锅炉及压力容器、化工、电力、原子能等工业部门的管线及换热器的生产及安装过程中,经常遇到固定管子对接以及管板对接问题,钨极氩弧焊是解决这些问题的最佳方法。目前,国内外已生产了多种形式的专用管子对接、管板对接的自动钨极氩弧焊焊机。

管子对接钨极氩弧焊焊机由管子对接机头、控制箱、弧焊电源等组成,可对处于固定状态的、任意长度的管子进行焊接。焊接过程中,机头绕管子轴线旋转,在计算机程序控制下分段进行焊接。管子安装时要求焊缝两侧的管子平直部分应具有一定长度,管子离开墙面一定距离。机头有敞开式及封闭式两种。前者焊接时电弧是明弧,后者焊接时电弧被机头遮蔽住。封闭式机头通常需要水冷。

管板对接钨极氩弧焊焊机由管板焊接机头、控制箱及电源组成。

b. 薄板钨极氩弧焊焊机　薄板焊接最大的难点在于,焊接过程中薄板变形较大,容易烧穿。因此必须选用控制精度高的电源及焊接工装。采用的弧焊电源一般为脉冲钨极氩弧焊焊机,以利于控制热输入。焊接工装需要有很高的制造精度,通常采用气动琴键式压板结构,配用可调的衬垫,以保证在整个焊缝方向上均匀压紧工件及良好散热。

常见的薄板钨极氩弧焊焊机有两种:一种为纵缝焊机;另一种为环缝焊机。

目前,薄板钨极氩弧焊焊机的供货方式有两种:一种为整套供货;另一种为以焊接工装(焊接机床)为主,用户根据需要自行选择弧焊电源及附件。

知识点 3.2　熔化极氩弧焊

微课:MIG 焊的分类

微课:MIG 焊的特点及应用

微课:MIG 焊的熔滴过渡

微课:MIG 平对焊接工艺

微课:脉冲 MIG 焊

熔化极氩弧焊是与 CO_2 气体保护焊相似的一种焊接方法,但这种方法的使用范围更广泛,不仅可以焊接低碳钢、低合金钢和不锈钢,还可以焊接铝、钛等活泼金属。

一、熔化极氩弧焊的分类、特点及应用

1. 熔化极氩弧焊的基本原理

类似于 CO_2 气体保护焊,熔化极氩弧焊也是采用熔化极焊丝作为电弧的一极,利用焊丝与工件之间产生的电弧熔化工件和焊丝,从焊枪喷嘴中喷出的富氩气体对电弧、熔滴和熔池进行保护,熔化的焊丝金属从焊丝端部过渡到熔池,与熔化的母材金属共同构成焊缝,如图 3-13 所示。

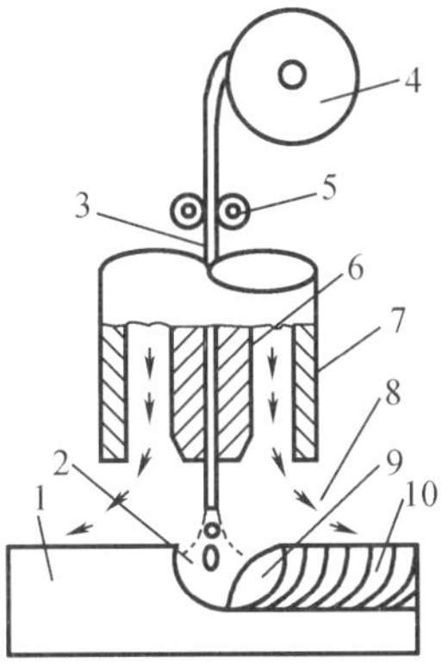

1—工件;2—电弧;3——焊丝;4—焊丝盘;5—送丝滚轮;6—导电嘴;
7—保护罩;8—保护气体;9—熔池;10—焊缝金属。

图 3-13　熔化极氩弧焊示意图

2. 熔化极氩弧焊的分类

熔化极氩弧焊采用富氩混合气体进行保护,通常根据氩气中添加的其他气体成分进行分类。利用 Ar 或 Ar+He 作保护气体时,称熔化极惰性气体保护焊,简称 MIG(Metal Inert

Gas Welding)焊;利用 $Ar+O_2$、$Ar+CO_2$ 或 $Ar+CO_2+O_2$ 等作保护气体时,称活性气体保护焊,简称 MAG(Metal Active Gas Welding)焊。MIG 和 MAG 统称为 GMAW(Gas Metal Arc Welding)焊。

另外根据焊枪的操作方式,熔化极氩弧焊可分为自动焊和半自动焊两种。如果焊枪的移动是由机械装置自动完成的则称自动熔化极氩弧焊。如果焊枪的移动由焊工直接操纵,则称为半自动熔化极氩弧焊。

3. 熔化极氩弧焊的特点及适用范围

(1)主要特点

熔化极氩弧焊具有如下优点。

①几乎可以焊接所有的金属,如铝、镁、铜、钛、镍及其合金,以及碳钢、不锈钢、耐热钢等。焊接中氧化烧损极少,只有少量的蒸发损失,焊接冶金过程比较简单。

②生产率较高、焊接变形小。由于使用焊丝作电极,允许使用的电流密度较高,母材的熔深大,填充金属熔敷速度快;没有更换焊条工序,节省时间;用于焊接厚度较大的铝、铜、钛等有色金属及其合金时生产率比钨极氩弧焊高,焊件变形比钨极氩弧焊小。

③焊接过程易于实现自动化。熔化极氩弧焊的电弧是明弧,焊接过程参数稳定,易于检测及控制,因此容易实现自动化。目前,世界上绝大多数的弧焊机械手及机器人均采用这种焊接方法。

④对氧化膜不敏感。熔化极氩弧焊一般采用直流反接,焊接铝、镁及其合金时具有很强的阴极雾化作用,焊前几乎无须去除氧化膜的工序,提高了焊接质量。

⑤可以获得含氢量较低的焊缝金属;焊接过程烟雾少,可以减轻对通风的要求。

⑥可以通过采用短路过渡和脉冲进行全位置焊接;焊道之间无须清渣,可以用更窄的坡口间隙,实现窄间隙焊接,节省填充金属和提高生产率。

熔化极氩弧焊具有如下缺点。

①对焊丝及工件的油锈很敏感,焊前必须严格去除。

②惰性气体价格高,焊接成本高。

③设备较复杂,对使用和维护要求较高。

(2)熔化极氩弧焊的适用范围

①适用的材料。熔化极氩弧焊几乎可焊接所有的黑色金属和有色金属,从焊丝供应以及制造成本考虑,特别适于铝及铝合金、钛及钛合金、铜及铜合金以及不锈钢、耐热钢的焊接。

②焊接位置。熔化极氩弧焊适应性好,可以进行任何接头位置的焊接,其中以平焊位置和横焊位置的焊接效率最高,其他焊接位置的效率也比焊条电弧焊高。

③既可焊接薄板又可焊接中等厚度和大厚度的板材。

目前在焊接生产中,熔化极氩弧焊已广泛用于薄板和中、厚板的焊接,主要用于焊接碳钢、低合金钢、不锈钢、耐热合金、铝及铝合金、镁及镁合金、铜及铜合金、钛及钛合金等,可用于平焊、横焊、立焊及全位置焊接,焊接厚度最薄为 1 mm,最大厚度不受限制。熔化极氩弧焊特别适合于焊接不锈钢、铝及其合金、铜、钛及其合金等有色金属,而对于低碳钢来说是一种相对昂贵的焊接方法。

脉冲熔化极惰性气体保护焊与脉冲熔化极混合气体保护焊类似,可以在低电流区间实现稳定的喷射过渡。特别是窄间隙熔化极氩弧焊的研究与发展,使熔化极氩弧焊进一步扩展应用于厚板和超厚板的焊接领域，成为厚壁大型焊接结构今后焊接技术发展的主要方向之一。

熔化极氩弧焊目前已广泛用于船舶（高速船的焊接）、航空航天、原子能、石油化工、电力、机械制造、仪表、电子等工业部门中，产生了巨大的经济效益。

4. 熔化极氩弧焊的熔滴过渡

根据所用焊丝及焊接规范的不同，熔化极氩弧焊的熔滴过渡方式主要有短路过渡、大滴过渡、喷射过渡等。

（1）短路过渡

通过熔滴与熔池间的短路实现过渡。在采用细丝并配以小电流及小电压进行焊接时，过渡形式为短路过渡。熔滴过渡只发生在焊丝与熔池接触时，而在电弧空间不发生熔滴过渡。这种过渡工艺通常产生体积小而快速凝固的焊接熔池，适合于薄板、全位置焊接和有较大底层间隙的搭桥焊。

（2）大滴过渡

尺寸较大的熔滴（熔滴直径大于焊丝直径）以重力加速度从焊丝端部向熔池过渡。这种过渡形式一般出现在电弧电压较高、焊接电流较小的情况下。由于利用这种过渡工艺所形成的焊缝易出现熔合不良、未焊透、余高过大等缺陷，因此在实际焊接中一般并不采用。

（3）喷射过渡

尺寸细小的熔滴（直径小于焊丝直径）以远大于重力加速度的加速度沿焊丝轴线向熔池过渡。用富氩保护气体保护可产生稳定的、无飞溅的轴向喷射过渡，如图 3-14 所示。这种过渡形式出现在焊接电压较高、焊接电流较大的情况下。它要求直流反接和电流在临界值以上。在该电流以下为大滴过渡，熔滴过渡频率为每秒几滴。而在临界电流以上为小滴过渡形式，每秒形成和过渡几十至几百滴。它将沿焊丝轴线以较高的速度通过电弧空间。

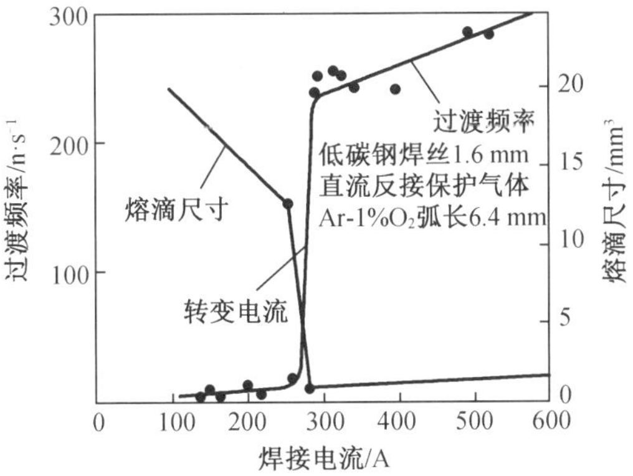

图 3-14　熔滴体积和过渡频率与焊接电流的关系

焊接不同的材料时，喷射过渡的形态是不同的；低碳钢、低合金钢及不锈钢焊接时的喷射过渡呈流束状，这种喷射过渡又称为射流过渡；铝及铝合金焊接时的喷射过渡呈滴状，这种过渡称为射滴过渡。

由大滴过渡向喷射过渡转变的最小电流称为喷射过渡的临界电流。这一转变发生在一定的电流范围，在纯 Ar 或 Ar+1%O_2 的混合气体时，电流范围较窄，只有几个安培。而在 Ar+20%CO_2 的混合气体时，熔滴尺寸与焊丝直径相近，并以较大的加速度沿焊丝轴向射向熔池(所以称为射滴过渡)。在临界电流之上,熔滴直径很细小,仅为焊丝直径的1/5~1/3。这时电弧呈锥形,包围着的焊丝端头呈铅笔尖状,形成明显的轴向性很强的液体流束(称为射流过渡),如图3-15所示。

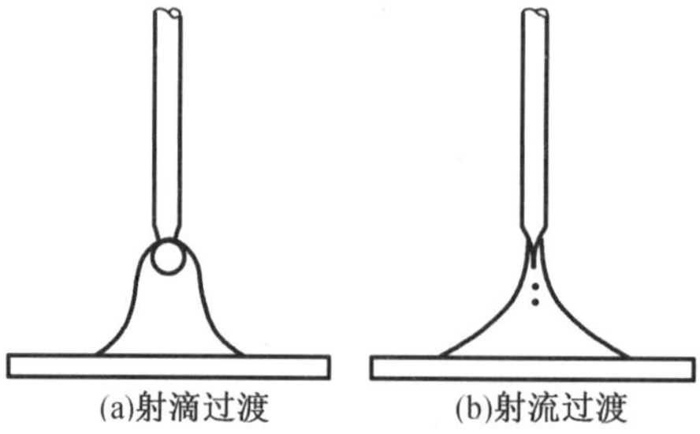

图3-15 喷射过渡示意图

临界电流的大小与焊丝直径大致成正比,而与焊丝伸出长度成反比。同时还与焊丝材料和保护气体成分密切相关。各种金属焊丝临界电流随焊丝直径变化的关系如图3-16所示。可见低熔点和低沸点的金属材料,临界电流都比较低。

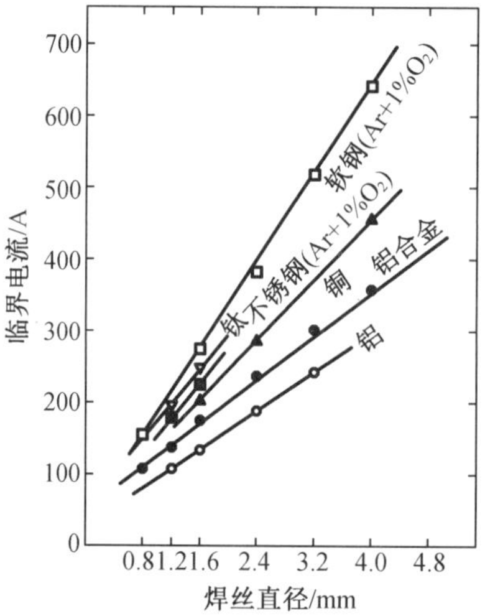

图3-16 各种金属焊丝临界电流随焊丝直径变化的关系(直流反极性,氩气保护)

如图3-17所示为不同焊丝伸出长度、焊丝直径与临界电流的关系。随着焊丝直径的增加,临界电流是按正比关系变化。也就是焊丝直径越大,临界电流越大。当焊丝直径为某一确定值时,临界电流将随焊丝伸出长度的增加而减小。因为焊丝伸出长度越大,焊丝受电阻热的预热作用越强,所以临界电流降低。不同的焊丝材料,电阻率不同,预热作用的影响也不同。采用不锈钢焊丝时,伸出长度对临界电流影响大;而采用低碳钢焊丝时,伸出长度对临界电流的影响较小。

常用金属材料各种焊丝的大滴-喷射过渡转变的临界电流见表3-15。大滴过渡形式主要用于平焊及横焊位置的焊接。但这种过渡易于导致指状熔深。为了避免指状熔深,生产中通常采用混合气体进行焊接。

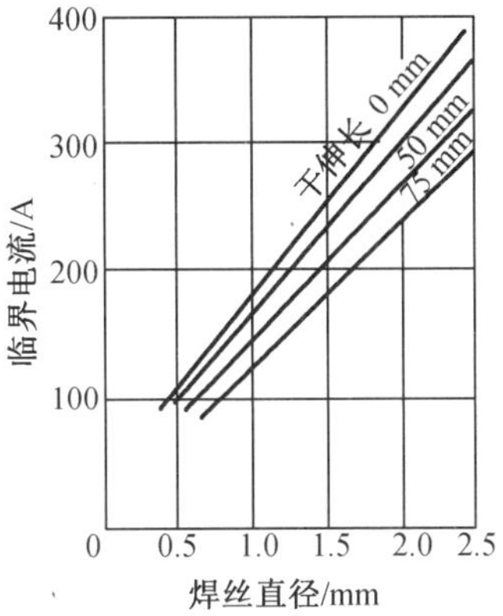

图 3-17　不同焊丝伸出长度、钢焊丝直径与临界电流的关系（低碳钢，$Ar+1\%O_2$，反极性，弧长 6 mm）

表 3-15　各种焊丝的大滴-喷射过渡转变的临界电流

焊丝种类	焊丝直径/mm	保护气体（体积分数）	临界电流/A
低碳钢	0.8 0.9 1.2 1.6	$98\%Ar+2\%O_2$	150 165 220 275
不锈钢	0.9 1.2 1.6	$99\%Ar+1\%O_2$	170 225 285
铝及铝合金	0.8 1.2 1.6	Ar	90 135 180
脱氧铜	0.9 1.2 1.6	Ar	180 210 310
硅青铜	0.9 1.2 1.6	Ar	165 205 270
钛及钛合金	0.8 1.6 2.4	Ar	120 225 320

除了上述三种熔滴过渡形式之外，亚射流过渡是介于短路过渡与喷射过渡之间的一种过渡形式，是铝及铝合金焊接中特有的一种熔滴过渡方式，产生于弧长较短、电弧电压较小时。由于弧长较短，尺寸细小的熔滴在即将以射滴形式过渡到熔池中时会发生短路，然后在电磁收缩力的作用下完成过渡。利用亚射流过渡工艺进行焊接时，电弧具有很强的固有自调节作用，采用等速送丝机配恒流特性的电源即可保持弧长稳定。

亚射流过渡形式主要用于平焊及横焊位置的铝及铝合金焊接，其优点是焊接过程稳定、焊缝外形及熔深非常均匀，且可避免指状熔深。

熔化极气体保护焊中几种主要熔滴过渡形式的特性比较及其应用见表 3-16。

表 3-16　熔化极气体保护焊熔滴过渡形式的特性比较及其应用

方法	熔化极混合气体保护			熔化极惰性气体保护焊
保护气体化学活性	很活泼	活泼	不很活泼	惰性
保护气体	CO_2	CO_2+Ar	O_2+Ar	Ar、Ar+He
熔滴过渡形式	短路过渡	滴状过渡		射流过渡
其他名称	短弧过渡、脉弧过渡浸入(熔滴)过渡	大滴过渡、亚临界状态过渡、半短弧中间或混合型过渡		喷射电弧过渡、超临界状态过渡、强喷射或强浇过渡
过渡特征	在焊丝与工件之间逐次(相继)短路	有时包含两种形式，射流中交替出现大颗粒		喷射细颗粒而没有短路
电弧长度	短	中等		长
焊接电压	低(12~23 V)	中等(20~28 V)		高(25~40 V)
送丝速度	慢	中等		快
焊接电流	小(40~220 A)	中等(180~300 A)		稍大(200~500 A)
一般焊丝直径	钢 0.8~1.0 mm、1.2 mm	钢 0.8~3.2 mm 铝 1.6~2.0 mm、2.4 mm		钢 1.0~1.2 mm、1.6 mm
熔敷率	低，钢 1~3.5 kg/h	—		高，钢 2.5~8 kg/h
熔透性	低	中等		强
优点	①焊接薄板(δ>0.6 mm)； ②全位置焊接； ③打底焊道无须支托； ④主要用于低碳钢、不锈钢	适用于铝及其合金的全位置焊接		①焊接厚板(δ>3 mm)、内角焊 ②电弧柔软和稳定 ③飞溅小、焊接质量好 ④所有可焊金属的组合
缺点	飞溅大，有时黏附在焊枪和工件上，厚板焊接易出现裂纹	—		仅用于平焊
应用	中厚板全位置焊接和打底焊道的焊接，主要焊接碳钢和低合金结构钢	焊接普通厚度钢板、铝及其合金		所有金属材料厚板(δ>3 mm)的平焊或横焊，多用于焊接有色金属、不锈钢和耐热钢

二、熔化极氩弧焊工艺

(一)熔化极氩弧焊工艺参数

熔化极氩弧焊的工艺参数主要有焊丝直径、焊接电流、焊接电压、焊接速度、焊丝伸出长度、保护气体的种类及流量、电源极性、焊枪倾角、焊接方向以及喷嘴高度等。

1. 焊丝的种类及直径

焊丝直径根据工件的厚度、施焊位置来选择。薄板焊接及空间位置的焊接通常采用细丝(直径≤1.2 mm),平焊位置的中等厚度板及大厚度板焊接通常采用粗丝。表3-17列出了直径0.5~5.0 mm焊丝的适用范围。

表3-17　直径0.5~5.0 mm焊丝的适用范围

焊丝直径/mm	可焊工件厚度/mm	施焊位置	熔滴过渡形式
0.5~0.8	0.4~3.2 2.5~4.0 —	全位置(平焊、横焊、立焊) 水平 —	短路过渡 射滴过渡 脉冲射滴过渡
1.0~1.4	2~8 2~12 >6 2~9	全位置、单面焊双面成形 水平、单面焊双面成形 水平 全位置(平焊、横焊、立焊)	短路过渡 射滴过渡(CO_2焊) 射流过渡(MAG) 脉冲射滴过渡
1.6	3~12 >8 >8 >3	全位置(平焊、横焊、立焊) 水平 水平 全位置(平焊、横焊、立焊)	短路过渡 射滴过渡(CO_2焊) 射流过渡(MAG) 脉冲射滴过渡(MAG)
2.0~5.0	>10 >10 >6	水平 水平 水平	射滴过渡(CO_2焊) 射流过渡(MAG) 脉冲射滴过渡(MAG)

熔化极氩弧焊一般采用与母材成分相近的焊丝。有时为了改善焊接性、提高接头强度,采用与母材成分不同的焊丝。在平焊位置焊接大厚度板时,可采用直径3.2~5.6 mm的焊丝,这时焊接电流可调节到500~1 000 A。这种粗丝大电流焊的优点是熔透能力强、焊道层数少、焊接生产率高、焊接变形小。

薄板(厚度2 mm以下铝材、3 mm以下的不锈钢)或全位置焊接通常选用脉冲喷射过渡或短路过渡进行焊接,厚板通常选用喷射过渡或亚射流过渡(后者仅适用于铝及铝合金)进行焊接。

2. 焊接电流

焊接电流是最重要的焊接工艺参数。实际焊接中根据工件厚度、焊丝直径、焊接位置来选择焊接电流。采用等速送丝式焊机焊接时,焊接电流是通过送丝速度来调节的。表3-18列出了低碳钢熔化极氩弧焊所用的焊接电流范围。

表 3-18　低碳钢熔化极氩弧焊的焊接电流范围

焊丝直径/mm	焊接电流/A	熔滴过渡方式	焊丝直径/mm	焊接电流/A	熔滴过渡方式
1.0	40~150	短路过渡	1.6	270~500	射流过渡
1.2	80~180		1.2	80~220	脉冲射流过渡
1.2	220~350	射流过渡	1.6	100~270	

当所有其他参数保持恒定时,焊接电流与送丝速度或熔化速度以非线性关系变化。当送丝速度增加时,焊接电流也随之增大。对每一种直径的焊丝,在低电流时曲线接近于线性;可是在高电流时,特别是细焊丝时,曲线变为非线性。而且随着焊接电流的增大,熔化速度以更高的速度增加。当焊丝直径增加时(保持相同的送丝速度),要求更高的焊接电流。送丝速度与焊接电流的关系还受焊丝化学成分的影响。

熔化极氩弧焊时焊丝直径不同,熔滴过渡形式和焊接电流范围也不同,主要根据具体工艺要求而定。图 3-18 所示为不同直径的铝焊丝和不锈钢焊丝的熔化极氩弧焊熔滴过渡形式及电流范围,可以看出:

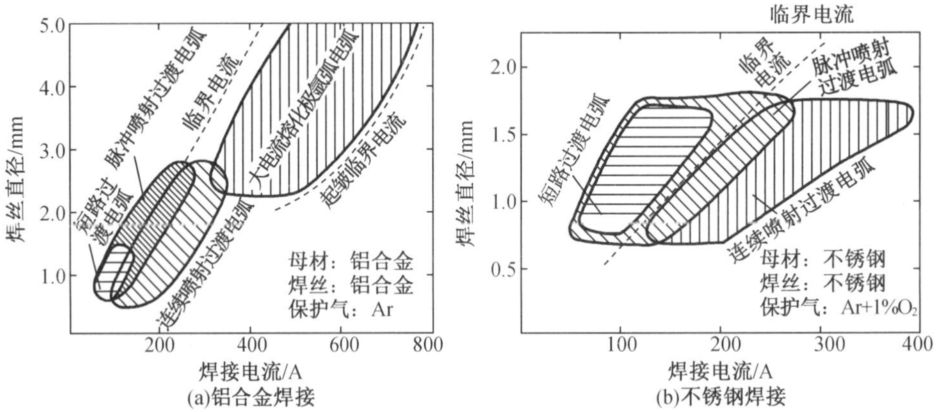

图 3-18　熔化极氩弧焊不同熔滴过渡形式对应的焊丝直径及电流范围

(1)焊丝直径一定时,要获得连续喷射过渡,其电流必须超过某一临界值,若焊丝直径增大,其临界值也增大;

(2)焊丝直径一定时,可以通过选用不同的焊接电流范围以获得不同的熔滴过渡形式;

(3)不同的熔滴过渡形式的使用电流范围有一部分是相互重叠的;

(4)短路过渡和脉冲喷射过渡采用的电流较小,因此对母材的热输入都较小;

(5)对铝合金粗焊丝大电流的连续喷射过渡,其稳定区电流范围的上下限是由两个临界电流值决定的——一是产生喷射过渡的临界电流;二是焊缝产生“起皱”现象的临界电流,“起皱”现象的产生是由于大电流焊接时,焊道表面十分粗糙,还出现许多气孔,这种现象被称为“起皱”,该“起皱”临界电流随着焊丝直径的增大而增加。

在稳定焊接过程中,其他条件不变情况下,增大焊接电流会使焊丝熔化速度增加,使焊缝的熔深和余高明显增加,而熔宽略有增加,如图 3-19 所示。

3. 焊接电压

焊丝直径一定时,要获得稳定的熔滴过渡,除了选用与之相适应的焊接电流外,还必须匹配合适的焊接电压。图 3-20 所示为三种基本熔滴过渡形式的最佳焊接电流和焊接电压范围。超出此范围,容易使工艺性能变坏和产生焊接缺陷。如焊接电压过高(电弧过长),可能产生气孔和飞溅;焊接电压过低(即短弧),可能使电弧短接。

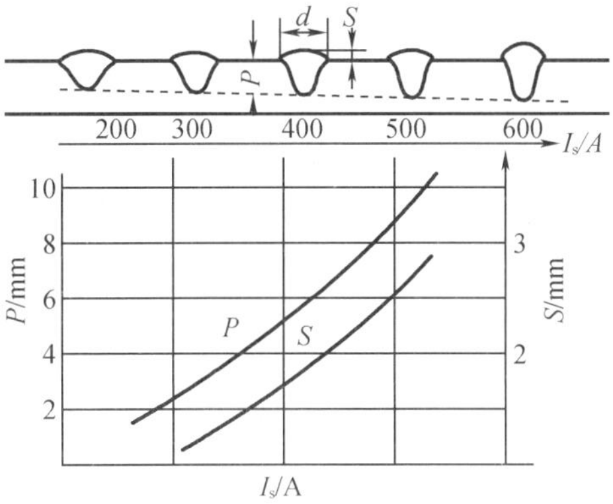

图 3-19　焊接电流对焊缝形状的影响

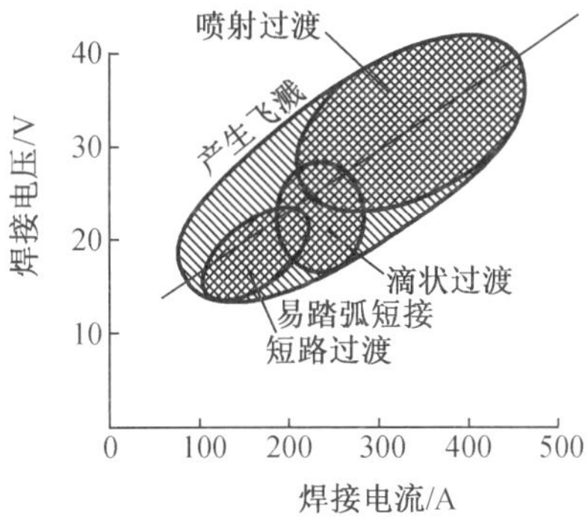

图 3-20　熔化极氩弧焊焊接电压与焊接电流的关系

在稳定焊接过程中,焊接电压主要影响熔宽,对熔深的影响很小。焊接电压应根据焊接电流的大小、保护气体的成分、被焊材料的种类、熔滴过渡方式等进行选择。表 3-19 列出了熔化极氩弧焊不同保护气氛下采用的焊接电压。

表 3-19　不同保护气体焊接时的焊接电压/V

金属	喷射或细颗粒过渡					短路过渡			
	Ar	He	Ar+75% He	Ar+(1~5)% O_2	CO_2	Ar	Ar+(1~5)% O_2	Ar+25% O_2	CO_2
铝	25	30	29	—	—	19	—	—	—
镁	26	—	28	—	—	16	—	—	—
碳钢	—	—	—	28	30	17	18	19	20
低合金钢	—	—	—	28	30	17	18	19	20
不锈钢	24	—	—	26	—	18	19	21	—

表 3-19(续)

金属	喷射或细颗粒过渡					短路过渡			
	Ar	He	Ar+75% He	Ar+(1~5)% O_2	CO_2	Ar	Ar+(1~5)% O_2	Ar+25% O_2	CO_2
镍	26	30	28	—	—	22	—	—	—
镍-铜合金	26	30	28	—	—	22	—	—	—
镍-铬-铁合金	26	30	28	—	—	22	—	—	—
铜	30	36	33	—	—	24	22	—	—
铜-镍合金	28	32	30	—	—	23	—	—	—
硅青铜	28	32	30	28	—	23	—	—	—
铝青铜	28	32	30	—	—	23	—	—	—
磷青铜	28	32	30	23	—	23	—	—	—

4. 焊接速度

焊接速度即焊枪沿焊缝中心线相对移动的速度,是重要的焊接工艺参数之一。焊接速度与焊接电流适当配合才能获得良好的焊缝成形。提高焊接速度,会使单位长度上电弧传给母材的热量显著减少,母材熔化速度减慢。在焊接热输入不变的条件下,焊接速度过大,熔宽、熔深减小,甚至产生咬边、未熔合、未焊透等缺陷。如果焊接速度过慢,则单位长度焊缝上熔敷量增加,熔池体积增大,熔宽增加,不但直接影响生产率,还可能导致烧穿、焊接变形过大等缺陷。

自动熔化极氩弧焊的焊接速度一般为 25~150 m/h;半自动熔化极氩弧焊的焊接速度一般为 5~60 m/h。

5. 焊丝伸出长度

焊丝伸出长度是指导电嘴端部到焊丝端头的距离。焊丝伸出长度越长,焊丝的电阻热越大,熔化速度越快。焊丝的伸出长度影响焊丝的预热,对焊接过程及焊缝质量有显著影响。其他条件不变而焊丝伸出长度过长时,会导致焊接电压下降,焊接电流减小,电弧不稳定和焊缝成形不良,容易造成未焊透、未熔合等缺陷;焊丝伸出长度过短时,电弧易烧损导电嘴,而且金属飞溅易堵塞喷嘴。

焊丝伸出长度一般根据焊接电流的大小、焊丝直径及焊丝电阻率来选择,表 3-20 列出了几种焊丝伸出长度的推荐值。一般对于短路过渡焊丝伸出长度以 6~13 mm 较合适;其他形式的熔滴过渡,推荐的焊丝伸出长度在 13~25 mm。

表 3-20　几种焊丝伸出长度的推荐值

焊丝直径/mm	焊丝伸出长度/mm	
	H08Mn2SiA 焊丝	H06Cr19Ni9Ti 焊丝
0.8	6~12	5~9
1.0	7~13	6~11
1.2	8~15	7~12

6. 保护气体的种类及流量

熔化极氩弧焊一般不使用纯氩气体进行焊接，通常根据所焊接的材料采用适当比例的混合气体，见表 3-2 列出的焊接时常用的几种混合气体的焊接特点及应用范围。

保护气体的流量一般根据电流的大小、喷嘴孔径及接头形式来选择。对于一定直径的喷嘴，有一最佳的保护气体流量范围。流量过大，易产生紊流；流量过小，气流的挺度差，保护效果不好。气体流量最佳范围通常需要利用实验来确定，保护效果可通过焊缝表面的颜色来判断，保护效果与焊缝表面颜色之间的关系见表 3-21。

表 3-21　保护效果与焊缝表面颜色之间的关系

母材	最好	良好	较好	不良	最差
不锈钢	金黄色或银色	蓝色	红灰色	灰色	黑色
钛及钛合金	亮银白色	橙黄色	蓝紫色	青灰色	白色(氧化钛)
铝及铝合金	银白色有光亮	白色(无光)	灰白色	灰色	黑色
紫铜	金黄色	黄色	—	灰黄色	灰黑色
低碳钢	灰白色有光亮	灰色	—	—	灰黑色

熔化极气体保护焊有时采用双层气流保护可以得到更好的效果。此时喷嘴采用两个同心喷嘴组成，即内喷嘴和外喷嘴。气流分别从内、外喷嘴流出，如图 3-21 所示。

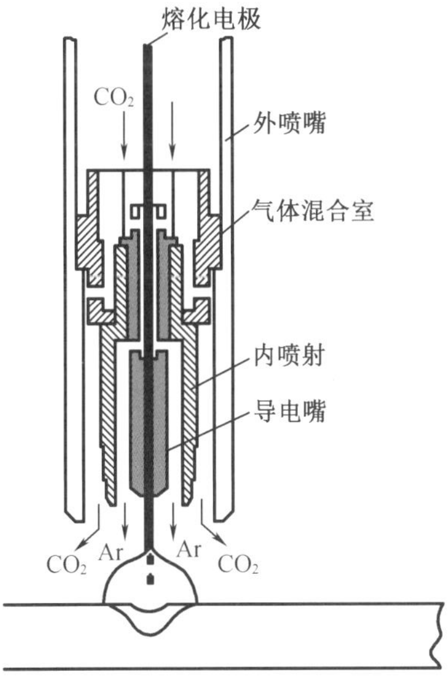

图 3-21　双层气体保护焊枪的喷嘴示意图

采用双层气流保护的目的一般有两个：

(1)提高保护效果　熔化极气体保护焊时，由于电流密度较大，易产生较强的等离子流，容易将保护气层破坏而卷入空气，破坏保护效果。这在大电流熔化极惰性气体保护电弧焊时尤其严重。将保护气分内、外层流入保护区，则外层的保护气流可以较好地将外围空气与内层保护气隔开，防止空气卷入，提高保护效果。对于铝合金大电流焊可以收到显著的效果。此时，两层保护气可用同种气体，但流量不同，需要合理配置，一般内层气体流量与外层气体流量的比例为1~2时可以得到较好的效果。

(2)节省高价气体　熔化极气体保护焊焊接钢材时，为得到喷射过渡需要用富氩气体保护。但是，影响熔滴过渡形式的气体环境只是直接与电弧本身相接触的部分。因此，为了节省高价的Ar气，可以采用内层Ar气保护电弧区，外层CO_2气体保护熔池。少量CO_2气体卷入内层Ar气体保护区，仍能保证富Ar性能，保证稳定的喷射过渡特点。熔池在CO_2气体保护下凝固结晶，可以得到性能良好的焊接接头，采用富氩保护气时需要消耗80%Ar和20%CO_2，而采用这种双层气流保护时，焊接效果相同，但气体消耗是80%CO_2和20%Ar，故可以大幅度降低成本。

7. 喷嘴至工件的距离

熔化极氩弧焊时喷嘴到工件表面的距离一般在5~15 mm之间。但喷嘴高度应根据电流的大小选择，喷嘴高度推荐值见表3-22。该距离过大时，保护效果变差；过小时，飞溅颗粒易堵塞喷嘴，且阻挡操作者的视线。

表3-22　喷嘴高度推荐值

电流大小/A	<200	200~250	350~500
喷嘴高度/mm	10~15	15~20	20~25

8. 焊丝位置

焊丝向前进方向倾斜焊接时，称为前倾焊法，如图3-22(a)所示；焊丝向与前进相反的方向倾斜焊接时，称为后倾焊法，如图3-22(b)所示；焊丝轴线与焊缝轴线垂直称为正直焊法。其他条件不变时，焊丝从垂直位置变为前倾焊时其熔深增加，而焊道变窄，余高增大。一般倾角在15°~20°之间熔深最大，不推荐大于25°的倾角。

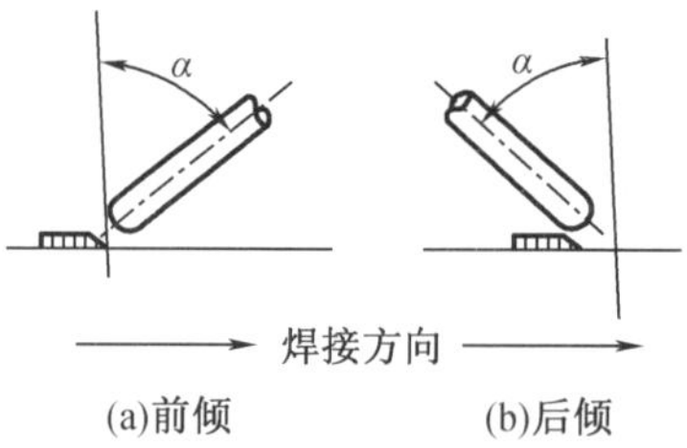

图3-22　焊丝倾角对焊缝形成的影

(二)熔化极氩弧焊工艺特点

熔化极氩弧焊主要用于焊接铝合金、不锈钢和一些低合金钢等，这里以铝及铝合金的焊接为例，来描述熔化极氩弧焊的焊接工艺特点。

焊接工艺参数一般根据给定的参考值再通过试验来确定。为了获得良好的焊接质量和较高的生产率，应对以下几方面加以考虑：

(1)焊前准备及良好的气体保护效果；

(2)选择合理的熔滴过渡形式及工艺参数；

(3)选择合理的焊接设备及焊接工艺程序。

铝在任何温度下都能氧化,在其表面生成 Al_2O_3 氧化膜。Al_2O_3 氧化膜的熔点高,不溶于液态金属,妨碍焊缝的正常熔合,使焊缝成形恶化和接头质量变坏。由于氢能大量溶解于熔化的铝中,容易导致产生气孔,尤其是 Al-Mg 合金,焊接时更易生成气孔。

铝及其合金工件厚度超过 4 mm 时,熔化极氩弧焊焊接是一种比较经济且高效率的焊接方法。纯铝和铝合金焊丝的刚性比钢焊丝差,因此,铝合金熔化极氩弧焊焊接采用的焊丝直径最好不小于 1.5 mm,相对应的焊接电流应不小于 130~140 A,以保证射流过渡所需的电流密度。

熔化极氩弧焊焊接铝及其铝合金时,气体保护必须可靠。要求氩气的纯度较高(>99.8%),还要仔细清理焊丝和坡口。为了防止焊丝重新形成氧化膜和吸附氢,清理后的焊丝必须在 8~12 h 内使用。也可将清理后的焊丝放置在充满氩气的密封包装内保存待用。被焊母材一般是用机械方法清理,清理后一般也不得超过 3~4 昼夜。

焊接铝及其合金,通常采用交流或直流反极性。焊接薄板时,用纯氩保护;焊接厚大件时,采用 Ar+(50%~60%)He 混合气体保护。熔化极氩弧焊焊接铝及其合金,可以采用短路过渡、射流过渡、脉冲过渡和大电流 MIG 焊。

1. 短路过渡焊接

铝及其合金短路过渡焊接要求采用细丝(直径 ϕ0.8 mm~ϕ1.2 mm),小电流焊接。铝及其合金薄板短路过渡熔化极氩弧焊的工艺参数见表 3-23。因焊丝较软,送丝困难,所以,常把存放焊丝的小焊丝盘放在拉丝式焊枪上。铝及其合金对接接头熔化极氩弧焊的工艺参数见表 3-24,T 形接头铝合金熔化极氩弧焊的工艺参数见表 3-25。

表 3-23 铝及其合金薄板短路过渡熔化极氩弧焊的工艺参数

板厚/mm	接头及坡口形式	坡口间隙/mm	焊接位置	焊接电流 A	焊接电压/V	焊接速度/cm·min^{-1}	焊丝直径/mm	送丝速度/cm·min^{-1}	保护气流量/L·min^{-1}
2	对接、I 形坡口	0~0.5	全位置	70~85	14~15	40~60	0.8	—	15
			平焊	110~120	17~18	120~140	1.2	5.9~6.2	15~18
1	T 形接头、I 形坡口	0~0.2	全位置	40	14~15	50	0.8	—	14
2			全位置	70 80~90	14~15 17~18	30~40 80~90	0.8	— 9.5~10.5	10 14

表 3-24 铝及其合金对接接头熔化极氩弧焊的工艺参数

板厚/mm	坡口形式及尺寸				层数	焊丝直径/mm	焊接电流/A	焊接电压/V	焊接速度/cm·min^{-1}	保护气流量/L·min^{-1}
	坡口形式	间隙/mm	坡口角度/(°)	钝边/mm						
4	I	0~2	—	—	1	1.6	170~210	22~24	5.5~7.5	16~20
		0~2	—	—	2	1.6	160~190	22~25	6~9	16~20
6	I	0~2	—	—	1	1.6	230~270	24~27	4~5.5	20~24
	V	0~2	60°	0~2	2	1.6	170~190	23~26	6~7	20~24

表 3-24(续)

板厚/mm	坡口形式及尺寸				层数	焊丝直径/mm	焊接电流/A	焊接电压/V	焊接速度/cm·min⁻¹	保护气流量/L·min⁻¹
	坡口形式	间隙/mm	坡口角度/(°)	钝边/mm						
8	V	0~2	60°	0~2	2	1.6	240~290	25~28	4.5~6	20~24
	双 V	1~2	60°	1~3	2	1.6	250~290	24~27	4.5~5.5	20~24
10	V	0~2	60°	0~2	3	1.6	240~260	25~28	4~6	20~24
	双 V	0~2	60°	1~3	2	1.6	290~330	25~29	4.5~6.5	24~30
12	V	2~3	60°	1~2	4	1.6 或 2.4	230~260	25~28	3.5~6	20~24
	双 V	1~3	60°	2~3	2	2.4	320~350	26~30	3.5~4.5	20~24
16	双 V	1~3	90°	2~3	4	2.4	310~350	26~30	3~4	24~30

表 3-25　T 形接头铝合金熔化极氩弧焊的工艺参数

板厚/mm	坡口形式及尺寸		焊道层数	焊丝直径/mm	焊接电流/A	焊接电压/V	焊接速度/cm·min⁻¹	保护气流量/L·min⁻¹
	坡口形式	间隙/mm						
3	I	5~7	1	1.2	120~140	21~23	7~8	16
4	I	5~8	1	1.2 或 1.6	160~180	22~24	3.5~5	16~18
6	I	6~8	1	1.6 或 2.4	220~250	24~26	5~6	16~24
8	I	8~9	1	2.4	250~280	25~27	4~5.5	20~28
	K		2~4	2.4	240~270	24~26	5.5~6	20~28
10	K		4~6	2.4	250~280	25~27	5~6	20~28
12	K		4~6	2.4	270~300	25~27	4.5~6	20~28

2. 射流过渡熔化极氩弧焊

铝及其合金熔化极氩弧焊最常用的方法是射流过渡，所以，焊接电流总是要大于临界电流才能进行稳定的焊接。对于 ϕ1.2 mm、ϕ1.6 mm 和 ϕ2.4 mm 的焊丝，其临界电流相应为 130 A、170 A 和 220 A。射流过渡焊接时，采用恒压电源与等速送丝相配合，利用焊接电源的自身调节作用，维持稳定的射流过渡。铝合金射流过渡熔化极氩弧焊对接焊的工艺参数范围如图 3-23 所示。铝合金射流过渡熔化极氩弧焊的工艺参数见表 3-26。

表 3-26　铝合金射流过渡熔化极氩弧焊的工艺参数

板厚/mm	接头形式	焊接位置	焊丝直径/mm	工艺参数					备注
				焊接电流/A	焊接电压/V	焊接速度/cm·min⁻¹	送丝速度/m·min⁻¹	氩气流量/L·min⁻¹	
6	对接，60° V 形坡口	水平 横、立、仰	1.6 1.6	200~250 170~190	24~27 23~26	40~50 60~70	5.9~7.7 5.0~5.6	20~24	使用垫板

表 3-26(续)

板厚/mm	接头形式	焊接位置	焊丝直径/mm	工艺参数					备注
				焊接电流/A	焊接电压/V	焊接速度/cm·min⁻¹	送丝速度/m·min⁻¹	氩气流量/L·min⁻¹	
8	对接,60°V 形坡口	水平 横,立,仰	1.6 1.6	240~290 190~210	25~28 24~28	45~60 60~70	7.3~8.9 5.6~6.3	20~24	使用垫板,仰焊时增加焊道数
12	对接,双面90°V 形坡口,间隙 1~3	水平 水平 横,立,仰	1.6 2.4 1.6	230~300 230~300 190~230	25~28 25~28 24~28	40~70 40~70 30~45	7.0~9.3 3.1~4.1 5.6~7.0	20~28 20~28 20~24	仰焊时增加焊道数
16	对接,双面60°~90°V 形坡口,间隙 1~3	水平 横,立 仰	2.4 1.6 1.6	310~350 220~250 230~250	26~30 25~28 24~28	30~40 15~30 40~50	4.3~4.8 6.6~7.7 7.0~7.7	24~30	焊道数可适当增加或减少;正反两面交替焊接,以减小变形
25	对接,双面90°V 形坡口,间隙 2~3	水平 横,立 仰	2.4 1.6 1.6	310~350 220~250 240~270	26~30 25~28 25~28	40~60 15~30 40~50	4.3~4.8 6.6~7.7 7.3~8.3	24~30	

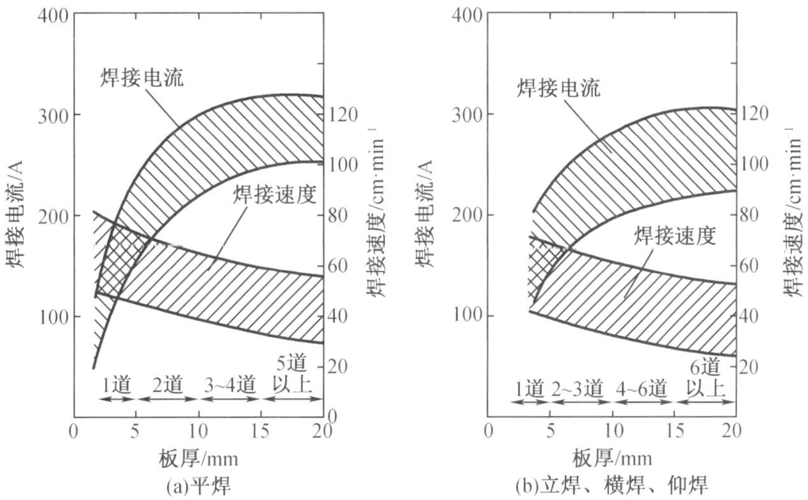

图 3-23　铝合金射流过渡熔化极氩弧焊对接焊的工艺参数范围

3. 大电流熔化极氩弧焊

大电流熔化极氩弧焊是为了提高厚铝板(厚度大于 15 mm 的工件)的焊接生产率而出现的一种工艺方法。一般采用直径为 3.2~5.6 mm 的焊丝进行自动焊。铝合金大电流熔化极氩弧焊的工艺参数见表 3-27。大电流焊接时,焊缝表面的“起皱”现象限制了生产率的提高,应采用以下措施加强气体保护效果。

(1)增大喷嘴孔径和保护气体流量;

(2)减小喷嘴到工件表面的距离;

(3)采用双层气流保护;

(4)采用后拖气罩保护,对接平焊用拖罩如图 3-24 所示。

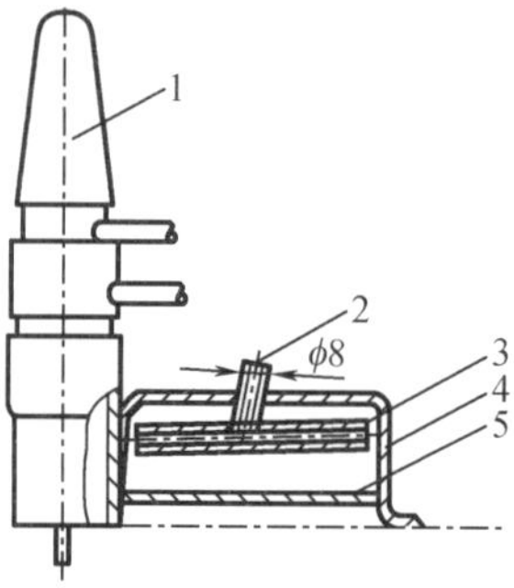

1—焊枪;2—进气管;3—气体分布管;4—拖罩外壳;5—钢丝网。

图 3-24　对接平焊用拖罩

表 3-27　铝合金大电流熔化极氩弧焊的工艺参数

板厚 /mm	接头形式	焊道层数	焊丝直径 /mm	焊接电流 /A	焊接电压 /V	焊接速度 /cm·min^{-1}	保护气体	保护气流量 /L·min^{-1}
15	对接接头(不开坡口)	2	2.4	400~430	28~29	4	Ar	80
20		2	3.2	440~460	29~30	4	Ar	80
25		2	3.2	500~550	29~30	3	Ar	100
25	对接接头(双面 V 形坡口)	2	3.2	480~530	29~30	3	Ar	100
25		2	4.0	560~610	35~36	3	Ar+He	100
35		2	4.0	630~660	30~31	2.5	Ar	100
45		2	4.8	780~800	37~38	2.5	Ar+He	150
50		2	4.0	700~730	32~33	1.5	Ar	150
60		2	4.8	820~850	38~40	2	Ar+He	180
50	对接接头(双面 V 形坡口)	2	4.8	760~780	37~38	2	Ar+He	150
60		2	5.6	940~960	41~42	1.8	Ar+He	180
75		2	5.6	940~960	41~42	1.8	Ar+He	180

(三)铝及铝合金熔化极氩弧焊操作技术

在船体结构的焊接中,熔化极氩弧焊主要用于船用铝合金的焊接。铝及铝合金熔化极氩弧焊的焊接技术和手工钨极氩弧焊相比,操作者的训练时间和疲劳程度都要小。铝及铝合金熔化极氩弧焊一般采用平特性电源,因此,只需稍调送丝速度,就可获得所需的电流值。随着铝及铝合金焊接技术的发展,出现了新型全数字熔化极氩弧焊机(俗称"傻瓜焊机"),其典型产品为奥地利产的 TPS FRONIUS 焊机。这类焊机的出现已将铝及铝合金熔化极氩弧焊带入了一个崭新的发展阶段,它内存专家系统,焊机内部的微处理器会自动根据所选择的板厚调用最佳的焊接参数,操作者可以根据实际的空间焊接位置适当调节焊接参数。这样就大大简化了规范调节手续,因而提高了焊接效率。

1. 焊枪的操作

操作者可采用左焊法,焊枪呈15°~20°的前倾角,以提高对熔池的可见度,焊接厚板时,由于要求熔深较大,因此,角度要小,亦即焊枪接近于垂直焊缝;焊接薄板则角度要相对大些。焊枪倾度的大小,在焊接过程中尚要根据电弧的变化随时加以调整,例如,由于电网电压的波动或焊缝中油污的影响,导致弧长增大时,应当使焊枪角度随之增大。对于角焊缝的焊接,因焊枪与焊缝不在同一平面内,故操作者在焊接过程中找到最合适的角度比平焊时要困难些。焊接时,焊枪可沿焊缝做纵向往复摆动,以增加熔深及避免烧穿。

焊前除了要对焊件和焊丝进行严格的清理之外,还应该重视对喷嘴的清理。通过触摸崭新喷嘴的内壁,可以感觉到喷嘴的内壁光洁度是很高的,这样,当保护气流从喷嘴中喷出时,可以畅通无阻,形成良好的气流层。但是,经过一段时间的使用后,喷嘴内壁便粘满飞溅物,如果不及时把飞溅物清除掉,便会妨碍气流的喷出,造成紊流,从而造成焊缝保护不良。这时,操作者只需要用一块干净的布把飞溅物轻轻抹去即可,不能用尖嘴钳进行刮削,以免划伤喷嘴的内壁。因此,焊前对喷嘴的清理是获得良好焊缝的重要前提。喷嘴端部与焊件间的距离保持在8~22 mm。喷嘴高度过低时,容易与熔池接触而破坏焊缝成形;过高时,电弧长度增加,使保护效果变差。焊丝伸出喷嘴的长度以喷嘴内径的一半为宜。

2. 定位焊及焊接参数的调节

(1)定位焊缝应设在坡口反面,定位焊缝的长度一般为40~60 mm。焊接时可根据实际情况,采用反变形措施和必要的工装夹具以防止焊接变形的产生。如果是采用冷焊铝板,引弧后,为保证引弧处熔透,可稍许放慢焊接速度或停留片刻,然后逐步达到正常焊接速度。焊接铝及铝合金时,应尽量采用四步操作方式焊接,即大的起弧电流、正常的焊接电流、小的收弧电流,最后是熄弧。在焊接时,应尽量选取大的电流值,但应以不导致工件烧穿为度。这样,既能提高生产效率,也有助于消除气孔之类的缺陷。

(2)电弧电压与焊接电流密切配合。一般在一定的焊接电流下(射流过渡范围)调节电弧电压,把弧长控制在“半短路”或“无短路”射流过渡状态。当电弧电压太低时,飞溅大,雾化区小,焊缝不光亮,成形不好;电弧电压适当时,飞溅小,雾化区宽,焊缝光亮,波纹(鱼鳞)细致,成形美观。保证起始处焊缝质量的方法,是在距开始焊接处之前约20 mm的地方进行引弧,然后迅速移至焊接起始点进行正常的焊接,也可在引弧板上进行引弧。

(3)氩气流量对焊接过程中的保护效果及焊接质量有直接的影响。适当的保护气体流量可使电弧及熔池与周围大气有效地隔绝,并能保证在焊接过程中克服各种破坏保护的干扰因素,如焊丝和工件局部污染、风吹等。特别是铝镁合金的焊接,如保护稍差,则立即在焊缝表面雾化区外产生黑烟。保护气体流量偏小时,虽然能够达到保护的目的,但经不起外界对保护的干扰,特别是在引弧处极易被破坏。同时,电弧本身的扰动,亦使电弧中的气体不够纯,使电弧较长,电流亦较大,雾化区较窄。随着保护气体流量的增加,电弧长度下降,雾化区变宽,抗外界干扰能力提高。同时,弧柱气氛及时更新,并加强对电弧的压缩作用,使弧柱电阻增加,焊接电流逐渐下降并趋于平稳。但是,当保护气体流量过大时,从喷嘴中流出的气体很紊乱,容易混入空气,并且会引起熔池铝液的翻腾,破坏焊缝的成形。

3. 操作要点

(1)在操作过程中,可以根据实际情况采用焊枪摆动或不摆动的方式进行焊接。当需要横向摆动时,摆动量约为喷嘴孔径的1/3。对于立焊,推荐垂直上倾技术,一般是从下往上焊,焊接薄板时焊枪无须摆动,焊接厚板可以采取“月牙形”和“倒八字步”摆动焊接,这样可以防止铝液下坠,也可以避免焊穿。进行横焊时,很容易出现“坠肚子”的现象,即焊缝下垂,在焊缝凹陷的上半部出现气孔等缺陷。焊接电流和焊接速度的协调配合是获得良好焊接质量的关键,一般焊枪稍向上会获得较好的焊接结果。对于角焊,焊枪一般无须摆动,但要轻微地环行搅动熔池,减少气孔。当要求焊脚很小的角焊缝时(焊脚 5 mm 或更小),焊枪可以逐渐地朝前运动,不需要环行运动。相对其他空间焊接位置来说,仰焊的操作条件最为苛刻,由于铝在高温时的强度很低(约为 10 MPa),因此,焊接熔池很容易出现“下沉”现象,为了防止这一点,仰焊时要尽量采取短弧焊,压低电弧,从而可以获得窄小的焊缝区,对其下沉有一定的阻碍作用,但这必须以焊缝不烧穿为前提。同时以较快的速度移动焊枪,在焊缝凹陷前离开此焊接点。

(2)无论是哪种空间位置焊接,在进行厚板多层焊时,打底层都是关键。打底电流过小,则焊缝金属只是机械地堆积在坡口中央,与母材未熔合,而且成形不好,因此,打底电流必须比较大。焊接坡口要有较大的钝边,当钝边太小时,电弧不能直接射向钝边,要射向一边坡口,即射向厚度较大的地方,否则在较大打底电流的冲击下,容易出现焊穿的现象。在打底焊中,如遇到接头间隙过大,应以稍快的速度先薄薄地“溜”一遍,然后再进行正常焊接。每焊完一层后,焊缝上面的焊渣和氧化皮是不允许存在的,这时可用细钢丝刷把它刷干净。因为在进行厚板焊接时,出现气孔的概率相对于薄板来说大大增加,良好的层间清理工作无疑可以减少生成气孔等缺陷的倾向。如果在焊接中间层时碰到咬边现象,建议稍稍降低最后一焊道的焊接电流。

(3)爬坡焊和溜坡焊是铝及铝合金焊接时常用的两种工艺。当焊件与水平面夹角小于等于 15°时,一般采用爬坡焊,焊缝的熔深和余高比平焊时将增大,而焊缝熔宽将减小,适用于较厚板焊接;溜坡焊的焊缝余高比平焊时减小,焊缝熔深也减小,而熔宽则增加,焊接速度将提高,适于焊接薄板。对于环焊缝,如先焊外面,后焊里面,则一般采取“里爬外溜”的工艺,即外焊道稍带一点溜坡,里焊道稍带一点爬坡,这样,外焊道不至于焊穿,成形比较美观,里焊道可保证熔深。

(4)焊接过程中,如遇到弧长突然拉长(主要是由于焊件或焊丝上有油污)的情况,应及时降低喷嘴高度,以保持电弧的稳定,即“压低喷嘴、稳住电弧”,待弧长恢复正常后再进行焊接。如熔池脏污比较严重,铝液翻腾厉害,应及时回拉焊枪,同时压低喷嘴,让电弧作用于新鲜的铝液上面,使电弧气氛恢复到正常,弧长得以恢复,然后再继续前进。有时弧长长时间得不到恢复,熔池脏污,其原因一般就是保护气体流量不够。

(5)焊接速度取决于焊缝尺寸、电流大小、材料的厚度、焊缝的排列、焊枪的夹角和电弧的长度等。通常采用比较高的速度焊接。高焊接速度会减小变形,使热影响区损失的性能最小,同时也降低了焊接成本。但是,焊接速度的快慢也应该遵循这样一个原则,就是焊接速度应当使电弧永远保持在熔池里面,不能过快,致使电弧越出熔池,否则容易焊穿,并且熔合不良。熄弧时,熔池应该保持到焊接终了,焊枪应以正常焊接速度移动到距离焊缝终点约 30 mm 处,同时提高速度,使其熄弧前的熔池逐渐窄 ,并形成一个坡度。在适当的情况下,使用引出板可以消除弧坑裂纹。

三、熔化极氩弧焊的其他方法

（一）脉冲熔化极氩弧焊

1. 脉冲熔化极氩弧焊的工艺特点

利用脉冲电流进行的熔化极氩弧焊，这种方法的焊接电流特征是在较低的基值电流上周期性地叠加高峰值的脉冲电流。而脉冲电流的波形及基本参数可以在较宽范围内进行调节与控制。熔化极脉冲氩弧焊的焊接电流为脉冲电流，它与一般熔化极氩弧焊的主要区别是，利用脉冲弧焊电源代替一般弧焊电源。

普通熔化极氩弧焊为了焊接过程稳定和减小飞溅，通常只采用短路过渡和喷射过渡两种方式，而脉冲熔化极氩弧焊采用脉冲喷射过渡方式。这种过渡方式弥补了普通熔化极氩弧焊熔滴过渡的不足，扩大了适用的焊接范围。

熔化极脉冲氩弧焊具有如下的工艺优点。

（1）焊接参数的调节范围增大

熔化极脉冲氩弧焊可在平均电流小于临界电流的条件下获得射流过渡，能在高至几百安培、低至几十安培的范围内获得稳定的射流过渡。这一范围覆盖了一般熔化极氩弧焊的短路过渡及射流过渡的电流范围，具有很宽的焊接电流调节范围。因此，利用射流过渡工艺，熔化极脉冲氩弧焊既可焊薄板，又可焊厚板。脉冲喷射过渡的最小电流值（总电流平均值）见表 3-28。

表 3-28　脉冲瞳射过渡的最小电流值（总电流平均值）

焊丝材料	焊丝直径/mm			
	ϕ1.2	ϕ1.6	ϕ2.0	ϕ2.5
碳钢（薄板）/A	20~25	25~30	40~45	60~70
LF-6 铝镁合金/A	25~30	30~40	50~55	75~80
铜/A	40~50	50~70	75~85	90~100
1Cr18Ni9Ti 不锈钢/A	60~70	80~90	100~110	120~130
钛/A	80~90	100~110	115~125	130~145
08Mn2Si 低合金钢/A	90~110	110~120	120~135	145~160

（2）可有效地控制焊接线能量

脉冲熔化极氩弧焊的可控参数较多，电流参数由原来的一个变为四个：基值电流 I_b、脉冲电流 I_p、脉冲维持时间 t_p、脉冲间歇时间 t_b。通过调节这四个参数可在保证焊透的条件下，将焊接线能量控制在较低的水平，从而减小了焊接热影响区及工件的变形。脉冲氩弧焊因可调工艺参数多，能控制热量输入和焊缝成形，这对于热敏感材料的焊接是十分有利的。

（3）有利于实现全位置焊接

利用熔化极脉冲氩弧焊可在较小的线能量下实现喷射过渡，熔池的体积小，冷却速度快。当焊接电流超过临界电流时，熔滴均可以沿焊丝轴线向熔池有力地过渡。通过调整焊接工艺参数，改变电弧形态和能量去控制熔池的形状和体积。这样在任何位置焊接，熔滴均不致因重力而下淌，熔池易于保持。而且焊接过程稳定，飞溅小，焊缝成形好。

(4)焊缝质量好

脉冲电弧对熔池具有强烈的搅拌作用，可改善熔池的结晶条件及冶金性能，有助于消除焊接缺陷、提高焊缝质量。可以实现单面焊双面成形的对接接头和厚板根部焊道100%熔透的焊接，而且能用较粗的焊丝焊接薄板。

脉冲熔化极氩弧焊所用的焊接设备复杂，成本较高，焊接时需调节的工艺参数较多，因此对操作人员的技术水平要求较高。

脉冲熔化极氩弧焊有三种过渡形式：一个脉冲过渡一滴（简称一脉一滴）、一个脉冲过渡多滴（简称一脉多滴）及多个脉冲过渡一滴（简称多脉一滴）。熔滴过渡方式主要决定于脉冲电流及脉冲持续时间，如图3-25所示。

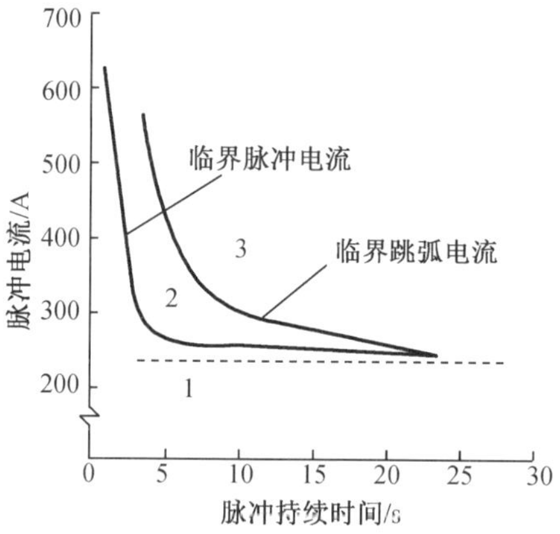

1—多个脉冲一滴；2——个脉冲一滴；3——个脉冲多滴。

图3-25 熔滴过渡方式与脉冲电流及脉冲持续时间的关系

三种过渡方式中，一脉一滴的工艺性能最好，多脉一滴的工艺性能最差。然而，一脉一滴的工艺范围很窄，焊接过程中难以保证。目前主要采用的是一脉多滴及一脉一滴的混合方式。

脉冲射流过渡仅发生在熔化极脉冲氩弧焊中。熔滴以与脉冲电流频率一致的频率有节奏地向熔池中过渡。它是射流过渡的一个变种，可在较小的平均电流下实现。

目前，脉冲熔化极氩弧焊采用的脉冲电源主要有：单相整流式脉冲弧焊电源、磁放大器式脉冲弧焊电源、晶闸管式脉冲弧焊电源及IGBT逆变式脉冲弧焊电源等。利用IGBT逆变电源时，基值电流及脉冲电流由一个电源提供。而利用前几种电源时，基值电流及脉冲电流分别由不同的电源提供。提供基值电流的电源被称为维弧电源，提供脉冲电流的电源被称为脉冲电源。

根据操作方式，脉冲熔化极氩弧焊设备可分为半自动脉冲熔化极氩弧焊设备和自动脉冲熔化极氩弧焊设备两大类。脉冲熔化极氩弧焊适合于焊接薄板、热敏感材料及全位置焊接。

2. 脉冲熔化极氩弧焊的工艺参数

脉冲熔化极氩弧焊的工艺参数比较多，仅脉冲特征参数就有：基值电流 I_b、脉冲峰值电流 I_p、脉冲电流持续时间 t_p、脉冲间歇时间 t_b、脉冲周期 $T(T=t_p+t_b)$、脉冲频率 $f(f=1/T)$、脉

冲幅比 $F(F=(I_p/I_b))$、脉冲宽比 $K(K=t_p/(t_b+t_p))$ 及焊接速度 U。其余参数与普通熔化极气体保护焊相同。

(1)基值电流 I_b

基值电流的主要作用是维持电弧的稳定燃烧,同时预热焊丝及工件,是调节总焊接电流和母材热输入的重要参数。基值电流不能取得过大,否则脉冲焊的特点不明显,甚至在脉冲停歇期间也有熔滴过渡,使熔滴过渡失去控制。在保证电弧稳定的条件下,尽量选择较低的基值电流,以突出脉冲熔化极氩弧焊的特点。但基值电流也不能取得过小,否则电弧不稳定。通常 $I_b=50\sim80$ A 比较合适,平焊位置焊接时可取高些,其他位置焊接时则取低些。

(2)脉冲峰值电流 I_p 及脉冲持续时间 t_p

脉冲峰值电流与脉冲持续时间影响熔滴的尺寸、过渡力和母材的熔深。这两个参数要适当配合,使(I_p,t_p)点位于图 3-25 中的一脉一滴临界曲线之上。脉冲峰值电流还影响熔深,在平均电流一定的条件下,脉冲峰值电流越大,熔深越大。选择脉冲熔化极氩弧焊工艺参数时,应综合考虑母材类型、板厚、焊接位置及熔滴过渡要求,首先选择平均电流、脉冲峰值电流及脉冲持续时间。

为了使熔滴呈喷射过渡,脉冲峰值电流必须大于脉冲临界电流值。但脉冲临界电流值不是固定值而且大于连续喷射过渡的临界电流值,它随脉冲持续时间及基值电流的增大而减小;反之,随着这两个参数的减小而增大。当总平均电流(即送丝速度)不变的条件下,熔深随脉冲峰值电流的增加而增加;反之,则减小。因此,可根据工艺需要,通过调节脉冲电流幅值来调节熔深的大小。

(3)脉冲频率 f 及脉冲宽比 K

脉冲熔化极氩弧焊采用的脉冲频率一般在几十至几百赫兹的范围内。频率过低,焊丝易插入熔池,焊接过程不稳定;而频率过高则失去了脉冲氩弧焊的特点。脉冲频率通常根据焊接电流的大小来选择,电流较大时,脉冲频率应选得大一些;焊接电流较小时,频率应选得小一些。对于一定的送丝速度,脉冲频率与熔滴尺寸成反比,而与母材熔深成正比。脉冲频率越大,熔深越大。因此,焊接厚板应选择较高的脉冲频率,焊接薄板时应选择较低的脉冲频率。一般可以在 35~75 Hz 范围内进行脉冲频率(或脉冲周期)的合理选择。

脉冲宽比 K 的大小反映脉冲焊特点的强弱。脉冲宽比越小,脉冲氩弧焊的特征越明显,而脉冲宽比过小则易导致电弧不稳定。因此,脉冲宽比一般取 25%~50%。全位置焊接、薄板及热敏感材料的焊接均要求脉冲宽比小一些。

3. 船用金属材料的脉冲熔化极氩弧焊

脉冲熔化极氩弧焊是一种先进的焊接技术,在一些重要的船体焊接结构或对焊接质量要求很高的场合下采用,近年来发展很快。采用熔化极脉冲氩弧焊可以明显提高焊接生产率,降低射流过渡的平均临界电流值,提高电弧稳定性和改善焊缝成形,可以用于全位置焊接、减小气孔倾向,并减小薄件结构的焊接变形。铝及其合金的脉冲熔化极氩弧焊,不仅扩大了焊接电流范围,而且还提高了电弧稳定性,使立焊和仰焊容易实现,提高了焊接质量,特别是提高了抗气孔的能力。脉冲氩弧焊的热作用较弱,适于焊接热处理强化铝合金。

熔化极脉冲氩弧焊目前在焊接生产中已获得广泛应用。工件厚度≤4 mm 时,可不开坡口,但为了保证均匀的焊缝成形和焊缝反面均匀熔透,建议在带有成形槽垫板的焊接夹具中施焊。当焊接角焊缝时,如工件能翻转,应尽可能把焊件放在船形位置焊接,这样能避免产生咬边等缺陷,可以采用较粗焊丝和较大电流,以提高焊接生产率。

在实际焊接生产中,熔化极脉冲氩弧焊还用于立焊、仰焊和全位置焊接。全位置焊接在工艺上有如下要求与特点。

(1)接头与坡口根部的形状和尺寸制备以及装配质量等,通常难以达到设计的公差标准,要求选用能精确控制电弧热输入和熔深,以及能对接头制备和装配质量进行补偿的焊接方法。

(2)要求能保证根部焊道完全熔透、坡口侧壁熔合良好和焊缝反面成形可控。某些情况下若不允许采用工艺垫板,必须进行悬空焊,要能达到单面焊双面成形。

(3)在任何空间位置上均应能保持住熔池,以防止熔池失去平衡而导致液体金属的流溢。

(4)对焊缝的外观成形及其尺寸有一定限制,为保证焊件形状与尺寸精度,希望将焊接变形限制在尽可能小的范围内。

(5)对焊接热循环及其参数应能加以精确控制,以保证焊接接头质量等。

平焊位置铝合金脉冲熔化极喷射过渡氩弧焊的工艺参数见表3-29。全位置铝合金半自动脉冲熔化极氩弧焊的工艺参数见表3-30。全位置铝合金脉冲熔化极氩弧自动焊的工艺参数见表3-31。

表3-29 平焊位置铝合金脉冲熔化极喷射过渡氩弧焊的工艺参数

板厚/mm	接头形式	焊丝直径/mm	焊接电流/A	焊接电压/V	焊丝伸出长度/mm	焊接速度/cm·min^{-1}	保护气体流量/L·min^{-1}
2.5~3.0	平板对接 间隙0.5 mm	1.2	40~80	15~18	10~13	58~75	7~9
4.0	60°V形坡坡对接 间隙0.5 mm	1.4~1.6	80~130	18~20	13~18	50~66	8~10
6.0	平板对接 间隙1 mm	1.6~3.0	180~250	23~26	15~30	50~75	12~14
8~10	平板对接(两面焊) 间隙1 mm	1.6~3.0	250~320	25~30	15~30	33~58	12~20
2.5~3.0	丁字接头 间隙0.5 mm	1.0~1.4	60~100	16~18	10~15	58~66	6~8
4~5		1.2~1.6	120~220	18~22	12~18	41~58	10~12

表3-30 全位置铝合金半自动脉冲熔化极氩弧焊的工艺参数

板厚/mm	接头形式	焊接位置	焊丝直径/mm	焊接电流/A	焊接电压/V	焊接速度/cm·min^{-1}	保护气体流量/L·min^{-1}
3	对接接头间隙 0~0.5	水平	1.4~1.6	70~100	18~20	21~24	8~9
		横焊	1.4~1.6	70~100	18~20	21~24	13~15
		立下(下向)	1.4~1.6	60~80	17~18	21~24	8~9
		仰焊	1.2~1.6	60~80	17~18	18~21	8~10
4~6	角接头	水平	1.6~2.0	180~200	22~23	14~20	10~12
		立下(下向)	1.6~2.0	150~180	21~22	12~18	10~12
		仰焊	1.6~2.0	120~180	20~22	12~18	8~12

表 3-30(续)

板厚/mm	接头形式	焊接位置	焊丝直径/mm	焊接电流/A	焊接电压/V	焊接速度/cm·min⁻¹	保护气体流量/L·min⁻¹
14~25	角接头	立焊(向上)	2.0~2.5	200~230	21~24	6~15	12~15
		仰焊	2.0~2.5	240~300	23~24	6~12	14~16

表 3-31　全位置铝合金脉冲熔化极氩弧自动焊的工艺参数

板厚/mm	焊丝直径/mm	脉冲次数/1·s⁻¹	焊接电流/A	焊接电压/V	焊接速度/cm·min⁻¹	气体流量/L·min⁻¹	焊接层数
4	1.4~1.6	50	130~150	17~19	33~42	10~12	1
5	1.4~1.6	50	140~170	17~19	33~42	10~13	1
6	1.4~1.6	100	160~180	18~21	33~42	12~14	1
8	2.0	100	160~190	22~24	42~50	12~14	2
10	2.0	100	220~280	24~26	42~50	14~16	2

不锈钢脉冲熔化极氩弧焊采用直径 1.6 mm 以下的细丝和使用小于临界电流的平均电流值进行焊接。这时电弧稳定，能通过调整脉冲工艺参数调节焊缝成形，细化焊缝组织和提高其抗裂纹能力。平焊位置不锈钢(18-8)脉冲熔化极氩弧焊的工艺参数见表 3-32。全位置不锈钢脉冲熔化极氩弧焊的工艺参数见表 3-33。

表 3-32　平焊位置不锈钢(18-8)脉冲熔化极氩弧焊的工艺参数

板厚/mm	接头形式	焊丝直径/mm	焊接电流/A	焊接电压/V	焊丝伸出长度/mm	保护气体流量/L·min⁻¹
1.5~2.0	平板对接或丁字接头间隙 0.5mm(焊脚尺寸 2~3 mm)	1.0~1.2	65~130	18~20.5	8~12	10~12
3~4		1.0~1.6	90~170	19~22	12~16	12~16
5~8	60°V 形坡口，对接或丁字接头间隙 0.5 mm(焊脚尺寸 4~6 mm)	1.6~2.0	160~300	20~25	16~20	16~20

表 3-33　全位置不锈钢脉冲熔化极氩弧焊的工艺参数

板厚/mm	焊接位置	接头形式	焊丝直径/mm	焊接电流/A	脉冲电流平均值/A	焊接电压/V	焊接速度/cm·min⁻¹	气体流量/L·min⁻¹
1.6	水平	I 形①	1.2	120	65	22	60	20
	横	I 形	1.2	120	65	22	60	20
	立	90°V 形	0.8	80	30	20	60	20
	仰	I 形	1.2	120	65	22	70	20

表 3-33(续)

板厚/mm	焊接位置	接头形式	焊丝直径/mm	焊接电流/A	脉冲电流平均值/A	焊接电压/V	焊接速度/cm·min^{-1}	气体流量/L·min^{-1}
3.0	水平	I形	1.2	200	70	25	60	20
	横	I形	1.2	200	70	24	60	20
	立	90°V形	1.2	120	50	21	60	20
	仰	I形	1.6	200	70	24	65	20
6.0	水平	60°V形	1.6	200	70	24	36	20
	横	60°V形	1.6	200	70	23	45	20
	横		1.6	180	70	24	45	20
	立	60°V形	1.2	180	70	23	60	20
	立		1.2	90	50	19	15	20
	仰	60°V形	1.2	180	70	23	60	20
	仰		1.2	120	60	20	20	20

①不开坡口的对接焊缝,保护气体为 $Ar+1\%O_2$。

针对全位置焊接工艺特点,采用脉冲喷射过渡氩弧焊具有良好的工艺适应性,因为使用脉冲电流可减小对焊件的热输入,降低焊丝的熔化速度,电弧挺直性与指向性好。焊接过程可通过精确控制脉冲工艺参数以控制熔池的形状尺寸和均匀熔透,能有效抑制和减小液态熔池金属的流溢。

仰焊、立焊和全位置焊接由于比平焊困难,在焊接工艺参数选择上的特点是(与平焊相比):用低的基值电流匹配以高峰值的脉冲电流,脉冲频率较高而脉冲占空系数较小,选用焊接电流要适当并匹配尽可能低的焊接电压(以不产生短路飞溅为准)。

不锈钢角焊缝及单面焊背面成形脉冲熔化极氩弧焊的工艺参数分别见表 3-34 和表 3-35。

表 3-34　不锈钢角焊缝脉冲熔化极氩弧焊的工艺参数

板厚/mm	焊脚 K/mm	位置	焊丝直径/mm	焊丝伸出长度/mm	焊接平均电流/A	焊接电压/V	氩气流量/L·min^{-1}	焊接方向
1.5~2.0	2~3	平焊	1.2	8~12	65~130	18~20.5	10~12	自上而下
		立焊	1.2	8~12	60~100	18~19.0	10~12	
		仰焊	1.2	8~12	60~120	18~19.0	10~12	
3	3~4	平焊	1.2~1.6	10~14	90~140	19.0~21.5	12~14	自上而下
		立焊	1.2~1.6	10~14	80~110	18.5~19.5	12~14	
		仰焊	1.2~1.6	10~14	90~130	18.5~19.5	12~14	
4	4	平焊	1.6	14~17	130~170	19.6~22	14~16	自上而下
		立焊	1.6	14~17	120~140	19~20	14~16	
		仰焊	1.6	14~17	130~160	19~20	14~16	

表 3-34(续)

板厚/mm	焊脚 K/mm	位置	焊丝直径/mm	焊丝伸出长度/mm	焊接平均电流/A	焊接电压/V	氩气流量/L·min^{-1}	焊接方向
5~6	5	平焊 立焊 仰焊	1.6~2.0 1.6~2.0 1.6~2.0	16~20 16~20 16~20	160~210 140~160 140~160	20.0~22.5 19.0~20.5 19.5~20.5	16~18 16~18 16~18	自下而上
7~8	5~6	平焊 立焊 仰焊	2.0 2.0 2.0	18~22 18~22 18~22	200~280 150~180 180~250	20.5~23 20.0~21.0 19.5~20.5	18~20 18~20 18~20	自下而上

表 3-35 不锈钢单面焊背面成形脉冲熔化极氩弧焊的工艺参数

板厚/mm	坡口尺寸	焊丝直径/mm	脉冲电流/A	基值电流/A	焊接电压/V	脉冲频率/Hz	焊接速度/cm·min^{-1}	焊丝伸出长度/mm	氩气流量/L·min^{-1}
4	对接接头 90°V 形坡口,间隙 2 mm	1.4	130~140	30	24	50	36	10	6~10
5		1.4	180	30	25	100	40~42	12	6~9
6		1.4 1.6	210 160~180	20 50~55	26 26	100 50	29 25	12 12	5~9 9~16

(二)窄间隙熔化极氩弧焊

窄间隙熔化极惰性气体保护焊是焊接大厚板对接焊缝的一种高效率的特种焊接技术。

接头形式为对接接头,开 I 形坡口或小角度 V 形坡口,间隙范围为 6~15 mm,采用单道多层或双道多层焊,可焊厚度为 30~300 mm,如图 3-26 所示。

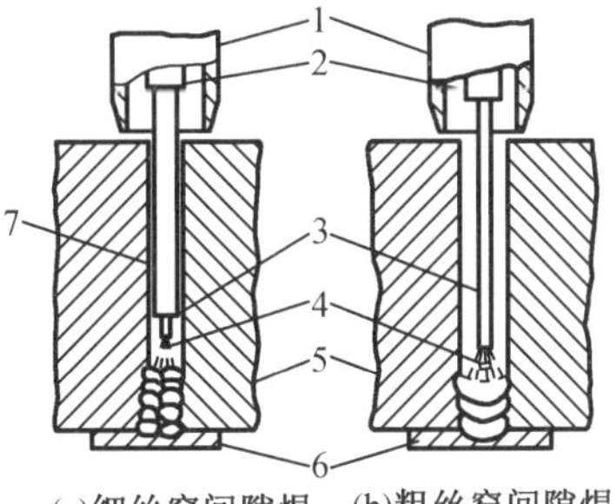

(a)细丝窄间隙焊 (b)粗丝窄间隙焊

1—喷嘴;2—导电嘴;3—焊丝;4—电弧;5—焊件;6—衬垫;7—绝缘导管。

图 3-26 窄间隙熔化极惰性气体保护焊示意图

1. 窄间隙熔化极惰性气体保护焊特点及应用

(1)特点

①窄间隙熔化极惰性气体保护焊焊接时,因接头无须开坡口,减少了填充金属量,焊后又不清渣,故节省时间和材料,提高焊接生产率。

②焊缝热输入较低,热影响区小,焊接应力和焊件变形都小,裂纹倾向小,焊缝力学性能高。

③窄间隙熔化极惰性气体保护焊可以应用于平焊、立焊、横焊及全位置焊接。

④窄间隙熔化极惰性气体保护焊焊接时，熔池和电弧观察比较困难，要求焊枪的位置能方便地进行调整。

(2)应用范围

窄间隙熔化极惰性气体保护焊可以焊接黑色金属和有色金属，目前主要用于焊接低碳钢、低合金高强度钢、高合金钢和铝、钛合金等。应用领域以锅炉、石油化工行业的压力容器为最多，其次是机械制造和建筑结构，再次是管道海洋构造，造船和桥梁等。

2. 窄间隙熔化极惰性气体保护焊的焊接工艺

窄间隙熔化极惰性气体保护焊可分为两种：细丝窄间隙焊和粗丝窄间隙焊。

(1)细丝窄间隙焊

细丝窄间隙焊一般采用的焊丝直径为0.8~1.6 mm，接头间隙在6~9 mm之间，为了提高生产率，采用双丝或三丝，每根焊丝都有独立的送丝系统、控制系统和焊接电源。

焊接电源一般采用的是直流反极性，熔深大，能够保证焊透，裂纹倾向性小。

细丝窄间隙焊由于焊丝细，必须采用导电嘴在坡口内的焊枪，且导电管要求绝缘、水冷。另外，由于接头坡口深而窄，要向坡口底部输送保护气体有困难，为了提高保护效果，必须采用特殊的送气装置，否则，保护效果差，易产生气孔。保护气体一般采用的是混合气体，混合比例大约为(Ar)80%+(CO_2)20%。

细丝窄间隙焊由于热输入低，熔池体积小，可以全位置焊接，且残余应力和焊件变形都小。采用的是多道焊，后道焊缝对前道焊缝有回火作用，而前道焊缝对后道焊缝又有预热作用，所以焊缝金属的晶粒细小均匀，焊缝的力学性能好。

为了保证每一道焊层与坡口两侧均匀熔合，焊丝在坡口内应采取摆动措施。常用的摆动送丝方式见如3-27所示。

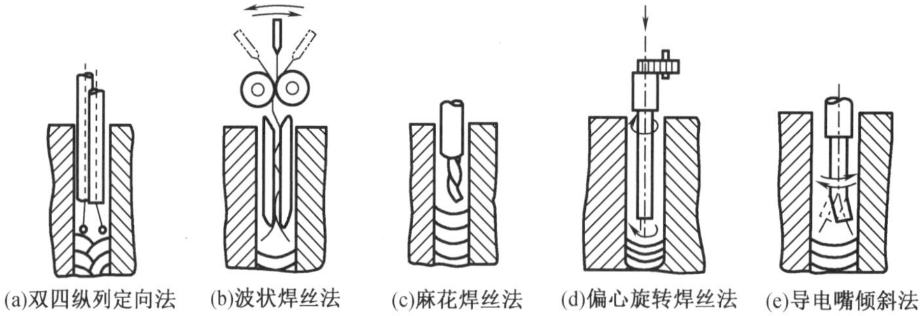

图3-27 窄间隙焊接的送丝方式示意图

(2)粗丝窄间隙焊

粗丝窄间隙焊一般采用焊丝直径为2~4.8 mm，接头间隙在10~15 mm之间。焊丝可以用单丝，也可用多丝。

焊接电源一般采用直流正极性，熔滴细小且过渡平稳，飞溅小，焊缝成形系数大，裂纹倾向性小。若用反极性，熔深大，焊缝成形系数小，容易产生裂纹。

粗丝窄间隙焊焊接时，导电嘴可不伸入间隙，为了保证焊丝的伸出长度不变，导电嘴应随着焊缝的上升而提高，但喷嘴应始终保持在坡口的上表面，这样气体保护效果才好，否则，保护效果差，容易产生缺陷。保护气体为CO_2或Ar和CO_2混合气体。

粗丝窄间隙焊焊接时，因导电嘴在坡口表面，焊丝的伸出长度较长，焊接规范参数也较大，故热输入大，焊接生产率高。受焊丝的伸出长度的限制，所焊焊件厚度小于 152 mm，只适合于平焊位置的焊缝。

3. 焊接工艺参数

窄间隙焊接的工艺参数必须根据它的母材性质、焊接位置、焊缝性能和焊接变形等进行选择。表 3-36 列出了钢材窄间隙焊接的典型工艺参数。

表 3-36　钢材窄间隙焊接的典型工艺参数

送丝方式	波状焊丝法	波状焊丝法	麻花焊丝法	偏心旋转焊丝法	双丝纵列定向法	导电嘴倾斜法
焊接位置	平	平	平	平	横	横角
焊丝直径/mm	1.2	1.2	2.0×2	1.2	1.2,1.6	1.6
保护气体（体积分数）	$Ar+CO_2$（20%）	$Ar+CO_2$（20%）	$Ar+CO_2$（10%~20%）	$Ar+CO_2$（20%）	$Ar+CO_2$（20%）	CO_2
坡口形状	I 形（9 mm）	V 形	I 形（14 mm）	I 形	I 形	I 形
间隙/mm	—	—	—	16~18	10~14	13
焊接电流/A	280~300	260~280	480~550	300	前丝 170 后丝 140	320~380
电弧电压/V	28~32	29~30	30~32	33	21~23	32~38
焊接速度 /$cm \cdot min^{-1}$	22~25	18~22	20~35	25	18~20	25~35
摆动	—	250~900 次/min	—	最大 150 Hz	—	有 45 次/min

知识点 3.3　钨极氩弧焊工艺

微课：钨极氩弧焊基本原理

微课：钨极氩弧焊分类

微课：钨极氩弧焊特点

微课：钨极氩弧焊应用范围

微课：TIG 焊电极材料

微课：TIG 焊设备的分类及组成

微课：TIG 焊工艺

微课：TIG 焊的工艺缺陷及产生的原因

微课:TIG 焊新工艺　　微课:脉冲钨极氩弧焊

一、钨极氩弧焊的分类、特点及应用

1. 钨极氩弧焊的基本原理

钨极氩弧焊(或称非熔化极惰性气体保护焊)是利用高熔点钨极作为一个电极,以工件作为另一个电极,并利用氩气(Ar)、氦气(He)或氩、氦混合气体(Ar+He)作为保护介质的燃烧于焊丝与工件间的电弧作为热源的电弧焊方法。我国通常只采用氩气作为保护气体,钨极氩弧焊又简称为 TIG(tungsten iner-gas arc welding)或 GTAW(gas tungsten arc welding)。

钨极氩弧焊示意见图 3-28 所示。焊接时氩气从焊枪的喷嘴中连续喷出,在电弧周围形成气体保护层隔绝空气,以防止其对钨极、熔池及邻近热影响区的有害影响,从而获得优质的焊缝。焊接过程根据工件的具体要求可以加或者不加填充焊丝。

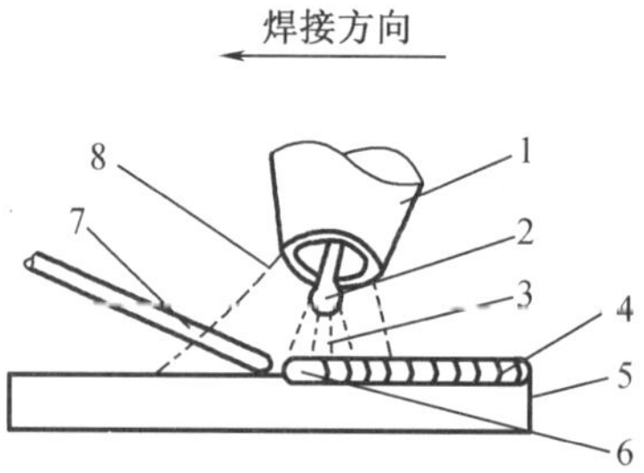

1—喷嘴;2—钨极;3—电弧;4—焊缝;5—工件;6—熔池;7—填充金属;8—惰性气体。

图 3-28　钨极氩弧焊示意图

2. 钨极氩弧焊的分类

钨极氩弧焊根据不同的分类方式可以分为如下几种。

(1)按电流波形,分为直流氩弧焊、交流氩弧焊(正弦波、矩形波)和脉冲氩弧焊(低频 0.1~10 Hz、中频 10~1 000 Hz、高频>15 kHz)。

(2)按操作方式,分为手工氩弧焊(焊枪移动靠手工操作,填充焊丝可以是手工送进,也可以是机械送进)、自动氩弧焊(焊枪安装在焊接小车上,小车的行走和焊丝送进由机械完成)。

(3)按保护气体成分,分为氩弧焊、氦弧焊、Ar+He 混合气体保护焊。

(4)按填充焊丝的状态,分为冷丝焊、热丝焊、双丝焊。

3. 钨极氩弧焊的特点及适用范围

(1)主要特点

与其他焊接方法相比,熔化极氩弧焊具有如下优点。

①适用面广。几乎可焊接所有金属及合金,适用于各种位置焊接。

②焊接过程稳定。氩弧燃烧非常稳定,而且焊接过程中钨棒不熔化,弧长变化干扰因素相对较少,因此焊接过程非常稳定。

③焊接质量好。氩气是一种惰性气体，它既不溶于液态金属，又不与金属起任何化学反应；而且氩气容易形成良好的气流隔离层，能有效地阻止氧、氮等侵入焊缝金属。

④ 适于薄板焊接、全位置焊接。即使是用几安培的小电流，钨极氩弧仍能稳定燃烧，而且热量相对较集中，因此可焊接 0.3 mm 的薄板；采用脉冲钨极氩弧焊电源，还可进行全位置焊接及不加衬垫的单面焊双面成形焊接。

⑤焊接过程易于实现自动化。钨极氩弧焊的电弧是明弧，焊接过程参数稳定，易于检测及控制，是理想的自动化乃至机器人化的焊接方法。

⑥焊接区无熔渣。焊工可清楚地看到熔池和焊缝形成过程。

钨极氩弧焊具有如下缺点。

①抗风能力差。钨极氩弧焊利用气体进行保护，抗侧向风的能力较差。侧向风较小时，可降低喷嘴至工件的距离，同时增大保护气体的流量；侧向风较大时，必须采取防风措施。

②对工件清理要求较高。由于采用惰性气体进行保护，无冶金脱氧或去氢作用，为了避免气孔、裂纹等缺陷，焊前必须严格去除工件上的油污、铁锈等。

③生产率低。由于钨极的载流能力有限，过大的电流会引起钨极熔化和蒸发，其颗粒可能进入熔池，造成夹钨。因而 TIG 焊使用的电流小，焊缝熔深浅，熔敷速度小，焊接生产率低。(钨极限制，电流小、熔深浅、熔敷速度小)

④生产成本较高。由于惰性气体较贵，与其他焊接方法相比生产成本高，故主要用于要求较高产品的焊接，目前主要用于打底焊和有色金属的焊接。

(2)适用范围

①适用的材料。

氩气的保护效果好，不溶于液态金属，也不与金属发生任何反应。这种焊接方法最早用于飞机制造和火箭制造方面，用于焊接铝合金和镁合金等有色轻金属。目前，钨极氩弧焊已发展到可用于几乎所有金属和合金的焊接。但由于其成本较高，生产中通常用于焊接易氧化的有色金属及其合金(Al、Mg、Ti 等)，以及不锈钢、高温合金、难熔的活性金属(如 Mo、Nb、Zr)等。对于低熔点和易蒸发的金属(如 Pd、Sn、Zn)，焊接较困难，一般不用氩弧焊。对于已经镀有锡、锌、铝等低熔点金属层的碳钢，焊前必须去除镀层，否则熔入焊缝金属中生成中间合金会降低接头性能。

钨极氩弧焊所焊接的板材厚度范围，从生产率考虑以厚度 3 mm 以下为宜。钨极氩弧焊可焊接材料的厚度和应用范围见表 3-37。

表 3-37　钨极氩弧煌可焊接材料的厚度和应用范围

被焊材料	厚度/mm	保护气体纯度要求/%	电流种类	操作方式
钛及钛合金	0.5 以上 2 以上	99.98	直流正接(DCSP)	手工 自动
镁及镁合金	0.5~1.5 0.5 以上	99.9	交流(CA)或直流反接(DCRP)	手工 自动

表 3-37(续)

被焊材料	厚度/mm	保护气体纯度要求/%	电流种类	操作方式
铝及铝合金	0.5~2 0.5 以上	99.9	交流(CA)或直流反接(DCRP)	手工 自动
铜及铜合金	0.5 以上 3 以上	99.7	直流正接(DCSP)或交流(CA)	手工 自动
不锈钢、耐热钢	0.1 以上 0.5 以上	99.7	直流正接(DCSP)或交流(CA)	手工 自动

②适用的接头位置与产品结构。

常规的对接、搭接、T 形接头和角接等接头无论处在任何位置(即全位置),只要结构上具有可达性就能焊接。薄板(≤2 mm)的卷边接头、搭接的点焊接头均可以焊接,而且无须填充金属。

表 3-38 列出了钨极氩弧焊适用的焊件厚度范围,从生产率考虑,以 3 mm 以下的薄板焊接最为适宜。薄壁产品包括:箱盒、箱格、隔膜、壳体、蒙皮、喷气发动机叶片、散热片、管接头、电子器件的封装等,均可采用钨极氩弧焊生产。

表 3-38　钨极氩弧焊适用的焊件厚度范围

厚度/mm	0.13	0.4	1.6	3	4	6	10	15	20	25	50	100
不开坡口单道焊	√√	√√	√√	√√								
开坡口单道焊			√√	√√	√√							
开坡口多层焊				√√	√√	√√	√√	√	√	√	√	√

注:√√—合适;√—也可以。

钨极氩弧焊特别适用于对焊接接头质量要求较高的场合。对于某些厚壁重要构件,如压力容器、管道、汽轮机转子等,在对接焊缝的根部熔透焊道、全位置焊道或其他结构窄隙焊缝的打底焊道,为了保证底层焊接质量,往往采用氩弧焊打底。

手工钨极氩弧焊适于焊接结构形状复杂的焊件和难以接近的部位或间断的短焊缝,自动钨极氩弧焊适于焊接长焊缝(包括纵缝、环缝和曲线焊缝)。钨极氩弧焊由于具有一系列的优点,获得了越来越广泛的应用,成为在航空航天、原子能、石油化工、电力、机械制造、船舶制造、交通运输、轻工和纺织机械等工业部门的一种重要的焊接方法。

二、钨极氩弧焊工艺

1. 钨极氩弧焊焊接过程的一般程序

为了获得优质焊缝,无论是手工钨极氩弧焊还是自动钨极氩弧焊,焊接过程通常的一般程序如下。

(1)起弧前必须用焊枪向始焊点提前 1.5~4 s 输送保护气,以驱赶管内和焊接区的空气。

(2)灭弧后应滞后一定时间(5~15 s)停气,以保护尚未冷却的钨极与熔池。焊枪须待停气后才离开终焊处，从而保证焊缝始末端的质量。

（3）在接通焊接电源的同时，启动引弧装置，电弧引燃后即进入焊接，焊枪的移动和焊丝的送进也同时协调地进行。

（4）自动接通、切断引弧和稳弧电路，控制电源的通断。

（5）焊接即将结束时，焊接电流应能自动地衰减，直至电弧熄灭，以消除和防止弧坑裂纹。这对于环缝焊接及热裂纹敏感材料尤其重要。

（6）用水冷式焊枪时，送水与送气应同步进行。

图 3-29 所示为手工钨极氩弧焊和自动钨极氩弧焊焊接的一般控制程序，焊接时由操作者和焊机的控制系统配合完成。

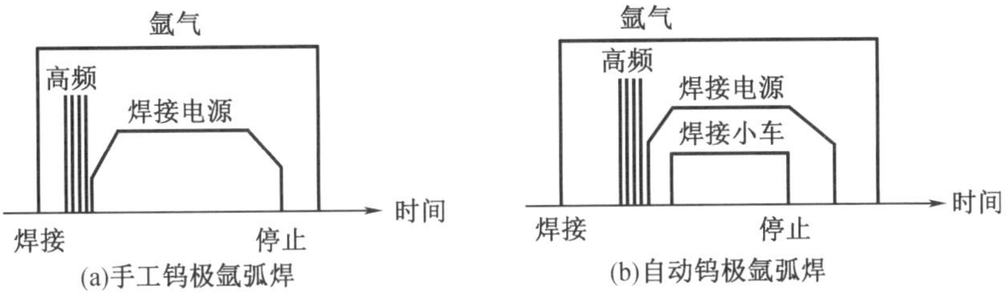

图 3-29　钨极氩弧焊的一般控制程序

2. 焊前准备

（1）接头及坡口形式

钨极氩弧焊常用的接头形式有对接、搭接、角接、T 形接头、端接接头等，如图 3-30 所示。

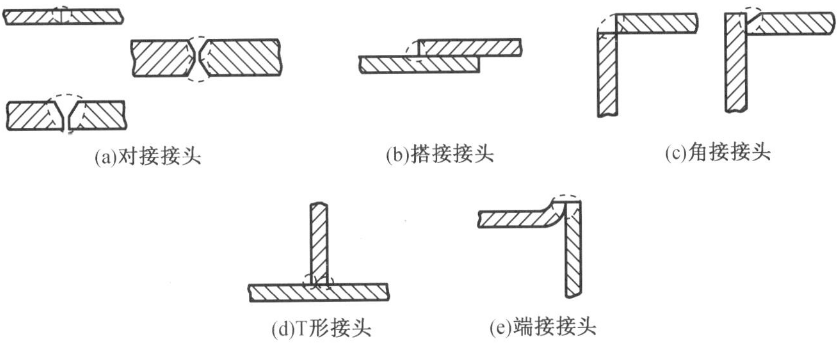

图 3-30　常见的五种基本接头形式

坡口形式及尺寸根据材料类型、板厚等来选择。一般情况下，板厚小于 3 mm 时，可开 I 形坡口；板厚 3~12 mm 时，可开 V 形或 Y 形坡口。表 3-39 列出了铝及铝合金焊接接头的坡口形状及尺寸。关于各种钢的具体坡口形状及详细尺寸，可参照《气焊、手工电弧焊及气体保护焊缝坡口的基本形式与尺寸》(GB/T 985—2008)。

表 3-39　铝及铝合金焊接接头的坡口形状及尺寸

接头及坡口形式		示图	板厚 δ/mm	坡口尺寸		
				间隙 b/mm	钝边 p/mm	坡口角度 α/(°)
对接接头	卷边	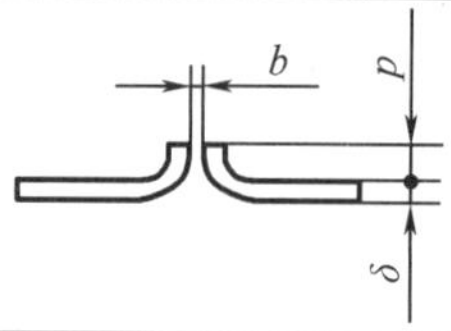	≤2	<0.5	<2	—
对接接头	I 形坡口	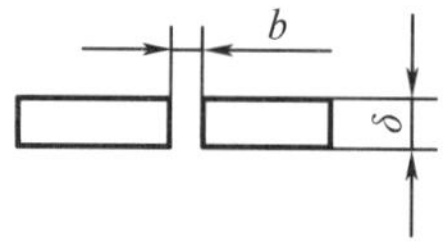	1~5	0.5~2	—	—
对接接头	V 形坡口	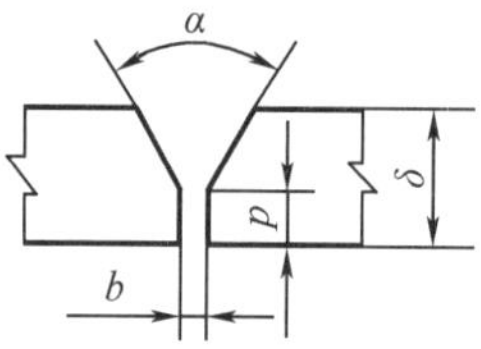	3~5	1.5~2.5	1.5~2	60°~70°
			5~12	2~3	2~3	60°~70°
对接接头	X 形坡口	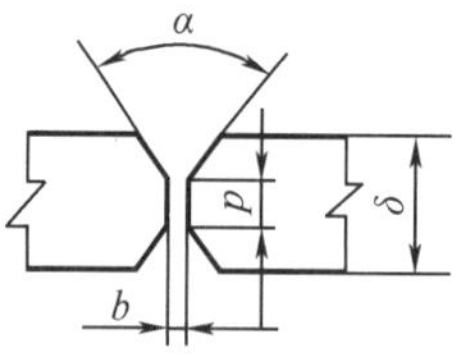	>10	1.5~3	2~4	60°~70°
搭接		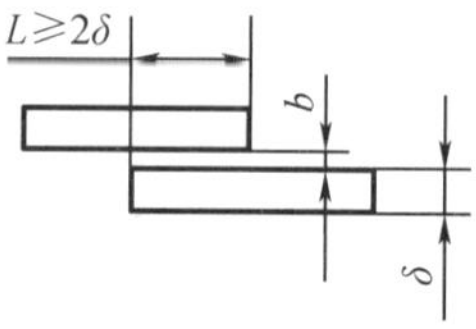	<1.5	0~0.5	L≥2δ	
			1.5~3	0.5~1	L≥2δ	—
角接接头	I 形坡口	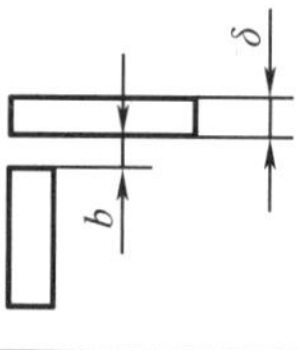	<12	<1	—	—
角接接头	V 形坡口	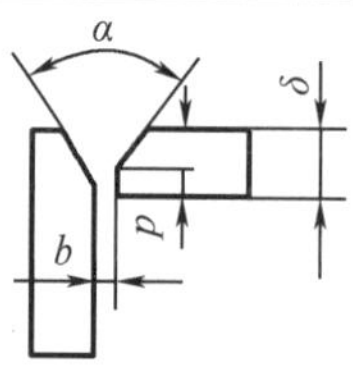	3~5	0.8~1.5	1~1.5	60°~70°
			>5	1~2	1~2	60°~70°
T 形接头	I 形坡口	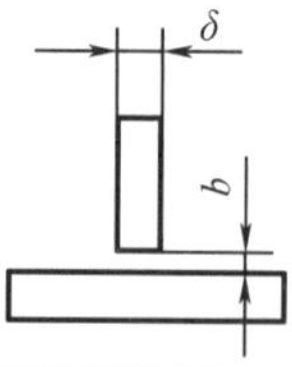	3~5	<1	—	—
			6~10	<1.5	—	—

表 3-39(续)

接头及坡口形式		示图	板厚 δ /mm	坡口尺寸		
				间隙 b/mm	钝边 p/mm	坡口角度 α/(°)
T形接头	K 形坡口	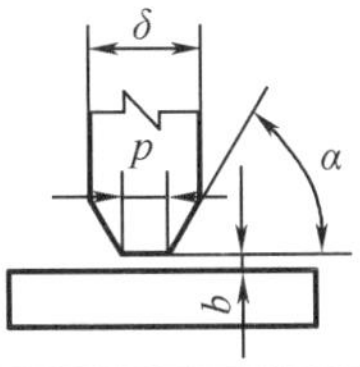	10~16	<1.5	1~2	60°

(2)焊前清理

氩气、氦气均是惰性气体,焊接过程中不与液态金属发生任何化学反应,因此钨极氩弧焊无去氢、脱氧作用。钨极氩弧焊对材料表面质量要求很高,为了保证焊接质量,焊前必须清理工件坡口及坡口两侧表面至少 20 mm 范围内的氧化膜、油脂及水分。否则在焊接过程中将影响电弧稳定性,恶化焊缝成形,并可能导致气孔、夹杂、未熔合等缺陷。清理方法主要有机械清理、化学清理,有时也采用两种方法交替进行。

①机械清理　只适用于工件,对焊丝不适用。通常是采用钢丝刷、刮刀、砂布、喷砂或喷丸等机械方法去除工件表面上的氧化膜、油污等。铝及其合金材质较软,通常采用刮刀或钢丝刷进行清理。对于大型钢质工件,可采用喷砂或喷丸法进行清理。而较小的不锈钢工件通常采用砂布打磨。机械清理效率低,去除氧化膜不彻底,一般只用于尺寸大、生产周期长或化学清洗后又局部沾污的工件。

②化学清理　该方法依靠化学反应去除工件及焊丝表面的氧化膜及油污。特别适合于铝合金、钛合金、镁合金母材及焊丝的焊前处理。化学清理溶液和方法因材料而异,通常先清洗油脂,可按表 3-40 的清洗液配方和工艺进行,然后再清除氧化膜。表 3-41 列出了铝及铝合金氧化膜的化学清理配方及工艺条件。

(3)装配

采用钨极氩弧焊制造的产品多为薄壁结构,控制焊接变形和保证熔透而不烧穿是制造中的关键技术。以薄板对接为例,对装配工作的基本要求是严格控制装配间隙和错边量,并尽可能使接头能处在刚性固定下施焊。被焊接件越薄,制造难度越大。自动钨极氩弧焊对装配质量的要求比手工钨极氩弧焊更严格。

表 3-40　工件表面去脂溶液的配方及清洗工艺

溶液配方 /g·L^{-1}	溶液温度 /℃	脱脂时间 /min	冲洗时间/min		处理方法
			热水(50~60 ℃)	流动冷水	
Na_3PO_4 40~50 Na_2CO_3 40~50 Na_2SiO_3 20~30 H_2O 其余	60~70	5~8	2	2	在 60 ℃溶液中浸泡 5~8 min,然后在热水中冲洗、冷水中冲洗,用干净布擦干

表 3-41 铝及铝合金氧化膜的化学清理配方及工艺条件

材料	碱液			冲洗	中和光化			冲洗	干燥
	溶液	温度/℃	时间/min		溶液	温度/℃	时间/min		
纯铝	NaOH 6%~10%	40~50	≤20	清水	HNO330%	室温	1~3	清水	100~110 ℃烘干，再置于低温干燥箱中
铝镁、铝锰合金	NaOH 6%~10%	40~50	≤7	清水	HNO330%	室温	1~3	清水	

注：1. 清理后至焊接前的储存时间一般不得越过 24 h。

2. 表中溶液的百分数指质量分数。

薄板(≤1 mm)对接不加填充金属钨极氩弧焊，一般是单面焊双面成形，不留装配间隙(或<0. 15 mm)，不能出现错边，通常是借助装配夹具来实现。手工钨极氩弧焊装配后允许用定位焊临时固定，板越薄，焊点须越密，像琴键一样。自动钨极氩弧焊时，不能用定位焊，需要采用如图 3-31 所示装置，接头背面使用铜衬垫在夹紧状态下进行焊接。铜压块位于焊缝两侧，且沿焊缝均匀分布，板越薄压块越多、越密。

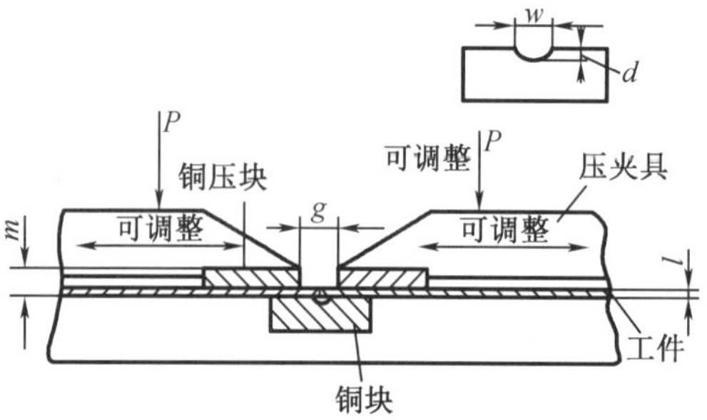

t/mm	g/mm
0.08~0.5 0.5~2.0 ＜2.0	0.08~2.0 2~4 (1.5~2)t
t/mm	P/N·mm^{-1}
＜0.1 1.0＜t＜3.0 ＞3.0	10 20 更高的力

$w=2\times t$

d=0.25或1×t最小者

$m=(1.5\sim2.0)t$

图 3-31 琴键式薄板对接焊的夹紧装置

焊接用的垫板一般不直接与接头对缝处紧贴，以免使焊缝背面成形不好或产生缺陷，可稍留槽隙，如图 3-32(a)(b)所示。山形对接接头的背面不与垫板直接接触，可以采用平垫板，如图 3-32(c)所示。

铜衬垫表面位于焊缝处常开槽，这是为了控制焊缝背面成形。为了保证背面焊缝不被空气污染，焊接时一般向槽内通入保护气体。焊接管子时，焊缝背面往往不能采用垫板，如有必要，可采用气垫的形式，也可采用玻璃质软带或其他带条贴在焊缝背面。

薄板通常在剪板机上剪切下料后即可装配焊接，无须再进行端面加工。如果遇到切边上有斜切口，装配时应注意正反向，如图 3-33 所示。

3. 钨极氩弧焊工艺参数及选择

(1)钨极氩弧焊的工艺参数

钨极氩弧焊的工艺参数主要有电流的种类及极性、焊接电流、钨极直径及端部形状、保护气体流量等。对于自动钨极氩弧焊还包括焊接速度和送丝速度。当被焊接的材料确定之后，应通过工艺试验和工艺评定来确定工艺参数。

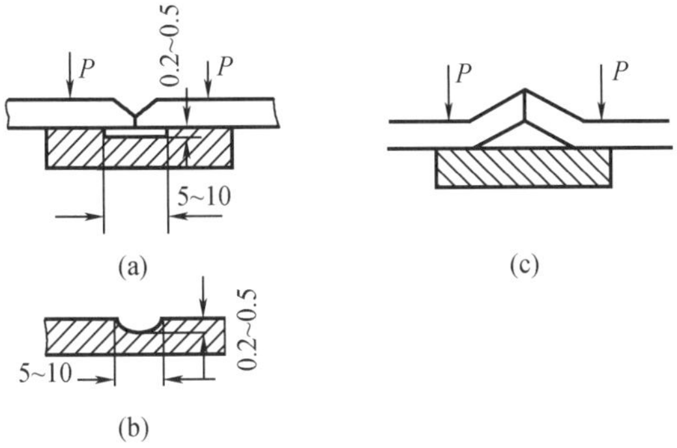

图 3-32　焊接垫板准备的情况

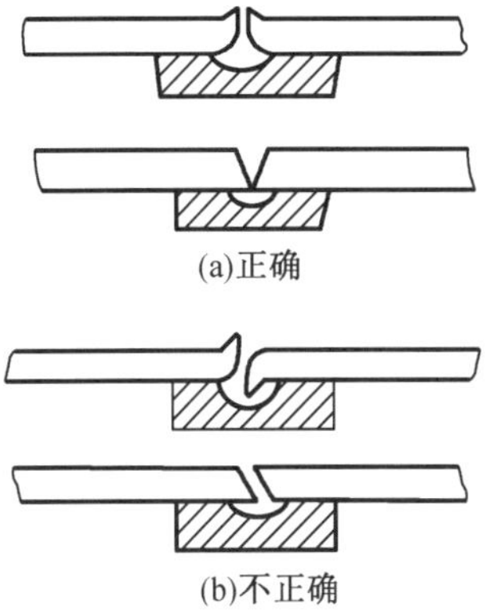

图 3-33　薄板对接剪切边的装配

①焊接电流种类及极性。

不同的电流种类及极性具有不同的工艺特点，适用于不同材料的焊接。因此，应首先根据工件的材料选择电流的种类及极性。钨极氩弧焊的焊接电流有三种，各种电流的适用范围如下。

a. 交流。交流焊接的熔深和熔宽比较适中，主要用于焊接铝、镁及其合金，焊接带氧化膜的铜。

b. 直流。直流焊接分为正接和反接。正接时工件热量约占 70%，钨极约占 30%。正极性几乎可以焊接所有的钢铁材料，反极性直流电很少采用。

c. 脉冲电流。脉冲电流能控制和改善熔深、焊缝成形，适用于特殊位置的焊接。

不同金属材料对钨极氩弧焊电流种类及极性的选用见表 3-42。

表 3-42　不同金属材料对钨极氩弧焊电流种类及极性的选用

被焊金属		直流		交流
		正极性	反极性	
低碳钢	0.4~0.8 mm	优	不推荐	好①
	0.8~3.2 mm	优	不推荐	不推荐
高碳钢	—	优	不推荐	好①
铸铁	—	优	不推荐	好①
耐热合金	—	优	不推荐	好①
难熔合金	—	优	不推荐	不推荐
铝合金	≤0.6 mm	不推荐②	好	优
	>0.6 mm	不推荐②	不推荐	优
	铸件	不推荐②	不推荐	优
铍	—	优	不推荐	好①

表 3-42(续)

被焊金属		直流		交流
		正极性	反极性	
铜及铜合金	黄铜 脱氧铜 硅青铜	优 优 优	不推荐 不推荐 不推荐	好① 不推荐 不推荐
镁合金	≤3.2 mm 24.8 mm 铸件	不推荐② 不推荐② 不推荐②	好 不推荐 不推荐	优 优 优
银	—	优	不推荐	好①
钛合金	—	优	不推荐	不推荐

①应比直流正接所用的电流高约 25%。

②除非待焊处经机械或化学清理。

焊接电流的大小主要根据工件的厚度、空间位置和钨极直径来选择。过大或过小的焊接电流都会使得焊缝成形不良或产生焊接缺陷。所以,必须在不同钨极直径允许的焊接电流范围内正确地选择焊接电流。不同直径钨极的许用电流范围见表 3-43。

表 3-43　不同直径钨极的许用电流范围

钨极直径/mm	直流正接/A	直流反接/A	交流/A
1	15~80	—	20~60
1.6	70~150	10~20	60~120
2.4	140~235	15~30	100~180
3.2	225~325	25~40	160~250
4.0	300~400	40~55	200~320
5.0	400~500	55~80	290~390

②焊接电压。

焊接电压主要由弧长决定,弧长增加,电弧电压增大,焊缝宽度增加,熔深减小,但弧长太长,易引起未焊透及咬边且保护效果也不好。电弧太短,不易操作,既看不清熔池,又容易引起短路,加大钨极烧损,容易夹钨。通常在保证不短路的情况下,应尽量采用较短的电弧进行焊接。不加填充焊丝焊接时,弧长以控制在 1~3 mm 之间为宜,加填充焊丝焊接时,弧长约 3~6 mm。

电极端头的几何形状也影响焊接电压的大小。在钨极尖端到工件距离相同的条件下,较尖的锥形电极的焊接电压要高些。可根据具体产品及电源类型任选电弧电压的控制方法,但应控制焊接电压保持相对稳定。

③焊接速度。

电弧穿透深度通常与焊接速度成反比。金属的导热性、构件的厚度和尺寸是控制焊接速度的主要考虑因素。改变焊接速度的目的是保持恒定电弧穿透力所要求的恒定热量。

焊接速度一般应遵循以下原则。

a. 焊接铝等高热导率金属时，为了减小变形，应采用较快的焊接速度。

b. 焊接有热裂倾向的合金时，不能采用高速焊接。

c. 焊缝熔池的尺寸直接受焊速影响，当在非平焊位置时，只能是较小的熔池以避免铁水下淌，应适当提高焊接速度。

d. 焊接电流脉冲控制技术的发展在低热导率的金属（如钛）和固定管子及厚壁管子的焊接时，对接头熔池的控制十分有利。

焊接速度影响焊接线能量，因此影响熔深及熔宽。通常根据板厚来选择焊接速度，而且为了保证获得良好的焊缝成形，焊接速度应与焊接电流、预热温度及保护气流量适当匹配。焊接速度太快时，易出现未焊透、咬边等缺陷；而焊接速度太慢时，会出现焊缝太宽、烧穿等缺陷。

④钨极直径及端部形状。

钨极直径的选择原则是：在保证钨极许用电流大于所用焊接电流的前提下，尽量选用直径较小的钨极。当焊接电流较小、钨极直径较大时，由于电流密度较低，钨极端部温度不够，电弧会在钨极端部不规则漂移，电弧很不稳定，破坏了保护区，使熔池被氧化。焊接电流较大而钨极直径较小时，由于电流密度太高，钨极端部的温度较高，当温度达到或超过钨极的熔点时，端部就会出现熔化现象，熔化的钨极会在端部形成一个小尖状突起，逐渐变大形成熔滴，电弧随熔滴尖端漂移，很不稳定，会破坏氩气保护区，使熔池氧化，焊缝成形不好，还会产生夹钨缺陷。选择合适的焊接电流和钨极直径才能保证电弧的稳定性。

实践表明，钨极端部的表面质量和形状尺寸对焊接许用电流的大小和焊缝成形有一定的影响。一般情况下，在焊接薄板和焊接电流较小时，可用小直径的钨极并将其磨成尖锥角（约 30°），这样，容易引弧且电弧稳定，如图 3-34(a)所示。但在电流较大时仍用尖锥角，会使末端过热熔化，增加烧损，使弧柱明显扩大、漂移不稳，影响焊缝成形。因此，在大电流焊接时，要求钨极端部磨成带有平顶的锥形，如图 3-34(b)所示。采用交流钨极氩弧焊时，一般钨极末端磨成半圆球状，如图 3-34(c)所示。

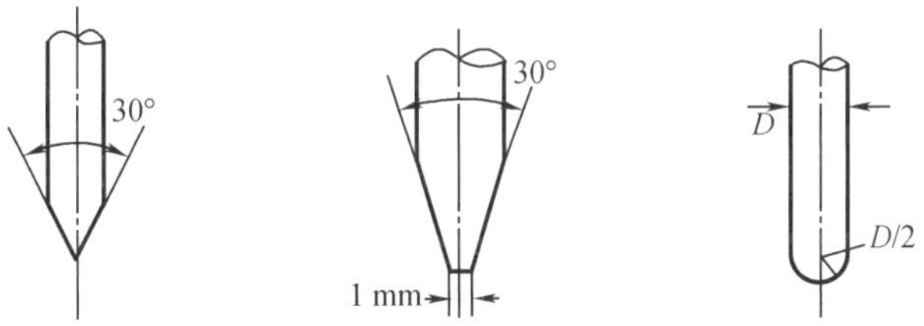

(a)尖锥角钨极端头　(b)平顶的锥形钨极端头　(c)半圆球状钨极端头

图 3-34　钨极端部形状

⑤喷嘴孔径及氩气流量。

喷嘴孔径越大，保护区越大，但太大时，熔池及电弧的可观察性变差。对于一定的喷嘴孔径，保护气流量有一个合适的范围，流量太小时，气体挺度差，保护效果不好；流量太大时，气流层中出现紊流，空气易卷入，保护效果也不好。喷嘴孔径及氩气流量通常根据电流的种类和大小、极性来选择，见表 3-44。

表 3-44　喷嘴孔径及氩气流量的选择

焊接电流/A	直流正接(DCSP)		直流反接(DCRP)	
	喷嘴孔径/mm	氩气流量/L·min^{-1}	喷嘴孔径/mm	氩气流量/L·min^{-1}
10~100	4~9.5	4~5	8~9.5	6~8
101~150	4~9.5	4~7	9.5~11	7~10
151~200	6~13	6~8	11~13	7~10
201~300	8~13	8~9	13~16	8~15
301~500	13~16	9~12	16~19	8~15

⑥钨极伸出长度。

通常将露在喷嘴外面的钨极长度叫作钨极的伸出长度。伸出长度过大时,钨极易过热,且保护效果差;而伸出长度太小时,喷嘴易过热。因此钨极伸出长度必须保持一适当的值。对接焊时,钨极的伸出长度一般保持在 5~6 mm;焊接 T 形焊缝时,钨极的伸出长度最好为 7~8 mm。

⑦喷嘴离工件的距离。

喷嘴离工件的距离要与钨极伸出长度相匹配。一般应控制在 8~14 mm 之间。距离过小时,影响工人的视线,且易导致钨极与熔池的接触短路,使焊缝夹钨并降低钨极寿命;距离过大时,气体保护效果差,电弧不稳定。

(2)钨极氩弧焊工艺参数的选择

碳钢钨极氩弧焊的工艺参数见表 3-45。焊接铝及铝合金时,手工钨极氩弧焊和自动钨极氩弧焊的工艺参数分别由表 3-46 和表 3-47 给出。不锈钢手工钨极氩弧焊和自动钨极氩弧焊的工艺参数见表 3-48 和表 3-49。18-8 不锈钢钨极氩弧焊的工艺参数见表 3-50。铜、镁、镍及其合金手工钨极氩弧焊的工艺参数见表 3-51。钛及钛合金手工钨极氩弧焊的工艺参数见表 3-52。

表 3-45　碳钢钨极氩弧焊的工艺参数

材料厚度/mm	1.5~3.0	3.0~6.0	6.0~12
接头设计	直边对接	V 形坡口	X 形坡口
焊接电流/A	50~100	70~120	90~150
极性	直流正接	直流正接	直流正接
焊接电压/V	12	12	12
钨极种类	钍钨极	钍钨极	钍钨极
电极尺寸/mm	2.4	2.4	3.2
填充金属尺寸/mm	1.6~2.5	2.5~3.2	2.5~3.2
保护气体流量/L·min^{-1}	Ar 8~12	Ar 8~12	Ar 10~14
背面保护气体流量/L·min^{-1}	Ar 2~4	Ar 2~4	Ar 2~4
喷嘴尺寸/mm	8~10	8~10	10~12

表 3-45(续)

喷嘴到工件距离/mm	≤12	≤12	≤12
最低预热温度/℃	15	15	15
最高层间温度/℃	250	250	250

表 3-46 铝及其合金手工钨极氩弧焊(TIG)的工艺参数

板厚/mm	坡口形式	焊接层数(正/反面)	钨极直径/mm	焊丝直径/mm	预热温度/℃	焊接电流/A	氩气流量/L·min⁻¹	喷嘴孔径/mm
1	卷边	正 1	2	1.6	—	45~60	7~9	8
1.5	卷边或 I 形	正 1	2	1.6~2.0	—	50~80	7~9	8
2	I 形	正 1	2~3	2~2.5	—	90~120	8~12	8~12
3	Y 形坡口	正 1	3	2~3	—	150~180	8~12	8~12
4		1~2/1	4	3	—	180~200	10~15	8~12
5		1~2/1	4	3~4	—	180~240	10~15	10~12
6		1~2/1	5	4	—	240~280	16~20	14~16
8		2/1	5	4~5	100	260~320	16~20	14~16
10		3~4/1~2	5	4~5	100~150	280~340	16~20	14~16
12		3~4/1~2	5~6	4~5	150~200	300~360	18~22	16~20
14		3~4/1~2	5~6	5~6	180~200	340~380	20~24	16~20
16		4~5/1~2	6	5~6	200~220	340~380	20~24	16~20
18		4~5/1~2	6	5~6	200~240	360~400	25~30	16~20
20		4~5/1~2	6	5~6	200~260	360~400	25~30	20~22
16~20	X 形坡口	2~3/2~3	6	5~6	200~260	300~380	25~30	16~20
22~25		3~4/3~4	6~7	5~6	200~260	360~400	30~35	20~22

表 3-47 铝及其合金自动钨极氩弧焊(TIG)的工艺参数

板厚/mm	焊接层数	钨极直径/mm	焊丝直径/mm	焊接电流/A	氩气流量/L·min⁻¹	喷嘴孔径/mm	送丝速度/cm·min⁻¹
1	1	1.5~2	1.6	120~160	5~6	8~10	—
2	1	3	1.6~2	180~220	12~14	8~10	108~117
3	1~2	4	2	220~240	14~18	10~14	108~117
4	1~2	5	2~3	240~280	14~18	10~14	117~125
5	2	5	2~3	280~320	16~20	12~16	117~125
6~8	2~3	5~6	3	280~320	18~24	14~18	125~133
8~12	2~3	6	3~4	300~340	18~24	14~18	133~142

表 3-48　不锈钢手工钨极氩弧焊的工艺参数

板厚 /mm	坡口形式	焊接层数（正/反面）	钨极直径 /mm	焊丝直径 /mm	预热温度 /℃	焊接电流 /A	氩气流量 /L·min^{-1}	喷嘴孔径 /mm
1.0	对接	1	2	1.6	—	7~28	3~4	12~17
1.2	对接	1	2	1.6	—	15	3~4	25
1.5	对接	1	2	1.6	—	5~19	3~4	18~32

表 3-49　不锈钢自动钨极氩弧焊的工艺参数

板厚/mm	接头形式	钨极直径 /mm	焊丝直径 /mm	焊接电流 /A	氩气流量 /L·min^{-1}	焊接速度 /cm·min^{-1}
0.8	对接	1.0	1.6	20~50	5	66
1.0	对接	1.6	1.6	50~80	5	56
1.5	对接	1.6	1.6	65~105	7	30
1.5	角接	1.6	1.6	75~125	7	25
2.4	对接	1.6	2.4	85~125	7	30
2.4	角接	1.6	2.4	95~135	7	25
3.2	对接	1.6	2.4	100~135	7	30
3.2	角接	1.6	2.4	115~145	7	25
4.8	对接	2.4	3.2	150~225	8	30
4.8	角接	3.2	3.2	175~250	9	25

表 3-50　18-8 不锈钢极氩弧焊的工艺参数

材料厚度/mm	1.5~3.0	3.0~6.0	6.0~12
接头设计	直边对接	V 形坡口	X 形坡口
焊接电流/A	50~90	70~120	100~150
极性	直流正接	直流正接	直流正接
焊接电压/V	12	12	12
钨极种类	钍钨极	钍钨极	钍钨极
电极直径/mm	2.5	2.5	2.5
填充金属类型及填丝直径/mm	18-8 型，ϕ1.6~2.5	18-8 型，ϕ2.5~3.2	18-8 型，ϕ2.5~3.2
材料厚度/mm	1.6~3.0	3.0~6.0	6.0~12
保护气体流量/L·min^{-1}	Ar 8~12	Ar 10~14	Ar 10~14
背面保护气体流量/L·min^{-1}	Ar 2~4	Ar 2~4	Ar 2~4
喷嘴尺寸/mm	8~10	10~12	10~12
喷嘴到工件距离/mm	≤12	≤12	≤12
最低预热温度/℃	15	15	15
最高层间温度/℃	250	250	250

表 3-51　铜、镁、镍及其合金手工钨极氩弧焊的工艺参数

合金类型	板厚/mm	焊道数	钨极直径/mm	喷嘴孔径/mm	焊丝直径/mm	焊接电流/A	焊接速度/cm·min^{-1}	气体流量/L·min^{-1}
铜及其合金	1.6	1	1.6	6.4	1.6	90~155	25.2	8.5
	3.2	1	2.4	7.9	2.4	150~245	20.4	8.5
	4.8	1	3.2	9.5	3.2	175~255	20.4	17.0
	6.4	1	3.2	9.5	3.2	200~285	18	17.0
	9.5	2	4.8	12.7	4.8	220~350	15	17.0
	12.7	3	4.8	15.9	6.4	300~500	15	21.2
	直流正接，板厚小于 4.8 mm 用氩气保护，其余用氦气，钍钨极							
硅青铜	1.6	1	1.6	6.4	1.6	75~120	25.2	7.1
	3.2	1	1.6	6.4	2.4	95~150	25.2	7.1
	4.8	1	2.4	7.9	2.4	125~220	25.2	9.4
	6.4	2	2.4	7.9	3.2	140~275	20.2	11.8
	9.5	3	3.2	9.5	3.2	200~285	20.2	11.8
	12.7	7	4.0	9.5	3.2	240~300	20.2	11.8
	19.7	14	4.0	9.5	4.8	275~350	20.2	11.8
	25.4	20	4.8	11.1	6.4	300~365	20.2	11.8
	直流正接，氩气保护，钍钨极							
镁合金	0.9	1	1.6	9.5	2.4	25~45	51	7.1
	1.5	1	1.6	9.5	2.4	35~60	51	7.1
	1.9	1	2.4	9.5	3.2	50~80	43.2	7.1
	2.7	1	2.4	12.7	3.2	75~100	43.2	9.4
	3.0	1	2.4	12.7	3.2	95~120	43.2	9.4
	交流，氩气保护，纯钨极及其合金							
镍及其合金	0.6	1	1.6	9.5		8~10	20.2	7.5
	1.5	1	2.4	12.7	1.6	25~45	20.2	8.1
	3.2	1	3.2	12.7	2.4	90~175	28.2	11.8
	6.4	2	3.2	12.7	3.2	100~175	20.4	14.2
	直流正接，氩气保护，钍钨极							

表 3-52　钛及钛合金手工钨极氩弧焊的工艺参数

板厚/mm	坡口形式	焊接层数	钨极直径/mm	焊丝直径/mm	焊接电流/A	氩气流量/L·min^{-1}			喷嘴孔径/mm	备注
						主喷嘴	拖罩	背面		
0.5	I形坡口	1	1.5	1.0	30~50	8~10	14~16	6~8	10	对接接头的间隙 0.5 mm，也可不加钛丝，间隙 1.0 mm
1.0		1	2.0	1.0~2.0	40~60	8~10	14~16	6~8	10	
1.5		1	2.0	1.0~2.0	60~80	10~12	14~16	8~10	10~12	
2.0		1	2.0~3.0	1.0~2.0	80~110	12~14	16~20	10~12	12~14	
2.5		1	2.0~3.0	2.0	110~120	12~14	16~20	10~12	12~14	
3.0	Y形坡口	1~2	3.0	2.0~3.0	120~140	12~14	16~20	10~12	14~18	坡口间隙 2~3 mm，钝边 0.5 mm，焊缝反面衬有钢垫板，坡口角度 60°~150°
3.5		1~2	3.0~4.0	2.0~3.0	120~140	12~14	16~20	10~12	14~18	
4.0		2	3.0~4.0	2.0~3.0	130~150	14~16	20~25	12~14	18~20	
4.5		2	3.0~4.0	2.0~3.0	200	14~16	20~25	12~14	18~20	
5.0		2~3	4.0	3.0	130~150	14~16	20~25	12~14	18~20	
6.0		2~3	4.0	3.0~4.0	140~180	14~16	25~28	12~14	18~20	
7.0		2~3	4.0	3.0~4.0	140~180	14~16	25~28	12~14	20~22	
8.0		3~4	4.0	3.0~4.0	140~180	14~16	25~28	12~14	20~22	
10	双Y形坡口	4~6	4.0	3.0~4.0	160~200	14~16	25~28	12~14	20~22	坡口角度 60°，钝边 1 mm
13		6~8	4.0	3.0~4.0	220~240	14~16	25~28	12~14	20~22	
20		12	4.0	4.0	200~240	12~14	20	10~12	18	坡口角度 55°，钝边 1.5~2.0 mm
22		6	4.0	4.0~5.0	230~250	15~18	18~20	18~20	20	
25		15~16	4.0	3.0~4.0	200~220	16~18	26~30	20~26	22	坡口角度 55°，钝边 1.5~2.0 mm，间隙 1.5 mm
30		17~18	4.0	3.0~4.0	200~220	16~18	26~30	20~26	22	

4. 钨极氩弧焊操作技术

为了保证手工钨极氩弧焊的质量，在焊接过程中要始终注意以下几个问题：

①保持正确的持枪姿势，随时调整焊枪角度及喷嘴高度，既有可靠的保护效果，又便于观察熔池。

②注意焊后钨极形状和颜色的变化。在焊接过程中如果钨极没有变形，焊后钨极端部为银白色，则说明保护效果好；如果焊后钨极发蓝，则说明保护效果差；如果钨极端部发黑或有瘤状物，则说明钨极已被污染，大多是在焊接过程中发生了短路，或沾了很多飞溅，使钨极端头变成了合金，必须将这段钨极磨掉，否则容易产生夹钨。

③送丝要均匀，焊丝不能在保护区搅动，防止卷入空气。

(1)引弧

为了提高焊接质量，手工钨极氩弧焊多采用引弧器引弧，如高频振荡器或高压脉冲发生器，使氩气电离而引燃电弧。其优点是：钨极与焊件不接触就能在施焊点直接引燃电弧，钨极端部损耗小;引弧处焊接质量高不会产生夹钨等缺陷。

(2)定位焊

为了防止焊接时焊件的变形,必须保证定位焊缝的距离,可按表 3-53 选择。

表 3-53　定位焊缝的距离

板厚/mm	0.5~0.8	1~2	>2
定位焊缝的间距/mm	≈20	50~100	≈200

由于定位焊缝是将来焊缝的一部分,故必须焊牢,不允许有缺陷;如果该焊缝要求单面焊双面成形,则定位焊缝必须焊透。

必须按正式的焊接工艺要求焊定位焊缝。如正式焊缝要求预热、缓冷,则定位焊焊前也要预热,焊后也要缓冷。

定位焊缝不能太高,以免焊接到定位焊缝处接头困难。如果遇到这种情况,最好将定位焊缝磨低些,两端磨成斜坡,以便于焊接时好接头。

如果定位焊缝上发现有裂纹、气孔等缺陷,应将这段定位焊缝打磨掉进行重焊,不允许用重熔的方法进行修补。

(3)焊接

①打底焊。

打底焊缝最好不在中途停止,如中途有停止时,则接头必须严格按要求进行打磨。而且,打底焊缝应有一定厚度:对于壁厚不大于 10 mm 的管子,其厚度不得小于 2~3 mm;壁厚大于 10 mm 的管子,其厚度不得小于 4~5 mm。打底焊缝须经自检合格后,才能填充焊接。

②焊接。

焊接时要保证焊枪的角度及送丝位置,力求做到送丝均匀,以保证焊缝成形。

为了获得比较宽的焊道,保证坡口两侧的熔合质量,焊枪也可做横向摆动,但摆动频率不能太高,幅度不能太大,以不破坏熔池的保护效果为原则,由操作者灵活掌握。

打底层焊完后,在进行第二层焊接时,应注意不得将打底焊道烧穿,以防止焊道下凹或背面剧烈氧化。

③焊接接头质量的控制。

无论打底层焊接还是填充层焊接,控制焊接接头的质量是很重要的。因为接头是两段焊缝交接的地方,由于温度的差别和填充金属量的变化,接头处易出现超高、缺肉、未焊透、夹渣或夹杂、气孔等缺陷,所以焊接时应尽量避免停弧,减少接头次数。但在实际操作时,由于需要更换焊丝、更换钨极以及焊接位置的变化,或要求对称分段焊接等必须停弧,所以接头是不可避免的,因此就应尽可能地设法控制接头的质量。控制焊接接头的质量有以下方法。

a. 接头处要有斜坡,不能有死角。

b. 重新引弧的位置在原弧坑后面,使焊缝重叠 20~30 mm,重叠处一般不加或只加少量焊丝。

c. 熔池要贯穿到接头的根部,以确保接头处熔透。

(4)填丝

①填丝的基本操作技术。

a. 连续填丝。这种填丝操作技术较好,对保护层的扰动小,但比较难掌握。在连续填丝时,要求焊丝平直,用左手拇指、食指、中指配合动作送丝,无名指和小指夹住焊丝控制方向,如图 3-35 所示。

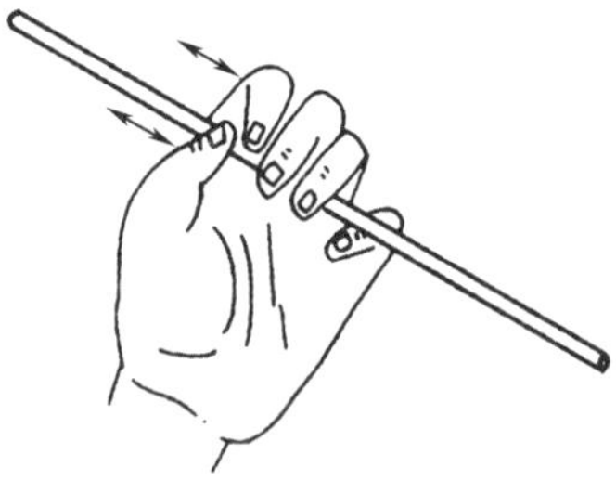

图 3-35 连续填丝操作技术

连续填丝时手臂动作不大,待焊丝快用完时才前移。当填丝量较大,采用较大的焊接参数时,多采用此法。

b. 断续送丝。以左手拇指、食指、中指捏紧焊丝,焊丝末端应始终处于氩气保护区内。填丝动作要轻,不得扰动氩气层,以防止空气侵入。更不能像气焊那样在熔池中搅拌,而是靠手臂和手腕的上、下反复动作,将焊丝端部的熔滴送入熔池。全位置焊时多采用此法。

c. 焊丝贴紧坡口或钝边一起熔入。即将焊丝弯成弧形,紧贴在坡口间隙处,焊接电弧熔化坡口钝边的同时也熔化了焊丝。由于坡口间隙应小于焊丝直径,此法可避免焊丝遮住操作者视线,适用于困难位置的焊接。

②填丝注意事项。

a. 必须等坡口两侧熔化后才填丝,以免造成熔合不良。

b. 在填丝时,焊丝应与焊件表面夹角成 15°,快速地从熔池前沿点进,随后撤回,如此反复动作。

c. 填丝要均匀,快慢要适当。过快则焊缝余高大;过慢则产生焊缝下凹和咬边。焊丝端头应始终处于在氩气保护区内。

d. 当坡口间隙大于焊丝直径时,焊丝应跟随电弧做同步横向摆动。无论采用哪种填丝动作,送丝速度均应与焊接速度相匹配。

e. 在填充焊丝时,不应把焊丝直接放在电弧下面,但把焊丝抬得过高也是不适宜的,不可让熔滴向熔池“滴渡”。填丝位置的正确与否的示意图如图 3-36 所示。

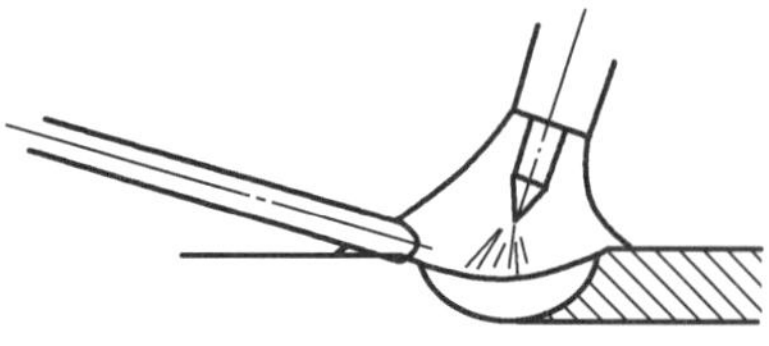

(a)正确

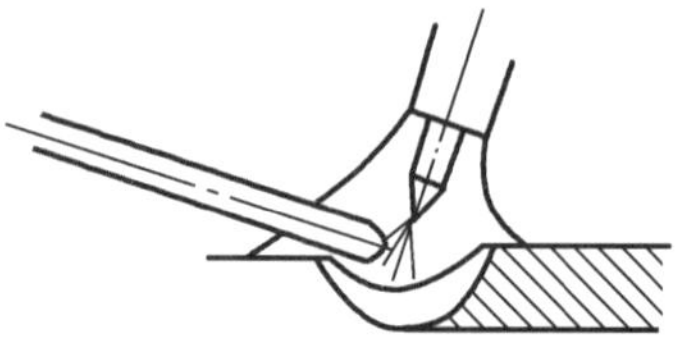

(b)不正确

图 3-36 填丝的位置

f. 在操作过程中，如不慎使钨极与焊丝相碰，发生瞬时短路，将产生很大的飞溅和烟雾，会造成焊缝污染和夹钨。这时应立即停止焊接，用砂轮磨掉被污染处，直到磨出金属光泽。被污染的钨极，应在别处重新引弧熔化掉污染端部，或重新磨尖后方可继续焊接。

g. 当撤回焊丝时，切记不要让焊丝端头撤出氩气保护区，以免焊丝端头被氧化，在下次点进时送入熔池，造成氧化物夹渣或产生气孔。

(5) 收弧

收弧不当会影响焊缝质量，使弧坑过深或产生弧坑裂纹，甚至造成返修。一般氩弧焊设备都配有电流自动衰减装置，若无电流衰减装置，多采用改变操作方法来收弧。其基本要点是逐渐减少热量输入，如改变焊枪角度、拉长电弧、加大焊速等。对于管子封闭焊缝，最后的收弧一般多采用稍拉长电弧，重叠焊缝 20~40 mm，在重叠部分不加或少加焊丝。停弧后，氩气开关应延时 10 s 左右再关闭（一般设备上都有提前送气、滞后关气的装置），防止金属在高温下继续氧化。

(6) 左向焊与右向焊

左向焊与右向焊如图 3-37 所示。

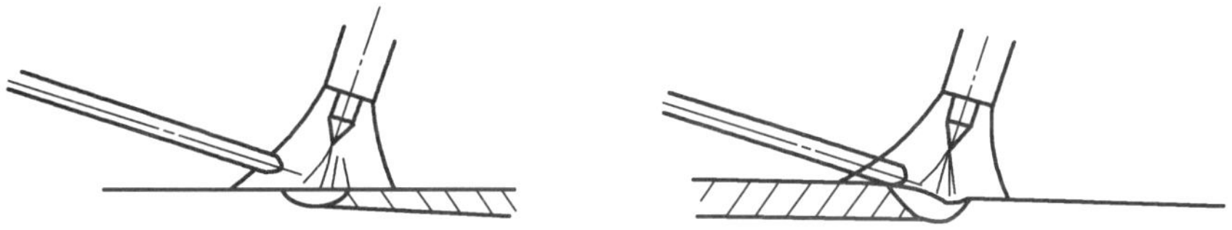

(a)左向焊　(b)右向焊

图 3-37　左向焊与右向焊

在焊接过程中，焊丝与焊枪由右端向左端移动，焊接电弧指向未焊部分，焊丝位于电弧运动的前方，称为左焊法。如在焊接过程中，焊丝与焊枪由左端向右端施焊，焊接电弧指向已焊部分，填充焊丝位于电弧运动的后方，则称为右焊法。

①左焊法的优缺点。

优点：

a. 操作者的视野不受阻碍，便于观察和控制熔池情况。

b. 焊接电弧指向未焊部分，既可对未焊部分起预热作用，又能减小熔深，有利于焊接薄件，特别是管子对接时的根部打底焊和焊易熔金属。

c. 操作简单方便，初学者容易掌握。

缺点：主要是焊大焊件，特别是多层焊时，热量利用率低，因而影响提高熔敷效率。

②右焊法的优缺点。

优点：

a. 由于右焊法焊接电弧指向已凝固的焊缝金属，使熔池冷却缓慢，有利于改善焊缝金属组织，减少气孔、夹渣产生的可能性。

b. 由于电弧指向焊缝金属，因而提高了热利用率，在相同线能量时，右焊法比左焊法熔深大，故特别适合于焊接厚度较大、熔点较高的焊件。

缺点：

a. 焊丝在熔池运动的后方，影响操作者的视线，不利于观察和控制熔池。

b. 无法在管道上(特别是小直径管)焊接。

三、钨极氩弧焊的其他方法

1. 钨极氩弧点焊

(1)钨极氩弧点焊的特点及设备

钨极氩弧点焊是用焊枪端部的喷嘴将被焊的两块母材压紧,然后靠钨极和工件之间的电弧将上层工件熔穿,再将下层工件局部熔化并熔合在一起,凝固后即成焊点。钨极氩弧点焊的原理示意见图 3-38 所示。喷嘴压紧工件是使工件连接处不出现过大间隙,并能保持弧长稳定,喷嘴由金属制成,端部有供氩气流出的小孔。钨极氩弧点焊适用焊接各种薄板结构与较厚材料,可焊材料目前主要包括不锈钢、低合金钢等。

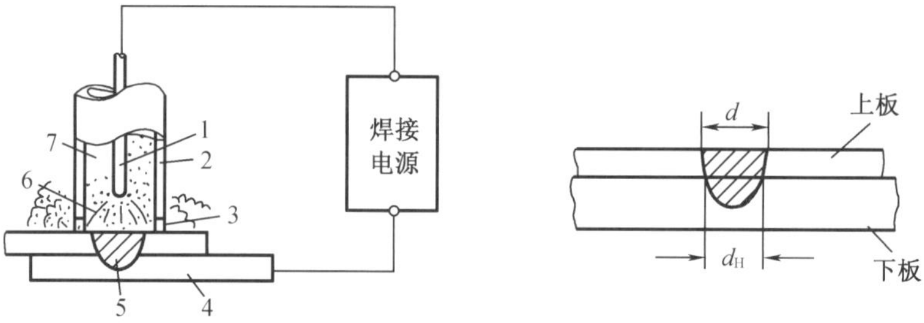

1—钨极;2—喷嘴;3—出气孔;4—母材;5—焊点;6—电弧;7—氩气;d—焊点直径;d_H—点核直径。

图 3-38 钨极氩弧点焊原理示意图

与电阻点焊相比,钨极氩弧点焊有如下特点。

①可从单面进行点焊焊接,方便灵活,特别适合于只能从单面接近的接头的焊接;

②更易于点焊厚度相差悬殊的工件,并且可进行多层叠加板材的点焊;

③焊点尺寸易于控制,焊接强度可在较大范围内调节;

④需施加的压力较小,无须加压装置;

⑤设备费用低,耗电量较少。

钨极氩弧点焊的缺点主要是焊接速度与电阻焊相比较慢,焊接费用(人工费、氩气消耗等)较高。

钨极氩弧点焊所用的设备与普通钨极惰性气体保护焊设备的区别在于控制系统和焊枪结构。钨极氩弧点焊的控制系统除了能自动确保提前供氩气、通水、引弧外,还具有焊接时间控制、电流自动衰减和滞后断氩气等功能。焊枪通常制成带按钮和便于对焊件施压的结构,根据容量和负载持续率的大小,制作成水冷或气冷形式,采用金属喷嘴与焊枪内导电部分绝缘。

除专用设备外,钨极氩弧点焊机也可采用改装的普通手工钨极氩弧焊设备,在设备上只需增加焊接时间控制器,并且将焊接喷嘴更换为点焊喷嘴即可使用。典型钨极氩弧点焊设备的技术数据见表 3-54。

表 3-54　钨极氩弧点焊设备的技术数据

项目	技术参数	项目	技术参数
型号	WD-100	额定负载持续率/%	60
控制箱电源电压/V	220	氩气流量/L·min^{-1}	1~12
焊接电源空载电压/V	80	适用范围	适用于点焊厚度为 0.2~2 mm 的不锈钢及合金钢
焊接电流调节范围/A	10~100		
点焊时间范围/s	2.5~25	备注	配用电源：ZX-100 型弧焊整流器
钨极直径/mm	1~2		

(2)焊接工艺参数

决定焊点金属强度的主要因素是点核直径，而影响点核直径的工艺参数是电弧长度、焊接电流和点焊时间、钨极末端形状、装配间隙等。

①电弧长度。电弧越短，熔深越大。焊点的截面一般呈圆柱形，点核直径 d_H 接近焊点直径 d；电弧越长，熔深越浅，此时焊点直径变成圆锥形，上大下小，点核直径 d_H 变小时，熔池会过热并可能产生咬边；电弧太短时，母材膨胀后会接触钨极，造成焊缝污染。因此当点焊的上板较厚时宜采用短弧焊。

②焊接电流和点焊时间。目前在 TIG 点焊中最常用的仍是高频引弧，主要是通过调节电流值和电流持续时间控制焊点尺寸，焊接电流和通电时间决定了焊点的热输入，两者增加都会使点核直径增加，但两者过大会引起烧穿或焊点过热。

③钨极末端形状。钨极氩弧焊点焊一般采用铈钨极，末端形状如果为圆锥尖顶状，则点焊直径 d 增加、熔深浅；如果为圆锥平顶状，则 d 减小、熔深大。因此，点焊中一般推荐采用钨极末端圆锥角为 30°，平顶直径为 1.5 mm。

④装配间隙。需要焊接的上下板之间最好没有间隙，否则会出现焊点凹陷、点核直径减小或液态金属流向周围缝隙，使得与下板不易熔合。通常钨极氩弧点焊由于手工加压，故上板的厚度受到限制。例如上板厚为 2~3 mm 的不锈钢，其间隙不得大于 0.3 mm，靠手工加压很困难。

钨极氩弧点焊可能出现的问题是弧坑裂纹和焊点凹陷，为了防止表面过渡凹陷和产生弧坑裂纹，点焊结束前使电流衰减或者进行二次脉冲电流加热，当焊点强度要求严格时，可向熔池输送适量的填充焊丝。凹陷的产生与装配间隙有关，但弧坑裂纹的产生与材质关系很大，例如焊接不锈钢，若点焊为纯奥氏体组织，或铁素体的体积分数低于 5% 就容易出现弧坑裂纹。

钨极氩弧点焊的焊前清理的要求和一般的钨极氩弧焊一样。焊接既可采用直流正接，也可以采用交流电源附加稳弧装置，通常都采用直流正接。由于钨极氩弧点焊采用直流产生的熔深比交流大，可以采用较小的焊接电流（或较短的焊接时间），从而较少出现热变形和其他的热影响。

钨极氩弧点焊的引弧有两种方法。

①高频引弧。依靠高频高压击穿钨极和工件之间的气隙而引弧；通常采用的是高频引弧。

②诱导电弧引弧。先在钨极和喷嘴之间引起一小电流（约 5A）的诱导电弧，然后再接

通焊接电源。诱导电弧由一个小的辅助电源供电。

表 3-55 列出了 1Crl8Ni9Ti 不锈钢钨极氩弧点焊的工艺参数，表 3-56 列出了碳钢和不锈钢钨极氩弧点焊的工艺参数，表 3-57 列出了钛、铝及其合金的钨极氩弧点焊的工艺参数。

表 3-55　1Cr18Ni9Ti 不锈钢钨极氩弧点焊的工艺参数

材料厚度 /mm	焊接电流 /A	焊接时间 /s	二次脉冲电流 /A	二次脉冲时间 /s	氩气流量 /L · min^{-1}	焊点直径 /mm
0.5+0.5	80	1.03	80	0.57	7.5	4.5
0.5+0.5	100	1.03	100	0.57	7.5	5.5
2+2	160	9	300	0.47	7.5	8
2+2	190	7.5	180	0.57	7.5	9
3+3	180	18	280	0.69	7.5	10
3+3	160	18	280	0.69	7.5	11

注：1. 直流正接时，加入二次脉冲电流前电弧熄灭一段时间。

2. 电弧长度约 0.5~1.0 mm。

表 3-56　碳钢和不锈钢钨极氩弧点焊的工艺参数

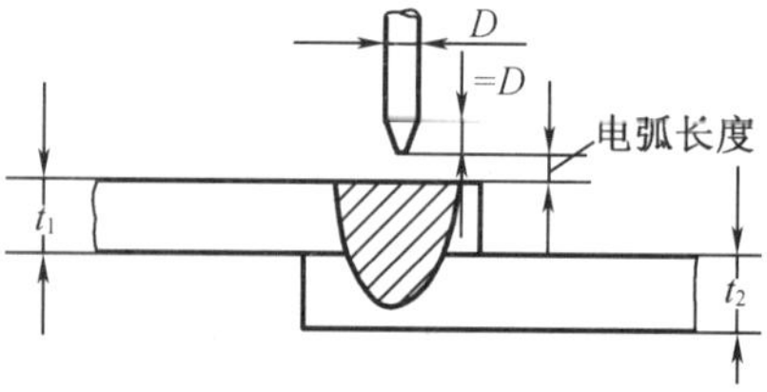

焊接工艺参数 焊接电流(A)/燃弧时间(s)						喷嘴内径 /mm	钨极直径 /mm	氩气流量 /L · min^{-1}
上板 t_1 /mm	下板厚 t_2/mm							
	0.56	0.71	0.91	1.21	1.62			
0.56	50~55/0.8	55/0.8	55/0.8	(55~60)/0.8	60/0.8	9.5	1.6	2~6（根据喷嘴直径确定）
0.71	—	75/0.8	(75~80)/0.8	(80~85)/0.8	(85~90)/0.8	9.5	2.4	
0.91	—	—	(85~91)/1.0	(85~90)/1.0	(85~90)/1.0	12.7	2.4	
1.21	—	—	—	140~150/1.0	160/1.0	12.7	2.4	
1.62	—	—	—	—	175/1.5	12.7	2.4	

注：直流正接，电弧长度对于 0.9 mm 的板为 0.6 mm，对 1.6 mm 的板为 0.9 mm。

表 3-57　钛、铝及其合金钨极氩弧点焊的工艺参数

被焊材料	板厚/mm	喷嘴孔径/mm	钨极直径/mm	焊接电流/A	燃弧时间/s	氩气流量/L·min^{-1}	备注
钛及钛合金	0.9+0.9	9.5	2.4	90	0.5	2~6	电弧长度对 0.9 mm 的板为 0.6 mm，对 1.6 mm 的板为 0.9 mm
	1.21+1.21	9.5	2.4	140	1.5		
	1.62+1.62	12.7	2.4	180	2.5		
铝及铝合金	0.9+0.9	9.5	3.2	135	0.7	2~6	钨极端磨尖，锥长约等于钨极直径
	1.21+1.21	9.5	3.2	160	1.0		
	1.62+1.62	12.7	3.2	225	1.3		

2. 热丝和双电极钨极氩弧焊

(1)热丝钨极氩弧焊

依靠增加电流提高钨极氩弧焊的效率，会受到钨极容量的限制，因此人们把注意力转向提高填充焊丝的熔化速度，于是出现了热丝钨极氩弧焊(简称热丝 TIG 焊)。热丝 TIG 焊是利用附加电流预热填充焊丝，以提高焊丝的熔化速度，增加填充金属量，达到高效率的目的。这种方法的熔敷效率比通常的冷丝 TIG 焊提高一倍以上。

热丝钨极氩弧焊(热丝 TIG)的工作原理示意如图 3-39 所示。填充焊丝在进入熔池之前约 10 cm 处开始，由加热电源通过导电块对其通电，依靠电阻热将焊丝加热至预热温度，与钨极成 40°~60°角，从电弧后面送入熔池，这样熔敷速度可比通常所用的冷丝提高 2 倍。钢钨极氩弧焊时，冷丝和热丝允许的熔敷速度如图 3-40 所示。

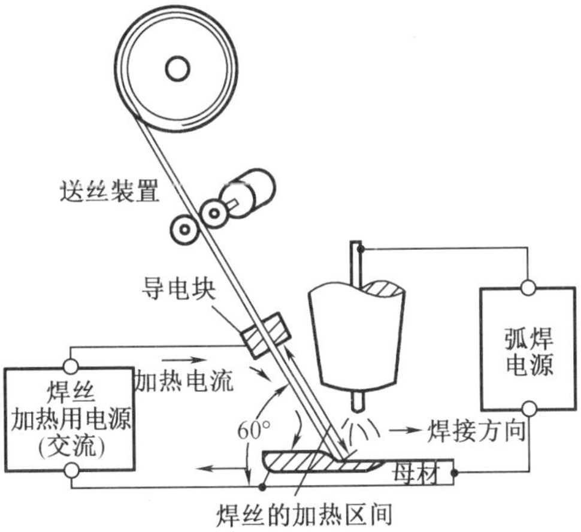

图 3-39　热丝钨极氩弧焊原理示意图

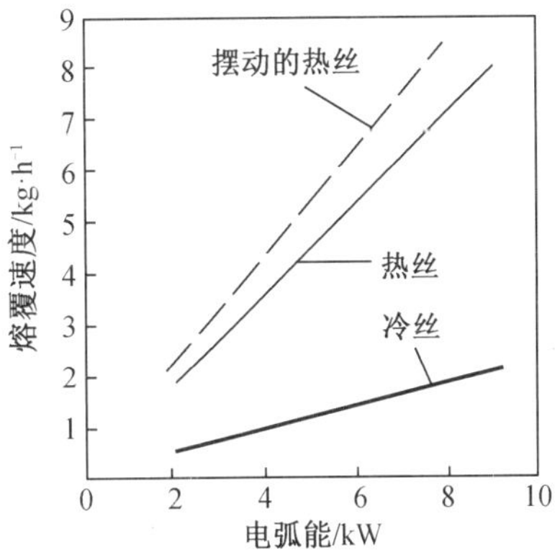

图 3-40　钢钨极氩弧焊时冷丝和热丝允许的熔敷速度

热丝钨极氩弧焊时，由于流过焊丝的电流所产生的磁场的影响，电弧产生磁偏吹而沿着焊缝做纵向偏摆。因此，用交流电源加热填充焊丝，可以减少磁偏吹。当加热电流不超过焊接电流的 60%时，电弧摆动的幅度被限制在 30°左右，为了使焊丝加热电流不超过焊接电流的 60%，通常焊丝的最大直径限制在 1.2 mm 以内，如焊丝过粗，由于电阻小，则需要增加加热电流，这对于防止磁偏吹是不利的。

热丝焊接已经成功地应用于碳钢、低合金钢、不锈钢、镍和钛等的焊接。对于铝和铜，由于电阻率小，要求很大的加热电流，从而造成过大的电弧磁偏吹和熔化不均匀，所以一般不推荐使用热丝钨极氩弧焊进行焊接。

热丝钨极氩弧焊设备主要由直流弧焊电源、预热焊丝的附加电源（交流电源）、送丝机构以及控制、协调这三部分的控制电路组成。

为了获得稳定的焊接过程，主电源还可以采用低频脉冲电源，在基值电流期间，填充焊丝通入预热电流，在脉冲电流期间焊丝熔化，热丝脉冲钨极氩弧焊电流波形如图 3-41 所示。采用这种方法可以减少磁偏吹，脉冲电流频率可以提高到 100 Hz 左右。还可以采用一台焊接电源来代替焊接电源和附加预热电源，并采用一台高速切换的开关电源，可以依靠提高开关频率来熔化和预热焊丝。

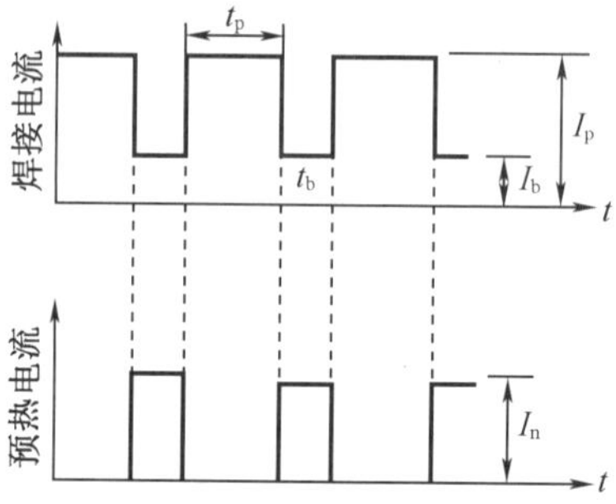

图 3-41　热丝脉冲钨极氩弧焊电流波形示意图

（2）双电极钨极氩弧焊

双电极钨极氩弧焊是一种高效的焊接方法，但是直流钨极氩弧焊多电极焊接时，由于相近的电极通以同方向的电流，电极间电弧相互作用出现磁偏吹，影响焊接过程。为此采用两个电弧交替供电。由于两个电极电流互相错开，减少了磁偏吹，因此可以选择较大的焊接电流，提高焊接速度。双电极脉冲钨极氩弧焊示意如图 3-42 所示。

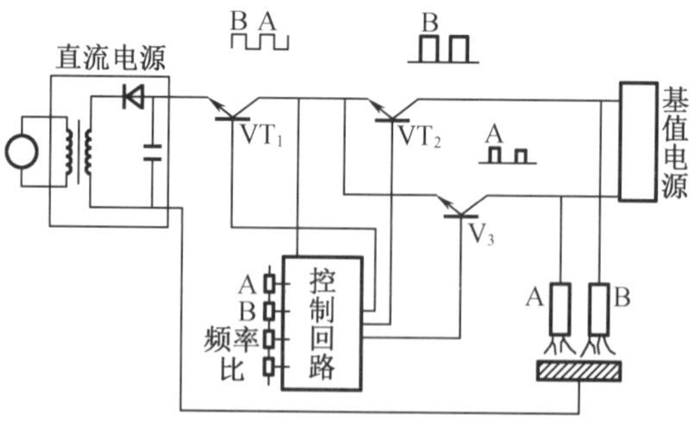

图 3-42　双电极脉冲钨极氩弧焊示意图

采用可控的脉冲电流来加热工件，并且增加一个电极交流供电，不但可以减少焊接电流平均值、降低焊件的热输入，还可以增强焊缝的熔透性、增加焊缝熔深，得到优良的焊接接头。

知识点 3.4 典型船体结构氩弧焊实例分析

微课：铝合金概述

微课：铝合金的基本性能

微课：铝合金分类

微课：铝合金牌号

微课：铝合金船体结构的焊接性分析

微课：铝合金焊接方法的选用

微课：铝合金船体结构 MIG 焊工艺

微课：甲板构造及建造流程

微课：铝合金甲板局部分段的 MIG 焊接顺序

微课：铝合金甲板局部分段的 MIG 焊接工艺

微课：铝合金船体甲板局部分段的 MIG 焊接技术

微课：船体结构焊接工艺基本原则焊接材料

微课：船体结构焊接工艺基本原则——焊缝加强

微课：船体结构焊接工艺基本原则——焊缝堵漏

微课：船体结构焊接工艺基本原则——一般工艺要求

微课：铝合金船体结构的其他焊接方法

一、船用 5 mm 铝合金板对接手工钨极氩弧焊工艺

手工钨极氩弧焊是焊接铝及铝合金的主要方法之一。铝表面存在一层致密的氧化膜，焊接时如不能去除这层氧化膜，会造成熔合不良、焊缝成形差、气孔等缺陷。因此，焊接时应采用交流法，以去除氧化膜，获得成形良好的焊缝。

1. 焊前准备

焊前必须严格清除工件表面的油和氧化膜。首先用汽油或丙酮清除其上的油污，然后用不锈钢钢丝刷清除氧化膜。开 V 形坡口，坡口角度为 60°~70°，坡口间隙为 0~2 mm。采用交流 TIG 焊机进行焊接，选择直径为 4.0 mm 的铈钨极，直径为 4.0 mm 的焊丝（焊丝成分与母材相同或相近），内径为 13~16 mm 的喷嘴，其他焊接参数见表 3-58。

表 3-58　5 mm 铝合金板的对接焊焊接参数

焊道	钨极直径 /mm	焊丝直径 /mm	焊接电流 /A	气体流量 /L · min^{-1}	焊接速度 /mm · min^{-1}
背面焊道	4	4	160~180	8~11	180~200
正面焊道	4	4	230~260	8~11	180~200

首先进行定位焊。定位焊的顺序是先焊中间再焊两端，也可先焊焊件两端后焊中间。定位焊焊缝的长度控制在 25 mm 左右，每 100 mm 焊一段，如图 3-43 所示。定位焊焊缝的宽度和余高不得大于实际焊缝的宽度和余高的 75%。

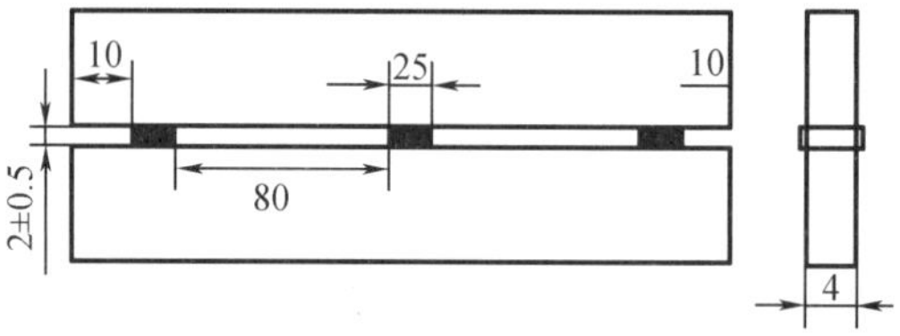

图 3-43　用手工钨极氩弧焊焊接铝板时的装配定位焊

2. 焊接操作

采用左焊法焊接，焊丝、焊枪与焊件之间的夹角如图 3-44 所示。

采用高频振荡器引弧或高压脉冲引弧。由于铝熔化后的颜色无明显变化，不易判断，易因熔池温度过高而产生焊漏现象，因此，引弧加热后要用焊丝触击熔池，试探铝板是否熔化，发现变软熔化时，再填充焊丝。焊接过程中，利用直线匀速法操作焊枪，使焊枪均匀而平稳地向前移动，并保持均匀的电弧长度。采用断续点滴法送丝，在氩气保护层内往复断续地将焊丝送入熔池。焊丝要在电弧前，沿熔池边缘送进，不要直接送入电弧下边，防止熔滴被吹出造成飞溅。而且，焊丝的填充和焊枪的运行动作要配合好。

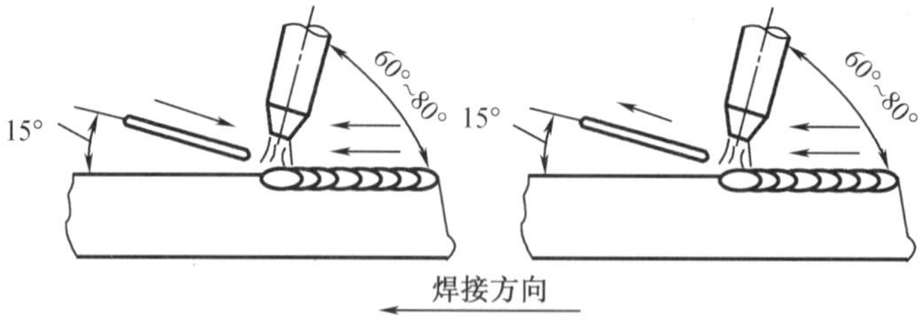

图 3-44　焊丝、焊枪与焊件之间的操作角度

尽量在收弧板上熄弧。如果氩弧焊机上有电流衰减装置，也可采用电流衰减熄弧法；断开焊枪上的按钮开关，焊接电流就逐渐减小，在弧坑处再补充少量的焊丝后熄灭电弧。

二、船用 ϕ45 mm×3.5 不锈钢管(0Cr18Ni9)对接手工钨极氩弧焊工艺

管子对接可采用“管子旋转-焊枪固定”法、“管子固定-焊枪旋转”法等进行焊接，后一种方法称为全位置焊接。本例采用这种焊接方法。全位置焊接包括仰焊、立焊、平焊三种不同类型的焊接位置，在焊接过程中应采用不同的操作手法。壁厚为 3.5 mm 的管子可采

用 I 形坡口，也可采用 V 形坡口，需要焊接 2 层。

1. 焊前准备

选用纯氩气（纯度大于 99.8%）、$\phi2.5$ 的 H0Cr18Ni9 焊丝及铈钨极，采用直流正接进行焊接。采用 V 形坡口，坡口角度为 60°~70°，根部间隙为 1~1.5 mm，钝边为 0.5~1 mm。焊前将工件坡口及坡口两侧表面 20 mm 范围内的氧化膜、油脂及水分进行清理。将管子安装到定位架上，并牢固地固定，如图 3-45 所示。整个焊缝需要焊接 2 层，即打底层和盖面层。打底层焊缝厚度应达到壁厚的 2/3，焊缝厚度均匀；盖面层焊缝应有一定的余高，焊缝宽窄一致，焊波均匀。焊接参数见表 3-59。

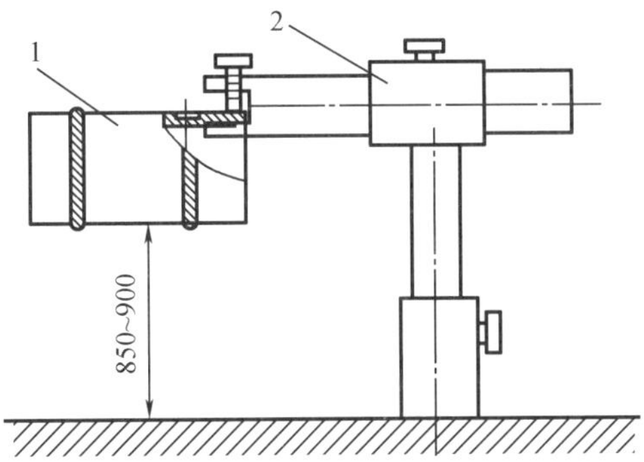

1—焊件；2—定位架。

图 3-45　焊件的安装定位

表 3-59　管子全位置焊接参数

焊道	电流种类及极性	钨极直径 /mm	焊丝直径 /mm	焊接电流 /A	气体流量 /$L\cdot min^{-1}$	焊接速度 /$mm\cdot min^{-1}$
打底焊道	直流正接	2	2.5	100~110	6~8	40~60
盖面焊道	直流正接	2	2.5	130~140	6~8	40~60

2. 定位焊

首先进行定位焊，定位焊采用与正式焊缝所用的焊丝和工艺，定位焊两处，并尽可能地呈对称分布，定位焊缝长 5 mm 左右，在平焊位置进行焊接。

可采用点滴法进行填丝。利用电弧将母材加热，焊枪做微小的横向摆动，当在对接坡口的根部出现熔孔时，先在右侧根部填充一滴熔滴，再在左侧根部填充一滴熔滴。焊丝随着焊枪的摆动，断续地、有节奏地向熔池前沿填充，达到要求的长度后收弧。焊后仔细检查定位焊缝是否有裂纹、气孔等缺陷。如果有，应将该定位焊缝清除干净，并重新进行定位焊。定位焊缝两端最好加工成斜坡形，以便于进行接头。定位焊焊缝的高度控制在 2.5 mm 左右。

3. 打底焊

钨极氩弧焊广泛用于管道的打底焊。对于重要的管道，即使不要求采用钨极氩弧焊进行盖面焊，也一般要求采用钨极氩弧焊进行打底，以保证根部焊道的焊接质量。利用钨极氩弧焊进行打底，不但可保证根部熔合及背面成形良好，而且可免去清渣等工序，并降低管路系统的清扫工作要求。

打底焊缝应具有一定的厚度，对于壁厚小于 10 mm 的管道，其厚度应控制在 2～3 mm 之间。

焊接时，焊枪、焊丝与工件之间的夹角要根据焊接位置调整，如图 3-46 及图 3-47 所示。采用左焊法分左、右两个半圈进行焊接，每个半圈均从仰焊位置起焊（实际起焊点应位于垂直中心线另一侧 10 mm 左右，即左、右半圈大约分别从时钟的 5 点钟、7 点钟位置开始起焊），在平焊位置收弧（实际收弧点应越过垂直中心线 10 mm 左右，左、右半圈大约在时钟的 1 点钟、11 点钟位置收弧），如图 3-48 所示。

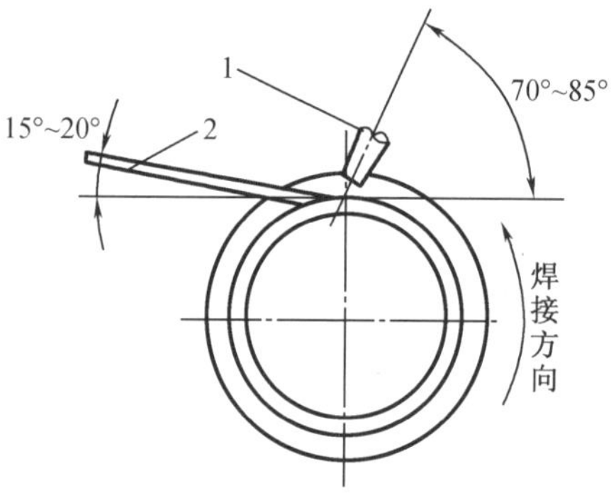

图 3-46　环焊缝平焊时焊丝、焊枪与焊件的角度

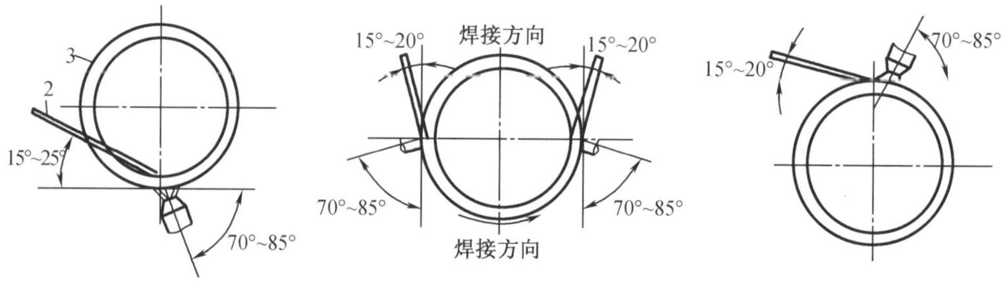

1—焊枪；2—焊丝；3—固定管。

图 3-47　焊枪、焊丝随焊接位置而变化

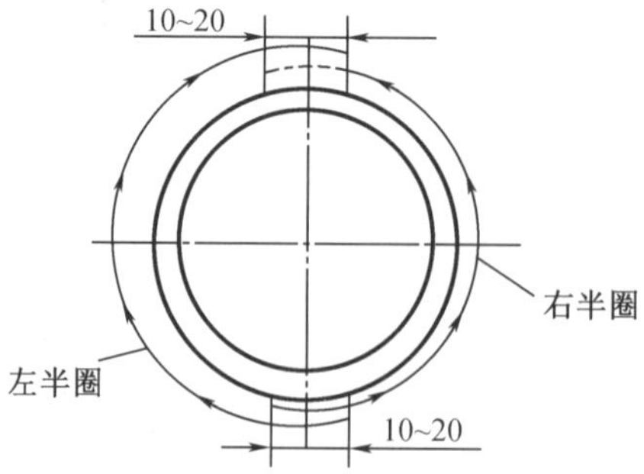

图 3-48　焊接顺序示意

首先焊接右半圈。从大约 7 点钟的位置开始焊接。引弧后，将弧长控制在 2～3 mm 内。坡口根部两侧加热熔化后，开始填充焊丝。在 7 点钟到 6 点钟这一段，将焊缝厚度控制得适当小一些，以便于左半圈接头。焊接过程中，应将熔化金属送至坡口根部，并控制坡口两侧均匀熔透，以保证良好的正、背面焊缝成形。右半圈焊到12点的位置之后，应减少填充金属量，使焊缝厚度降低，以便与左半圈接头时保证整个焊缝厚度均匀一致。右半圈焊到约11点的位置时收弧，收弧前应继续送进2~3滴填充金属，以防产生缩孔。收弧后用角向磨光机将熄弧处磨掉一部分，以去除可能存在的焊接缺陷。然后用相同的方式再焊左半圈。两个半圈接头搭接长度不小于10 mm，且过渡要圆滑。

打底焊焊缝检验合格后，方可进行盖面焊焊道的焊接。若发现有裂纹及其他超标缺陷应彻底铲除后修复，不允许用重复熔化的方法来消除缺陷。

4. 盖面焊

盖面层焊接时，焊接顺序与打底层焊接大体相同。由于盖面焊时焊接的是V形坡口的上部，焊道宽度较大，因此焊接时焊枪及焊丝要同步摆动。摆动方式可采用月牙形或锯齿形。为了保证坡口边缘的良好熔合，焊枪摆动到坡口的两侧时应稍作停顿，并加一滴填充金属。另外，由于盖面焊道的熔池较宽大，焊接时还要注意防止熔池下移。为此，焊接到仰焊部位时，填充金属要适当少些；而焊接到立焊部位时，焊枪的摆动频率要稍快一些。

【学习任务】

任务3.1　手工钨极氩弧焊平对接焊工艺设计与实作

微课：TIG焊的平焊焊接技术

一、任务概述

按图3-49要求，学习手工钨极氩弧焊平对接焊基本操作技能，完成工件实作任务。

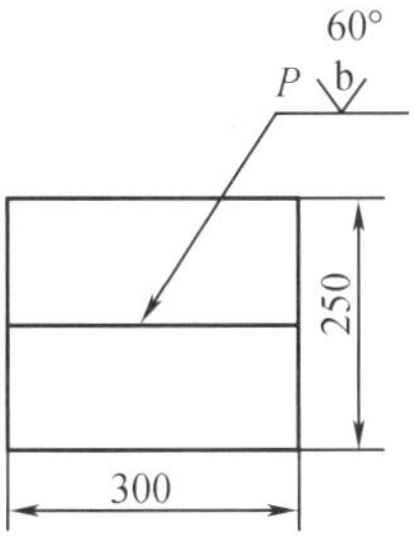

技术要求：
1. 焊接方法：手工钨极氩弧焊；
2. 试件材质与规格：CCS A（或Q235），300 mm×125 mm×6 mm，两块为一组；
3. 单面焊双面成形；
4. 钝边、间隙、反变形自定；
5. 试件离地面高度自定

图3-49　板平对接实作施工图

任务目标：掌握手工钨极氩弧焊平对接焊的技术要求及操作要领；会制定手工钨极氩弧焊平对接焊的装焊方案及选择合理的焊接工艺参数，并编制焊接工艺卡（见附录1）；按焊接安全、清洁和环境要求及焊接工艺完成项目训练任务,制作出合格的手工钨极氩弧焊平对接焊工件,达到焊接质量检验的标准。

二、任务分析

板平对接焊是其他位置焊接的基础。氩弧焊对油污、铁锈较为敏感,所以对试板应清理干净。氩弧焊的热量集中,熔深较大,打底焊时速度要快,背面成形应该很薄,否则经过多层焊后背面焊缝会下坠而造成背面焊缝过高。操作时对左手、右手的协调配合要求较高,因此多做左手送丝和右手摆动的模拟练习。熟悉面罩、设备、供气系统、焊枪的使用(初学者刚开始不习惯头盔式面罩的使用,会影响操作和焊接质量)。

三、任务实施

1. 安全检查

(1)氩弧焊焊工在打磨钨极时,应把工作服穿好,并应戴防护眼镜和口罩;砂轮机要有安全罩和吸尘设置。平时接触钨极时应戴手套。吃饭前必须认真洗手。

(2)氩弧焊焊工由于工作的特殊性,应设法改善劳动条件,如一台焊机应配备两名焊工轮换操作,以减小劳动强度。

(3)对氩弧焊焊工要定期进行健康检查,并根据需要服用多种维生素等。

(4)正确穿戴劳保用品;劳保用品必须完好无损;注意清理工作场地,不得有易燃易爆物品,保证现场良好的通风;检查焊机和所使用的工具;操作时必须是先戴面罩然后才开始操作,避免电弧光直射眼睛;焊接电缆、焊枪应完好,焊把线接地良好。在实作过程中督促和检查劳保用品的穿戴及安全操作规程的执行情况。

2. 焊前准备

(1)焊件　CCS A(或 Q235)钢板,规格尺寸为 300 mm×125 mm×6 mm,坡口面角度为 30°±1°,每组两块,共一组。

(2)焊机　WSE-315 手工钨极氩弧焊机。

(3)焊接材料　ϕ2.5,H08Mn2SiA 焊丝,焊丝使用前表面需要进行清理;钨极为 Wce-20,ϕ2.5,端头磨成 30°圆锥形,锥端直径 0.5 mm;Ar 气体纯度要求达到 99.6%。

(4)焊接设备电路及水、气路检查　焊前检查焊机各处的接线是否正确、牢固、可靠,并调试好焊机。同时,应检查氩弧焊系统中的水冷却和气冷却系统有无堵塞、泄漏,如发现故障应及时排除。

(5)焊前清理　焊前将焊丝表面和焊件坡口内及其正反两侧 20 mm 范围内的油、锈、水分及其他污物清除干净,直至露出金属光泽,再用丙酮清洗。由于在手工钨极氩弧焊焊接过程中惰性气体仅起保护作用,无冶金反应,所以坡口的清洗质量直接影响焊缝的质量。使用氩弧焊时,应特别重视对坡口的清洗工作,并对试板清洁度、试板尺寸进行检查(按图纸及技术要求)。

(6)准备好工作服、焊工手套、护脚、面罩、钢丝刷、锉刀。

3. 选择工艺参数

板平对接焊工艺参数见表 3-60。

表 3-60　板平对接焊工艺参数

焊接层数	焊接电流/A	电弧电压/V	氩气流量/($L \cdot min^{-1}$)	钨极直径/mm	焊丝直径/mm	钨极伸出长度/mm	喷嘴直径/mm	喷嘴至工件距离/mm
1	90~100	12~16	8~12	2.5	2.5	4~8	10	≤12
2	90~100	12~16	8~12	2.5	2.5	4~8	10	≤12
3	100~110	12~16	8~12	2.5	2.5	4~8	10	≤12

4. 装配与定位

(1)定位焊　按表 3-61 所提供的数据进行组对。在试件端进行定位焊时,定位焊缝长度为 10~15 mm,定位焊时使用的焊丝及焊接参数与正式焊接时相同,定位焊后将定位焊缝两端用角磨机打磨成斜坡状,并将坡口内的飞溅清理干净。

表 3-61　组对数据要求

坡口角度	预留间隙/mm		钝边/mm	反变形角/(°)	错边量/mm
	始焊端	终焊端			
60°	2	3	0~0.5	3	≤1

(2)对装配位置和点固焊质量进行检查。

5. 焊接

将焊件置于底部架空的工作台上,焊道分布是三层三道,采用左焊法从间隙较小的一侧开始焊接。平焊是最容易掌握的焊接方法,其持枪方法如图 3-50 所示。焊枪角度与焊丝填充位置如图 3-51 所示。

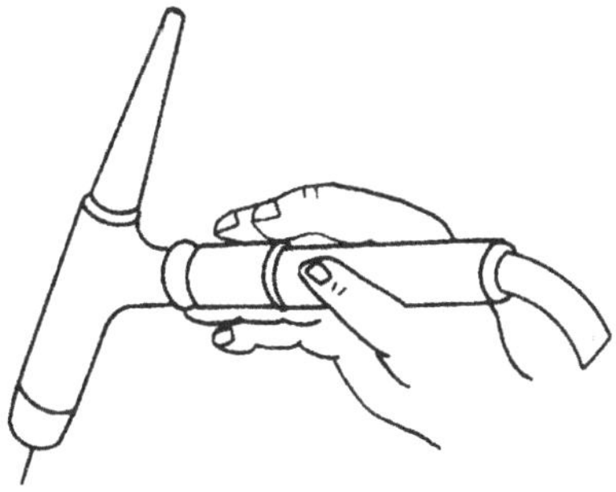

图 3-50　持枪方法

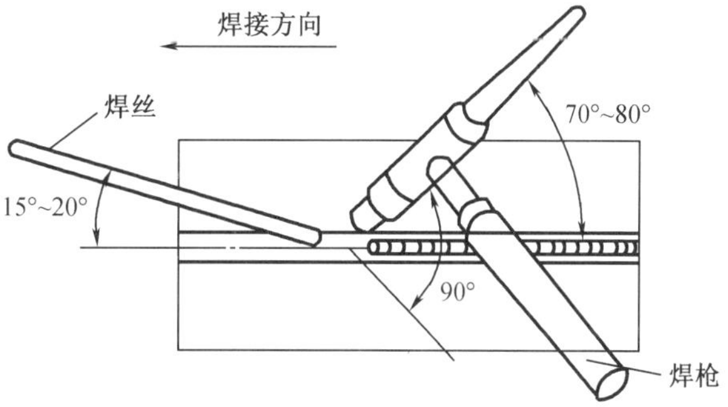

图 3-51　平焊焊枪角度与焊丝填充位置

(1)打底焊

①引弧。在焊件右侧定位焊缝上进行引弧。

②焊接。在引弧后,焊枪停留在原位置不动,待稍预热后,当定位焊缝外形形成熔池并出现熔孔后,开始填丝,自右向左焊接。在封底焊时,应减小焊枪倾角,使电弧热量集中在焊丝上,采用较小的焊接电流,加快焊接速度和送丝速度,熔滴要小,避免焊缝下凹和烧穿。焊丝填入动作要熟练、均匀,填丝要有规律,焊枪移动要平稳,速度一致。在焊接时要密切

注意焊接参数的变化及相互关系，随时调整焊枪角度和焊接速度。当发现熔池增大、焊缝变宽并出现下凹时，说明熔池温度太高，这时应减小焊枪与焊件间的夹角，提高焊接速度；当发现熔池较小时，说明熔池温度低，应增加焊枪倾角或减小焊接速度。通过各参数之间的良好配合，保证背面焊缝良好的成形。

③接头。当焊丝用完，需更换焊丝，或因其他原因需暂时中止焊接时，则会有接头存在。在焊缝中间停止焊接时，可松开焊枪上的按钮开关，停止送丝。如果焊机有电流自动衰减装置，则应保持喷嘴高度不变，待电弧熄灭、熔池完全冷却后，再移开焊枪；若焊机没有电流自动衰减装置，则松开按钮开关后，稍抬高焊枪，待电弧熄灭、熔池冷却凝固到颜色变黑后再移开焊枪。

在接头前，应先检查原弧坑处焊缝的质量，如果保护好则没有氧化皮和缺陷，可直接接头；如果有氧化皮和缺陷，最好用角向磨光机将氧化皮或缺陷磨掉，并将弧坑前磨成斜面，在弧坑右侧 15~20 mm 处引弧，并慢慢地向左移动，待原弧坑处开始熔化形成熔池和熔孔后，继续填丝焊接。

④收弧。如果焊机有电流自动衰减装置，则焊至焊件末端，应减小焊枪与焊件的夹角，让热量集中在焊丝上，加大焊丝熔化量，以填满弧坑，然后切断控制开关。这时焊接电流逐渐减小，熔池也不断缩小，焊丝回抽，但不要脱离氩气保护区，停弧后，氩气需延时 10 s 左右再关闭，防止熔池金属在高温下氧化。如果焊机没有电流衰减控制装置，则在收弧处要慢慢地抬起焊枪，并减小焊枪倾角，加大焊丝的熔化量，待弧坑填满后再切断电流。

(2)填充焊

填充焊的操作注意事项和步骤同打底焊。

焊接时焊枪应横向摆动，一般做锯齿形摆动，其焊枪的摆动幅度比打底焊时稍大，在坡口两侧稍停留，保证坡口两侧熔合好，焊道均匀。填充焊道应比焊件表面低 1 mm 左右，不要熔化坡口的上棱边。

(3)盖面焊

在盖面焊时要进一步加大焊枪的摆动幅度，保证熔池两侧超过坡口棱边 0.5~1.5 mm，并根据焊缝的余高决定填丝速度。

操作注意事项：

1. 清洁：即试板应彻底清理干净，尤其是焊缝两侧和坡口面；

2. 稳定(找一个支点)：要保证焊枪匀速、均匀地运动，最好是能有一个可靠的支点(如右手小指竖立并接触工件的垫板)，减少手的抖动；

3. 配合：是指左手的送丝和右手焊枪的摆动应配合好，协调一致(推荐实施打孔焊接，弧到丝到)。

6. 焊后清理

焊后将焊件正、反面用钢丝刷清理干净，整理工具，关闭供气系统、电源等，并打扫好焊接场地。

7. 焊接时易出现的缺陷及排除方法(表 3-62)

表 3-62　焊接时易出现的缺陷及排除方法

缺陷名称	产生原因	排除方法
夹渣	(1)焊件表面清理不净; (2)氩气保护效果差	(1)严格清理焊件表面; (2)焊接区和焊丝必须在氩气保护区内
烧穿	特别是铝合金,焊接时难以掌握熔池温度,因铝合金从固态到液态无明显颜色变化	(1)掌握铝合金熔化特点; (2)在焊接时,只要铝合金失去光泽,即熔化,就可填加焊丝

四、任务评价

手工钨极氩弧焊平板对接焊的考核项目、考核要求及评分标准见表 3-63。

表 3-63　手工钨极氩弧焊平板对接焊的考核项目、考核要求及评分标准

<table>
<tr><th colspan="4">考核项目</th><th rowspan="2">考核要求</th><th rowspan="2">配分</th><th rowspan="2">评分标准</th></tr>
<tr><th>类别</th><th colspan="3">名称</th></tr>
<tr><td rowspan="15">技术考核</td><td rowspan="13">外观检查</td><td colspan="2">裂纹、烧穿、焊缝低于母材</td><td>不允许存在</td><td></td><td>出现其中任何一种缺陷,试件为 0 分</td></tr>
<tr><td colspan="2">正面焊缝余高</td><td>0~2 mm</td><td>6</td><td></td></tr>
<tr><td colspan="2">背面焊缝余高</td><td>0~1 mm</td><td>6</td><td>超出标准不得分</td></tr>
<tr><td colspan="2">焊缝余高差</td><td>0~1 mm</td><td>4</td><td>超出标准不得分</td></tr>
<tr><td colspan="2">焊缝每侧增宽</td><td>0.5~2 mm</td><td>5</td><td>超出标准不得分</td></tr>
<tr><td colspan="2">焊缝宽度差</td><td>0~2 mm</td><td>5</td><td>超出标准不得分</td></tr>
<tr><td colspan="2">焊后角变</td><td>0~3°</td><td>4</td><td>超出标准不得分</td></tr>
<tr><td colspan="2">气孔</td><td>无</td><td>5</td><td>超出一处扣 3 分</td></tr>
<tr><td colspan="2">夹渣</td><td>无</td><td>5</td><td>超出一处扣 3 分</td></tr>
<tr><td colspan="2">未熔合</td><td>无</td><td>5</td><td>超出一处扣 3 分</td></tr>
<tr><td colspan="2">焊瘤</td><td>无</td><td>5</td><td>超出一处扣 3 分</td></tr>
<tr><td rowspan="2">咬边</td><td>深度</td><td>≤0.5 mm</td><td>5</td><td>超出一处扣 3 分</td></tr>
<tr><td>长度
(累计计算)</td><td>≤10 mm</td><td>5</td><td>超出一处扣 3 分</td></tr>
<tr><td colspan="3">焊缝内部质量检查</td><td>按 GB/T3323—2005 标准</td><td>20</td><td>Ⅰ级片不扣分;Ⅱ级片扣 10 分;Ⅲ级片扣 20 分</td></tr>
<tr><td colspan="3">焊接接头的弯曲试验</td><td>面弯、背弯各一件,弯曲角度 90°</td><td>10</td><td>面弯不合格扣 4 分;背弯不合格扣 6 分</td></tr>
<tr><td rowspan="2">安全文明生产考核</td><td colspan="3">安全</td><td>遵守有关安全操作规程</td><td>5</td><td>发生一般安全事故酌情扣 1~5 分;发生重大责任事故判不合格</td></tr>
<tr><td colspan="3">文明生产</td><td>遵守考场文明生产规定</td><td>5</td><td>不遵守者视情节酌情扣 1~5 分</td></tr>
</table>

表 2-63(续 1)

考核项目		考核要求	配分	评分标准
类别	名称			
考场纪律	1. 不许他人代焊; 2. 不许擅自更换试件; 3. 不许破坏试件焊缝原始表面; 4. 考试时间为 60 min	1. 违反前三项任一项者,判不及格; 2. 考试时间超过但未超 90 min 者酌情扣分; 3. 考试时间超过 90 min 试件为 0 分		

焊接实作任务书

训练项目		MIG 焊接头焊接工艺设计与实作				建议学时			4		
焊接方法		MIG 焊				机械化程度			半自动		
母材	牌号	5083	焊丝	牌号	WR5183	钨极	牌号		气体	种类	Ar
	板厚	6 mm		规格	1.2 mm		规格			流量/(L·min^{-1})	15~20
工作任务	1. 能正确使用 MIG 焊接设备和工具; 2. 能掌握 MIG 平对接焊接技术; 3. 能够识读 MIG 平对接焊接头焊接施工图,按规定要求制作出合格的焊接工件; 4. 能对 MIG 平焊接头进行质量检测										

船体工作试件对接平焊接头形式简图:

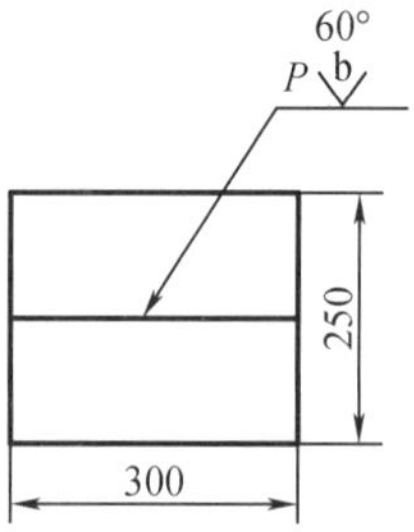

技术要求:
1. 单面焊双面成形;
2. 试件离地面高度自定;
3. 焊件一经施焊,不得任意更换和改变焊接位置;
4. 焊后对焊缝进行超声波探伤

试件组对的各项尺寸

坡口角度	间隙/mm		钝边/mm	反变形角度/(°)	错边量/mm
	始焊端	终焊端			
60°±1°	2.5	3.0	0~0.5	2	≤0.5

表 3-63(续 2)

焊接参数

层次	焊接电流 /A	送丝速度 /cm · min^{-1}	焊丝干伸长 /mm	氩气流量 /L · min^{-1}
打底	180	11.6	15	15~20
盖面	230	13.2	15	15~20

操作注意问题:

1. 焊接参数的选择是保证质量的前提,其选择应合理;
2. 左向焊法,从右向左焊接,焊枪与工件后倾夹角为 70°~80°,保持距离、保持夹角、匀速前进焊接;
3. 铝焊接焊速较快,当气体流量不纯或流量不大焊缝出现发黑和焊接两边处发黑现象时,应加大气体流量或减慢焊速,则焊缝时银白色,并在两边有发亮气体保护线。
4. 焊接工件不得吹风焊接当穿堂风过大时,应加挡板进行焊接。
5. 每天工作完毕后,应关气瓶机和关机,剩余铝焊丝应用塑料胶袋包扎,防止氧化。
6. 焊接时要经常检查焊枪导电嘴和喷嘴是否有被飞溅堵塞现象,并及时作出处理

安全事项	1. 正确穿戴工作服劳动保护用品(工作服、手套、焊工防护鞋、焊接护目镜、防尘口罩); 2. 防止触电和烧伤烫伤,要切实遵守和执行安全技术操作规程; 3. 场地设备及工具、夹具的安全检查; 4. 清除焊渣时戴上防护镜	
提交项目	1. 工艺分析卡; 2. 焊件; 3. 工件质量检验记录卡	
工作评价	自检评价	签名:　　　　年　月　日
	同学互评	签名:　　　　年　月　日
	教师评价	指导教师签名:　　　　年　月　日

表 3-63(续 3)

焊接实作任务书

<table>
<tr><td>训练项目</td><td colspan="5">手工钨极氩弧焊平焊
工艺设计与实作</td><td colspan="3">建议学时</td><td colspan="3">8</td></tr>
<tr><td>焊接方法</td><td colspan="5">TIG 焊</td><td colspan="3">机械化程度</td><td colspan="3">手工</td></tr>
<tr><td rowspan="2">母材</td><td>牌号</td><td>CCS A</td><td rowspan="2">焊丝</td><td>牌号</td><td>H08A</td><td rowspan="2">钨极</td><td>牌号</td><td>Wce-20</td><td rowspan="2">气体</td><td>种类</td><td>Ar</td></tr>
<tr><td>板厚</td><td>3 mm</td><td>规格</td><td>2.5 或 3 mm</td><td>规格</td><td>2.5 或 3 mm</td><td>流量/(L·min⁻¹)</td><td>8~14</td></tr>
<tr><td>工作任务</td><td colspan="11">1. 能正确使用 TIG 焊接设备和工具;
2. 能掌握 TIG 平焊接技术;
3. 能够识读 TIG 平焊接头焊接施工图,按规定要求制作出合格的焊接工件;
4. 能对 TIG 平焊接头进行质量检测</td></tr>
</table>

船体工作试件 TIG 焊接头形式简图:

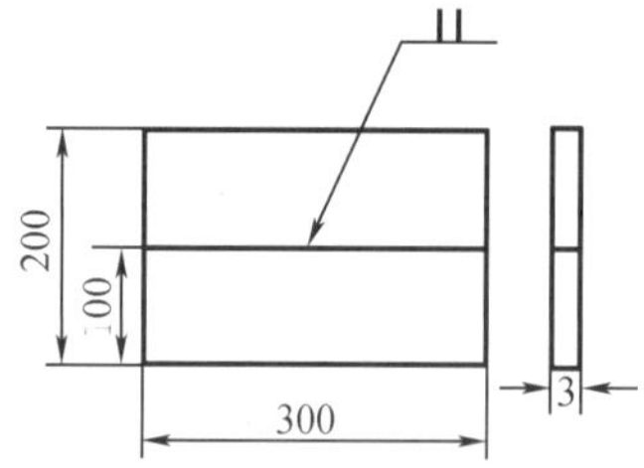

技术要求:
1. 单面焊双面成形;
2. 间隙(1~2)自定;
3. 试件离地面高度自定;
4. 焊件一经施焊,不得任意更换和改变焊接位置;
5. 焊后对焊缝进行超声波探伤

焊接参数

钨极直径/mm	喷嘴直径/mm	钨极伸出长度/mm	氩气流量/(L/min)	焊丝直径/mm	焊接电流/A	电弧电压/V
2.5	10~14	6~8	8~10	2.5	50~100	15~17

操作注意问题:
1. 若采用接触引弧,当借助引弧板引弧;
2. 焊接过程中钨棒不得与基体金属接触,以防止夹钨缺陷;
3. 打底焊采用左焊法,盖面焊焊枪宜做小幅度横向摆动并在坡口两侧稍作逗留,熔池超过接口棱边 0.5~1 mm

安全事项	1. 正确穿戴工作服劳动保护用品(工作服、手套、焊工防护鞋、焊接护目镜、防尘口罩); 2. 防止触电和烧伤烫伤,要切实遵守和执行安全技术操作规程; 3. 场地设备及工具、夹具的安全检查; 4. 清除焊渣时戴上防护镜

表 3-63(续 4)

提交项目	1. 工艺分析卡； 2. 焊件； 3. 工件质量检验记录卡	
工作评价	自检评价	签名：　　　　年　月　日
	同学互评	签名：　　　　年　月　日
	教师评价	指导教师签名：　　　　年　月　日

任务 3.2　手工钨极氩弧焊横对接焊工艺设计与实作

一、任务概述

按图 3-52 要求，学习手工钨极氩弧焊横对接焊基本操作技能，完成工件实作任务。

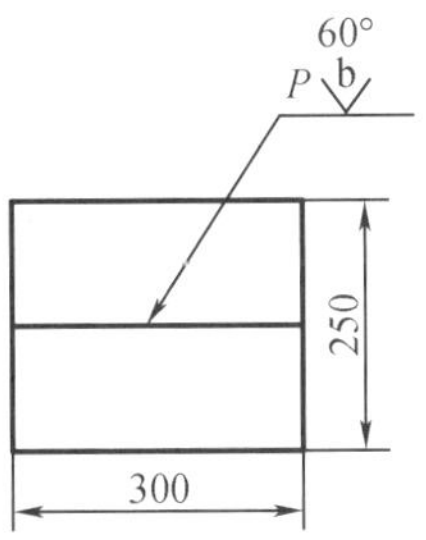

技术要求：
1. 焊接方法：手工钨极氩弧焊；
2. 试件材质与规格：CCS A（或 Q235），300 mm×125 mm×6 mm 两块为一组；
3. 单面焊双面成形；
4. 钝边、间隙、反变形自定；
5. 试件离地面高度自定

图 3-52　板横对接焊实作施工图

任务目标：掌握手工钨极氩弧焊横对接焊的技术要求及操作要领；会制定手工钨极氩弧焊横对接焊的装焊方案及选择合理的焊接工艺参数，并编制焊接工艺卡(见附录 1)；按焊接安全、清洁和环境要求及焊接工艺完成项目训练任务，制作出合格的手工钨极氩弧焊横对接焊工件，达到焊接质量检验的标准。

二、任务分析

板对接横焊时，由于双手悬空容易疲劳，易造成焊接速度、电弧长度及送丝位置不稳定；另外，由于熔池液态金属下坠易产生上部咬边、下部焊道凸出下坠的现象，因此，应选择小直径的喷嘴，采用小的焊接电流，尽量减小焊枪沿焊缝垂直方向与平板之间的下倾角；同时，焊接速度要快，可根据需要进行摆动或不摆动。板对接横焊也要注意采用反变形法防止焊接角变形。

三、任务实施

1. 安全检查

(1)氩弧焊焊工在打磨钨极时，应把工作服穿好，并应戴防护眼镜和口罩；砂轮机要有安全罩和吸尘设置。平时接触钨极时应戴手套。吃饭前必须认真洗手。

(2)氩弧焊焊工由于工作的特殊性，应设法改善劳动条件，如一台焊机应配备两名焊工轮换操作，以减小劳动强度。

(3)对氩弧焊焊工要定期进行健康检查，并根据需要服用多种维生素等。

(4)正确穿戴劳保用品；劳保用品必须完好无损；注意清理工作场地，不得有易燃易爆物品，保证现场良好的通风；检查焊机和所使用的工具；操作时必须是先戴面罩然后才开始操作，避免电弧光直射眼睛；焊接电缆、焊枪应完好，焊把线接地良好。在实作过程中督促和检查劳保用品的穿戴及安全操作规程的执行情况。

2. 焊前准备

(1)焊件　CCS A(或 Q235)钢板，规格尺寸为 300 mm×125 mm×6 mm，坡口面角度为 30°±1°，每组两块，共一组。

(2)焊机　WSE-315 手工钨极氩弧焊机。

(3)焊接材料　ϕ2.5，H08Mn2SiA 焊丝，焊丝使用前表面需要进行清理；钨极为 Wce-20，ϕ2.5，端头磨成 30°圆锥形，锥端直径 0.5 mm；Ar 气体纯度要求达到 99.6%。

(4)焊接设备电路及水、气路检查　焊前检查焊机各处的接线是否正确、牢固、可靠，并调试好焊机。同时，应检查氩弧焊系统中的水冷却和气冷却系统有无堵塞、泄漏，如发现故障应及时排除。

(5)焊前清理　焊前将焊丝表面和焊件坡口内及其正反两侧 20 mm 范围内的油、锈、水分及其他污物清除干净，直至露出金属光泽，再用丙酮清洗。由于在手工钨极氩弧焊焊接过程中惰性气体仅起保护作用，无冶金反应，所以坡口的清洗质量直接影响焊缝的质量。使用氩弧焊时，应特别重视对坡口的清洗工作，并对试板清洁度、试板尺寸进行检查(按图纸及技术要求)。

(6)准备好工作服、焊工手套、护脚、面罩、钢丝刷、锉刀。

3. 选择工艺参数

板横对接焊的工艺参数见表 3-64。

表 3-64　板横对接焊的工艺参数

焊接层数	焊接电流/A	电弧电压/V	氩气流量/L·min^{-1}	钨极直径/mm	焊丝直径/mm	钨极伸出长度/mm	喷嘴直径/mm	喷嘴至工件距离/mm
1	90~100	12~16	8~12	2.5	2.5	4~8	10	≤12
2	100~110	12~16	8~12	2.5	2.5	4~8	10	≤12
3	100~110	12~16	8~12	2.5	2.5	4~8	10	≤12

4. 装配与定位

(1)定位焊　按表 3-65 所提供的数据进行组对。在试件端进行定位焊时,定位焊缝长度为 10~15 mm,定位焊时使用的焊丝及焊接参数与正式焊接时相同,定位焊后将定位焊缝两端用角磨机打磨成斜坡状,并将坡口内的飞溅清理干净。

表 3-65　组对数据要求

坡口角度	预留间隙/mm		钝边/mm	反变形角/(°)	错边量/mm
	始焊端	终焊端			
60°±1°	2	3	0~0.5	6~8	≤1

(2)对装配位置和点固焊质量进行检查。

5. 焊接

焊道分布是三层四道,如图 3-53 所示,采用左向焊法。

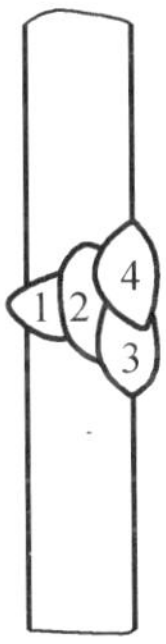

图 3-53　焊道分布

(1)焊件位置　焊件垂直固定,坡口在水平位置,小间隙处放在右侧。

(2)打底焊　保证根部焊透,坡口两侧熔合良好。

焊枪角度和填丝位置,如图 3-54 所示。

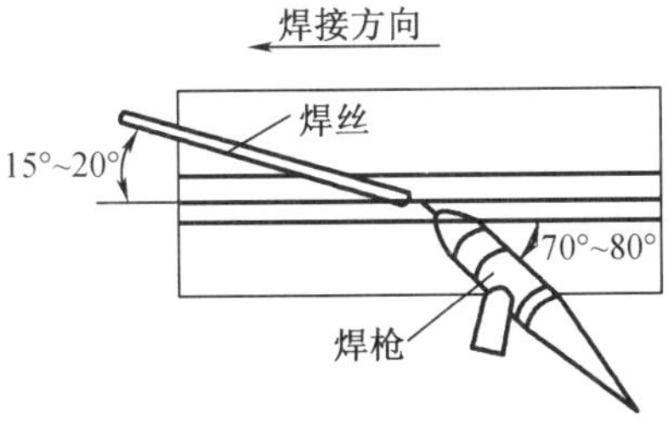

图 3-54　横焊打底焊时焊枪角度和填丝位置

在焊件右端定位焊缝处引弧,先不加焊丝,焊枪在右端定位焊缝处稍停留,待形成熔池和熔孔后,再填丝并向左焊接。焊枪做小幅度锯齿形摆动,在坡口两侧稍停留。

正确的横焊加丝位置如图 3-55 所示。

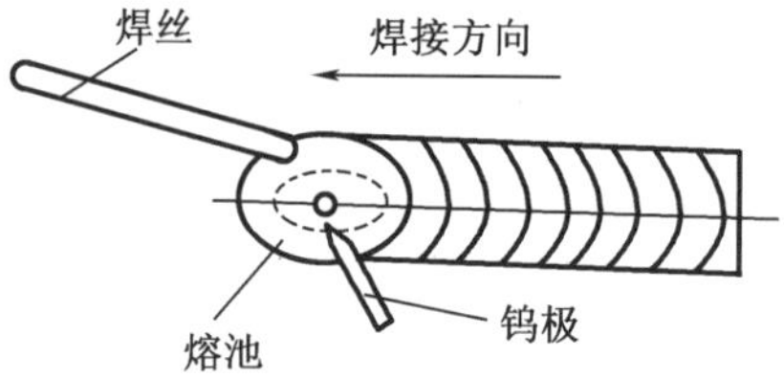

图 3-55　正确的横焊填丝位置

(3)填充焊　除焊枪摆动幅度稍加大外,焊接顺序、焊枪角度、填丝位置都与打底焊相同。

(4)盖面焊　盖面焊有两条焊道,横焊盖面焊枪角度如图 3-56 所示。先焊下面的焊道,后焊上面的焊道。

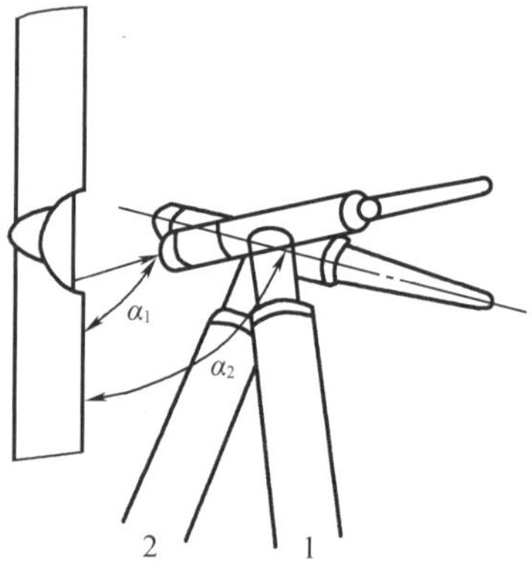

$\alpha_1 = 95° \sim 105°$;$\alpha_2 = 70° \sim 80°$。

图 3-56　横焊盖面焊枪角度图

在焊下面的焊道时,焊接电弧以填充焊道的下沿为中心摆动,使熔池的上沿在填充焊道的 1/2~2/3 处,熔池的下沿超过坡口下棱边 0.5~1.5 mm。

在焊上面的焊道时,焊接电弧以填充焊道的上沿为中心摆动,使熔池的上沿超过坡口上棱边 0.5~1.5 mm,熔池的下沿与下面的盖面焊道均匀过渡,保证盖面焊道表面平整。

操作注意事项:

1. 焊接过程中钨棒不得与基体金属接触,以防止夹钨缺陷;

2. 焊枪在灭弧后不可立即移开,待熔池颜色变暗后方可移开,以防止空气进入产生气孔。

6. 焊后清理

焊后将焊件用钢丝刷清理干净,整理工具,关闭供气系统、电源等,并打扫好焊接场地。

7. 焊接时易出现的缺陷及排除方法(表 3-66)

表 3-66　焊接时易出现的缺陷及排除方法

缺陷名称	产生原因	排除方法
焊瘤	(1)熔化金属受重力作用下淌; (2)熔池温度过高	(1)铲除焊瘤; (2)随时观察熔池变化,调整焊枪角度,使熔池不过热
咬边	(1)电流强度太大; (2)焊枪角度不正确	(1)调整焊接电流; (2)调整焊枪角度

四、任务评价

手工钨极氩弧焊平板对接焊的考核项目、考核要求及评分标准见表 3-67。

表 3-67　手工钨极氩弧焊平板对接焊的考核项目、考核要求及评分标准

考核项目				考核要求	配分	评分标准
类别	名称					
技术考核	外观检查	裂纹、烧穿、焊缝低于母材		不允许存在		出现其中任何一种缺陷,试件为 0 分
		正面焊缝余高		0~2 mm	6	
		背面焊缝余高		0~1 mm	6	超出标准不得分
		焊缝余高差		0~1 mm	4	超出标准不得分
		焊缝每侧增宽		0.5~2 mm	5	超出标准不得分
		焊缝宽度差		0~2 mm	5	超出标准不得分
		焊后角变		0~3°	4	超出标准不得分
		气孔		无	5	超出一处扣 3 分
		夹渣		无	5	超出一处扣 3 分
		未熔合		无	5	超出一处扣 3 分
		焊瘤		无	5	超出一处扣 3 分
		咬边	深度	≤0.5 mm	5	超出一处扣 3 分
			长度(累计计算)	≤10 mm	5	超出一处扣 3 分
	焊缝内部质量检查			按 GB/T3323—2005 标准	20	Ⅰ级片不扣分;Ⅱ级片扣 10 分;Ⅲ级片扣 20 分
	焊接接头的弯曲试验			面弯、背弯各一件,弯曲角度 90°	10	面弯不合格扣 4 分;背弯不合格扣 6 分
安全文明生产考核	安全			遵守有关安全操作规程	5	发生一般安全事故酌情扣 1~5 分;发生重大责任事故判不合格
	文明生产			遵守考场文明生产规定	5	不遵守者视情节酌情扣 1~5 分

表 2-47(续)

考核项目		考核要求	配分	评分标准
类别	名称			
考场纪律	1. 不许他人代焊; 2. 不许擅自更换试件; 3. 不许破坏试件焊缝原始表面; 4. 考试时间为 60 min	1. 违反前三项任一项者,判不及格; 2. 考试时间超过但未超 90 min 者酌情扣分; 3. 考试时间超过 90 min,试件为 0 分		

任务 3.3　手工钨极氩弧焊立对接焊工艺设计与实作

微课:TIG 立焊焊接工艺

微课:TIG 立焊焊接技术

一、任务概述

按图 3-57 要求,学习手工钨极氩弧焊立对接焊基本操作技能,完成工件实作任务。

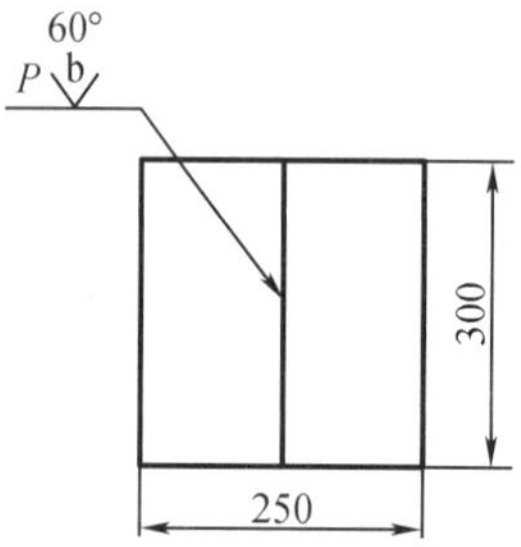

技术要求:
1. 焊接方法:手工钨极氩弧焊;
2. 试件材质与规格:CCS A(或 Q235),300 mm×125 mm×6 mm,两块为一组;
3. 采用向上立焊法;
4. 单面焊双面成形;
5. 钝边、间隙、反变形自定;
6. 试件离地面高度自定

图 3-57　板立对接焊实作施工图

任务目标:掌握手工钨极氩弧焊立对接焊的技术要求及操作要领;会制定手工钨极氩弧焊立对接焊的装焊方案及选择合理的焊接工艺参数,并编制焊接工艺卡(见附录 1);按焊接安全、清洁和环境要求及焊接工艺完成项目训练任务,制作出合格的手工钨极氩弧焊立对接焊工件,达到焊接质量检验的标准。

二、任务分析

板对接立焊时,操作难度较大,主要由于操作中焊枪的角度和电弧的长度不易控制,而且熔池液态金属在重力作用下产生下坠,容易造成焊瘤、焊趾处咬边、成形不良等缺陷。因此,应选择小直径的喷嘴,采用小的焊接电流(较小的热输入),焊枪做上凸月牙形摆动,并随时调整焊枪角度来控制熔池凝固,避免液态金属下淌。通过焊枪的移动与填丝的有机配合,获得良好的焊缝成形。

三、任务实施

1. 安全检查

(1)氩弧焊焊工在打磨钨极时,应把工作服穿好,并应戴防护眼镜和口罩;砂轮机要有安全罩和吸尘设置。平时接触钨极时应戴手套。吃饭前必须认真洗手。

(2)氩弧焊焊工由于工作的特殊性,应设法改善劳动条件,如一台焊机应配备两名焊工轮换操作,以减小劳动强度。

(3)对氩弧焊焊工要定期进行健康检查,并根据需要服用多种维生素等。

(4)正确穿戴劳保用品;劳保用品必须完好无损;注意清理工作场地,不得有易燃易爆物品,保证现场良好的通风;检查焊机和所使用的工具;操作时必须是先戴面罩然后才开始操作,避免电弧光直射眼睛;焊接电缆、焊枪应完好,焊把线接地良好。在实作过程中督促和检查劳保用品的穿戴及安全操作规程的执行情况。

2. 焊前准备

(1)焊件　CCS A(或 Q235)钢板,规格尺寸为 300 mm×125 mm×6 mm,坡口面角度为 30°±1°,每组两块,共一组。

(2)焊机　WSE-315 手工钨极氩弧焊机。

(3)焊接材料　ϕ2.5,H08Mn2SiA 焊丝,焊丝使用前表面需要进行清理;钨极为 Wce-20,ϕ2.5,端头磨成 30°圆锥形,锥端直径 0.5 mm;Ar 气体纯度要求达到 99.6%。

(4)焊接设备电路及水、气路检查　焊前检查焊机各处的接线是否正确、牢固、可靠,并调试好焊机。同时,应检查氩弧焊系统中的水冷却和气冷却系统有无堵塞、泄漏,如发现故障应及时排除。

(5)焊前清理　焊前将焊丝表面和焊件坡口内及其正反两侧 20 mm 范围内的油、锈、水分及其他污物清除干净,直至露出金属光泽,再用丙酮清洗。由于在手工钨极氩弧焊焊接过程中惰性气体仅起保护作用,无冶金反应,所以坡口的清洗质量直接影响焊缝的质量。使用氩弧焊时,应特别重视对坡口的清洗工作,并对试板清洁度、试板尺寸进行检查(按图纸及技术要求)。

(6)准备好工作服、焊工手套、护脚、面罩、钢丝刷、锉刀。

3. 选择工艺参数

板立对接焊的工艺参数见表 3-68。

表 3-68　板立对接焊的工艺参数

焊接层数	焊接电流/A	电弧电压/V	氩气流量/L·min^{-1}	钨极直径/mm	焊丝直径/mm	钨极伸出长度/mm	喷嘴直径/mm	喷嘴至工件距离/mm
1	80~90	12~16	8~12	2.5	2.5	4~8	10	≤12
2	90~100	12~16	8~12	2.5	2.5	4~8	10	≤12
3	90~100	12~16	8~12	2.5	2.5	4~8	10	≤12

4. 装配与定位

(1)定位焊　按表3-69所提供的数据进行组对。在试件端进行定位焊时,定位焊缝长度为10~15 mm,定位焊时使用的焊丝及焊接参数与正式焊接时相同,定位焊后将定位焊缝两端用角磨机打磨成斜坡状,并将坡口内的飞溅清理干净。

表3-69　组对数据要求

坡口角度	预留间隙/mm		钝边/mm	反变形角/(°)	错边量/mm
	始焊端	终焊端			
60°	2	3	0~0.5	3	≤1

(2)对装配位置和点固焊质量进行检查。

5. 焊接

立焊时焊枪角度、填丝位置如图3-58所示。焊件固定在垂直位置,小间隙在下面。

(1)打底焊　在焊件最下端的定位焊缝上引弧,先不加焊丝,待定位焊缝开始熔化,形成熔池和熔孔后,开始填丝向上焊接,焊枪做上凸月牙形摆动,在坡口两侧稍停留,保证两侧熔合好。在焊接时应注意,焊枪向上移动的速度要合适,特别是要控制好熔池的形状,保证熔池外沿接近为椭圆形,不能凸出来,否则焊道外凸成形不好。尽可能地让已焊好的焊道托住熔池,使熔池表面接近像一个水平面匀速上升,这样焊缝外观较平整。

立焊最佳填丝位置如图3-59所示。

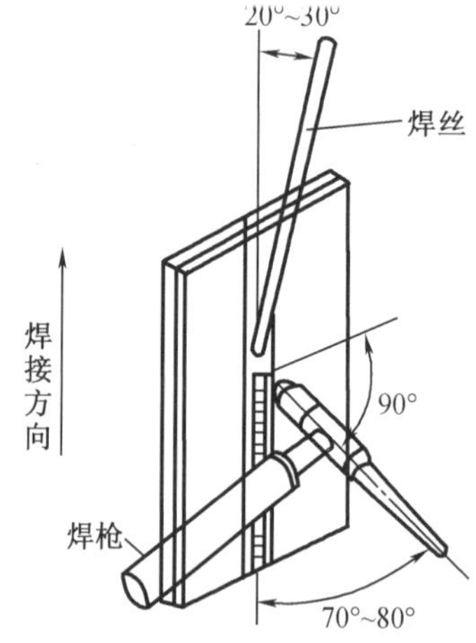

图3-58　立焊焊枪角度与填充位置

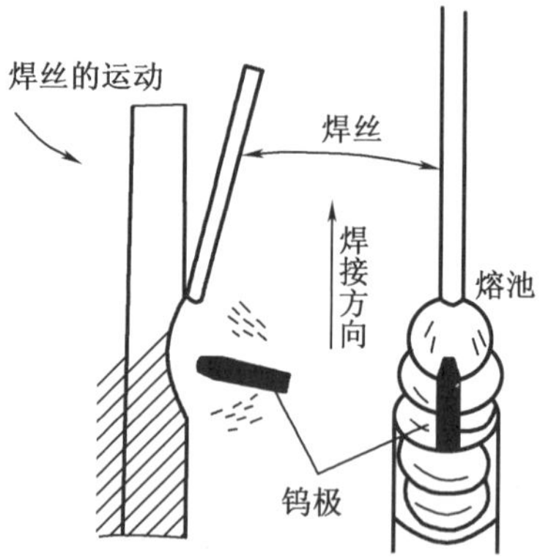

图3-59　立焊最佳填丝位置

(2)填充焊　焊枪摆动幅度稍大,保证坡口两侧熔合好,焊道表面平整,焊接步骤、焊枪角度、填丝位置与打底焊相同。

(3)盖面焊焊枪摆动幅度比填充焊稍大,其余与打底焊相同。

操作注意事项：

1. 尽量减小焊枪与平板之间沿焊缝垂直方向的下倾角（60°～70°左右）。

2. 运枪时，电弧的位置应在熔池前端 1/3 处。

3. 填丝时，电弧可稍作停顿，待熔池饱满后，再进行下一焊波的带孔焊接（焊接中两边坡口钝边因电弧加热而形成豁口）。焊接操作时，要始终保持电弧拖带熔池的作用效果，避免出现烧穿等现象。

6. 焊后清理

焊后将焊件用钢丝刷清理干净，整理工具，关闭供气系统、电源等，并打扫好焊接场地。

7. 焊接时易出现的缺陷及排除方法（表 3-70）

表 3-70　焊接时易出现的缺陷及排除方法

缺陷名称	产生原因	排除方法
夹渣	(1)焊件表面清理不净； (2)氩气保护效果差	(1)严格清理焊件表面； (2)焊接区和焊丝必须在氩气保护区内
烧穿	特别是铝合金，焊接时难以掌握熔池温度，因铝合金从固态到液态无明显颜色变化	(1)掌握铝合金熔化特点； (2)在焊接时，只要铝合金失去光泽，即熔化，均可填加焊丝

四、任务评价

手工钨极氩弧焊平板对接焊的考核项目、考核要求及评分标准见表 3-71。

表 3-71　手工钨极氩弧焊平板对接焊的考核项目、考核要求及评分标准

考核项目			考核要求	配分	评分标准
类别	名称				
技术考核	外观检查	裂纹、烧穿、焊缝低于母材	不允许存在		出现其中任何一种缺陷，试件为 0 分
		正面焊缝余高	0～2 mm	6	
		背面焊缝余高	0～1 mm	6	超出标准不得分
		焊缝余高差	0～1 mm	4	超出标准不得分
		焊缝每侧增宽	0.5～2 mm	5	超出标准不得分
		焊缝宽度差	0～2 mm	5	超出标准不得分
		焊后角变	0～3°	4	超出标准不得分
		气孔	无	5	超出一处扣 3 分
		夹渣	无	5	超出一处扣 3 分
		未熔合	无	5	超出一处扣 3 分

表 3-71(续 1)

<table>
<tr><th colspan="4">考核项目</th><th rowspan="2">考核要求</th><th rowspan="2">配分</th><th rowspan="2">评分标准</th></tr>
<tr><th>类别</th><th colspan="3">名称</th></tr>
<tr><td rowspan="5">技术考核</td><td rowspan="3">外观检查</td><td colspan="2">焊瘤</td><td>无</td><td>5</td><td>超出一处扣 3 分</td></tr>
<tr><td rowspan="2">咬边</td><td>深度</td><td>≤0.5 mm</td><td>5</td><td>超出一处扣 3 分</td></tr>
<tr><td>长度(累计计算)</td><td>≤10 mm</td><td>5</td><td>超出一处扣 3 分</td></tr>
<tr><td colspan="3">焊缝内部质量检查</td><td>按 GB/T3323—2005 标准</td><td>20</td><td>Ⅰ级片不扣分;Ⅱ级片扣 10 分;Ⅲ级片扣 20 分</td></tr>
<tr><td colspan="3">焊接接头的弯曲试验</td><td>面弯、背弯各一件,弯曲角度 90°</td><td>10</td><td>面弯不合格扣 4 分;背弯不合格扣 6 分</td></tr>
<tr><td rowspan="2">安全文明生产考核</td><td colspan="3">安全</td><td>遵守有关安全操作规程</td><td>5</td><td>发生一般安全事故酌情扣 1~5 分;发生重大责任事故判不合格</td></tr>
<tr><td colspan="3">文明生产</td><td>遵守考场文明生产规定</td><td>5</td><td>不遵守者视情节酌情扣 1~5 分</td></tr>
<tr><td>考场纪律</td><td colspan="3">1. 不许他人代焊;
2. 不许擅自更换试件;
3. 不许破坏试件焊缝原始表面;
4. 考试时间为 60 min</td><td colspan="3">1. 违反前三项任一项者,判不及格;
2. 考试时间超过但未超 90 min 者酌情扣分;
3. 考试时间超过 90 min,试件为 0 分</td></tr>
</table>

焊接实作任务书

<table>
<tr><td colspan="2">训练项目</td><td colspan="4">手工钨极氩弧焊立焊工艺设计与实作</td><td colspan="2">建议学时</td><td colspan="4">8</td></tr>
<tr><td colspan="2">焊接方法</td><td colspan="4">TIG 焊</td><td colspan="2">机械化程度</td><td colspan="4">手工</td></tr>
<tr><td rowspan="2">母材</td><td>牌号</td><td>CCSA</td><td rowspan="2">焊丝</td><td>牌号</td><td>H08A</td><td rowspan="2">钨极</td><td>牌号</td><td>Wce-20</td><td rowspan="2">气体</td><td>种类</td><td>Ar</td></tr>
<tr><td>板厚</td><td>3 mm</td><td>规格</td><td>2.5 或 3 mm</td><td>规格</td><td>2.5 或 3 mm</td><td>流量/L·min^{-1}</td><td>7~9</td></tr>
<tr><td colspan="2">工作任务</td><td colspan="10">1. 能掌握 TIG 立焊接技术;
2. 能够识读 TIG 焊接头焊接施工图,按规定要求制作出合格的焊接工件;
3. 能对 TIG 立焊接头进行质量检测</td></tr>
</table>

表 3-71(续 2)

船体工作试件手工钨极氩弧焊立焊接头形式简图：

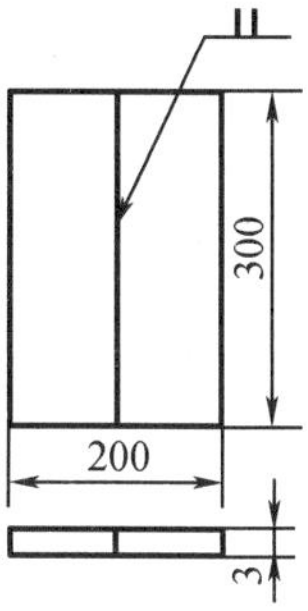

技术要求：
1. 单面焊双面成形；
2. 间隙(0~1)、反变形自定；
3. 试件离地面高度自定；
4. 焊件一经施焊，不得任意更换和改变焊接位置

焊接参数

焊接电流 /A	电弧电压 /V	焊丝直径 /mm	钨极直径 /mm	喷嘴直径 /mm	钨极伸出长度/mm	钨极至焊件距离/mm	氩体流量 /(L·min^{-1})
50~70	12~16	2.5	2.5	10	4~8	≤12	7~9

操作注意问题：
1. 焊接过程中钨棒不得与基体金属接触，以防止夹钨缺陷；
2. 打底焊采用左焊法，盖面焊焊枪宜作小幅度横向摆动并在坡口两侧稍作逗留，熔池超过接口棱边 0.5~1 mm

安全事项	1. 正确穿戴工作服劳动保护用品(工作服、手套、焊工防护鞋、焊接护目镜、防尘口罩)； 2. 防止触电和烧伤烫伤，要切实遵守和执行安全技术操作规程； 3. 场地设备及工具、夹具的安全检查； 4. 清除焊渣时戴上防护镜	
提交项目	1. 工艺分析卡； 2. 焊件； 3. 工件质量检验记录卡	
工作评价	自检评价	签名：　　　　年　月　日
	同学互评	签名：　　　　年　月　日
	教师评价	指导教师签名：　　　　年　月　日

任务 3.4　手工钨极氩弧焊骑座式管板焊工艺设计与实作

微课:管接头 TIG 焊的焊接特点

微课:管接头 TIG 焊操作技术

一、任务概述

按图 3-60 要求,学习手工钨极氩弧焊骑座式管板焊基本操作技能,完成工件实作任务。

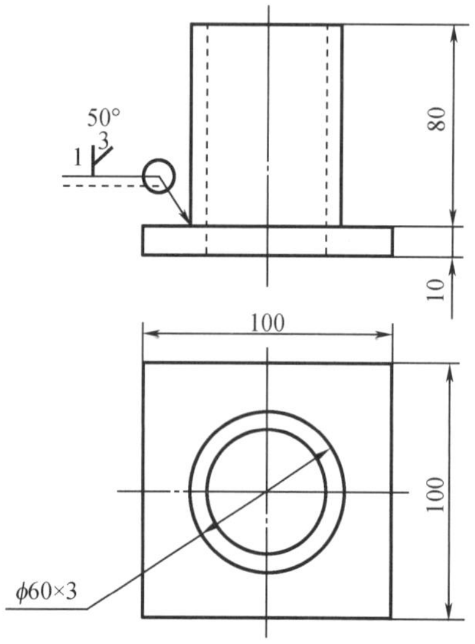

技术要求:

1. 焊接方法:手工钨极氩弧焊;
2. 试件材质与规格:CCS A(或 20#),$\phi 60\times3\times80$;CCS A (或 Q235),100 mm×100 mm×10 mm;
3. 焊脚尺寸 $K=6\sim8$ mm,且焊缝与母材应光滑过渡;
4. 钢板孔与钢管同心装配

图 3-60　管板(插入式)垂直俯位焊实作施工图

任务目标:掌握手工钨极氩弧焊骑座式管板焊的技术要求及操作要领;会制定手工钨极氩弧焊骑座式管板焊的装焊方案及选择合理的焊接工艺参数,并编制焊接工艺卡;按焊接安全、清洁和环境要求及焊接工艺完成项目训练任务,制作出合格的手工钨极氩弧焊骑座式管板焊工件,达到焊接质量检验的标准。

二、任务分析

骑座式管板焊接难度较大,既要保证单面焊双面成形,又要保证焊缝正面均匀美观,焊角对称,再加上管壁薄、坡口两侧导热情况不同,需控制热量分布,这也增加了难度。通常都靠打底焊保证焊缝背面成形,靠填充和盖面焊保证焊角尺寸和外观质量。

三、任务实施

1. 安全检查

(1)氩弧焊焊工在打磨钨极时,应把工作服穿好,并应戴防护眼镜和口罩;砂轮机要有安全罩和吸尘设置。平时接触钨极时应戴手套。吃饭前必须认真洗手。

(2)氩弧焊焊工由于工作的特殊性,应设法改善劳动条件,如一台焊机应配备两名焊工轮换操作,以减小劳动强度。

(3)对氩弧焊焊工要定期进行健康检查,并根据需要服用多种维生素等。

(4)正确穿戴劳保用品;劳保用品必须完好无损;注意清理工作场地,不得有易燃易爆物品,保证现场良好的通风;检查焊机和所使用的工具;操作时必须是先戴面罩然后才开始操作,避免电弧光直射眼睛;焊接电缆、焊枪应完好,焊把线接地良好。在实作过程中督促和检查劳保用品的穿戴及安全操作规程的执行情况。

2. 焊前准备

(1)焊件　CCS A(或 Q235)钢板,规格尺寸为 300 mm×125 mm×6 mm,坡口面角度为 30°±1°,每组两块,共一组。

(2)焊机　WSE-315 手工钨极氩弧焊机。

(3)焊接材料　ϕ2.5,H08Mn2SiA 焊丝,焊丝使用前表面需要进行清理;钨极为 Wce-20,ϕ2.5,端头磨成 30°圆锥形,锥端直径 0.5 mm;Ar 气体纯度要求达到 99.6%。

(4)焊接设备电路及水、气路检查　焊前检查焊机各处的接线是否正确、牢固、可靠,并调试好焊机。同时,应检查氩弧焊系统中的水冷却和气冷却系统有无堵塞、泄漏,如发现故障应及时排除。

(5)焊前清理　焊前将焊丝表面和焊件坡口内及其正反两侧 20 mm 范围内的油、锈、水分及其他污物清除干净,直至露出金属光泽,再用丙酮清洗。由于在手工钨极氩弧焊焊接过程中惰性气体仅起保护作用,无冶金反应,所以坡口的清洗质量直接影响焊缝的质量。使用氩弧焊时,应特别重视对坡口的清洗工作,并对试板清洁度、试板尺寸进行检查(按图纸及技术要求)。

(6)准备好工作服、焊工手套、护脚、面罩、钢丝刷、锉刀。

3. 选择工艺参数

管板垂直俯位焊的工艺参数见表 3-72。

表 3-72　管板垂直俯位焊的工艺参数

焊接层数	焊接电流/A	电弧电压/V	氩气流量/$L \cdot min^{-1}$	钨极直径/mm	焊丝直径/mm	钨极伸出长度/mm	喷嘴直径/mm	喷嘴至工件距离/mm
1	90~100	12~14	7~10	2.5	2.5	7~9	8	≤12
2	85~95	12~14	7~10	2.5	2.5	7~9	8	≤12
3	80~90	12~16	7~10	2.5	2.5	7~9	8	≤12

4. 装配与定位

(1)定位焊　采取一点定位焊的方法,将焊件放在焊接工作台上,采用与正式焊接相同牌号的焊丝进行定位焊,定位焊焊缝长度约 10~15 mm,要求焊透,焊脚不能过高。焊前用锉刀或角向砂轮机将定位焊缝两头打磨成斜坡状。定位焊示意如图 3-61 所示。

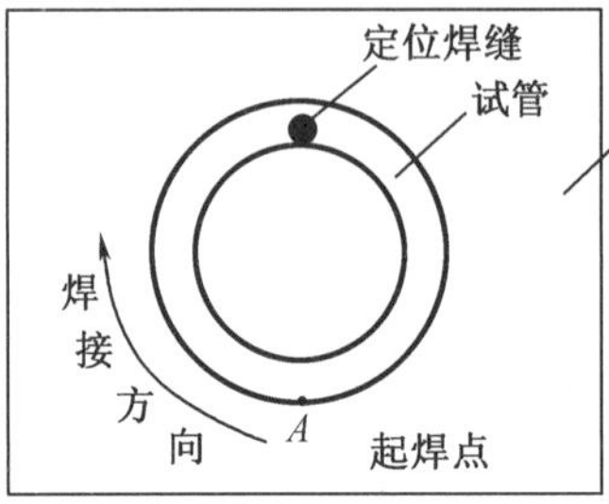

图 3-61　待焊试件位置示意图(管板垂直俯位焊)

(2)定位焊后,管子应垂直于孔板,并对装配位置和定位焊质量进行检查。

5. 焊接

两层三道,左向法焊接。打底焊焊枪的角度与焊丝的相对位置如图 3-62 所示。

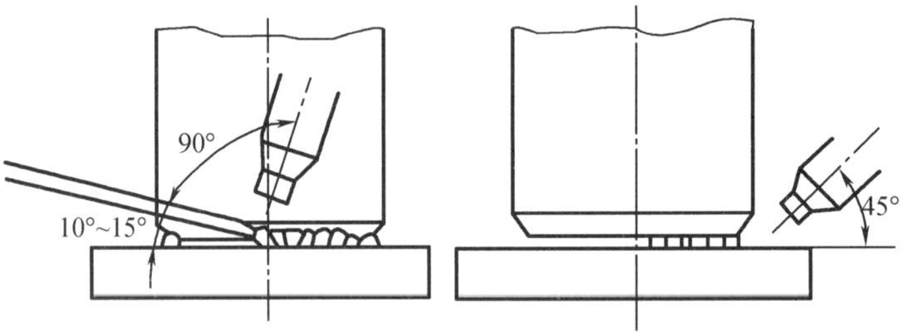

图 3-62　打底焊焊枪的角度与焊丝的相对位置

(1)打底焊

打底焊需要保证焊根部焊透,焊道背面成形。

①焊枪的角度如图 3-62 所示。采用外送丝左焊法。焊前用锉刀或角向砂轮机将定位焊缝两头打磨成斜坡状,并调整钨极伸出喷嘴的长度。当焊至定位焊缝时,应少加或不填丝(定位焊缝是打底焊道的组成部分)。

②注意观察熔池的状况和熔孔的大小,熔孔应深入母材 0.5 mm 左右,熔池金属应清晰明亮。为保证根部熔透,应压低电弧操作。打底焊道的厚度不小于 2 mm,如图 3-63 所示。

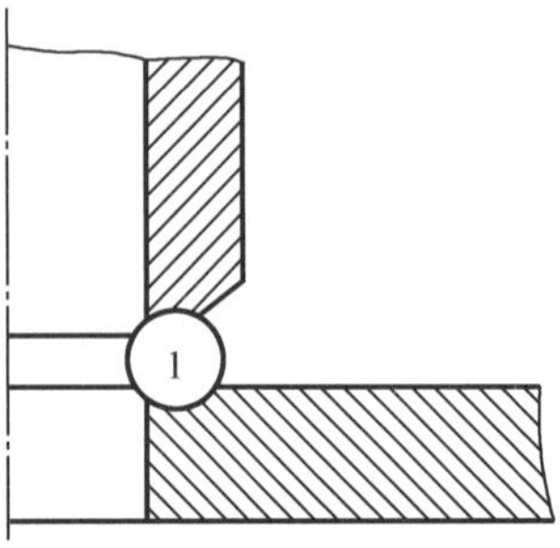

图 3-63　打底焊焊道示意图

③在收弧时,先停止送丝,随后断开控制开关,此时焊接电流衰减,熔池逐渐缩小,当电弧熄灭,熔池凝固冷却到一定温度后,才能移开焊枪,以防止收弧处焊缝金属被氧化。

④接头时应在弧坑右方 10~20 mm 处引弧,并立即将电弧移至接头处,先不加焊丝,待接头处熔化左端出现熔孔后再填加焊丝焊接。焊至封闭处,可稍停送丝,待原焊缝接头处熔化时再送丝,保证接头处熔合良好。

⑤焊完打底层后,应用角向砂轮机清理焊趾处的氧化物,然后才进行盖面焊接。

(2)盖面焊

盖面焊必须保证熔合好,无缺陷。

①盖面采用一层两道焊,左焊法,如图 3-64 所示。第一道焊缝应保证焊脚尺寸为 5~6 mm,最后一道焊缝焊脚应在 5~6 mm 范围内,并注意管的焊趾处咬边深度不大于 0.5 mm。

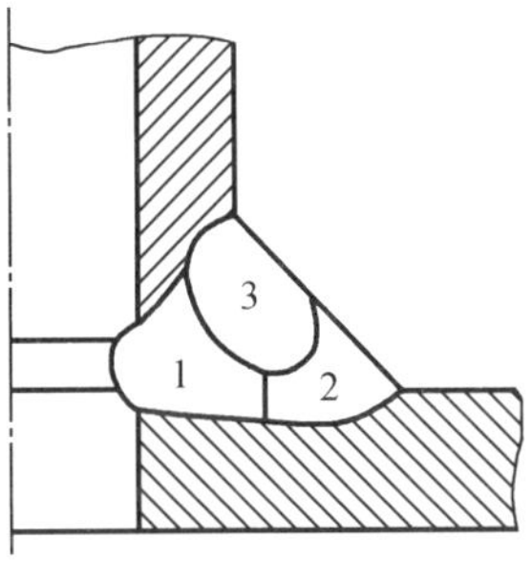

图 3-64　盖面焊接示意图(管板垂直俯位焊)

②盖面焊接时,焊道接头应错开,焊接速度适当加快,送丝频率也要加快,但要适当减少送丝量。整条焊缝呈凹形圆滑过渡,焊缝厚度为 3.5~4 mm。

操作注意事项:

打底焊时的“三盯”

1. 盯间隙　焊接过程中时刻保持焊接间隙的存在。起焊处的间隙应大于定位处的间隙(0.5~1 mm),并预留焊接收缩量,给后续焊接提供方便,以保证焊透、均匀。

2. 盯钝边　焊接过程中时刻保持焊接钝边的熔化。焊接时,要紧盯孔板待焊处的直角边和管件待焊处的坡口钝边,待其充分熔化且出现孔板直角边凹陷和管件坡口出现豁口时,再进行填丝焊接。

3. 盯熔池　焊接过程中时刻保持焊接熔池的饱满。由孔板待焊处起焊时,先将孔板处直角边充分熔化后,填丝饱满并上带至管件坡口钝边处,再进行压带(时间不宜过长)。后续各点均在两边出现稍许豁口时,迅速填丝以使熔池处于饱满状态,防止背面产生咬边。

6. 焊后清理

焊后将焊件用钢丝刷清理干净,整理工具,关闭供气系统、电源等,并打扫好焊接场地。

7. 焊接时易出现的缺陷及排除方法(表 3-73)

表 3-73　焊接时易出现的缺陷及排除方法

缺陷名称	产生原因	排除方法
接头处未焊透	(1)接头处厚度增大; (2)加热时间短	(1)先充分加热接头处,再加焊丝; (2)将接头磨成斜坡
焊脚尺寸小; 且不对称	(1)焊接电流小; (2)操作不正确	(1)加大焊接电流,增加填充焊丝 (2)焊接电弧应以焊脚根部为中心做横向摆动

四、任务评价

手工钨极氩弧焊管板垂直俯位焊的考核项目、考核要求及评分标准见表 3-74。

表 3-74　手工钨极氩弧焊管板垂直俯位焊的考核项目、考核要求及评分标准

考核项目				考核要求	配分	评分标准
类别	名称					
技术考核	外观检查	裂纹、烧穿、焊缝低于母材		不允许存在		出现其中任何一种缺陷,试件为 0 分
		内凹		无	6	出现一处扣 3 分
		未焊透		无	6	出现一处扣 3 分
		气孔		无	6	出现一处扣 3 分
		夹渣		无	6	出现一处扣 3 分
		焊瘤		无	6	出现一处扣 3 分
		未熔合		无	6	出现一处扣 3 分
		焊脚尺寸		6~8mm	8	超出标准不得分
		咬边	深度	≤0.5 mm	8	超出一处扣 3 分
			长度(累计计算)	≤15 mm	8	超出一处扣 3 分
	焊缝内部质量检查			按 GB/T 3323—2005 标准	20	Ⅰ级片不扣分;Ⅱ级片扣 10 分;Ⅲ级片扣 20 分
	焊接接头的弯曲试验			面弯、背弯各一件,弯曲角度 90°	10	面弯不合格扣 4 分;背弯不合格扣 6 分
安全文明生产考核	安全			遵守有关安全操作规程	5	发生一般安全事故酌情扣 1~5 分;发生重大责任事故判不合格
	文明生产			遵守考场文明生产规定	5	不遵守者视情节酌情扣 1~5 分

表 3-74(续 1)

考核项目		考核要求	配分	评分标准
类别	名称			
考场纪律	1. 不许他人代焊; 2. 不许擅自更换试件; 3. 不许破坏试件焊缝原始表面; 4. 考试时间为 60 min	1. 违反前三项任一项者,判不及格; 2. 考试时间超过但未超 90 min 者酌情扣分; 3. 考试时间超过 90 min 试件为 0 分		

焊接实作任务书

训练项目	管接头(管-板)手工钨极氩弧焊工艺设计与实作					建议学时		8			
焊接方法	TIG 焊					机械化程度		手工			
母材	牌号	CCS A	焊丝	牌号	H08A	钨极	牌号	Wce-20	气体	种类	Ar
	板厚	ϕ60×5×50;		规格	2.5 或 3 mm		规格	2.5 或 3 mm		流量/L·min^{-1}	6~10
工作任务	1. 能掌握管-板 TIG 焊焊接技术; 2. 能够识读 TIG 焊接头焊接施工图,按规定要求制作出合格的焊接工件; 3. 能对管-管、管-板 TIG 焊接头进行质量检测										

骑座式管板垂直固定俯焊接头形式简图:

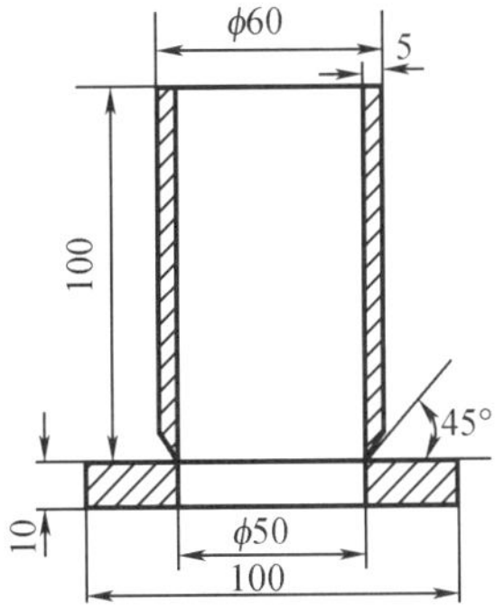

技术要求:

1. 单面焊反面成形良好;
2. 钝边高度与间隙自定;
3. 焊脚尺寸 K=壁厚+(3~6);
4. 焊件一经施焊,不得任意更换和改变焊接位置;
5. 打底焊接头时允许修磨

试件组对的各项尺寸

坡口角度	间隙/mm	钝边/mm	错边量/mm
60°±1°	2	0.5~1	≤0.5

表 3-74(续 2)

操作注意事项：

1. 工件应选择一个合适的放置高度，使操作者处于较好的位置和舒适灵活的操作姿态，这也是保证焊接质量的重要基础——身体自然舒适；

2. 焊接时注意手形、电弧、熔池形状等控制技巧的综合运用，必要时可分段调节焊接电流，以获得良好的焊缝成形——眼、手配合；

3. 焊接时焊枪摆动的幅度和焊接速度，应尽可能保持均匀，保证焊道的美观——焊接速度稳定

焊接参数

焊道	焊丝直径 /mm	焊接电流 /A	电弧电压 /V	喷嘴直径 /mm	钨极至焊件距离/mm	氩体流量 /(L·min^{-1})
打底	2.5(H08A 或 H08Mn2SiA)	70~90	10~12	8	≤10	6~10
盖面		90~110	10~12	8	≤10	6~10

安全事项	1. 正确穿戴工作服劳动保护用品(工作服、手套、焊工防护鞋、焊接护目镜、防尘口罩)； 2. 防止触电和烧伤烫伤，要切实遵守和执行安全技术操作规程； 3. 场地设备及工具、夹具的安全检查； 4. 清除焊渣时戴上防护镜	
提交项目	1. 工艺分析卡； 2. 焊件； 3. 工件质量检验记录卡	
工作评价	自检评价	签名： 年 月 日
	同学互评	签名： 年 月 日
	教师评价	指导教师签名： 年 月 日

任务 3.5　综合训练——不锈钢管对接焊(全位置焊)工艺设计与实作

一、任务概述

按图 3-65 要求,学习手工钨极氩弧焊不锈钢管对接焊基本操作技能,完成工件实作任务。

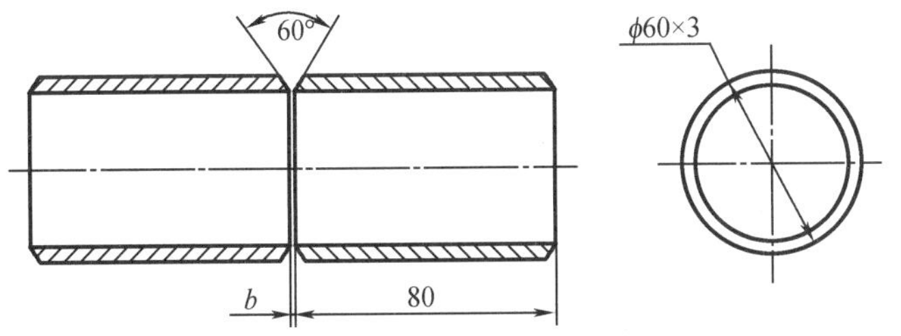

技术要求:

1. 焊接方法:手工钨极氩弧焊;
2. 试件材质与规格:CCS 304(或 0Cr18Ni9),ϕ60×3×80,两根;
3. 单面焊反面成形良好;
4. 钝边高度与间隙自定;
5. 焊件一经施焊,不得任意更换和改变焊接位置

图 3-65　管对接水平固定焊实作施工图

任务目标:掌握手工钨极氩弧焊不锈钢管对接焊的技术要求及操作要领;会制定手工钨极氩弧焊不锈钢管对接焊的装焊方案及选择合理的焊接工艺参数,并编制焊接工艺卡(见附录 1);按焊接安全、清洁和环境要求及焊接工艺完成项目训练任务,制作出合格的手工头钨极氩弧焊不锈钢管对接焊工件,达到焊接质量检验的标准。

二、任务分析

管对接水平固定焊,由于存在着平、立、仰等多种位置的操作,也称为全位置焊接。为了清楚地表达各点的焊接位置,常用时钟的钟点数字来表达焊接位置。焊接时,由于随着焊接位置的改变,焊枪的角度和焊接操作时的手形、身形都将发生较大的改变,因此,要特别注意整个焊接过程中各方位焊接操作的变化与调整。焊接电流的大小要合适,严格采用短弧,控制熔池存在的时间。

三、任务实施

1. 安全检查

(1)氩弧焊焊工在打磨钨极时,应把工作服穿好,并应戴防护眼镜和口罩;砂轮机要有安全罩和吸尘设置。平时接触钨极时应戴手套。吃饭前必须认真洗手。

(2)氩弧焊焊工由于工作的特殊性,应设法改善劳动条件,如一台焊机应配备两名焊工轮换操作,以减小劳动强度。

(3)对氩弧焊焊工要定期进行健康检查,并根据需要服用多种维生素等。

(4)正确穿戴劳保用品;劳保用品必须完好无损;注意清理工作场地,不得有易燃易爆物品,保证现场良好的通风;检查焊机和所使用的工具;操作时必须是先戴面罩然后才开始操作,避免电弧光直射眼睛;焊接电缆、焊枪应完好,焊把线接地良好。在实作过程中督促和检查劳保用品的穿戴及安全操作规程的执行情况。

2. 焊前准备

(1)焊件　材料为 CCS A304(或 0Cr18Ni9)不锈钢管,规格为 $\phi35\times3$,坡口面角度为 30°±1°,每组两根,共一组。

(2)焊机　WSE-315 手工钨极氩弧焊机。

(3)焊接材料　ER5183 焊丝,$\phi2.0$,焊丝剪成 500 mm 左右长,并拉直;钨极为 Wce-20,$\phi2.0$,端头磨成 30°圆锥形,锥端直径 0.5 mm;Ar 气体纯度要求达到 99.6%。

(4)焊接设备电路及水、气路检查　焊前检查焊机各处的接线是否正确、牢固、可靠,并调试好焊机。同时,应检查氩弧焊系统中的水冷却和气冷却系统有无堵塞、泄漏,如发现故障应及时排除。

(5)焊前清理　焊前将焊丝表面和焊件坡口内及其正反两侧 20 mm 范围内的油、锈、水分及其他污物清除干净,直至露出金属光泽,再用丙酮清洗。由于在手工钨极氩弧焊焊接过程中惰性气体仅起保护作用,无冶金反应,所以坡口的清洗质量直接影响焊缝的质量。使用氩弧焊时,应特别重视对坡口的清洗工作,并对试板清洁度、试板尺寸进行检查(按图纸及技术要求)。

(6)准备好工作服、焊工手套、护脚、面罩、钢丝刷、锉刀。

3. 选择工艺参数

不锈钢管对接水平固定焊的工艺参数见表 3-75。

表 3-75　不锈钢管对接水平固定焊的工艺参数

焊枪摆动运条方法	焊接电流/A	电弧电压/V	氩气流量/($L\cdot min^{-1}$)	钨极直径/mm	焊丝直径/mm	钨极伸出长度/mm	喷嘴直径/mm	喷嘴至工件距离/mm
月牙形或锯齿形	55~70	10~12	7~10	2	2	5~6	8	≤10

4. 装配与定位

(1)定位焊　将清理好的两管件放入组装 V 形槽内,使之在同一轴线上,采用一点定位,位于 12 点钟处,保证该处间隙为 2 mm,与该点对称处间隙为 1.5 mm,如图 3-66 所示。采用与正式焊接相同牌号的焊丝进行定位焊,定位焊焊缝长度约 10~15 mm,要求焊透。

(2)定位焊后,对装配位置和定位焊质量进行检查。

5. 焊接

焊道为两层两道,焊枪角度如图 3-67 所示。

(1)打底焊

采用内填丝法和外填丝法,如图 3-68 所示,分前、后半部进行打底焊,自下而上单面焊双面成形。

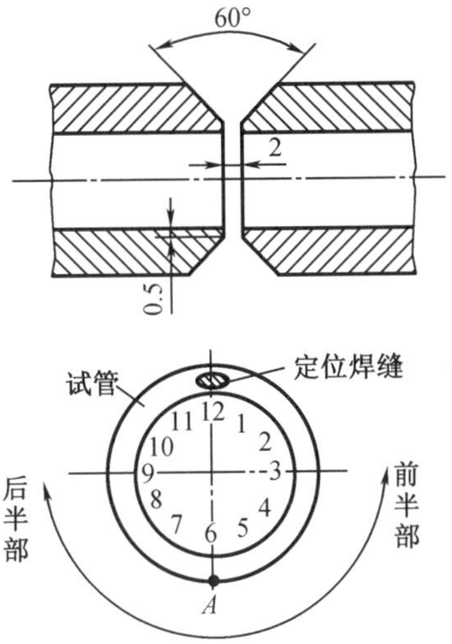

图 3-66 试件定位焊位置及焊接方向示意图

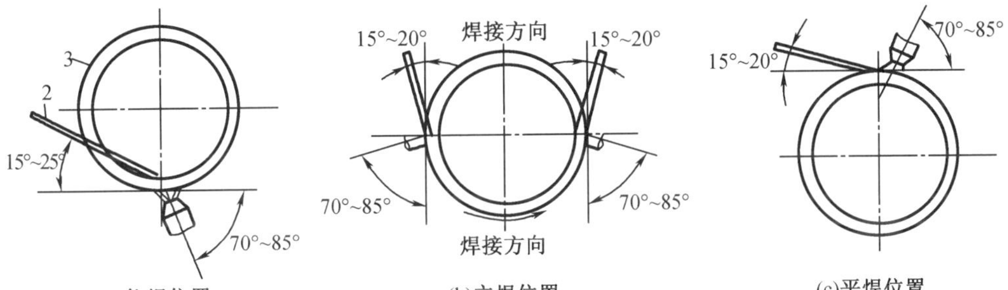

(a)仰焊位置 (b)立焊位置 (c)平焊位置

1—焊枪;2—焊丝;3—固定管。

图 3-67 焊枪角度示意图

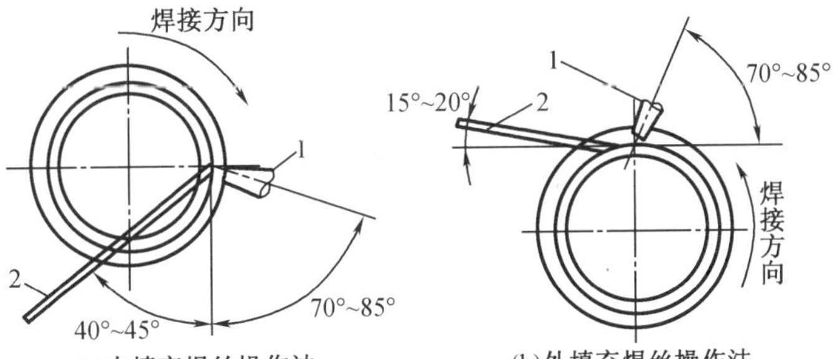

(a)内填充焊丝操作法 (b)外填充焊丝操作法

1—喷嘴;2—焊丝。

图 3-68 内填丝法与外填丝法

①打底焊从仰焊位置中心线后方 5~10 mm 处起焊,按逆时针方向先焊前半部,焊至平焊位置越过管中心线 5~10 mm 收弧,之后再按顺时针方向焊接后半部,如图 3-69 所示。

②焊接过程中,焊枪角度和填丝角度要随焊接位置的变化而变化,如图 3-67 所示。

a. 电弧引燃后,在坡口根部间隙两侧用焊枪画圈预热,待钝边熔化形成熔孔后,将伸入到管子内侧的焊丝紧贴熔孔,在钝边两侧各送一滴熔滴,通过焊枪的横向摆动,使之形成搭桥连接的第一个熔池。此时,焊丝再紧贴熔池前沿中部填充一滴熔滴,使熔滴与母材充分熔合，熔池前方出现熔孔后，再送入另一滴熔滴，依次循环。当焊至立焊位置时，由内填丝法改为外填丝法，直至焊完打底焊的前半部。

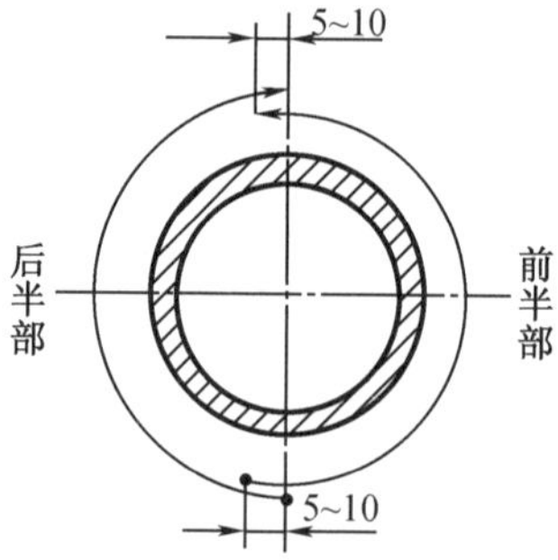

图 3-69　水平固定管起弧和收弧操作示意图

b. 后半部为顺时针方向的焊接，操作方法与前半部分相同。当焊至距定位焊缝 3~5 mm 时，为保证接头焊透，焊枪应画圈，将定位焊缝熔化，然后填充 2~3 滴熔滴，将焊缝封闭后继续施焊（注意定位焊缝处不填焊丝）。当底层焊道的后半部与前半部在水平位还差 3~4 mm 即将封口时，停止送丝，先在封口处周围画圈预热，使之呈红热状态，然后将电弧拉回原熔池填丝焊接。封口后停止送丝，继续向前施焊 5~10 mm 停弧，待熔池凝固后移开焊枪。打底层焊道一般以 2 mm 为宜。具体如图 3-66 所示。

c. 在焊接过程中，根据不同的焊接位置（仰焊、立焊、平焊），焊枪角度和填丝角度会发生变化，具体操作如图 3-67 所示。

（2）盖面焊

①采用月牙形摆动进行盖面焊，盖面焊焊枪角度与打底焊时相同，填丝采用外填丝法。

②在打底焊上位于时钟 6 点处引弧，焊枪做月牙形摆动，在坡口边缘及打底层焊道表面熔化并形成熔池后，开始填丝焊接。焊丝与焊枪角度同步摆动，在坡口两侧稍加停顿，各加一滴熔滴，并使其与母材良好熔化。如此摆动、填丝进行焊接。在仰焊部位填丝量应适当少一些，以防熔敷金属下坠；在立焊部位时，焊枪的摆动频率要适当加快以防熔滴下淌；到平焊部位时，每次填充的焊丝要多些，以防焊缝不饱满。

③整个盖面层焊接运弧要平稳，钨极端部与熔池距离保持在 2~3 mm 之间。

熔池的轮廓应对称焊缝的中心线，若发生偏斜，随时调整焊枪角度和电弧在坡口边缘的停留时间。

操作注意事项：

1. 焊接时注意手形、电弧、熔池形状等控制技巧的综合运用，必要时可分段调节焊接电流的大小，以获得良好的焊缝成形。

2. 工件应选择一个合适的放置高度，使操作者处于较好的位置和舒适灵活的操作姿态，这也是保证焊接质量的重要基础。

3. 通过观察焊缝表面色泽和是否存在气孔来判断氩气的保护效果。焊接不锈钢时，焊缝表面呈白色或金黄色时为最好，蓝色为良好，红灰色为一般，黑色表示保护效果差。焊接铝合金时，表面银白色时表示保护效果好，黑灰色时表示保护效果差。

6. 焊后清理

焊后将焊件用钢丝刷清理干净，整理工具，关闭供气系统、电源等，并打扫好焊接场地。

7. 焊接时易出现的缺陷及排除方法(表 3-76)

表 3-76　焊接时易出现的缺陷及排除方法

缺陷名称	产生原因	排除方法
焊缝上咬边、下焊瘤	(1)熔化金属受重力下淌； (2)操作技术不正确	(1)调整焊接电流； (2)调整焊接角度使其能托住熔池
未焊透	未完全熔合时即添加焊丝	掌握焊枪角度，仔细观察熔池变化，使其熔透

四、任务评价

手工钨极氩弧焊不锈钢管对接焊的考核项目、考核要求及评分标准见表 3-77。

表 3-77　手工钨极氩弧焊不锈钢管对接焊的考核项目、考核要求及评分标准

<table>
<tr><th colspan="3">考核项目</th><th rowspan="2">考核要求</th><th rowspan="2">配分</th><th rowspan="2">评分标准</th></tr>
<tr><th>类别</th><th colspan="2">名称</th></tr>
<tr><td rowspan="15">技术考核</td><td rowspan="13">外观检查</td><td>裂纹、烧穿、焊缝低于母材</td><td>不允许存在</td><td></td><td>出现其中任何一种缺陷，试件为 0 分</td></tr>
<tr><td>焊缝宽度</td><td>5~7 mm</td><td>6</td><td>超出标准不得分</td></tr>
<tr><td>焊缝宽度差</td><td>0~2 mm</td><td>6</td><td>超出标准不得分</td></tr>
<tr><td>焊缝余高</td><td>1~3 mm</td><td>6</td><td>超出标准不得分</td></tr>
<tr><td>焊缝余高差</td><td>0~2 mm</td><td>6</td><td>超出标准不得分</td></tr>
<tr><td>错边量</td><td>≤0.5 mm</td><td>6</td><td>超出标准不得分</td></tr>
<tr><td>咬边</td><td>F≤0.5 mm，L≤15 mm</td><td>6</td><td>超出标准不得分</td></tr>
<tr><td>夹钨</td><td>无</td><td>4</td><td>出现一处扣 2 分</td></tr>
<tr><td>气孔</td><td>无</td><td>4</td><td>出现一处扣 2 分</td></tr>
<tr><td>弧坑</td><td>无</td><td>4</td><td>出现一处扣 2 分</td></tr>
<tr><td>焊瘤</td><td>无</td><td>4</td><td>出现一处扣 2 分</td></tr>
<tr><td>未焊透</td><td>无</td><td>4</td><td>出现一处扣 2 分</td></tr>
<tr><td>未熔合</td><td>无</td><td>4</td><td>出现一处扣 2 分</td></tr>
<tr><td colspan="2">焊缝内部质量检查</td><td>按 GB/T3323—2005 标准</td><td>20</td><td>Ⅰ级片不扣分；Ⅱ级片扣 10 分；Ⅲ级片扣 20 分</td></tr>
<tr><td colspan="2">焊接接头的弯曲试验</td><td>面弯、背弯各一件，弯曲角度 90°</td><td>10</td><td>面弯不合格扣 4 分；背弯不合格扣 6 分</td></tr>
</table>

表 3-77(续 1)

<table>
<tr><th colspan="2">考核项目</th><th rowspan="2">考核要求</th><th rowspan="2">配分</th><th rowspan="2">评分标准</th></tr>
<tr><th>类别</th><th>名称</th></tr>
<tr><td rowspan="2">安全文明生产考核</td><td>安全</td><td>遵守有关安全操作规程</td><td>5</td><td>发生一般安全事故酌情扣 1~5 分;发生重大责任事故判不合格</td></tr>
<tr><td>文明生产</td><td>遵守考场文明生产规定</td><td>5</td><td>不遵守者视情节酌情扣 1~5 分</td></tr>
<tr><td>考场纪律</td><td>1. 不许他人代焊;
2. 不许擅自更换试件;
3. 不许破坏试件焊缝原始表面;
4. 考试时间为 60 min</td><td colspan="3">1. 违反前三项任一项者,判不及格;
2. 考试时间超过但未超 90 min 者酌情扣分;
3. 考试时间超过 90 min,试件为 0 分</td></tr>
</table>

注:表中“F”为缺陷深度;“L”为缺陷长度。累计计算。

焊接实作任务书

<table>
<tr><td colspan="2">训练项目</td><td colspan="4">管接头(管-管)手工钨极氩弧焊工艺设计与实作</td><td colspan="2">建议学时</td><td colspan="4">8</td></tr>
<tr><td colspan="2">焊接方法</td><td colspan="4">TIG 焊</td><td colspan="2">机械化程度</td><td colspan="4">手工</td></tr>
<tr><td rowspan="2">母材</td><td>牌号</td><td>CCS A</td><td rowspan="2">焊丝</td><td>牌号</td><td>H08A</td><td rowspan="2">钨极</td><td>牌号</td><td>Wce-20</td><td rowspan="2">气体</td><td>种类</td><td>Ar</td></tr>
<tr><td>板厚</td><td>φ60×3×80;</td><td>规格</td><td>2.5 或 3 mm</td><td>规格</td><td>2.5 或 3 mm</td><td>流量/($L \cdot min^{-1}$)</td><td>6~10</td></tr>
<tr><td colspan="2">工作任务</td><td colspan="10">1. 能掌握管-管 TIG 焊焊接技术;
2. 能够识读 TIG 焊接头焊接施工图,按规定要求制作出合格的焊接工件;
3. 能对管-管 TIG 焊接头进行质量检测</td></tr>
</table>

水平固定小径管全位置焊接头形式简图:

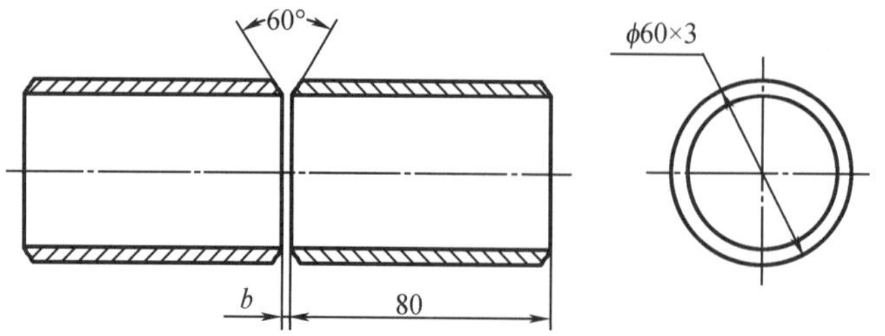

技术要求:

1. 单面焊反面成形良好;
2. 钝边高度与间隙自定;
3. 焊件一经施焊,不得任意更换和改变焊接位置;
4. 打底焊接头时允许修磨

表 3-77(续 2)

试件组对的各项尺寸			
坡口角度	间隙/mm	钝边/mm	错边量/mm
60°±1°	2	0.5~1	≤0.5

操作注意事项:

1. 工件应选择一个合适的放置高度,使操作者处于较好的位置和舒适灵活的操作姿态,这也是保证焊接质量的重要基础——身体自然舒适。
2. 焊接时注意手形、电弧、熔池形状等控制技巧的综合运用,必要时可分段调节焊接电流,以获得良好的焊缝成形——眼、手配合。
3. 焊接时焊枪摆动的幅度和焊接速度,应尽可能保持均匀,保证焊道的美观——焊接速度稳定

焊接参数

焊道	焊丝直径/mm	焊接电流/A	电弧电压/V	喷嘴直径/mm	钨极至焊件距离/mm	氩体流量/L·min^{-1}
打底	2.5(H08A 或 H08Mn2SiA)	70~90	10~12	8	≤10	6~10
盖面		90~110	10~12	8	≤10	6~10

安全事项	1. 正确穿戴工作服劳动保护用品(工作服、手套、焊工防护鞋、焊接护目镜、防尘口罩); 2. 防止触电和烧伤烫伤,要切实遵守和执行安全技术操作规程; 3. 场地设备及工具、夹具的安全检查; 4. 清除焊渣时戴上防护镜	
提交项目	1. 工艺分析卡; 2. 焊件; 3. 工件质量检验记录卡	
工作评价	自检评价	签名: 年 月 日
	同学互评	签名: 年 月 日
	教师评价	指导教师签名: 年 月 日

【自测习题】

一、单选题

1. 以下哪种符号表示非熔化极氩弧焊(　　)。

A. TIG　　B. MIG

2. 铜及铜合金采用钨极氩弧焊时的电源种类和极性是(　　)

A. 直流正接　　B. 直流反接　　C. 交流正接　　D. 交流反接

3. 半自动焊的焊接速度常在(　　)之间。

A. 5~60 m/h　　B. 10~60 m/h　　C. 15~60 m/h　　D. 20~60 m/h

4. MIG 焊所需的气体流量比 TIG 焊的要大,通常在(　　)。

A. 10~40 L/min　　B. 20~40 L/min　　C. 30~60 L/min　　D. 40~60 L/min

5. 细丝窄间隙焊焊接电源一般采用(　　)。

A. 直流正接　　B. 直流反接　　C. 交流正接　　D. 交流反接

6. 以下(　　)表示钨极氩弧焊。

A. MIG　　B. TIG　　C. GTAW　　D. MAG

7. TIG 焊一般只用于焊接厚度在(　　)以下的焊件。

A. 4 mm　　B. 6 mm　　C. 8 mm　　D. 10 mm

8. 钨极氩弧焊机的调试不包括(　　)。

A. 焊枪的发热情况　　B. 控制系统性能

C. 焊剂的辅撤和回收　　D. 电源参数

9. 钨极氩弧焊机的电源调试不包括(　　)。

A. 电源的恒流特性　　B. 引弧的准确性和可靠性

C. 电流、电压的调节范围　　D. 焊枪有无漏气、漏水情况

10. 钨极氩弧焊机的控制系统调试包括(　　)。

A. 小车性能检测　　B. 引弧性能

C. 交流电源阴极雾化作用　　D. 输入电压变化时,输出电流的变化

11. 纯钨的熔点高达(　　),沸点约为(　　)。

A. 2 800 ℃,5 500 ℃　　B. 3 200 ℃,5 700 ℃

C. 3 400 ℃,5 900 ℃　　D. 3 600 ℃,6 100 ℃

12. 为了增加钨极发射电子的能力,可在纯钨中加入 1%~2%的(　　)。

A. CuO　　B. ZnO　　C. Al_2O_3　　D. TuO_2

13. 钨极氩弧焊焊接铜时,电源及极性采用(　　)。

A. 直流反接　　B. 直流正接　　C. 交流或直流反接　　D. 交流

14. 铝、镁及其合金采用钨极氩弧焊时,电源及极性采用(　　)。

A. 直流反接　　B. 直流正接　　C. 交流或直流反接　　D. 交流

15. 采用单道焊进行骑座式管板仰焊位盖面焊,其优点主要是(　　)。

A. 不易产生咬边　　B. 不易产生未熔合　　C. 焊缝表面易下垂　　D. 外观平整、成型好

16. 对接管水平固定位置向上焊接时,焊条的角度应随着焊接位置的变化而变化,但焊接位置中没有(　　)。

A. 平焊　　B. 立焊　　C. 横焊　　D. 仰焊

17. 对接管水平固定位置向上焊接(　　)进行。

A. 按整圆　　B. 分两个半圆　　C. 分四个半圆　　D. 分六个半圆

18. 骑座式管板仰焊位盖面焊采用多道焊时不具备(　　)特点。

A. 不易产生未熔合　　B. 不易产生咬边　　C. 成型好　　D. 熔池小

19. 骑座式管板仰焊位盖面焊采用多道焊时由于运条动作小,熔池小,可有效防止(　　)等缺陷。

A. 未熔合、咬边　　B. 未熔合、烧穿　　C. 未熔合、塌陷　　D. 未熔合、夹渣

20. 骑座式管板仰焊位盖面焊采用单道焊时不具备(　　)特点。

A. 外观平整　　B. 不易产生未熔合、咬边

C. 成型好　　D. 焊缝表面易下垂

21. 铝及铝合金坡口进行化学清洗时,坡口上如有裂纹和刀痕,则(　　),影响焊接质量。

A. 裂纹易扩展　　B. 刀痕被洗掉　　C. 清洗时间长　　D. 易存清洗液

22. 焊前清理铝及铝合金坡口表面的目的不是(　　)。

A. 清楚氧化膜　　B. 清除组织　　C. 清除油脂　　D. 清除脏物

23. 铝及铝合金坡口进行清理时,先用有机溶剂擦拭表面以(　　)。

A. 除水分　　B. 除油　　C. 除缺陷　　D. 除氧化膜

24. 采用砂轮打磨铝及铝合金表面氧化膜时,因为(　　),焊接时会产生缺陷。

A. 不能彻底清除氧化膜　　B. 坡口表面过于光滑

C. 坡口表面过于粗糙　　D. 沙粒留在金属表面

二、填空题

1. 氩弧焊可分为________和________两大类。

2. 氩弧焊的特点是________、________、________、________。

3. 钨极氩弧焊可分为________、________和________。

4. 熔化极氩弧焊可分为________、________和________。

5. 熔化极氩弧焊具有________、________和________的缺点。

6. MIG 焊熔滴过渡形态可以分为________、________、________、________等。

7. 熔化极氩弧焊保护气体的化学性质分为________、________和________三种。

8. 有时为了改善焊接性,提高接头强度,需要采用________焊丝。

9. MIG 焊的焊接参数有:________、________、________、________等。

10. 焊丝和焊缝的相对位置会影响焊缝成形,焊丝的相对位置有________、________和________三种。

11. 应根据________、________、________、________等因素来综合考虑焊接电流。

12. MIG 焊设备组成:________、________、________、________、________、________等。

13. MIG 焊的其他方法有:________、________。

14. 脉冲 MIg 焊的焊接参数包括:________、________、________、________和________。

15. 窄间隙熔化极惰性气体保护焊可以应用于________、________、________及________焊接。

16. TIG 焊与其他焊接方法相比有________、________、________和________的特点。

17. 手工钨极氩弧焊设备主要包括主________、________、________、________和________等部分。

18. 交流钨极氩弧焊的主电路系统,由________、________、________和________等部分组成。

19. 钨极氩弧焊焊枪的作用是________、________和________。

20. 钨极氩弧焊的供气系统由________、________、________和________等组成。

21. 钨极氩弧焊机的外部连接,主要由________、________、________、________及________等部分组成。

22. 手工钨极氩弧焊一般采用________焊法,右手________,左手________。

23. 手工钨极氩弧焊方法主要有________和________两种。

24. 运弧的方法一般有________运弧和________运弧两种。

25. 钨极氩弧焊电焊的灭弧方法主要有________法、________法、________法和________法四种。

26. 钨极电弧焊对电极材料的要求是:________,________,________,这主要取决于________的能力。

27. 不熔化极电极材料有________、________和________。

28. 钨极氩弧焊的电极端部形状分为:________、________和________三种。

29. 交流钨极氩弧焊时,电弧端部为________形,直流钨极氩弧焊时,电极端部为________形。

30. 接钨极氩弧焊采用直流反接时,________为正接,________为负接。

31. 钨极氩弧焊直流反接有一种________的作用,又称为________作用。

32. 钨极氩弧焊的焊前清理的方法有:________、________、________等方法。

33. 影响气体保护效果的焊接工艺因素有________、________、________、________、________,应全面考虑和正确的选择。

34. 气体保护效果的好坏,采用________法,还可用________来评定。

35. 钨极氩弧焊的焊接工艺参数是:________、________、________、________、________和________等。

36. 钨极氩弧焊工艺因素主要指________、________、________、________等。

37. 如不锈钢材料焊接时,若焊缝金属表面呈________色时,则气体保护效果良好,而看到焊缝金属表面显出________色时,说明气体保护效果不好。

38. 钨极氩弧焊一般喷嘴直径在________内选用;焊嘴至焊件距离不超过________为宜;钨极伸出长度为________。

39. 铝合金氩弧焊的焊前准备主要包括________、________及________。

40. 铝不能采用________方法,故下料时要用________、________及________等方法进行下料。

41. 等离子切割可采用________或________电弧。

42. 铝合金等离子切割可采用________切割机和目前常用的________切割设备。

43. 空气等离子切割有两种类型:一种是________,另一种是________。

44. 坡口准备主要是指________以及________两部分。

45. 铝合金焊接接头主要有________、________、________等型式。

项目四　气电垂直自动焊工艺设计与实作

【项目描述】

气电垂直自动焊是由普通熔化极气体保护焊和电渣焊发展而形成的一种熔化极气体保护电弧焊方法，其优点是焊接厚板生产率高、成本低。与窄间隙焊的主要区别在于焊缝一次成形，而不是多道多层焊；与电渣焊的主要区别在于熔化金属的热量是电弧热而不是熔渣的电阻热。

本项目主要学习气电垂直自动焊的原理、特点、焊接材料、焊接工艺，通过下面任务的学习及能力训练，掌握气电垂直自动焊焊接操作技术。

学习任务

任务 4.1　船舶气电垂直自动焊对接缝技能训练

【项目目标】

知识目标

1. 能叙述气电垂直自动焊的基本原理、焊接特点及使用范围；
2. 能基本讲述船体气电垂直自动焊的相关标准；
3. 能叙述船体气电垂直自动焊的焊接材料特点及选用原则；
4. 能叙述船体气电垂直自动焊的焊接工艺及焊接技术。

能力目标

1. 能正确选择气电垂直自动焊设备和工具；
2. 能够确保安全生产和产品质量而采用船体气电垂直自动焊的相关标准；
3. 能正确选择气电垂直自动焊的焊接参数；
4. 能正确选择气电垂直自动焊的焊接材料；
5. 能够识读船体气电垂直自动焊的焊接施工图，编制舷侧大接头 TIG 焊工艺。

素质目标

1. 具有责任意识、团队意识与协作精神；
2. 良好的工作态度、责任心；
3. 具有对新知识、新技能的学习能力和创新能力。

【知识准备】

知识点 4.1 气电垂直自动焊概述

微课:电气垂直自动焊概述

微课:电气垂直自动焊焊接材料

微课:电气垂直自动焊焊接工艺

一、气电垂直自动焊原理、特点及应用

1. 气电垂直自动焊的工作原理

气电垂直自动焊(simplified electro-gas vertical welding)又称 SEG 焊,是采用药芯焊丝或实芯焊丝,用 CO_2 气体保护或 CO_2+Ar 混合气体保护,并对焊接熔池强制一次成形的自动化焊接工艺。

气电垂直自动焊的原理如图 4-1 所示。在焊缝的前后,分别用水冷铜滑块和水冷挡排(或带有成形槽的衬垫)紧贴着,构成封闭坡口以保持焊接熔池的稳定和焊缝的良好成形;实芯或药芯焊丝从坡口的上方向坡口内送进焊丝;电弧在焊丝和接头底部的起焊板之间引弧,电弧热使焊丝和坡口表面熔化并汇流到电弧下面的熔池中,熔池凝固成为焊缝。

焊丝可在坡口内沿板厚方向做横向摆动,使热量分布均匀并熔敷焊缝金属,随着坡口空间逐步填充,滑块随焊接机头向上移动,最后可从下向上一次性完成整条垂直焊缝的焊接。虽然焊缝轴线和焊接行走方向都是垂直的,但却从下而上做平焊位置的焊接。

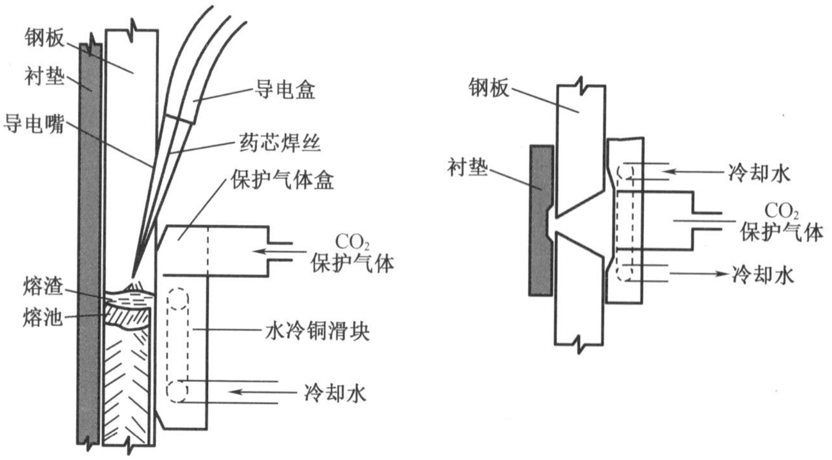

图 4-1 气电垂直自动焊的原理示意图

2. 气电垂直自动焊的工艺特点

气电垂直自动焊工艺具有以下特点。

(1)熔敷效率高　当采用直径为 1.6 mm 的药芯焊丝(380 A)焊接时,其熔敷效率可高达 180 g/min,是焊条电弧焊的 8~10 倍,是自由成形垂直自动焊的 3 倍,是电渣焊的 2.5 倍。

(2)焊接装置质量小,呈小型化　气电垂直自动焊采用的焊接爬行装置,具有质量小(19 kg)、体积小的特点,因而整个装置移动调节相当简便;它除能焊接垂直接缝外,还可以焊接夹角为 45°~90°范围内的倾斜位置的对接缝。

(3)操作容易　由于对熔池的监视为自动控制,并且焊丝位置也很容易校正,焊工经过短期培训即可初步掌握操作技能。

(4)带有自动上升控制系统　利用焊丝伸出长度变化,进行自动控制焊接装置的上升速度,使操作者的工作量减轻,且确保焊接质量。

3. 气电垂直自动焊的应用

气电垂直自动焊的应用范围主要有以下几个方面。

(1)主要用于碳钢和合金钢的焊接,也适用于焊接奥氏体不锈钢及其他金属和合金。

(2)可焊接厚度 10~100 mm 的钢板,最适合于焊接厚度 12~80 mm 的钢板;厚度小于 12 mm 的钢板适于采用普通熔化极气体保护焊,厚度大于 80 mm 的钢板最好采用电渣焊,因为厚度大,所以气体保护不再充分。由于焊前准备过程较长,因此一般都用于长度 3 m 以上的焊缝,如果焊缝长 10 m 以上,则更能体现出高效率。

(3)气电垂直自动焊接头形式与电渣焊的接头形式相同,对于 X 形坡口,则需要双程焊接且需要特殊形状的衬垫。

(4)气电垂直自动焊特别适合焊接大型金属结构,如船舶建造(如舷侧大接头、槽型隔壁、舷侧双壳隔壁等垂直对接缝)和钢结构制造(如热风炉壁、钢贮罐垂直对接缝)等。

近年来又研制开发了船舶专用垂直自动立角焊机,该机带有液面自动跟踪功能,焊接工艺方法基本和原有的垂直自动焊机相同,即正面用铜滑块,反面用特殊形状陶瓷衬垫。经试验分析,提高了焊接效率,同时也改善了焊工的劳动环境。

二、焊接材料

气电垂直自动焊所采用的焊接材料,包括焊丝、衬垫以及气体等。目前国内主要使用的是日本神户制钢公司生产的 DWS-43G 和 DWS-60 药芯焊丝或国内相当牌号的焊丝。为满足气电垂直自动焊工艺的要求,其焊渣少于一般的药芯焊丝。由于气电垂直自动焊线能量较大,为改善接头性能,药芯含适量的合金成分,以适用于一般强度船钢和 50 kg 级高级强度钢的焊接。直径为 1.6 mm,以每盘 20 kg 供应,供一般 16~20 mm 的船用钢板可焊 10~15 m 左右。该焊丝焊接时电弧稳定,飞溅很小,气渣保护良好,焊缝质量均匀稳定。

焊缝背面采用 KL-4GT 型陶瓷衬垫,如图 4-2 所示。在衬垫的表面覆盖一层玻璃布,可使衬垫与钢材紧密相贴,防止跑渣。在衬垫的背面还有一块钢板,便于在装配衬垫时用钢楔子与钢板压紧,避免陶瓷衬垫破碎。根据焊缝成形的要求,衬垫表面一般有 10~18 mm 宽的成形槽,每条衬垫由数块衬垫块组成,长度为 600 mm。

药芯焊丝气电垂直自动焊通常采用 CO_2 作保护气体,其流量为 14~66 L/min;若用实芯焊丝进行焊接,通常采用具有氧化性的混合气体,如 80%Ar+20% CO_2。

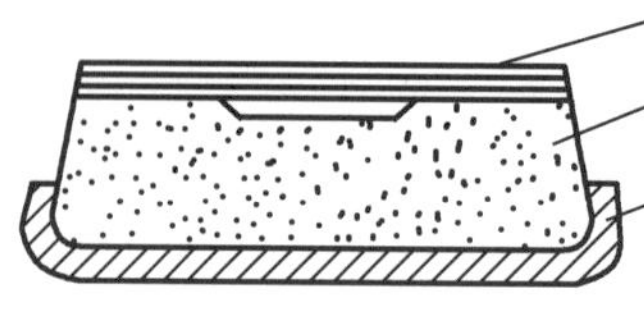

图 4-2　气电垂直自动焊衬垫形状和装配示意图

三、气电垂直自动焊工艺

1. 焊前坡口准备

气电垂直自动焊所焊的立对接焊一般采用 V 形坡口，其坡口角度应根据板厚而定。坡口角度直接影响焊缝结晶状态、焊接速度和线能量。若坡口角度过小，则焊缝结晶方向几乎是呈水平方向的，容易使焊缝中间产生偏析，导致形成裂纹和降低焊接接头力学性能(主要是冲击韧度值)。间隙根据反面衬垫槽宽一般应控制在一定范围内，坡口角度及间隙要求见表 4-1。

表 4-1　坡口角度与间隙

板厚 t/mm	坡口角度 α/°	根部间隙 b/mm	坡口形式
9～12	55～60	5～9	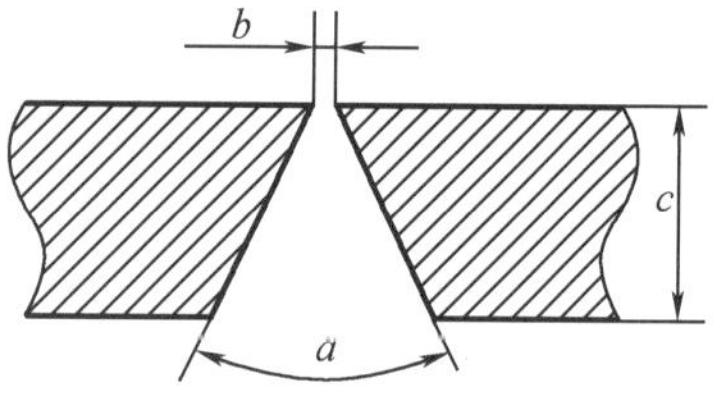
12～15	50～55	5～9	
15～18	55～60	4～8	
18～23	40～45	4～8	
23～26	35～39	4～8	
26～29	30～34	4～8	
29～32	25～29	4～8	

2. 装配要求

(1)垂直接缝装配时，为了保证焊缝背面的衬垫与板缝贴紧，应在坡口背面构架处装上“∏”形马，“∏”形马之间的距离≤350 mm。每根衬垫至少有两只“∏”形马，“∏”形马的尺寸如图 4-3 所示。

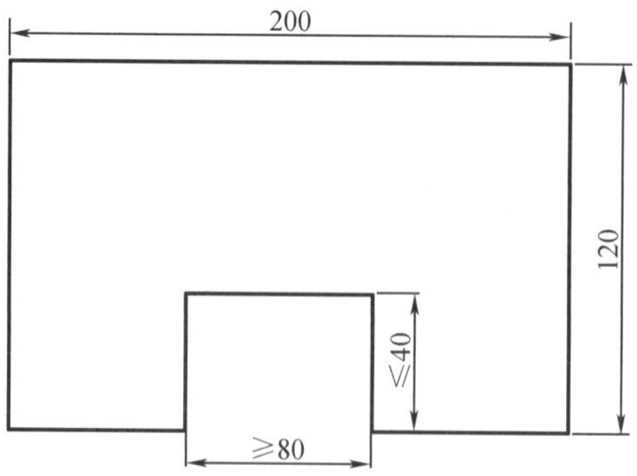

图 4-3　“∏”形马尺寸

(2)无余量板材装配后按坡口标准修正，有余量板材装配后现场切割，但切割前要求纵向纵骨接缝暂不焊接,切割后坡口尺寸必须符合公差要求。当遇相邻两板厚度不等时,应将高出不平部分削斜至与薄板齐平,其斜度尺寸为60~80 mm。

(3)坡口边缘两侧50 mm范围内应用风动砂轮清除气割毛刺、装配马脚、金属飞溅物以及纵向接缝的焊缝余高,确保正面水冷滑块顺利滑移和反面衬垫贴紧。

(4)安装衬垫时必须保证成形槽与坡口中心一致,衬垫之间推紧无间隙,衬垫紧贴钢板背面。

(5)检查并安装成形铜滑块至焊缝中心位置,并紧贴适中。选用的滑块的成形槽宽度需与工件厚度相匹配,滑块尺寸见表4-2。

表4-2　滑块尺寸

<table>
<tr><td>板厚/mm</td><td>12~14</td><td>16~20</td><td>22~25</td><td>26~33</td></tr>
<tr><td>滑块尺寸/mm</td><td>24,28</td><td colspan="2">28,32</td><td>32,36</td></tr>
</table>

3. 焊接规范的选择

气电垂直自动焊接规范参数主要有:焊接电流、电弧电压、焊接速度、焊丝摆幅、焊丝伸出长度、气体流量等。

(1)焊接电流

垂直自动焊时,电流密度大,电流超过一般CO_2焊短路过渡的临界电流值时,熔滴显示滴状过渡型式。其特点是飞溅小,电弧燃烧稳定,且熔敷速度大,因此必须选用合适的电流。过大或过小的焊接电流都会影响焊接过程的稳定性和焊道的成形良好。焊接规范参考值见表4-3。

表4-3　焊接规范参考值

<table>
<tr><th rowspan="3">板厚
/mm</th><th colspan="3">焊接规范</th><th colspan="3">焊丝摆动参数②</th></tr>
<tr><th rowspan="2">焊接电流/A</th><th rowspan="2">电弧电压/V</th><th rowspan="2">焊接速度①
/cm · min^{-1}</th><th rowspan="2">摆幅/mm</th><th colspan="2">停留时间/s</th></tr>
<tr><th>正面</th><th>反面</th></tr>
<tr><td>9</td><td rowspan="2">330~350</td><td rowspan="2">33~35</td><td>13.0</td><td>—</td><td>—</td><td>—</td></tr>
<tr><td>12</td><td>11.5</td><td>—</td><td>—</td><td>—</td></tr>
<tr><td>14</td><td>350~370</td><td>35~37</td><td>10.0</td><td>5</td><td rowspan="7">1.2</td><td rowspan="3">0.3</td></tr>
<tr><td>16</td><td rowspan="9">360~380</td><td rowspan="4">36~38</td><td>9.0</td><td>6</td></tr>
<tr><td>18</td><td>8.5</td><td>7</td></tr>
<tr><td>20</td><td>8.0</td><td>8</td><td rowspan="2">0.4</td></tr>
<tr><td>22</td><td>7.0</td><td>9</td></tr>
<tr><td>24</td><td rowspan="5">37~39</td><td>6.0</td><td>10</td><td rowspan="2">0.5</td></tr>
<tr><td>26</td><td>6.0</td><td>11</td></tr>
<tr><td>28</td><td>5.3</td><td>13</td><td rowspan="3">0.8</td><td rowspan="3">0.4</td></tr>
<tr><td>30</td><td>5.3</td><td>15</td></tr>
<tr><td>32</td><td>4.9</td><td>17</td></tr>
</table>

注:①焊接速度由电弧传感器控制,自动生成,只可实测不可单独设定。

②对于板厚在24 mm以下的垂直对接焊,也可不用摆动器。

(2)电弧电压

电弧电压的选用值须与焊接电流相匹配,在其他规范参数不变的情况下,电弧电压增大,焊缝宽度增加,过高的电弧电压会出现焊缝咬边,但过低的电弧电压会使电弧燃烧不稳定。因此在保证焊接过程稳定和焊缝成形良好的情况下,尽量降低电弧电压对防止气孔和减少合金元素的烧损都是有利的。具体数据见表4-3。

(3)焊接速度

合适的焊接速度视焊丝熔化速度而定。它与焊丝熔化速度间的关系,以水冷滑块内金属液面距进气口底部为5~10 mm较合适。焊接速度过快,滑块内金属液面逐渐降落,焊丝伸出长度增加,易使焊缝产生气孔。焊接速度过慢,水冷铜滑块内金属液面升高,飞溅增加,当金属液面升高到进气口底部时,电弧燃烧不稳定,甚至会迫使焊接过程中断。具体数据见表4-3。

(4)焊丝摆幅

采用摆动器焊接时,电弧稳定,飞溅小,焊缝截面上温度均匀,熔池金属结晶状态得到改善,晶粒度细,有利于得到致密焊缝。具体数据见表4-3。

(5)焊丝伸出长度

焊丝伸出长度过长,电阻热增大,熔化速度快,易发生过热而烧断,造成严重飞溅及保护效果差,影响焊接过程稳定性,使焊缝成形变差。焊丝伸出长度太短,易导致保护气体出气口堵塞,形成保护不良而影响焊接质量。一般要求伸出长度为30~35 mm。

(6)气体流量

气体流量过大和过小都会直接影响焊接过程电弧稳定性,一般外场作业条件下的CO_2气体流量为25~30 L/min。

4. 焊接

(1)焊前准备

①安装好气管、水管、控制线和电缆线等,其长度应满足整条焊缝长度的需要。

②检查冷却水泵的压力是否适当,循环水的流量是否正常。

③检查CO_2气体储量是否满足一条焊缝焊接的需要,并对气体流量计、预热器进行检查。将气体流量调至25~30 L/min,并检查焊丝的准备量,要确保整条焊缝的需要量。

④对长度在4 m以下的焊缝要搭好脚手架,超过4 m的长焊缝,可采用升降装置或液压升降车,以便焊工随焊接小车自动上升进行操作和观察。

⑤将导轨安置于距离接缝200 mm处(指磁钢的边线),并要确保导轨之间的可靠连接,同时使磁钢紧紧吸合于钢板,在导轨的顶端与工件要有可靠的固定连接,以防止导轨意外脱落。安装导轨前必须清除磁铁表面的灰尘和赃物。

⑥检查坡口正、反面平整情况后,在坡口反面安装衬垫(需要将衬垫中心对准焊缝间隙中心),要求每条衬垫中间和两端接头处各使用一个钢楔(或硬木楔),用马板使其紧贴于缝隙根部。

⑦将垂直焊机安放在焊缝的起始点后,用离合器锁紧待用。

⑧将CO_2送丝机构按所需焊丝的消耗量放入升降装置,并使CO_2送丝机械固定在合适位置。

⑨检查并安装成形铜滑块至焊缝中心位置,并紧贴适中。选用的滑块的成形槽宽度需与工件厚度相匹配。

⑩焊接时如需焊丝摆动，可将摆幅与两端停留时间在焊前预先调整好。

（2）操作过程

①接通水、气、电，将焊接装置升至焊缝起始端。

②将电弧电压电位器、焊接电流电位器、焊丝伸出控制电位器（即熔池液面在滑块成形槽中的高低位置调节）均调至预定位置后，按启动按钮，焊接开始。

③引弧时，焊接小车升降按钮不启动，适当减小焊接电流、断续送丝、引弧，使其逐步建立熔融金属面，待金属液面稳定后，将焊接电流、电弧电压调整至正常焊接规范，然后启动焊接小车升降按钮。

④在焊接过程中根据实际坡口的间隙，随时观察焊丝对中和焊缝热分布情况，进行焊接规范修正，并随时通过机械装置将电弧调至正确位置，同时要观察滑块的中心位置和控制熔池深度。另外，还必须随时清除掉铜滑块和气体保护盒里的飞溅物。

⑤焊接停止时，按停止按钮（包括摆动停止按钮），使小车和焊丝送丝停止，然后电弧熄灭，待熔池凝固后，放开铜滑块并去除其上的飞溅物，并把焊枪向后退回或从支架上拆下，以防止焊枪损坏。

5. 检验

（1）焊缝表面质量、焊缝外形尺寸要求见表 4-4。

表 4-4　焊缝外形尺寸/mm

板厚/mm	正面焊缝宽度/mm	正面焊缝高度/mm	背面焊缝宽度/mm	背面焊缝高度/mm
12～14	24～28	2	10～18	2
16～26	28～32		14～22	
26～33	32～36	3	18～22	3

（2）中间起弧、熄弧及接头处均应用气刨刨清缺陷后修补，补焊长度约 100 mm。尤其背面焊穿处，用气刨刨清缺陷后，再用焊条电弧焊或 CO_2 气体保护焊填满缺陷空隙，重新起弧焊接。

（3）对焊缝中各种缺陷，如表面粗糙、满溢、咬边、气孔、未熔合、宽度高度不足、不成形等缺陷，用气刨刨清缺陷后，再用焊条电弧焊或 CO_2 气体保护焊修补。

知识点 4.2　气电垂直自动焊机

微课：气电垂直自动焊机　　　　微课：气电垂直自动焊设备的调试与使用

气电垂直自动焊机是一种专用于船体大接缝的立向焊缝的自动化焊接装置。由于该自动焊机具有体积小、质量小、易操作以及使用可靠等优点，并带有自动上升系统，所以焊工使用极为灵便。它是一种高效、先进，能获得高质量焊缝的焊接设备。

一、气电垂直自动焊机的构造

目前国内气电垂直自动焊机的构造与日本 SG-2 型垂直自动焊机相似，主要由主机、辅助控制箱、焊枪、导轨、铜滑块以及焊接电缆等组成，并配以 CO_2 焊接电源、送丝机构、水冷却装置以及气体加热减压流量器和 CO_2 气瓶等。SG-2 型垂直自动焊机的主要技术参数列于表 4-5。

表 4-5　气电垂直自动焊机的主要技术参数

技术参数名称		单位	主要技术参数
SG-2 焊接装置	控制电源	V	380　AC　单相
	焊接位置	(°)	立焊和 45°倾斜角平焊
	电极数量和直径	mm	ϕ1.6　单根药芯焊丝
	小车行车速度(自动)	cm/min	0~25 连续调节
	小车空载行走速度	cm/min	55　固定速度
	离合器		人工操作
	焊枪调节水冷型(450 A)	mm	左右调节:20;前后:20;上下调节:15
		(°)	左右角度:30°;前后角度:20°
	摆动器	mm	振幅:5~30
		次/分	频率:50
		s	两端停顿时间:0~3
	铜滑块调节	mm	左右调节:±20
		kg	压力调节(最大):19
	小车尺寸和质量	mm	400(宽)×300(深)×300(高)
		kg	13
	导轨(侧齿条型铝轨道)		用六个永久磁铁固定于钢板上
		m	导轨长度:1.5
		kg	12
焊接电源	电源电压	V	380 V,3 相
	额度输入容量	kVA	30 型号:CPZX-500 型
	电流调节范围	A	50~500
	工作电压	V	15~42
	额定负载持续率	%	60
	额定焊接电流	A	500
	尺寸和质量	mm	480(宽)×655(深)×915(高)
		kg	175

1. 主机

主机如图 4-4 所示,该装置由可拆卸式小车、控制盒、摆动器(选择部件)、水冷铜滑块、焊枪以及铝质导轨等组成。可拆卸式小车由电动机驱动,沿着固定于工件且在平行于坡口的轨道上移动。控制盒、摆动器、焊枪及水冷铜滑块装于移动小车上,焊丝则由放置在焊接装置附近的送丝机构输送至焊枪处;摆动器的应用视工件厚度而定,其摆幅和两端停留时间可根据板厚进行调节,其中沿厚度方向的摆动频率为 50 次/min,摆幅距离为 5~30 cm,两端停留时间为 0~3 s。摆动器系主机的选用部件。

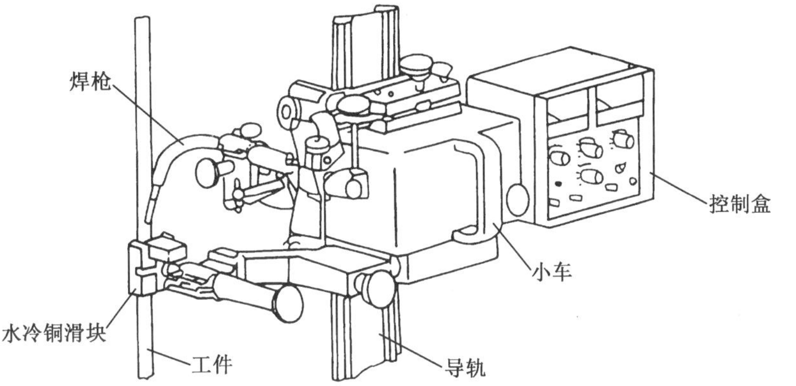

图 4-4 主机图

水冷铜滑块的最大紧固压力为 19 kg,并可左右调节±20 mm,以确保对准焊缝坡口面。焊枪为水冷型(450 A),也可左右、前后、上下等位置进行调节。

控制盒作为整机的控制操作用,在控制盒面板上(图 4-5)装有电压表、电流表;焊接电压、焊接电流、行走速度及干伸长度调节器;启动、停止及焊丝送进按钮;快速行走开关及电源自动行走指示灯等。

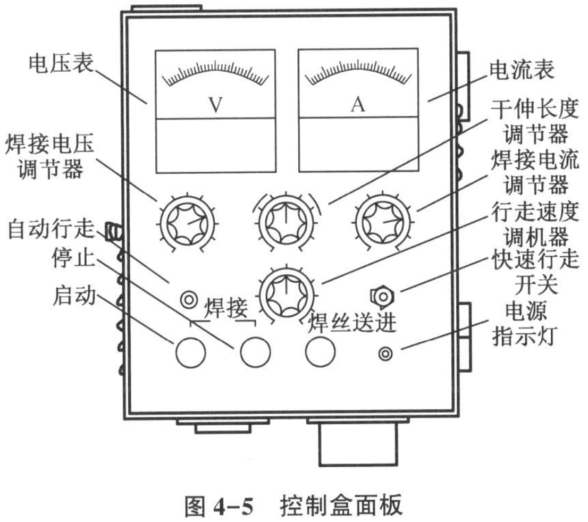

图 4-5 控制盒面板

电压表显示电弧电压值,指示范围从 0~50 V(DC)。电流表显示焊接电流值,指示范围从 0~600 A(DC)。焊接电压调节器用以调节电弧电压的大小,顺时针方向调节,电弧电压增加;焊接电流调节器用以调节焊接电流的大小,同样顺时针方向调节,焊接电流增加。

干伸长度的调节器用以调节焊丝的伸出长度，顺时针旋转旋钮，使熔池水平面远离铜滑块上端面（由于干伸长度增加），相反则使熔池水平靠近铜滑块上端面（因干伸长度缩短）。当该旋钮旋至“停止”位置时，自动行走失去作用，行走速度由手动控制，在此情况下，行走速度通过行走速度调节器来控制，使得熔池水平处于适当的位置。当自动行走焊接时指示灯亮，如果干伸长度控制旋钮处于“停止”位置，则指示灯熄灭。

行走速度调节器是在干伸长度调节器处于“停止”位置时，用此调节小车的上升速度，调节范围为 0~25 cm/min。在自动行走工作状态时，则此调节器不起作用。

快速行走开关用于在不进行焊接时，当此开关处于向上位置时，小车向上走动，相反处于向下位置时，小车向下走动。当进行焊接时，快速行走开关处于向上位置时，小车也向上走动，但处于向下位置时，则小车不向下走动，快速行走的速度为 55 cm/min。

启动按钮用于引燃电弧，按下此按钮时，同时引燃电弧和启动小车行走。当按下停止按钮时，焊接和小车行走停止。

焊丝送进按钮在不进行焊接时，用此按钮送进焊丝，在焊接时则由焊接电流调节器来调节送进速度。

电源指示灯是在辅助控制箱的电源开关在接通位置时，此信号灯即亮，表明主机的焊接工作可以进行，在控制盒的底部有两个电缆接头，一个用于焊接小车电缆接头，另一个用于辅助控制箱的电缆接头。

2. 辅助控制箱

辅助控制箱被安装在焊接电源上，用以供电给控制盒，并为焊接电源和控制盒之间的连接供电。在辅助控制箱的面板上设有控制电源开关、指示灯以及保险丝等（图 4-6）。

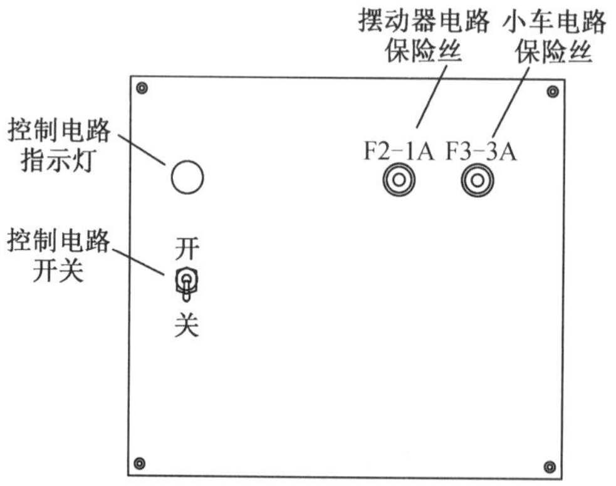

图 4-6 辅助控制箱面板

控制电源开关用以接通或断开控制线路的电源供给；指示灯亮则表示控制电源接通。

保险丝 F2 用于摆动器电路（AC，100 V），保险丝 F3 则同于小车电路（AC，24 V）。

改进后的 SG-2Z 型焊接装置，还有移动小车在导轨中间是可拆卸的；控制盒可装在移动小车下面，这样在附近有障碍物时，SG-2Z 焊接装置照样适用；导轨有销型接头和磁性杆，这样具有装拆方便以及冷却水流量计安装在水流软管的管路中等优越性，所以操作使用更方便，适用范围更广泛。

3. 焊接电源

采用 XmavkⅢ500PS 型 CO_2 焊机的焊接电源（CPZX-500 型），并以辅助控制箱作为连接和控制用,主要技术参数见表 4-6。

表 4-6 CS-400 型冷却装置的主要技术参数

型号	CS-400 型
电源电压/V	380 V,AC,3 相
频率/Hz	50/60
电动机输出/W	400
箱体水容量/L	32
输出压力/MPa	0.3~0.5
水流量/L · min^{-1}	11(在 0.3 MPa 下)
冷却风扇/V	AC,200(单相,推进扇)
泵	高压式摩擦泵(与电动机直接连接)
尺寸/mm	415×660×790
质量/kg	70

4. 送丝机构

送丝机构采用 Xmavk Ⅲ500PS 型 CO_2 焊机的送丝机构(CM-231 型),同时配用 WTC-5001 型软管和专用水冷焊枪。

5. 水冷却装置

采用 CS-400 型水冷却装置,其水压为 0.3~0.5 MPa,每个装置能同时供两台垂直自动焊使用。CS-400 型装置的主要技术参数见表 4-6。

6. 导轨

导轨为侧齿条型铝质导轨,专用于安装主机,每根导轨长度为 1.5 m,并装有六块永久性磁铁,被固定在被焊工件上,导轨之间以销型接头连接,在安装导轨前应清洁工件表面处,为了防止导轨的跌落,应用铁链或绳索固定住导轨的端头。导轨长度根据焊缝总长选用。

7. CO_2 气瓶和气体加热减压流量计

焊机可采用 CO_2 气瓶供气,并配以气体流量计,其气体流量可在 0~50 L/min 范围内调节,每台焊机使用时,必须备有 2~3 只满瓶的 CO_2 气瓶,以保证焊接过程供气的连续性,有条件最好采用管道 CO_2 供气。

二、垂直自动焊机的外部接线

上述整套焊接设备和装置应安放在专用机房内,以便在不同部位的船体垂直大接缝焊接时,可随时吊运移位,整套焊机的外部接线如图 4-7 所示。

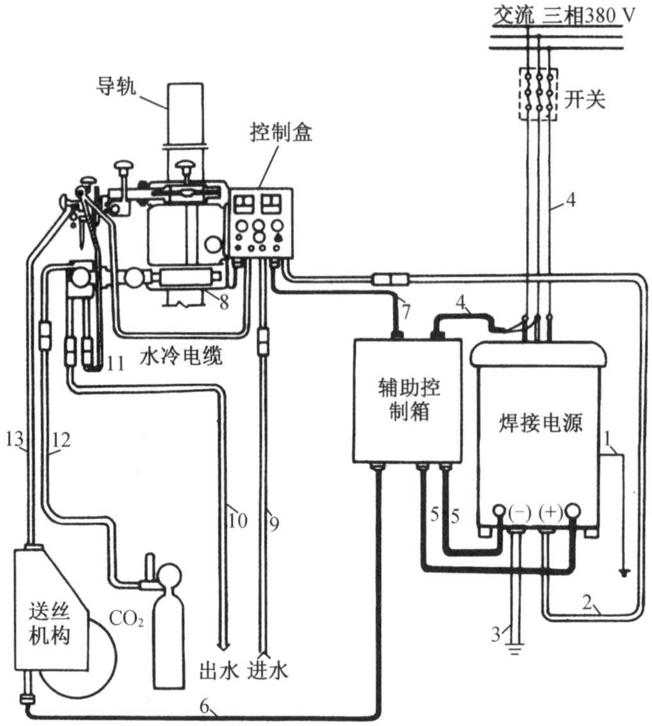

1—接地线;2—焊接电缆(+);3—焊接电缆(-);4—焊接电源和辅助控制箱输入线;5—控制电线;6—控制电线;7—控制电线(16 芯);8—控制电线;9—进水管;10—出水管;11—冷却水管;12—CO_2 气管;13—导丝管。

图 4-7 SG-2Z 型垂直自动焊机的外部接线图

知识点 4.3 典型船体结构气电垂直自动焊实例分析

微课:船体大接头局部分段气电垂直自动焊焊接工艺

微课:典型船体结构气电垂直自动焊实例分析

气电垂直自动焊是由日本神钢开发的,从 20 世纪 80 年代末开始在我国船舶制造中应用。目前应用较为成熟的是舷侧大接头、槽型隔壁、舷侧双壳隔壁等垂直对接缝及立角缝的焊接,此外还可用于斜傍板大于 45°的倾斜对接缝的焊接。气电垂直自动焊可以实现厚板、超厚板立缝的快速焊接,具有生产效率高、焊缝质量好以及降低焊工的劳动强度等优越性,采用气电垂直自动焊接新工艺后,可提高生产效率 4 倍,可降低生产成本 50%,缩短了船台建筑周期,向实现自动化焊接迈进一步。

一、船体大接缝组成

船体大接缝是将分段或总段在船台上装配合拢后,板与板之间形成的接缝。船体大接缝根据船体各部位所处的位置不同,有平、立、横等对接缝,为了提高焊接效率、缩短船台周期,应使用高效焊接方法,船体大接缝焊接方法如图 4-8 所示。

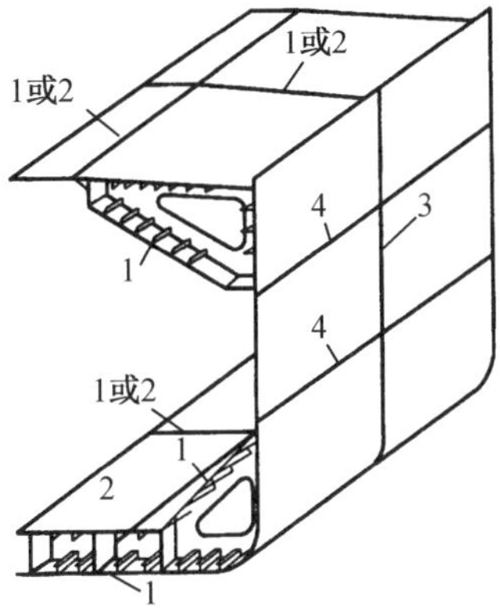

1—CO_2 单面焊;2—CO_2 单面焊+埋弧自动焊;3—气电垂直自动焊;4—CO_2 横对接单面焊。

图 4-8　船体大接缝焊接方法

舷侧分段之间的大接缝为立向平直焊缝(见图 4-8 中焊缝 3),其接头型式为对接焊缝,要求焊透,焊完之后还要按一定比例进行 X 射线检查或超声波探伤。采用气电垂直焊方法,焊接接头的焊接质量好、熔敷速度高、综合成本低。

二、舷侧分段大接缝焊接工艺

1. 焊前准备

(1) 为保证随机头一起上升的铜滑块顺利畅通,板边差应控制在 2 mm 以内,坡口两侧 40 mm 范围内高出钢板表面的横向焊缝、增强高和马脚均须铲平,还应清除铁锈、水分、油污等,以免影响焊接质量。反面的衬垫应对中并贴紧钢板。为控制钢板在大线能量焊接状态下的焊接变形及装配间隙的收缩,装配马应保证一定的高度和宽度,装配马间距应在 300~400 mm 范围内。

(2) 坡口角度和间隙

坡口角度的控制应随板厚而定,为了使坡口宽度与正面铜滑块的槽宽相适应,板厚增加,坡口角度应相对减小,20~25 mm 板厚的坡口角一般为 35°~40°。间隙根据反面衬垫槽宽一般控制在 6±2 mm。间隙或坡口过小,不仅反面焊缝成形差,而且焊缝成形系数不良,影响接头性能。间隙或坡口过大均会造成焊缝填充量的增多,焊接速度减慢,线能量增大,从而影响接头冲击韧性。

(3) 焊接材料

焊丝为药芯焊丝,根据钢板厚度直径为 ϕ1.6 mm,药芯焊丝必须经有关船级社认可;保护气体为 CO_2;焊缝背面采用专用 KL 和 JN 型陶瓷衬垫。

2. 焊接规范

船体大合拢外板垂直对接焊缝的焊接规范参数见表 4-7。

表 4-7 焊接规范参数

板厚/mm	铜滑块槽宽/mm	焊接电流/A	电弧电压/V	焊接速度/cm · min	摆动幅度/mm	停留时间/s	气体流量/L · min^{-1}
14	28	360~380	36~38	10	5	前 1.2,后 0.3	25
16	28	360~380	36~38	9	6	前 1.2,后 0.3	25
18	28	360~380	36~38	8.5	7	前 1.2,后 0.3	25
20	28	360~380	36~38	8	8	前 1.2,后 0.4	25
22	32	360~380	36~38	7	9	前 1.2,后 0.4	25
24	32	380~400	39~41	6	10	前 1.2,后 0.5	25

3. 操作要领

(1)焊前应对大接缝的装配质量进行检查,应符合坡口角度和间隙的要求,不应有由于气割所造成的尖形缺口,对钢板装配时出现的错边量必须小于 1.5 mm。坡口表面及边缘两侧 50 mm 范围内,应打磨平整并保持清洁,不得有油污、锈以及定位焊缝等。

(2)为保证焊缝背面的衬垫与板缝贴紧,装配时全部用马板固定,其间距为 300~350 mm,马板必须与船板焊牢,马板不但用于固定接缝,同时也为衬垫固定用。在安装背面衬垫时,应使被贴衬垫的中心与间隙保持对中,并用锲铁定位使衬垫与钢板贴紧,但要防止用力过大引起衬垫破碎。考虑使用方便,锲子允许用硬杂木制作。

(3)将垂直自动焊机的机房吊到位,并利用升降装置,首先将导轨安置于离接缝 200 mm 处,且必须与所焊接缝保持平行,一定要确保导轨之间的可靠连接和导轨顶端部与船板的牢固连接。在安装好衬垫后,将焊接装置安装于接缝的起始点导轨上后,用离合器锁紧待用。使 CO_2 送丝机构固定于升降装置的合适位置,安装好导丝软管,并将焊枪固定在 SG-2E 焊接装置上,同时安装水管、气管、控制线以及焊接电缆等。

(4)焊接开始前,首先将焊枪固定在小车的左侧位置上,并调整好焊枪的角度,使其与板面适当的倾斜 5~15°,同时将水冷铜滑块紧贴于焊缝的正面,应注意铜滑块的槽宽尺寸必须与被焊工件的厚度、坡口根部间隙大小相匹配,常用的槽宽尺寸为 28 mm。然后调节焊丝的干伸长度。应使导电嘴距离熔池表面的高度适当,在检查焊接电源、送丝机构及冷却器的各种设备正常情况下,接通水、电、气后,把预先选定的焊接规范(表 4-7)调节好,即可进行焊接。

(5)在焊接开始时,若需摆动焊接,则在熔池建立后,再按摆动焊丝按钮。在焊接过程中根据实际坡口和间隙,随时观测焊丝对中和焊缝两侧的热量分布情况,进行规范修正。另外,应注意清理铜滑块上的飞溅物和熔池的液位,以防堵塞出气口影响焊接质量和焊接过程的顺利进行。并注意保持熔池液面始终在铜滑块的上平面以下 2~6 mm。同时还要确保铜滑块与焊缝对中。如遇船板呈不平度或厚度偏差时,应及时调整铜滑块,使其既能紧贴船板又能平移滑动。

(6)焊接结束后,应将焊接装置随升降装置一起下降到船台底部后,切断电源,手扶好焊接装置,再松动离合器,将其拆卸到升降机口固定部位上。拆卸轨道时,严禁用锤敲击或随意搬拉铝合金轨道,以防轨道变形和齿条损坏。焊后应检查各种设备是否切断电源和各开关,整理好各种器具并妥善保管待用。

【学习任务】

任务4.1　船舶气电垂直自动焊对接缝技能训练

微课：编制船体大接头局部分段气电垂直自动焊接工艺

一、任务概述

按图4-9要求，学习气电垂直自动焊对接缝基本操作技能，完成工件实作任务。

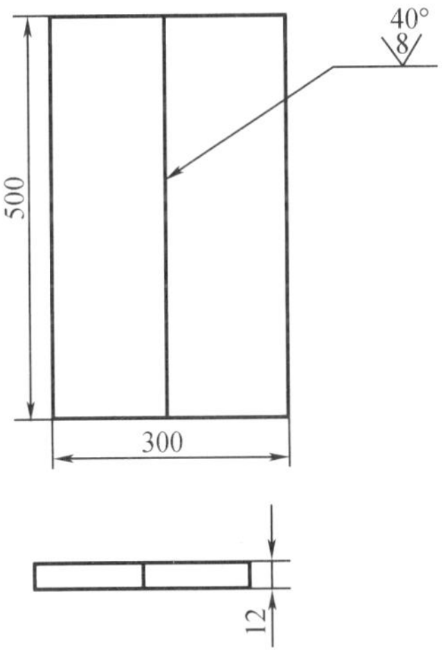

技术要求：
1. 焊接方法：气电垂直自动焊；
2. 试件材质与规格：CCS A（或Q235），500 mm×150 mm×20 mm，两块为一组；
3. 正反面焊缝成形良好；
4. 试件离地面高度自定；
5. 焊接质量符合考核标准

图4-9　板平对接实作施工图

任务目标：掌握气电垂直自动焊对接缝的技术要求及操作要领；会制定气电垂直自动焊对接缝的装焊方案及选择合理的焊接工艺参数，并编制焊接工艺卡（见附录1）；按焊接安全、清洁和环境要求及焊接工艺完成项目训练任务，制作出合格的气电垂直对接自动焊工件，达到焊接质量检验的标准。

二、任务分析

气电垂直自动焊是效率高、质量好、成本低的自动焊接方法，操作相对容易，但要注意做好焊前的准备工作，如焊件的装配质量、衬垫的安装及焊机的焊前调试等，焊接过程最好一气呵成，避免中途熄弧，影响焊接质量。

三、任务实施

1. 安全检查

(1)正确穿戴工作服及劳动保护用品(工作服、手套、焊工防护鞋、焊接护目镜、防尘口罩);

(2)防止触电和烧伤烫伤,要切实遵守和执行安全技术操作规程;

(3)场地设备及工具、夹具的安全检查;

(4)清除焊渣时戴上防护镜。

2. 焊前准备

(1)焊件　CCS A(或 Q235)钢板,规格尺寸为 500 mm×150 mm×20 mm,坡口面角度为 40°,每组两块,共一组。清理钢板上及坡口正反面 20 mm 范围内的油污、锈蚀、水分以及其他污物,直至焊接部位露出金属光泽为止。

(2)焊机　SG-2 型或 HIT-201 型垂直自动焊机。

(3)焊接材料　ϕ1.6,药芯焊丝,CO_2 气体,纯度 99.5%。

(4)安装好气管、水管、控制线和电缆线等,其长度应满足整条焊缝长度的需要。

(5)检查冷却水泵的压力是否适当,循环水的流量是否正常。

(6)检查 CO_2 气体储量是否满足一条焊缝焊接的需要,并对气体流量计、预热器进行检查。将气体流量调至 30~32 L/min,并检查焊丝的准备量,要确保整条焊缝的需要量。

(7)检查坡口正、反面平整情况后,在坡口反面安装衬垫(需要将衬垫中心对准焊缝间隙中心),要求每条衬垫中间和两端接头处各使用一个马板固定,并用铁楔或木楔定位使衬垫与钢板贴紧,但要防止用力过大引起衬垫破碎。考虑使用方便,楔子允许用硬木制作。

(8)将垂直焊机安放在焊缝的起始点后,用离合器锁紧待用。

(9)将 CO_2 送丝机构按所需焊丝的消耗量放入升降装置上,并使其固定在合适位置。

(10)检查并安装成形铜滑块至焊缝中心位置,并紧贴适中。选用的滑块的成形槽宽度需与工件厚度相匹配。

(11)焊接时如需焊丝摆动,可将摆幅与两端停留时间在焊前预先调整好。

3. 选择工艺参数

气电垂直对接自动焊对接缝工艺参数见表 4-8。

表 4-8　气电垂直自动焊对接缝工艺参数

焊接电流/A	电弧电压/V	焊接速度/cm · min^{-1}	焊丝伸出长度/mm
360~380	36~38	8	30~32

4. 焊接

(1)起弧

起弧前必须检查导轨安装是否牢固对中;冷却水和保护气体是否接通,流量是否适当;焊枪位置和焊丝安装是否适当;同时将电弧电压、焊接电流和弧长旋钮置于大致位置即可起弧。

(2) 调节过程

起弧后迅速将电流、电压、摆动幅度和停留时间调到规定值，将电弧点和熔池高度调到适当位置，观察坡口边缘和根部熔化情况，待自动反馈红灯亮后，表示焊接正常，并随时调节焊枪和滑块位置以适应坡口变化后板面起伏不平。

(3) 排渣过程

随时清除导电嘴上和铜滑块通气孔中的飞溅物和焊渣。可用焊条或竹条加以清除，但注意不要短路。当熔池内焊渣过多影响电弧稳定时，可适当放松滑块流出焊渣，或用焊条、竹条挑出。

(4) 接头处理

由焊接过程中途熄弧后重新起弧时，由于钢板处于冷态，在熔池建立前，往往熔合不良，容易产生夹渣或未熔合等缺陷。因此起弧、熄弧及接头处，均应正反面碳刨后修补，修补长度约 100 mm。

操作注意事项：

1. 衬垫对紧焊缝中心并紧贴在焊件背面上；
2. 安装成形滑块至焊缝中心位置并顶紧适中；
3. 焊接时保持水、电、气畅通；
4. 焊接过程中观察焊丝对中情况并随时调整；
5. 焊接参数的选择是保证质量的前提，其选择应合理；
6. 焊接时要经常检查焊枪导电嘴和喷嘴是否有被飞溅堵塞现象，并及时作出处理。

6. 焊后清理

焊后将焊件正、反面用钢丝刷清理干净，整理工具，关闭供水、气系统及电源等，并打扫好焊接场地。

7. 焊接时易出现的缺陷、产生原因及排除方法（表 4-9）。

表 4-9 焊接时易出现的缺陷、产生原因及排除方法

故障种类	产生原因	排除方法
电弧不稳	1. 送丝不稳； 2. 规范参数不当； 3. 坡口不清洁	1. 检查送丝通道；调整电网波动； 2. 检查电缆接头；调节电流、电压、焊丝伸出长度； 3. 保证坡口内清洁；排除熔池内焊渣
熔化不良	1. 电压太低、间隙太宽，相对于坡口截面电弧能量不足； 2. 焊丝伸出长度太长，焊接速度太快，导致输出能量不足； 3. 电弧方向偏移； 4. 坡口间隙太窄，或坡口边缘上有切割凹槽； 5. 焊丝落点与衬垫距离太长，太短或偏向一侧	1. 适当升高电压或减小装配间隙； 2. 缩短焊丝伸出长度； 3. 调节电弧点和方向； 4. 增加间隙，控制气割引起的高低不平和凹槽小于 2 mm； 5. 将焊丝落点调到合适位置

表 4-9(续)

故障种类	产生原因	排除方法
焊缝宽度不均匀	1. 电弧电压波动; 2. 焊丝送丝不正常,如焊丝给送阻力太大,导向管弯曲太大; 3. 坡口间隙急剧波动	1. 消除波动原因,使电压保持稳定; 2. 更换导电嘴,调节送丝滚轮,导向管弯曲半径必须大于 300 mm; 3. 坡口间隙必须在公差范围内,防止间隙急剧波动
焊瘤	1. 钢滑块的成形槽太宽或衬垫的中心偏移; 2. 衬垫未紧固在工件上; 3. 熔深不够,即达不到衬垫和坡口宽度尺寸	1. 使用成型槽尺寸与坡口宽度相匹配的钢滑块,衬垫中心必须与坡口反面中心线相吻合; 2. 加强衬垫的紧固,使之紧贴被焊工件; 3. 重新调整焊接规范,选择合适的电流、电压以及摆动位置等
咬边	1. 钢滑块的成形槽太窄; 2. 钢滑块的中心偏移; 3. 母材熔化量太多; 4. 焊丝落点与衬垫距离太短或偏向一侧	1. 使用有适当成型槽宽度的铜滑块; 2. 使铜滑块置于坡口中心位置; 3. 降低电弧电压到适当值; 4. 将焊丝落点调到合适位置
焊缝表面粗糙	1. 钢滑块成型槽表面粗糙,不平整; 2. 电弧点偏离钢滑块; 3. 钢滑块紧压弹簧太紧,使滑块滑动不顺畅	1. 修整铜滑块成型槽的表面平整度,或调换新的; 2. 移动电弧点使之处于坡口截面的中心位置; 3. 减弱铜滑块紧压弹簧的压力
气孔	1. 焊丝给送不正常; 2. 电气体流量不足; 3. 风速过大使气体保护不正常; 4. 钢滑块上保护气体出口处被飞溅物阻塞; 5. 钢滑块漏水; 6. 衬垫受潮; 7. 焊缝坡口表面有锈、油、油漆及漏气等; 8. 焊丝生锈或受潮	1. 牢固地拧紧各连接接头,检查送丝软管是否有破损; 2. 增加气体流量,使其大于 25 L/min,并保持气流通畅; 3. 风速大于 3 m/s 焊接时需采取挡风措施; 4. 焊接过程中随时用绝缘棒清除气体输出口上的飞溅物; 5. 修理钢滑块或更换新的; 6. 衬垫受潮,必须在使用前经 200~250 ℃ 烘干 1 h; 7. 清除焊缝坡口表面各种污物; 8. 禁止使用生锈焊丝和受潮焊丝

8. 焊接过程中故障的产生的原因及排除方法(表 4-10)。

表 4-10　焊接过程中故障产生的原因及排除方法

故障种类	产生原因	排除方法
焊丝给送阻力太大或给送不足	1. 电嘴内孔粗糙; 2. 在导电嘴端口粘有飞溅; 3. 导丝软管弯曲过度; 4. 送丝渡轮的压力不足; 5. 送丝轮滚的滚轮槽中积有灰尘和碎屑; 6. 送丝轮渡磨损	1. 调换导电嘴; 2. 清除飞溅或调换导电嘴; 3. 改善导丝软管的弯曲状况,使其半径大于 300 mm,或调换新的; 4. 增大送丝滚轮的压力,但也不宜太大,否则会损坏焊丝; 5. 清理滚轮槽; 6. 调换新的滚轮
电弧电压不稳定	1. 焊丝给送不稳定; 2. 送丝结构的输入电压变化剧烈,引起电弧电压波动; 3. 电线连接不牢固; 4. 焊接规范不正常,选用的电流、电压不能稳定匹配; 5. 坡口不清洁,存在过多的不洁熔渣,引起电弧不稳定; 6. 导电嘴导电不良	1. 清除不平稳因素; 2. 清除电源电压变化因素; 3. 接牢接地线; 4. 选用合理的焊接规范,使电流、电压相匹配; 5. 清除坡口表面不洁物; 6. 更换新号电嘴
焊丝粘在导电嘴上	1. 焊丝给关失常,给丝不平稳; 2. 电弧和坡口间距离过近或电弧电压太高; 3. 焊丝伸出长度太短	1. 清除送丝不平稳因素; 2. 把电弧点移向坡口截面的重心或降低电弧电压; 3. 调节焊丝伸出长度
铜滑块移动不畅	1. 工件表面粗糙和钢滑块的压力弹簧太紧,使摩擦力增加; 2. 钢滑块成型槽表面粗糙; 3. 电弧点偏向钢滑块	1. 清除工件表面锈蚀,并打磨使表面光滑,减少弹簧的压力; 2. 修整铜滑块或调换新的; 3. 移动电弧点使其处于坡口截面的重心位置
铜滑块熔化	1. 冷却水中断或水流量太小; 2. 焊丝落点太偏向钢滑块,使电弧直接位于铜滑块上; 3. 滑丝端头频繁抖动	1. 检查并恢复冷却水的供给,保持水流量大于 2 L/min. ; 2. 使焊丝大体垂直送进熔池,使电弧发生位置移向坡口截面的重心处; 3. 紧固导电嘴,缩短焊丝的伸出长度
导轨经常移位	1. 磁铁表面有铁屑等污物,使工件表面粗糙; 2. 铜滑块的压紧弹簧太紧; 3. 工件变形弯曲	1. 仔细清洁磁铁表面,除去工件表面所有不平物如装配马脚等; 2. 减弱压紧弹簧压力; 3. 采取临时调整措施,使导轨与工件连缝线吻合

表 4-10(续)

故障种类	产生原因	排除方法
自动行走工作不正常，熔池升得太高以致溢出	1. 焊丝伸出长度太粗； 2. 焊丝给送不稳定； 3. 导电嘴端口与铜块之间距离太大，及焊炬升得太低或使用了短导电嘴	1. 调整焊丝伸出长度； 2. 改善焊丝给送； 3. 降低焊炬高度，或采用标准长度导电嘴
自动行走工作不正常，熔池降得太低	1. 焊丝伸出长度太长； 2. 导电嘴端口与铜滑块之间的距离太小，即焊炬压得太低或使用了长导电嘴	1. 调整焊丝伸出长度； 2. 升高焊炬高度或采用标准长度导电嘴

四、任务评价

气电垂直自动焊对接缝的考核项目、考核要求及评分标准见表 4-11。

表 4-11 气电垂直自动焊对接缝的考核项目、考核要求及评分标准

考核项目			考核要求	配分	评分标准
类别	名称				
技术考核	外观检查	裂纹、烧穿、焊缝低于母材	不允许存在		出现其中任何一种缺陷，试件为 0 分
		正面焊缝余高	≤3 mm	8	超出标准不得分
		背面焊缝余高	≤3 mm	8	超出标准不得分
		正反面余高差	≤3 mm	8	超出标准不得分
		焊缝宽度差	≤3 mm	8	超出标准不得分
		焊缝直线度	≤3 mm	4	超出标准不得分
		焊缝每侧增宽	2~4	4	超出标准不得分
		咬边	无	5	超出一处扣 3 分
		气孔	无	5	超出一处扣 3 分
		夹渣	无	5	超出一处扣 3 分
		未熔合	无	5	超出一处扣 3 分
	焊缝内部质量检查		按 GB/T3323—2005 标准	20	Ⅰ级片不扣分；Ⅱ级片扣 10 分；Ⅲ级片扣 20 分
	焊接接头的弯曲试验		面弯、背弯各一件，弯曲角度 90°	10	面弯不合格扣 4 分；背弯不合格扣 6 分
安全文明生产考核	安全		遵守有关安全操作规程	5	发生一般安全事故酌情扣 1~5 分；发生重大责任事故判不合格
	文明生产		遵守考场文明生产规定	5	不遵守者视情节酌情扣 1~5 分

表 4-11(续 1)

考核项目		考核要求	配分	评分标准
类别	名称			
考场纪律	1. 不许他人代焊； 2. 不许擅自更换试件； 3. 不许破坏试件焊缝原始表面； 4. 考试时间为 60 min	1. 违反前三项任一项者，判不及格； 2. 考试时间超过但未超 90 min 者酌情扣分； 3. 考试时间超过 90 min，试件为 0 分		

焊接实作任务书

训练项目	气电垂直自动焊板对接焊接工艺设计与实作			建议学时		4				
焊接方法	气电垂直自动焊			机械化程度		自动				
母材	牌号	CCS A	焊丝	牌号	DWS-43G	钨极	牌号	KL-4GT	气体	种类	CO_2
	板厚	12 mm		规格	1.6		规格	24 mm		流量/$(L \cdot min^{-1})$	25~30
工作任务	1. 能正确使用气电垂直自动焊设备； 2. 能正确操作气电垂直自动焊设备； 3. 能够识读气电垂直自动焊接头焊接施工图，按规定要求制作出合格的焊接工件； 4. 能对气电垂直自动焊接头进行质量检测									

气电垂直自动焊板对接接头形式简图：

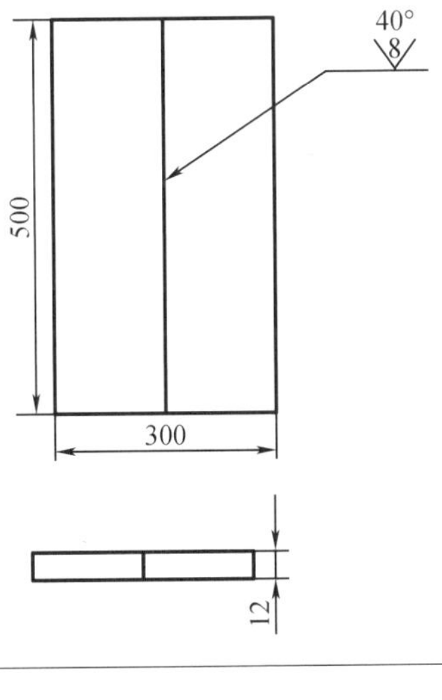

技术要求：

1. 正反面焊缝成形良好；
2. 试件离地面高度自定；
3. 焊接质量符合考核标准

表 4-11(续 2)

安全事项	1. 正确穿戴工作服及劳动保护用品(工作服、手套、焊工防护鞋、焊接护目镜、防尘口罩); 2. 防止触电和烧伤烫伤,要切实遵守和执行安全技术操作规程; 3. 场地设备及工具、夹具的安全检查; 4. 清除焊渣时戴上防护镜	
提交项目	1. 工艺分析卡; 2. 焊件; 3. 工件质量检验记录卡	
工作评价	自检评价	签名: 年 月 日
	同学互评	签名: 年 月 日
	教师评价	指导教师签名: 年 月 日

【自测习题】

一、单选题

1. 气电垂直自动焊采用的是( )焊接方法。

A. 手工埋弧焊　B. CO_2 气体保护焊

C. 熔化极气体保护焊　D. 钨极氩弧焊

2. 气电垂直自动焊的熔敷率是焊条电弧焊的( )倍。

A. 3~4　B. 5~7　C. 6~8　D. 8~10

3. 气电垂直自动焊适宜焊接的母材是( )。

A. 碳钢　B. 合金钢　C. 不锈钢　D. 强度钢

4. 气电垂直自动焊的坡口形式一般为( )。

A. X 型　B. V 型　C. Y 型　D. I 型

5. 垂直自动焊采用电源极性是平特性( )电源。

A. 直流反极　B. 直流正接　C. 交流反接　D. 交流正接

6. 12~14 mm 的板材采用垂直自动焊时,其焊接电压和电流为( )。

A. 290~350 A,29~35 V　B. 360~380 A,32~34 V

C. 360~380 A,33~35 V　D. 360~380 A,34~36 V

7. 垂直自动焊保护气体的气体流量一般外场作业条件下为( )。

A. 5~15 L/min　B. 10~20 L/min

C. 15~25 L/min　　D. 25~30 L/min

8. 按规范规定,肋骨的最大间距应不大于(　　)。

A. 0.5 m　　B. 1 m　　C. 1.5 m　　D. 2 m

9. 栏杆的最低一根横杆距甲板应不超过(　　),其他横杆的间距应不超过(　　)。

A. 210 mm,360 mm　　B. 230 mm,380 mm

C. 250 mm,400 mm　　D. 270 mm,420 mm

二、填空题

1. 气电垂直自动焊具有________、________以及________等优越性。

2. 气电垂直自动焊的特点是________、________、________、________、________。

3. 气电立焊设备主要由________、________、________、________、________、________和________等组成。

4. 气电垂直自动焊接规范参数主要有:________、________、________、________和________、________。

5. 焊缝中各种缺陷包括________、________、________、________、________、________、________等。

6. 舷侧结构按骨架排列形式的不同有________和________两大类。

7. 舷侧结构主要组成部分有:________、________、________、________、________及________等。

8. 与甲板边板连接的舷侧外板称为________。

9. 肋骨按其所在位置一般可分为________、________和________三种。

10. 肋骨按受力不同可分成________和________两种。

11. 肋骨编号以________为基准,主要有两种:一种是较普遍采用的编号方法,即以________为0号(无论有无舵柱),向首排列取正号,向尾排列取负号;另一种是少数有舵柱的船舶________为0号,向首排列取正号,向尾排列取负号。

12. 舷顶列板与甲板边板的连接处称________。其特殊的连接方法一般有________、________和________三种。

13. 舷侧分段所采用的胎架有________、________、________、和________四种。

14. 船体大接缝焊接方法有________、________、________和________四种。

附录 A　焊接工艺分析卡

姓名		班级、学号		填写日期	
训练项目					
焊件施工图					
工件主要技术要求					

确定工序，画出工序流程图

装配工艺方案（装配要求、参数、反变形、点固焊）

焊接参数选择

备注	

附录 B　自测题答案

项　目　一

一、单选题

1. D　2. D　3. D　4. A　5. D　6. A　7. D　8. A　9. A　10. A　11. A　12. D　13. D　14. A　15. A　16. A

项　目　二

一、单选题

1. C　2. A　3. B　4. C　5. B　6. B　7. B　8. A　9. C　10. D　11. B　12. D　13. C　14. B　15. A　16. A　17. C　18. B　19. D　20. A　21. A　22. B　23. B　24. C　25. D　26. B　27. A　28. B　29. A　30. C　31. B　32. A　33. A　34. B　35. B　36. C　37. A　38. C　39. C　40. B　41. C　42. A　43. B　44. D　45. C　46. D　47. A　48. B　49. B　50. B　51. C　52. D　53. C　54. B　55. C

二、填空题

1. 焊接电流、电弧电压、焊接速度、焊丝干伸长度、气体流量、电源的极性
2. 焊件厚度、焊丝直径、送丝速度、焊接位置
3. 咬边、未焊透、气孔缺陷
4. 陶质衬垫垫块、粘胶铝箔(铝箔上涂压敏胶)、防粘纸
5. 硅、铝、脱氧剂、脱渣剂、助溶剂
6. 8,1.5,25
7. 飞溅大
8. 气流流动而喷出、电弧压力作用
9. 微细颗粒
10. 横向焊缝(短焊缝)、纵向焊缝(长焊缝)
11. 对接缝、角焊缝
12. 立焊缝、平焊缝
13. 0 ℃、0.45%、过大
14. 倒装法、顺装法
15. 顺装法
16. 倒装法

三、简答题

1. 将陶质衬垫贴在焊件坡口的反面,正面进行 CO_2 气体保护半自动焊,借助于衬垫的

承托作用,建立焊道反面成形,完成单面焊两面成形,这种焊接方法称陶质衬垫 CO_2 气体保护半自动单面焊。

2. ①将仰焊改为平焊,且不需碳刨青根,提高了生产率;②可避免进入狭小和难以工作的场所进行焊接,改善了劳动条件;③陶质衬垫装拆方便,不需之城,辅助时间少;④焊件装配间隙尺寸范围宽,装配要求低;⑤焊缝反面成形良好;⑥焊工易掌握技术(和无衬垫板单面焊相比)。

3. 降低焊接熔敷效率,降低焊接生产率;飞溅物易黏附在焊件和喷嘴上,影响焊接质量,使焊接劳动条件变差及清理工时增加;焊接熔池不稳定,导致焊缝外形较为粗糙等缺陷。

项　目　三

一、单选题

1. A　2. A　3. A　4. C　5. B　6. B　7. B　8. C　9. D　10. D　11. C　12. D　13. B　14. D　15. C　16. A　17. B　18. D　19. C　20. B　21. D　22. B　23. B　24. D

二、填空题

1. 非熔化极氩弧焊、熔化极氩弧焊

2. 焊缝质量较高、焊接变形与应力小、可焊的范围广、操作技术易于掌握

3. 手工钨极氩弧焊、半自动钨极氩弧焊、钨极脉冲氩弧焊

4. 熔化极手工氩弧焊、熔化极半自动氩弧焊、熔化极脉冲氩弧焊

5. ①对焊丝及工件的油锈很敏感,焊前必须严格去除。②惰性气体价格高,焊接成本高。③设备较复杂,对使用和维护要求较高。

6. 短路过渡、喷射过渡、亚射流过渡、脉冲过渡

7. 惰性、弱氧化性、氧化性

8. 与母材成分不同

9. 焊丝直径、焊接电流、电弧电压、(焊接速度)、保护气流量

10. 前倾、后倾、垂直

11. 焊件的厚度、焊接层次及位置、焊丝直径大小、所需熔滴过渡形式

12. 电源、控制系统、送丝系统、焊枪及行走系统(自动焊)、供气系统、(水冷系统)

13. 脉冲 MIG 焊、窄间隙 MIG 焊

14. 脉冲电流、基值电流、脉冲电流持续时间、脉冲频率、脉宽比

15. 低碳钢、低合金钢、高合金钢、铝钛

16. 可焊金属多、适应能力强、焊接生产率低、生产成本高

17. 主电路系统、焊枪、供气系统、冷却系统、和控制系统

18. 焊接电源、高频振荡器、脉冲稳弧器、消除直流分量装置

19. 夹持电极、导电、输送氩气流

20. 氩气瓶、减压器、流量计、电磁气阀

21. 焊接电源、控制箱、焊枪、供气、冷却系统

22. 左向、握焊枪、持焊丝

23. 非接触引弧(高频引弧)、接触引弧
24. 直线运弧、月牙形运弧
25. 电流衰减法,增加焊速法,多次熄弧法、应用熄弧板法
26. 电流容量大、损耗小、引弧性能好、电极发射电子
27. 钨极、钍钨极、铈钨极
28. 圆柱形、平底锥形、尖锥形
29. 圆珠形、平底锥形
30. 钨极、焊件
31. 去除氧化膜、阴极破碎
32. 机械清理、化学清理、化学-机械清理
33. 气体流量、喷嘴形状与直径、喷嘴至焊件的距离、焊接速度、焊接接头的形式
34. 焊点实验、测定氩气有效保护区的大小的方法
35. 电源的种类和极性、钨极直径、焊接电流、氩气流量、焊接速度、工艺因素
36. 喷嘴形状与直径、喷嘴至焊件的距离、钨极伸出长度、填充焊丝直径
37. 银白、金黄色;灰黑色
38. 5~20 mm、15 mm、3~4 mm
39. 下料、坡口准备、表面清理
40. 火焰切割、机械、电弧、等离子弧
41. 转移型、非转移型
42. 氮气等离子、空气等离子
43. 单一空气式等离子弧切割、复合式空气等离子弧切割
44. 坡口型式、尺寸的确定;坡口加工
45. 对接、角接、搭接

项 目 四

一、单选题

1. B 2. D 3. D 4. B 5. A 6. A 7. D 8. B 9. B

二、填空题

1. 生产效率高、焊缝质量好、降低焊工的劳动强度
2. 熔敷效率高、焊接装置小型化、操作容易、能使用消耗的反面衬垫、带有自动上升控制系统
3. 焊接电源、导电嘴、水冷滑块、送丝机构、焊丝摆动机构、供气装置
4. 焊接电流、电弧电压、焊接速度、焊丝摆幅、焊丝伸出长度、气体流量
5. 表面粗糙、满溢、咬边、气孔、未熔合、宽度高度不足、不成形
6. 横骨架式、纵骨架式
7. 舷侧外板、肋骨、强肋骨、舷侧纵桁、舷侧纵骨及舷边
8. 舷顶列板
9. 主肋骨、甲板间肋骨、尖舱肋骨

10. 普通肋骨、强肋骨
11. 尾垂线、舵杆中心线、舵柱后缘
12. 舷边、舷边角钢铆接法、圆弧连接法、舷边直角焊接法
13. 正切、单斜切、正斜切、双斜切
14. CO_2 单面焊、CO_2 单面焊+埋弧自动焊、气电垂直自动焊、CO_2 横对接单面

参 考 文 献

[1] 李亚江,刘鹏,刘强.气体保护焊工艺及应用[M].北京:化学工业出版社,2006.

[2] “现代企业安全操作规程标准与技术丛书”编委会.焊工安全操作规程标准与技术[M].北京:中国劳动社会出版社,2009.

[3] 王新民.焊接技能实训[M].北京:机械工业出版社,2004.

[4] 许志安.焊接实训[M].北京:机械工业出版社,2008.

[5] 陈保国.焊接技术[M].北京:化学工业出版社,2007.

[6] 王鸿斌.船舶焊接工艺[M].北京:人民交通出版社,2006.

[7] 赵伟兴.CO_2 气体保护半自动焊焊工培训教材[M].哈尔滨:哈尔滨工程大学出版社,2003.

[8] 曾平.造船材料与焊接[M].哈尔滨:哈尔滨工程大学出版社,2006.

[9] 雷世明.焊接法与设备[M].北京:机械工业出版社,2004.

[10] 杨海明.焊工[M].北京:化学工业出版社,2008.

[11] 陈茂爱,陈俊华,韩加强.气体保护焊[M].北京:化学工业出版社,2007.

[12] 刘云龙.CO_2 气体保护焊[M].北京:机械工业出版社,2009.

[13] 吴润辉,王永兴.船舶焊接工艺[M].哈尔滨:哈尔滨工程大学出版社,1996.

[14] 焦万才,张文明,刘兆甲.氩弧焊[M].沈阳:辽宁科学技术出版社,2009.

[15] 忻鼎乾,芮树祥.船舶焊接工工艺学[M].哈尔滨:哈尔滨工程大学出版社,2006.

[16] 杨约,典型焊接接头电弧焊实作[M].北京:机械工业出版社,2009.

[17] 李春国,王惜宝,孙洪玲.CO_2 气体保护焊实心焊丝的应用现状和发展动态[J].焊接技术,2007(2):1-4.